普通高等教育"十一五"规划教材

CATIA V5 实体造型与工程图设计

李苏红　潘志刚　孟祥宝　朱玉祥　主编

左春柽　主审

科 学 出 版 社

北　京

内 容 简 介

本书是在高端三维设计软件 CATIA V5R17 平台上根据编者多年从事 CATIA V5 教学和培训的讲义编写而成的。全书围绕“实体造型”和“创建与实体相关联的工程图”两个中心进行编写，内容分为三大部分：第一部分介绍 CATIA V5 软件基本知识；第二部分详细介绍 CATIA V5 软件的草图设计、零件设计、曲面设计，以及装配设计等工作台中各种工具命令的使用方法和具体应用；第三部分详细介绍由实体模型转化为与之相关联的二维工程图的创成式制图方法。

书中配有丰富的应用实例，并列出使用工具命令的具体操作步骤。实体造型部分除为读者提供较多的上机练习图例外，还有详细的作业提示，特别适合自学。

本书可以作为高等工科院校 CATIA V5 三维设计与制图的教材，也可作为 CATIA V5 培训教材，同时也适合对三维设计感兴趣的广大读者阅读。

图书在版编目(CIP)数据

CATIA V5 实体造型与工程图设计/李苏红等主编. —北京：科学出版社，2008

(普通高等教育“十一五”规划教材)

ISBN 978-7-03-020899-6

Ⅰ.C… Ⅱ.李… Ⅲ.机械设计：计算机辅助设计-应用软件，CATIA V5 Ⅳ.TH122

中国版本图书馆 CIP 数据核字(2008)第 006576 号

责任编辑：马长芳 潘继敏 / 责任校对：陈玉凤

责任印制：张克忠 / 封面设计：黄华斌

科学出版社 出版

北京东黄城根北街 16 号

邮政编码：100717

http://www.sciencep.com

北京市文林印务有限公司 印刷

科学出版社发行 各地新华书店经销

*

2008 年 2 月第 一 版 开本：787×1092 1/16

2008 年 2 月第一版印刷 印张：16 1/2

印数：1—4 000 字数：375 000

定价：29.00 元(含光盘)

(如有印装质量问题，我社负责调换〈文林〉)

前　言

CAD技术已被公认为20世纪全球最杰出的工程技术之一，其研究、开发和推广应用水平已经成为衡量一个国家科技现代化和工业现代化的重要标志之一。CAD技术现已广泛应用于工程设计的各个领域，产生了巨大的社会经济效益。

CAD的发展和应用使传统的产品设计方法和生产模式发生了革命性的变化，已成为实现制造业信息化的基础。在机械制造行业采用CAD技术进行产品设计，不但可以使设计人员“甩掉图板”，更新传统的设计思想，实现设计自动化，降低产品成本，提高企业及其产品在市场上的竞争力，还可以使企业由原来的串行作业转变为并行作业，建立一种全新的设计和生产技术管理体制，缩短产品的开发周期，提高劳动生产率。例如，美国采用CAD技术开发、生产波音747，要比英国的三叉戟飞机少用两年时间；美国GM公司在汽车开发中应用CAD技术，使得新型汽车的设计周期由五年缩短为三年；1995年，制造业的一个划时代的创举——波音777未经生产样机即获得订货，面向装配的CAD技术是实现这一创举、确保飞机设计和生产一次成功的关键；国内某造船厂在一项豪华油轮的国际招标中，面对国内外强手的激烈竞争，借助CAD技术仅用一个月时间就完成了方案设计而一举中标。

目前，在国际3D-CAD市场上已形成了高、中、低不同应用层次的多种CAD产品，其中的高端软件CATIA已于2007年9月25日发布了其最新版本——CATIA V5R18，考虑到现阶段推广应用实际，本书在编写时采用CATIA V5R17。

三维设计是CAD技术应用的必然趋势，因此，学习使用三维CAD软件这一现代设计工具应该成为每一位工科大学生及工程师的自觉行动，熟练运用三维软件进行产品的设计与开发也应该是每一位设计师必备的一项基本技能。但是，在当前形势下，即便是设计从三维开始，仍需要将三维模型转换为二维工程图以指导生产，因而，掌握由实体模型生成与之相关联的工程图样仍具有一定的现实意义。笔者认为，“实体造型”和“创建与实体相关联的二维工程图”二者同等重要，前者是基础，后者则是应用。

本书以CATIA V5R17为平台，介绍实体造型的基本方法，同时，介绍一种先进制图手段——创成式制图方法，即由实体模型直接转化为与其相关联的二维工程图的方法。

吉林大学在CAD教学改革中，借助国家工科机械基础教学基地平台，注重用先进的教学内容和手段改革传统课程，早在2002年春季学期作者就为工科学生开出了三维CAD技术课程，并从2002年末开始通过举办培训班的形式向吉林省内外高校制图教师以及企业和设计院的工程技术人员推广这一先进技术，积累了丰富的三维CAD技术教学与培训经验。

全书内容分为三大部分：第一部分介绍CATIA V5软件基本知识，第二部分详细介绍CATIA V5软件的草图设计、零件设计、曲面设计，以及装配设计等工作台中各种工具命令的使用方法和具体应用，第三部分详细介绍由实体模型转化为与之相关联的二维工程图的创成式制图方法。书中配有CATIA V5主要工具命令的应用实例，并列出具体操作步骤，实体造型部分除为读者提供丰富的上机练习图例外，还有较详细的作业提示，特别适合自学。

本书所附光盘收录了书中实例和习题的源文件，供读者练习和参考。

本书由李苏红、潘志刚、孟祥宝、朱玉祥主编。参加本书编写的作者有：孟祥宝（第一章），张云辉（第二章），闫冠（第三章），谷艳华（第四章），朱玉祥（第五章），潘志刚（第六章），李苏红（第七章）。全书由李苏红统稿，吉林大学机械科学与工程学院左春柽教授主审。

本书在编写过程中，吉林大学机械学院及教务处领导给予了极大的关怀和支持，其中教务处高淑贞副处长详细询问了教材内容及编写意义并给予了政策上的极大支持；机械学院戴文跃副院长给予了本门课程自始至终的关怀和支持；工程与计算机图学教研室侯洪生主任细致审读了教材讲义并提出了许多建设性的意见；另外，吉林省内外其他兄弟院校的老师也给予了多方面的支持与协作，令作者十分感动，他们是长春理工大学的李玉菊和张学忱副教授、长春大学的刘晓杰与何平教授、长春工程学院的程晓新副教授、吉林建工学院的赵鸣与孙靖立副教授、吉林农业大学的安凤秀与郭英杰副教授、吉林化工学院的王晓玲教授、吉林工程技术师范学院的张启光副教授、空军航空航天大学的藏福伦副教授、北华大学的刘建毅副教授、长春汽车高等专科学校的陈婷副教授、锦州电力工业学校的李春梅与杨志清副教授等。

最后，要特别感谢吉林大学工程与计算机图学教研室的全体老师的积极协作与帮助，感谢作者的家人在教材编写过程中给予的理解与关爱。

由于编者水平有限，时间仓促，书中难免存在疏漏与不足，敬请读者批评指正。

编　者

2007年10月于吉林大学

目 录

第一章　CATIA V5 软件介绍与基本操作

1.1　CATIA 软件简介

CATIA(Computer Aided Three-Dimensional Interactive Application)是由法国 Dassault Systemes(达索系统)公司开发并由美国 IBM 公司销售的高端 CAD/CAE/CAM 一体化三维设计软件。

达索系统公司成立于 1981 年,其前身是法国达索飞机制造公司的 CAD/CAM 部门。自其成立以来,达索系统公司通过收购和开发,快速地扩展和丰富了它的产品线。现在,达索系统公司的产品覆盖了整个产品生命周期,提供产品生命周期管理(Product Lifecycle Management,PLM)解决方案。其产品线中的 CATIA 是达索系统公司的旗舰产品,该产品覆盖机械设计、外观设计、家用产品设计、仪器与系统工程、数控加工、分析及仿真等。目前,CATIA 已经成为 CAD/CAM 领域最优秀的系统软件,其强大的设计功能和丰富的加工功能为波音(Boeing/Lockeed)、空中客车(Aerospace)等大客户的新产品开发提供了强有力的保证。CATIA 是国际高端 CAD 软件的领头羊,在航空及造船工业具有垄断地位,并占据汽车工业相当大的份额。

从 1982 到 1988 年,达索系统公司相继发布了 CATIA V1、CATIA V2 和 CATIA V3 三个版本,并于 1993 年发布了功能更强大的 CATIA V4 版本,运行于 UNIX 平台。为迎合市场需要,达索系统公司于 1994 年重新开发全新的 CATIA V5 版本,使界面更加友好,功能也日趋强大,可以运行于 UNIX 和 Windows 两种平台上,它是围绕数字化产品和电子商务集成概念进行系统设计的,可为数字化企业建立一个针对产品整个开发过程的工作环境。

CATIA 具有众多功能强大的模块,模块总数从最初的 12 个增加到现在的 140 多个,广泛应用于航空航天、汽车制造、造船、机械制造、电子、电器以及消费品行业,包括大型的波音 747 飞机、火箭发动机、小型的化妆品包装盒等,它的集成解决方案几乎覆盖所有的产品设计和制造领域。

在汽车制造业,CATIA 已成为事实上的工业标准,世界前 20 名的汽车企业就有 18 家采用 CATIA 作为其核心设计软件。

世界上已有超过 13000 个用户选择了 CATIA,其中包括波音、克莱斯勒、宝马、奔驰、本田以及丰田等著名企业。CATIA 在中国也得到了广泛的应用,包括一汽集团、沈阳金杯、上海大众、北京吉普、武汉神龙等在内的许多汽车公司都选用 CATIA 作为开发新车型的核心设计软件。

波音公司使用 CATIA 完成了整个波音 777 的零部件设计和电子装配,创造了业界的一个奇迹,开创了世界无图纸生产的先河,因而也确定了 CATIA 在 CAD/CAE/CAM 行业的领先地位。

1.2 CATIA V5基本功能简介

CATIA V5的PC版是标准的Windows应用程序，可以运行于Windows 2000、Windows XP以及Windows 2003等操作系统。最新的版本是CATIA V5R18。

为了给不同的用户提供不同的解决方案，CATIA V5在发售时提供如下三种产品：

(1) CATIA V5 P1：该平台是一个低价位的3D PLM解决方案，其中的产品关联设计工程、产品知识重用、端到端的关联性、产品验证以及协同设计变更管理等功能等，特别适合中小型企业需要。

(2) CATIA V5 P2：该平台具有创成式产品工程设计能力，通过知识集成、流程加速器以及客户化工具，可以实现设计到制造的自动化，并进一步对PLM流程进行优化。"design-to-target"的优化技术，可以让用户轻松地捕捉并重用知识，激发更多的协同创新。

(3) CATIA V5 P3：该平台使用专用性解决方案，最大程度地提高特殊、复杂流程的设计效率，能够将产品和流程的专业知识集成起来，支持专家系统和产品创新。

CATIA V5R17共有13个功能模块，如图1-1所示，这些功能几乎涵盖了现代工业领域的全部应用。其中的"Mechanical Design"(机械设计)模块包括19个工作台，如图1-2所示。本书重点介绍"Mechanical Design"模块中的Sketcher(草绘器)、Part Design(零件设计)、Assembly Design(装配设计)、Drafting(工程图)等，以及"Shape"模块中的Generative Shape Design(创成式曲面设计)工作台。

图1-1 CATIA V5R17的功能模块

图1-2 "Mechanical Design"模块下的工作台

1.3 CATIA V5 软件的启动和用户界面

通常情况下，使用如下两种方法来启动 CATIA V5 软件：

方法一　双击 Windows 操作系统桌面上的“CATIA P3 V5R17”快捷命令图标，即可启动 CATIA V5 软件；

方法二　在桌面“开始”菜单中，通过选择“程序”→“CATIA P3”→“CATIA P3 V5R17”菜单项，启动软件。

但是，在使用第一种方法启动软件时，由于该软件启动速度相对较慢，给用户造成一种错觉，怀疑自己没有激活软件命令，所以，又一次重复启动，结果是多次启动了软件，反而使速度更慢。为此，建议初学者采用第二种方法或按如下方法启动软件：

方法三　用鼠标右键单击 Windows 桌面上的“CATIA P3 V5R17”快捷命令图标，在弹出的快捷菜单中选择“打开”菜单项，即可启动 CATIA V5 软件。

进入 CATIA V5 系统后，默认自动打开装配设计工作台，用户界面如图 1-3 所示。该用户界面是标准的 Windows 应用程序窗口，上部有下拉菜单，中间部分是图形工作区，窗口的周边是工具栏，最下一行是交互命令提示。工作区主要由以下三部分组成：

(1) 几何体显示区(Geometry)：用来显示用户创建的几何体；

(2) 特征历史树(Specifications)：用来记录用户创建的特征及元素；

(3) 罗盘(Compass)：用来指示方位，平移或旋转几何体。

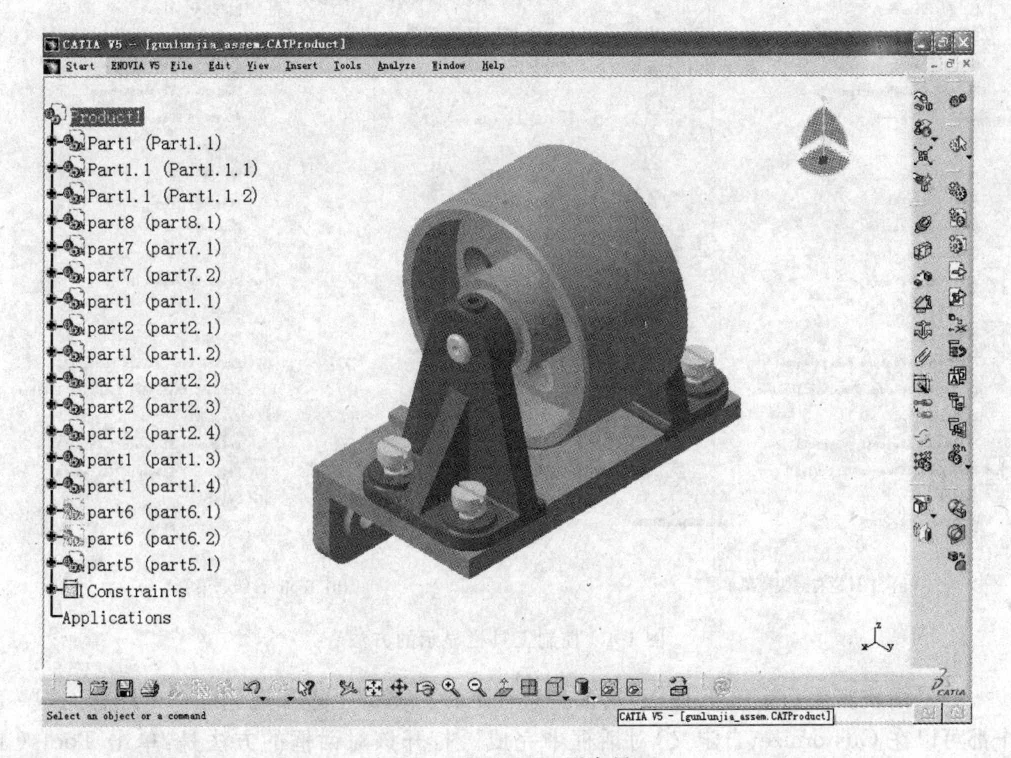

图 1-3　CATIA V5 用户界面

1.4 定制 CATIA V5 用户界面

1.4.1 定制工具栏

CATIA V5 各个工作台都有若干通用的 Toolbars(工具栏),如 Standard(标准)、View(视图)、Workbench (工作台)、Knowledge(知识工程),Select(选择)等。不同的工作台依其功能不同,都提供了许多专用的工具栏,其上集中了一些专用的工具命令图标。用户可根据个人喜好通过鼠标拖拽来定位工具栏,也可以关闭一些暂时不用的工具栏以腾出更多的工作空间。

以"Part Design"(零件设计)工作台为例,用户既可以在已有工具栏上单击鼠标右键,在快捷菜单中选择需要的工具栏,如图 1-4(a)所示;也可以单击 View 下拉菜单→Toolbars 菜单项,在级联菜单中选择需要的工具栏,如图 1-4(b)所示。

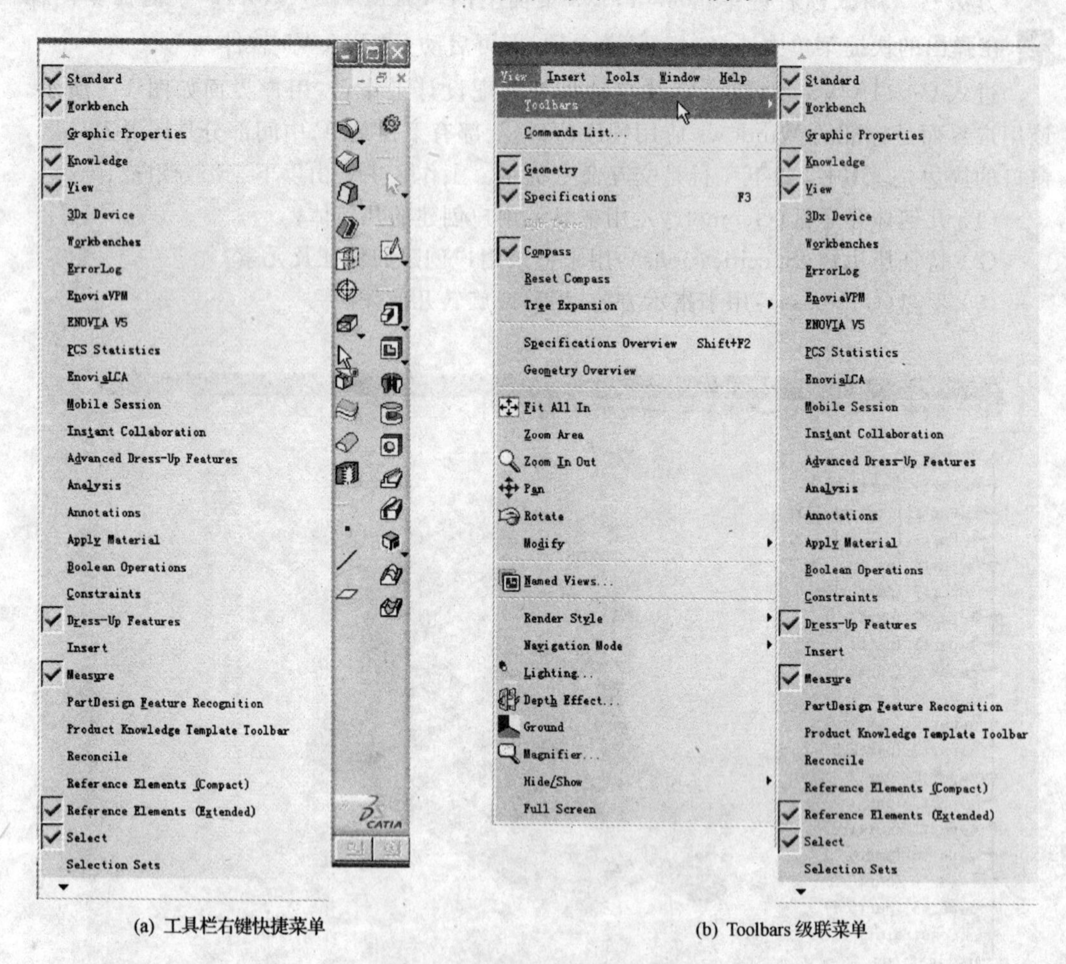

(a) 工具栏右键快捷菜单　　(b) Toolbars 级联菜单

图 1-4　控制工具栏显示的方法

如果用户需要自定义工具栏,或者在已有工具栏基础上添加或删除命令图标,这些工作都可以在 Customize(自定义)对话框中完成。打开该对话框的方法是:单击 Tools(工具)下拉菜单→Customize... (自定义)菜单项,弹出 Customize 对话框,选择其中的

Toolbars 选项卡，如图 1-5 所示。

Customize
Start Menu | User Workbenches | Toolbars | Commands | Options
Toolbars
Standard
Workbench
Graphic Properties
Knowledge
View
3Dx Device
Workbenches
Tools Palette
ErrorLog
EnoviaVPM
ENOVIA V5
PCS Statistics
EnoviaLCA
Mobile Session
Instant Collaboration
Advanced Dress-Up Features
Analysis
Annotations
New...
Rename...
Delete
Restore contents
Restore all contents...
Restore position
Add commands...
Remove commands...
Use this page to add or delete a toolbar to the current workbench.
The Commands page allows drag&drop to add/remove commands.
Close

图 1-5　Customize(自定义)对话框——Toolbars 选项卡

例如，为 Sketcher(草绘器)工作台中的 Workbench(工作台)工具栏添加“Exit workbench”(退出工作台)工具命令图标，具体的操作方法是：首先，在草绘器工作台单击如图 1-5 所示 Customize 对话框中的 Workbench 工具栏；其次，单击增加命令按钮 Add commands... ，弹出“Commands list”(命令列表)对话框，如图 1-6 所示，选中“Exit workbench”命令并单击 OK 按钮；最后，单击 Close 按钮，完成定制。

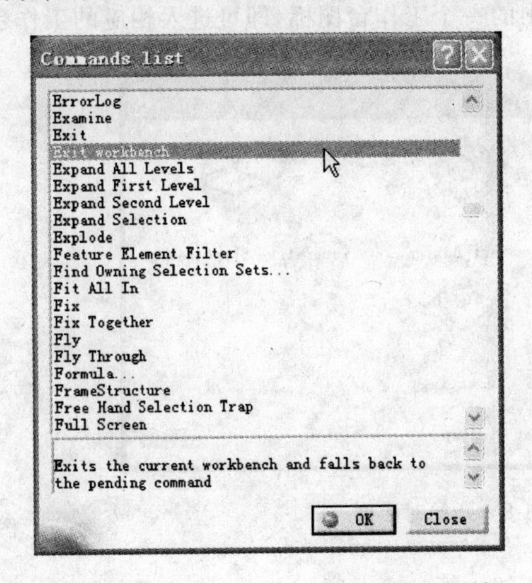

图 1-6　“Commands list”(命令列表)对话框

1.4.2　定制开始对话框

选择 Tools(工具)下拉菜单→Customize...(自定义)，弹出 Customize 对话框，默认打开“Start Menu”(开始菜单)选项卡,如图 1-7 所示。在该对话框左侧窗口中选中所需工作台,单击向右的箭头将其添加到右侧窗口中,最后,单击 Close 按钮,完成开始对话框的定制。

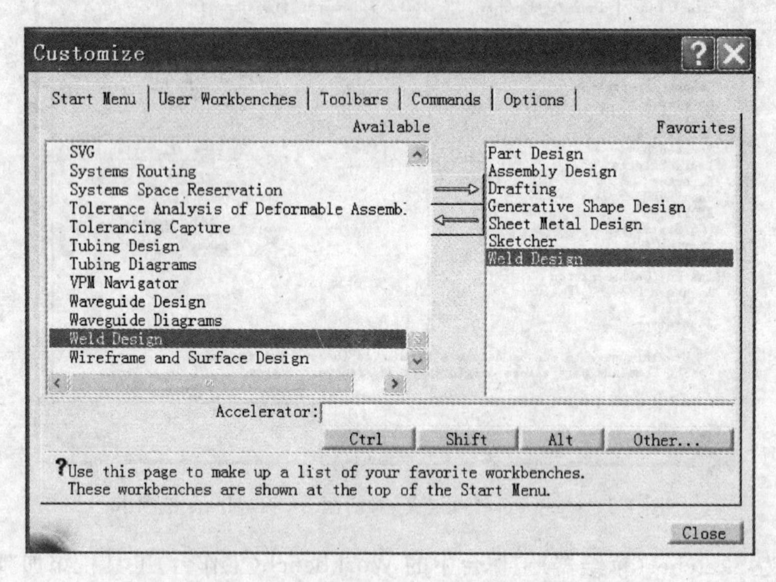

图 1-7　Customize(定制)对话框——“Start Menu”选项卡

一旦定制了开始对话框,在单击 Workbench(工作台)图标或者启动软件时,都会弹出一个“Welcome to CATIA V5”(开始)对话框,如图 1-8 所示,单击其中的任一图标,都将进入相应的工作台。如果在用户界面的工作台图标上单击鼠标右键,显示快捷工具栏,如图 1-9 所示,选择其中的一个工作台图标,即可进入相应的工作台。

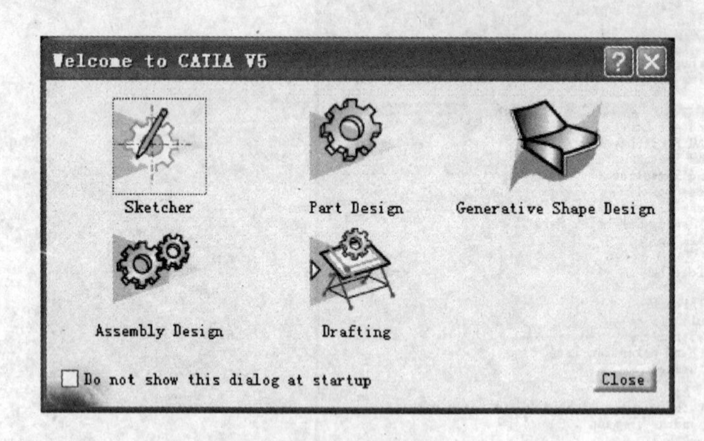

图 1-8　开始对话框

图 1-9　快捷工具栏

1.4.3　定制用户界面语言

如图 1-3 所示是 CATIA V5 英文用户界面,下面介绍将其定制为中文界面的方法。

单击 Customize 对话框中的 Options 选项卡,从“User Interface Language”(用户界面语言)下拉列表中选择“Simplified Chinese”(简体中文),如图 1-10 所示,然后单击

Close 按钮，关闭对话框，重新启动软件，即转变为中文界面，如图 1-11 所示。

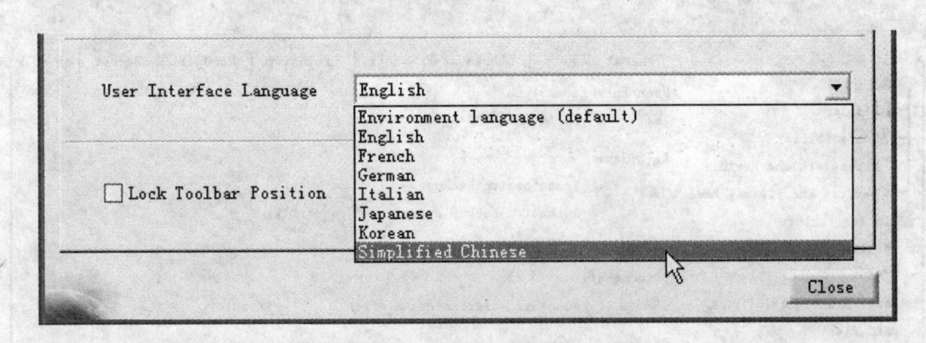

图 1-10　Customize（定制）对话框——Options 选项卡

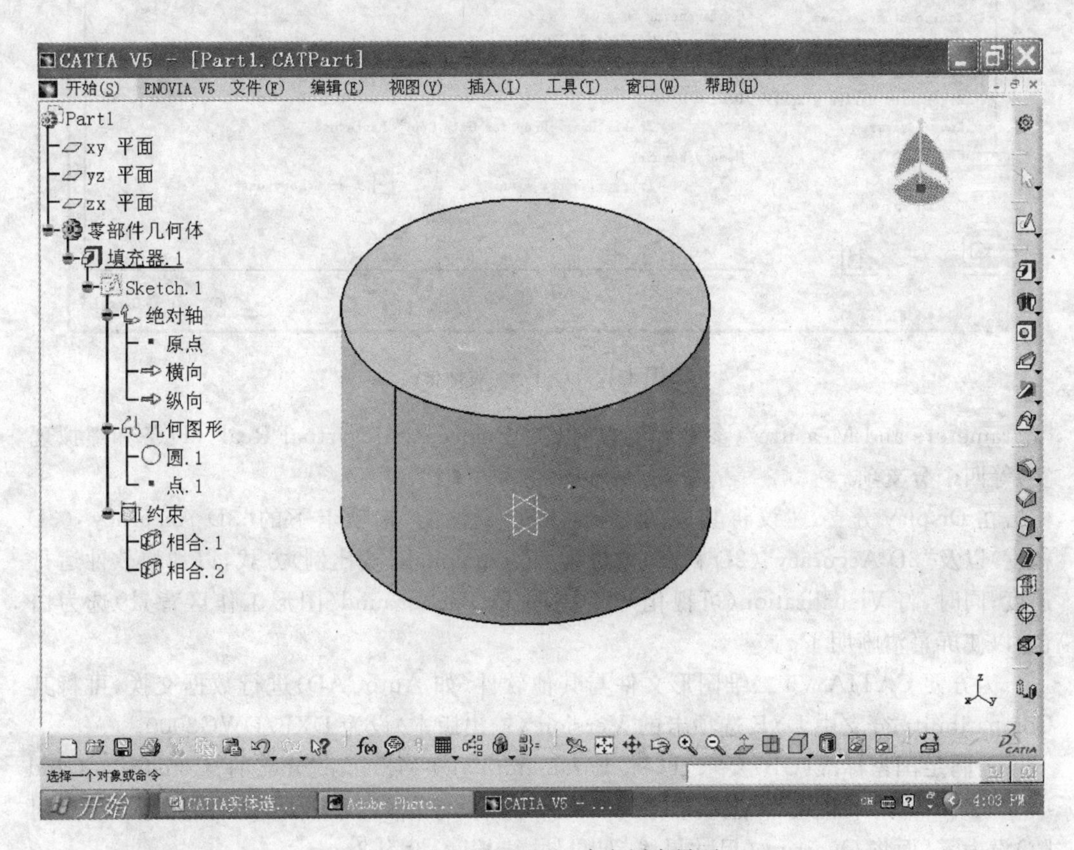

图 1-11　CATIA V5 中文用户界面

1.4.4　定制图形工作环境

单击 Tools 下拉菜单→Options...（选项）菜单项，弹出 Options 对话框，如图 1-12 所示。在该对话框中可以对 CATIA V5 系统的各项参数进行设置。用户可根据设计要求及个人喜好对其参数进行必要的更改，也可以单击对话框左下角的“Resets parameters values to default ones”（恢复默认参数）按钮，将参数值重置为缺省值。

单击左侧树节点 General（常规），其下包括：Display（显示）、Compatibility（兼容性）、

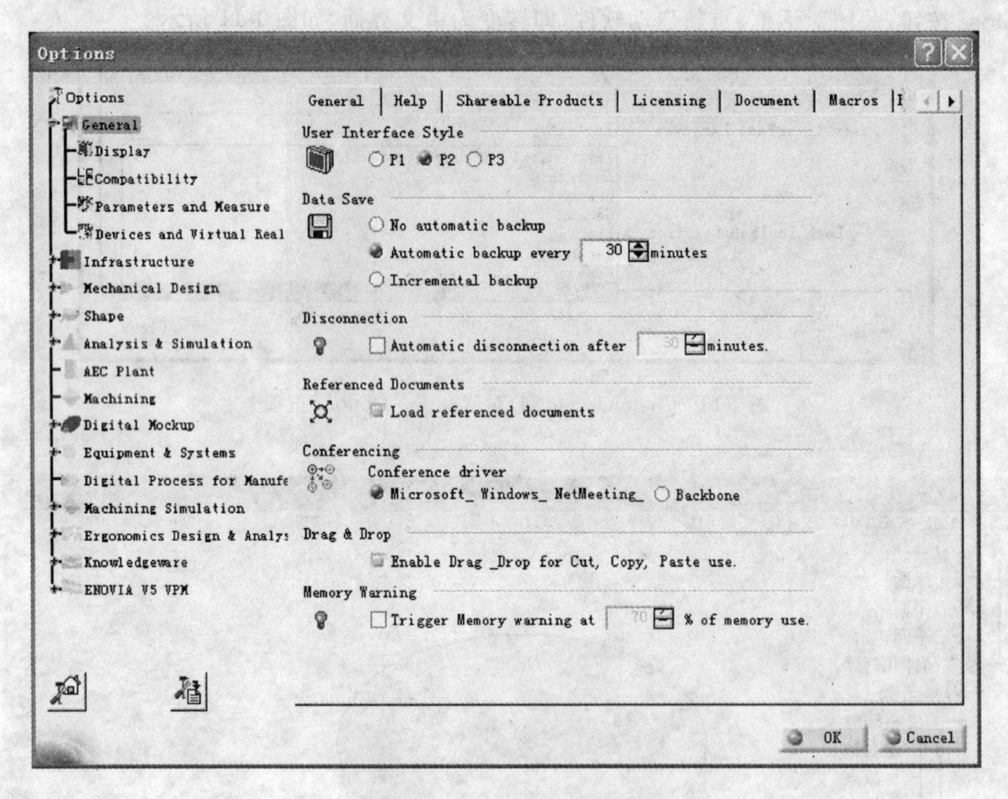

图 1-12　Options 对话框

"Parameters and Measure"(参数和测量)以及"Devices and Virtual Real"(设备和虚拟现实)等四个分支项。

在 Display 分支,建议将其中的 Performance(性能)选项卡下的"3D Accuracy"(3D 精度)以及"2D Accuracy"(2D 精度)均设为 Proportional (按比例)方式,以加快软件运行速度;同时,将 Visualization(可视化)选项卡中的 Background(图形工作区背景)选为白色,以使屏幕清晰明了。

为方便 CATIA V5 二维图形文件与其他软件(如 AutoCAD)进行数据交换,可将其 Compatibility 分支中 DXF 选项卡的 Version (输出版本)设为 DXF/DWG2000。

为满足国家标准(GB)要求,可将"Parameters and Measure"分支的"Constraints and Dimensions"(约束和尺寸)选项卡中的"Dimension Style"(尺寸样式)的 Gap(标注起点间隙)设为零,而将 Overrun (尺寸界线超出尺寸线长度)设为 3mm。

除此之外,关于"参数"和"关系"是否显示在特征历史树上的设置,可以在树节点 Infrastructure(基础结构)的"Part Infrastructure"分支中设置;关于 Sketcher(草绘器)、"Part Design"(零件设计)、"Assembly Design"(装配设计)以及 Drafting(工程图设计)等工作台的相关设置,可以在树节点"Mechanical Design"(机械设计)的相应分支中设置;有关"Generative Shape Design"(创成式曲面设计)工作台的设置,可以在树节点 Shape(曲面)的相应分支中设置,等等。

对 CATIA V5 系统参数的设置是一项繁杂、细致而又需要谨慎处理的工作。本教材中涉及的一些具体设置将在相应章节中介绍。

1.5 CATIA V5 基本操作及通用工具栏

1.5.1 操作鼠标

用 CATIA V5 创建实体模型或工程制图，主要是通过操作鼠标来选择对象、激活命令、旋转和缩放视图以及改变视角等，所以熟练操作鼠标至关重要。

在 CATIA V5 工作界面，选中的对象将被加亮，并显示为橘红色。选择对象时，既可以在几何图形区选择，也可以在特征历史树上选择，二者是等效的。

表 1-1 中列出了操作鼠标的一般方法。

表 1-1 鼠标各操作键的功能

动　作	功　能
单击左键	选择对象(点、线、面及实体等)、激活工具命令
拖动左键	窗选对象
单击中键	快速平移视图，以指定点为参考将其平移到窗口中心
拖动中键	平移视图
单击右键	显示上下文快捷菜单
按住中键＋单击右键(或左键)	前推鼠标时，放大视图；后移鼠标时，缩小视图
按住中键＋按住右键(或左键)	拖动鼠标时，旋转视图
滚动滚轮	向前滚动，特征树往下移；向后滚动，特征树往上移
按住 Ctrl 键＋滚动滚轮	向前滚动，放大特征树；向后滚动，缩小特征树

特别注意，在用鼠标单击特征历史树的树干或窗口右下角的坐标轴图标后，几何图形变为暗色显示而不可操作，只可对树进行操作，并且可按表 1-1 中一些操作鼠标的方法对特征历史树进行平移、缩放等。要恢复到正常的操作状态，只需再次单击树干或坐标轴图标即可。

1.5.2 使用罗盘

在 CATIA V5 用户界面窗口的右上角配有 Compass(罗盘)，其图标由分别与空间直角坐标平面及坐标轴平行的圆弧和直线组成。

通过操作罗盘，不但可以沿坐标轴方向或在坐标面内平移视图，而且可以绕坐标轴或坐标原点旋转视图。当把光标移近罗盘上的坐标轴线或坐标面的圆弧时，则轴线或弧面呈高亮显示，光标也变为手形，若再按下鼠标左键，则光标呈握紧手形状，此时拖动鼠标，实体对象将按高亮显示的坐标轴方向平移，或绕与高亮显示弧面垂直的坐标轴旋转；如果将光标移近罗盘上的坐标面，该面同样呈高亮显示，拖动鼠标时，实体对象将在该面内平移；将光标移近罗盘 Z 轴上的圆点状端点时，该点呈高亮显示，此时拖动鼠标，则实体对象将绕坐标原点旋转。

将罗盘附着定位在实体对象的表面或轴线上，可以利用罗盘改变对象在模型空间的绝对方位。具体操作方法是：将光标指向罗盘红色方块，则指针箭头呈十字移动形状；此时用鼠标拖动罗盘使其附着到实体上，此时操作罗盘，即可改变实体的方位。用鼠标拖动罗盘红色方块离开实体对象，或者选择 View 下拉菜单→"Reset Compass"菜单项，可将罗盘恢复到初始状态。

1.5.3 通用工具栏简介

CATIA V5 各个工作台用户界面的风格类似，只是不同工作台所对应的工具栏和下拉菜单中的工具命令不尽相同。下面介绍一些通用工具栏的基本功能。

1. Standard（标准）工具栏

Standard（标准）工具栏上集中了 New（新建）、Open（打开）、Save（保存）、"Quick Print"（快速打印）、Cut（剪切）、Copy（复制）、Paste（粘贴）、Undo（撤销）、Redo（重做）以及"What's This?"（帮助）等工具命令图标，如图 1-13 所示。

图 1-13　Standard（标准）工具栏

2. View（视图）工具栏

View（视图）工具栏上集中了观察对象的各项辅助工具命令，如图 1-14 所示。

图 1-14　View（视图）工具栏

(1) "Fly Mode"（飞行模式）：该命令用于设置观察模式。原始缺省状态为 Parallel（平行投影）观察模式，单击图标可以转换到 Perspective（中心投影）模式。

(2) "Fit All In"（适合全部）：该命令用于调整对象大小并将其全部显示在窗口中。

(3) Pan（平移）：该命令用于将观察对象在窗口中平移。

(4) Rotate（旋转）：该命令实现将观察对象在窗口中旋转。

(5) "Zoom In"（放大）：该命令实现将观察对象在窗口中放大。

(6) "Zoom Out"（缩小）：该命令实现将观察对象在窗口中缩小。

在 View（视图）下拉菜单中还有"Zoom Area"（窗口缩放）、"Zoom In Out"（实时缩

放)命令,观察对象更灵活。

(7) “Normal View”(法向视图) :该命令是沿实体表面某一点的法线方向来观察对象。

(8) “Create Multi-View”(多视图) :该命令是以第三角投影法形成的三视图和正等轴测图四个视口来显示对象。

(9) “Isometric View”(轴测图) :该命令有多重选项,是在当前视口分别用六个基本视图、正等轴测图或用户特殊设定的视图(Named views)显示对象。

(10) Shading(着色) :该命令控制当前实体对象的显示类型,包括:“Shading (SHD)”(着色)、“Shading with Edges”(亮边着色)、“Shading with Edges without Smooth Edges”(无切线亮边着色)、“Shading with Edges and Hidden Edges”(含虚线亮边着色)、“Shading with Materials”(含材料着色)、“Wireframe(NHR)”(线框)和“Customize View Parameters”(定制视图参数着色)等。

(11) “Hide/Show”(隐藏/显示) :该命令用于更改指定对象的隐藏或显示状态。CATIA V5 将模型空间分为两个:Visible——可见物体所在的空间和 Invisible——不可见物体所在的空间。两个空间的可见性可以相互切换;若不可见物体所在的空间切换为可见(当前显示界面),则可见物体所在的空间就切换到不可见。利用该切换可以方便物体对象特征(草图、结构等)的分类操作。

(12) “Swap visible space”(可视空间切换) :该命令用于显示窗口与隐藏窗口之间的切换。在显示窗口单击该命令则切换至隐藏窗口,屏幕显示被隐藏的对象;反之,在隐藏窗口单击该命令则切换至显示窗口,屏幕显示原本被显示的对象。

3. “Graphics Properties”(图形属性)工具栏

“Graphics Properties”(图形属性)工具栏默认处于隐藏状态,显示出来的图形属性工具栏如图 1-15 所示,在该工具栏中用户可以自定义图形的颜色、透明度、线宽、线型等属性。

图 1-15 “Graphics Properties”(图形属性)工具栏

1.6 CATIA V5 文件管理

1.6.1 新建文件

当启动 CATIA V5 软件并进入相应的工作台环境后,系统会自动建立一个对应类型的文件以保存用户创建的数据。CATIA V5 中常用的文件类型如表 1-2 所示。

表 1-2 CATIA V5 常用文件类型

文件类型	文件扩展名	保存的内容
零件	.CATPart	零件实体、草图、参考元素、曲面等
装配	.CATProduct	装配关系、装配约束、装配特征等
库目录	.CATalog	标准件库、刀具库等
工程图	.CATDrawing	图纸页、视图等

进入 CATIA V5 时，系统默认进入装配设计工作台，并自动建立一个装配文件。如果这时新建一个零件，该零件会作为装配中的一个部件，并进入零件设计工作台；如果要创建一个单独的零件文件，可以用以下两种方法来实现：

(1) 方法一：关闭当前装配工作台窗口，再新建一个零件文件。

(2) 方法二：单击设计绘图区的空白处，使特征历史树根节点 Product1 的颜色由选中状态的橘红色变为天蓝色，然后再新建一个零件文件。

1.6.2 打开已有文件

打开已有 CATIA V5 文件的方法是：单击 File(文件)下拉菜单→Open...(打开)菜单项，弹出"File Selection"(文件选择)对话框，如图 1-16 所示。通过"查找范围"下拉列表搜索文件路径，并双击最终选定的目标文件。为方便用户快速查找文件，可以勾选"Show Preview"(显示预览)复选框。

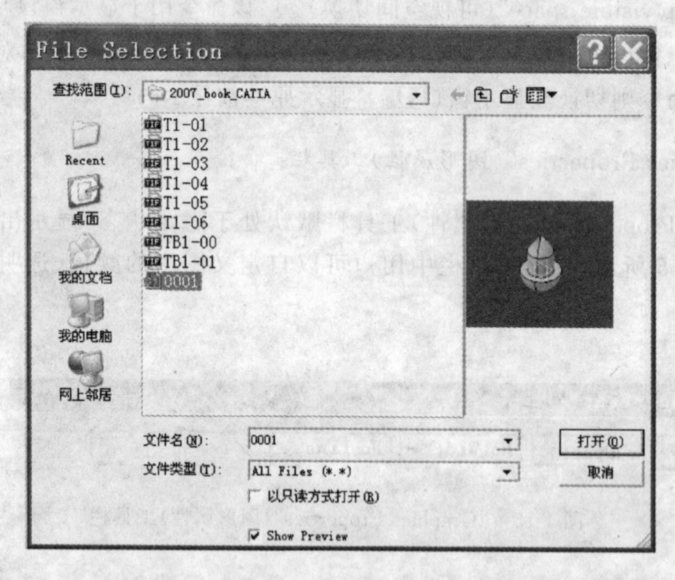

图 1-16 "File Selection"(文件选择)对话框

打开某一类型的文件，相应的工作台便被激活，同时，软件提供了编辑文件所需的各种专用工具栏及其工具命令。

1.6.3 保存文件

保存当前 CATIA V5 文件的方法是：单击 File 下拉菜单→Save 或"Save As..."菜单

项，弹出“Save As”(保存)对话框，如图 1-17 所示。确定文件存储路径，并分别指定相应的文件名和保存类型，单击“保存”按钮保存该文件。为了方便文件共享，建议用户使用数字、英文或拼音字母指定通俗易懂的文件名。

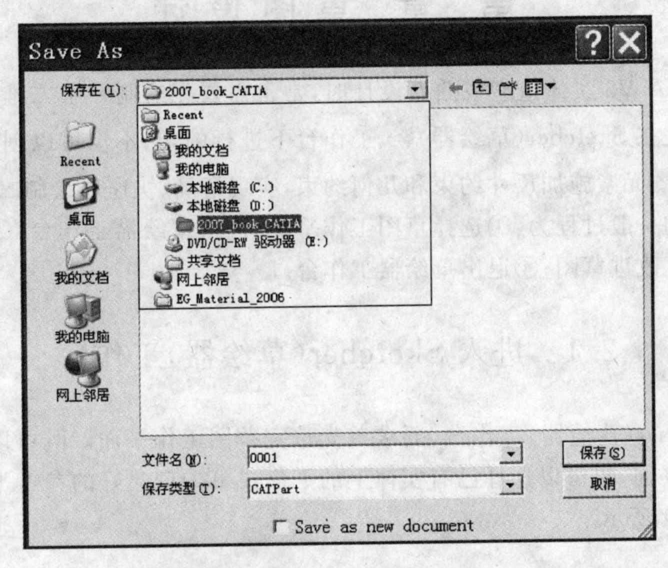

图 1-17 “Save As”(保存)对话框

1.7 思 考 题

1. CATIA V5R17 有哪些功能模块？它们是怎样分类的？
2. 怎样使用鼠标来移动、旋转、放大和缩小视图？
3. 通过 Customize 对话框怎样向已有工具栏添加新命令？可否定制新工具栏？
4. 怎样将 CATIA V5 工作区的背景颜色设置为白色？如何恢复缺省的环境变量？
5. 创建单独的零件文件有几种方式？保存文件时为文件命名应注意些什么？
6. 怎样使用鼠标来放大、缩小和移动特征历史树？
7. 怎样使用罗盘来平移和旋转视图？
8. 怎样利用鼠标来选取对象？

第二章　草图设计

运用 CATIA V5 实体造型或曲面设计时，常常需要先绘制一个二维轮廓，称之为草图。草图设计是在 Sketcher(草绘器)工作台下进行的，它不仅可以创建、编辑草图元素，还可以对草图元素施加尺寸约束和几何约束，实现精确、快速地绘制二维轮廓。

草图设计的一般过程为：①选择草图工作平面，进入草绘器工作台；②绘制、编辑、约束草图；③分析、改进草图；④退出草绘器工作台。

2.1　进入 Sketcher(草绘器)工作台

进入 Sketcher(草绘器)工作台，要求首先选定草图工作平面。既可以选择 xy、yz 和 zx 等任一坐标平面，也可以选择已有实体上的平面或事先创建好的参考平面作为草图工作平面，如图 2-1 所示。

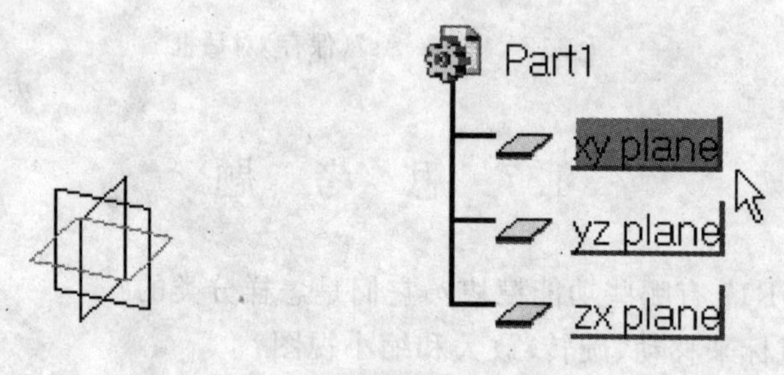

图 2-1　选择草图工作平面

进入 Sketcher(草绘器)工作台，常用如下几种方法：

(1) 单击 Start(开始)下拉菜单→“Mechanical Design”(机械设计)→Sketcher 级联菜单项，再选定草图工作平面，即可进入草绘器工作台。

(2) 单击 Start 下拉菜单→“Mechanical Design”→“Part Design”(零件设计)级联菜单项，进入零件设计工作台，然后单击 Sketch(草图)工具命令图标，选定草图工作平面，即可进入草绘器工作台。

(3) 在零件或曲面设计工作台，单击 Sketch 工具命令图标右下角的黑色小三角，选择“Positioned Sketch”(定位草图)工具命令图标，在弹出的“Sketch Positioning”(草图定位)对话框中设置参考平面以及轴系的原点和方向等参数，单击 OK 按钮，即可进入 Sketcher 工作台。此操作可以按预先指定的方位创建草图。

(4) 在零件或曲面设计工作台，双击已有的草图，即可进入 Sketcher 工作台。

(5) 单击 Workbench(工作台)图标，在事先定制的“Welcome to CATIA V5”开始对话框中选择 Sketcher 工作台图标，即可进入草绘器工作台。

2.2 常用辅助工具栏

草绘器工作台提供了“Sketch tools”(草图工具)、Select(选择)、Workbench(工作台)、Profile(轮廓)、Operation(编辑)、Constraint(约束)以及 Tools(工具)等工具栏,可以实现草图的绘制、编辑、约束、分析等功能。本节主要介绍前三个工具栏。

2.2.1 “Sketch tools”(草图工具)工具栏

在草绘器工作台有一个“Sketch tools”(草图工具)工具栏,如图 2-2 所示,该工具栏上提供了丰富的绘图辅助工具以及已激活命令的相应命令选项,是草图设计必不可少的工具,工具栏中的一些内容会随所执行命令的不同而不同。

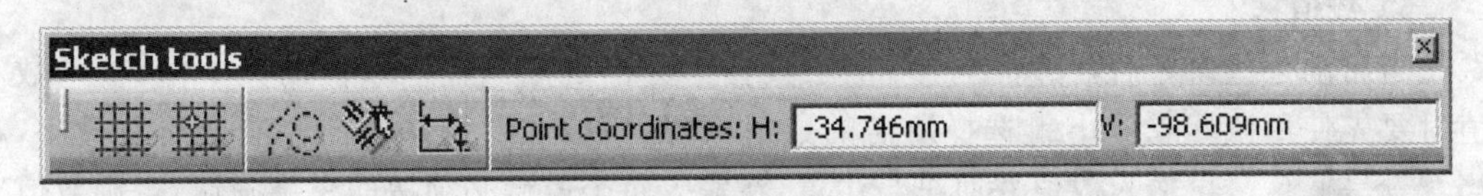

图 2-2 “Sketch tools”工具栏

1) Grid(网格)

激活此选项,可在草图平面内显示网格。设置网格间距和刻度方法:选择下拉菜单 Tools (工具)→Options (选项)→“Mechanical Design”(机械设计)→Sketcher (草绘器),然后在对话框中进行定义。

2) “Snap to Point”(点捕捉)

激活此选项,无论网格是否显示,光标将只捕捉到网格节点。

3) “Construction/Standard Element”(构造元素/标准元素)

元素指的是组成草图的几何图形元素。绘制草图轮廓使用的是标准元素,以实线的形式显示。在某些情况下,为方便设计,会使用构造元素,它类似于画图时使用的辅助线,显示为虚线。构造元素不直接参与创建三维特征。创建标准元素和构造元素的画图方法相同,区别在于是否激活此选项。

4) “Geometrical Constraints”(创建几何约束)

激活此选项,在绘制草图时系统会自动生成检测到的所有几何约束,如图 2-3(a)所示草图中的约束 H(水平线)、V(垂直线)。如不激活此选项,则不会添加任何约束,如图 2-3(b)所示。

注意:Visualization(显示)工具栏中的二按钮分别用于控制尺寸约束和几何约束的显示,只有激活这两个选项,创建的尺寸约束和几何约束才会显示。

5) “Dimensional Constraint”(创建尺寸约束)

激活此选项,如果创建轮廓时在“Sketch tools”末端的数值框中输入了数值,则系统会对草图施加相应的尺寸约束,图 2-3(a)中标注的点坐标及矩形的长、宽尺寸就是在数值段中输入的数值。但如果是用光标选择的点,或没有激活此选项,就不会施加这些尺寸约束，如图 2-3(b)所示。

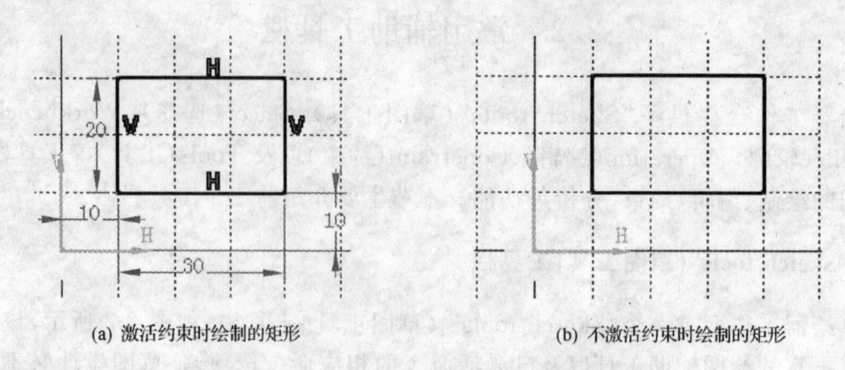

(a) 激活约束时绘制的矩形　　(b) 不激活约束时绘制的矩形

图 2-3　几何约束和尺寸约束

6) 数值框

当启动某些命令后，"Sketch tools"工具栏中会出现用来输入数值的文本框，输入数值时要先使用鼠标或 Tab 键选择所需的数值框，然后按住左键从右向左刷全所有数字，当背景呈蓝色时再输入数值并回车。注意：在输入每个值后必须按回车键确认，否则数值会继续随光标的移动而改变。

2.2.2　Select(选择对象)工具栏

在 Sketcher (草绘器)工作台，Select(选择对象)工具栏提供了如下 8 种不同的方式来选择对象：选择、几何图形上方的选择框、矩形选择框、相交矩形选择框、多边形选择框、手绘的选择框、矩形选择框之外、相交矩形选择框之外等，如图 2-4 所示。

图 2-4　Select(选择对象)工具栏

1) Select(选择)

单击 Select 按钮，进入选择状态。单击要选择的对象，该对象会被选中并显示为橙色。按住 Ctrl 键选择对象，可同时选择多个对象；按住 Ctrl 键再次选择已选的对象，可以取消对该对象的选择；若要取消所有选择，在草图空白处单击鼠标即可；按住鼠标左键拉出的选择框还可以框选对象。

2) "Selection trap above Geometry"(几何图形上方的选择框)

激活此选项，会启动几何图形上方的选择框，而不会选择单个对象。选择框完成后，将自动取消该命令。

3) "Rectangle Selection Trap"(矩形选择框)

激活此选项，通过框选来选择对象，只有完全位于矩形框内的对象才被选中。

4) "Intersecting Rectangle Selection Trap"(相交矩形选择框)

激活此选项，通过框选来选择对象，而且矩形之内以及与其相交的对象都将被选中。

5)"Polygon Selection Trap"(多边形选择框)

激活此选项,可通过绘制封闭式的多边形来选择对象。位于多边形之内的对象将被选中。

6)"Free Hand Selection Trap"(手绘的选择框)

激活此选项,通过在对象上手动绘制的图线来选择对象,图线所经过的所有对象都将被选中。

7)"Outside Rectangle Selection Trap"(矩形选择框之外)

激活此选项,绘制矩形并选择完全位于矩形之外的对象。

8)"Outside Intersecting Rectangle Selection Trap"(相交矩形选择框之外)

激活此选项,通过框选来选择对象。任何位于矩形之外以及部分位于矩形之外的对象都将被选中。

2.2.3 Workbench(工作台)工具栏

在 Workbench(工作台)工具栏上有 Sketcher(草绘器)和"Exit workbench"(退出工作台)两个图标,如图 2-5 所示。

图 2-5 Workbench(工作台)工具栏

如果事先定制了工作台组,在单击 Sketcher 图标后可以打开"开始对话框",快速切换到其他常用的工作台。完成草图设计后,单击"Exit workbench"工具图标即可返回到相应的零件或曲面设计工作台。

2.3 草图绘制

草绘器工作台提供了一组用于创建二维几何图形和更精确的预定义轮廓的命令,可以通过选择 Profile(轮廓)工具栏中相应的图标(如图 2-6 所示),或者单击 Insert(插入)下拉菜单→Profiles(轮廓)→选择相应绘图命令,绘制各种几何图形。

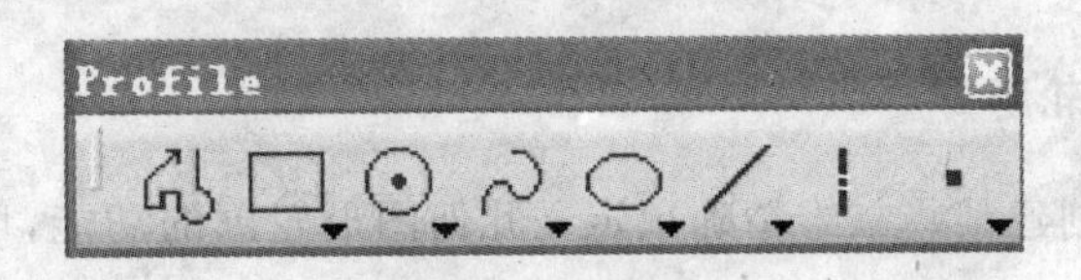

图 2-6 Profile(轮廓)工具栏

2.3.1 绘制连续轮廓

该命令可连续地创建由直线和圆弧组成的轮廓,如果轮廓封闭则自动退出命令,也可以在连续图形的最后一点双击鼠标左键,结束命令。按键盘上的 Esc 键也可退出,或单击其他图标直接转换至其他命令。具体绘图步骤如下:

(1) 单击 Profiles(轮廓)工具命令图标,在"Sketch tools"工具栏上会显示三种轮廓模式选项及用于定义轮廓的数值框，如图 2-7 所示。

图 2-7 “Sketch tools ”(草图工具) 工具栏

三种轮廓模式分别为

① ：Line(直线)，连续绘制直线，为默认模式；

② ：“Tangent Arc” (相切弧)，接下来将绘制与前一线段相切的圆弧；

③ ：“Three Point Arc”(三点弧)，接下来将绘制由三个点确定的圆弧。

(2) 在“Sketch tools” (草图工具栏)中为各个点键入坐标值，并逐一按回车键确认。其中 H 代表点的水平坐标值，V 代表点的垂直坐标值，L 代表当前点与前一点之间直线段的长度，A 代表当前点和前一点的连线与水平轴正向之间的夹角。也可用鼠标单击屏幕绘图区内的任一点作为输入点。

(3) 激活“Tangent Arc”选项，在 H、V 数值框中输入终点的直角坐标值，或先给定圆弧的半径值 R，创建与前一段线相切的圆弧。也可以用鼠标直接拾取终点。在确定终点时，按住鼠标左键拖动，然后释放，也可以创建相切弧，如图 2-8 所示。

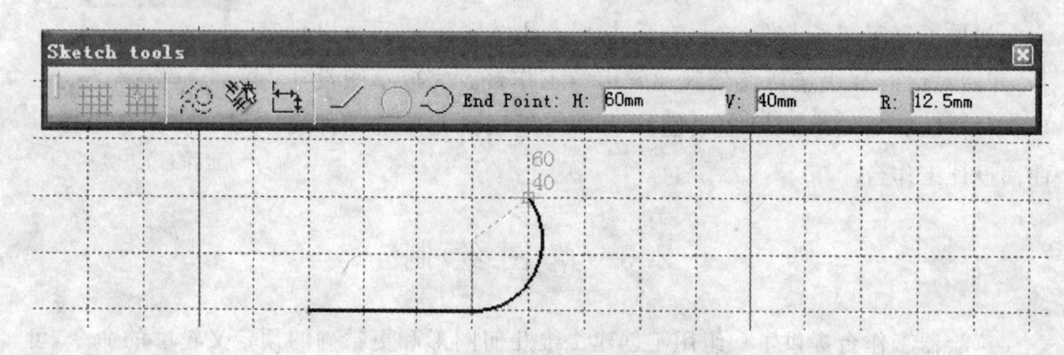

图 2-8 “Sketch tools ”(草图工具) 工具栏

(4) 激活“Three Points Arc”选项，可通过给定圆弧上的点或半径创建一段弧。

2.3.2 绘制预定义轮廓

CATIA V5 有创建某些二维精确预定义几何图形轮廓的功能，可以通过单击下拉菜单 Insert (插入)→Operation (操作)→“Predefined Profile”(预定义轮廓)或“Predefined Profile”(预定义轮廓)子工具栏中相应的工具命令图标，来绘制预定义轮廓。单击 Profile 工具栏中工具命令图标右下角的黑三角，弹出“Predefined Profile”(预定义轮廓)子工具栏，如图 2-9 所示。

图 2-9 “Predefined Profile”(预定义轮廓)子工具栏

1) Rectange(矩形)

该命令用于在草图平面上创建矩形。既可以使用“Sketch tools ”工具栏,也可使用光标取点创建矩形。具体操作步骤如下:

(1) 单击 Rectange(矩形)工具命令图标;

(2) “Sketch tools ”工具栏显示用于定义矩形的数值框,输入坐标确定左下角的点;

(3) 输入坐标定义右上角点或给定 Width(宽,水平边长)和 Height(高,铅直边长),如图 2-10,即可创建完成矩形。

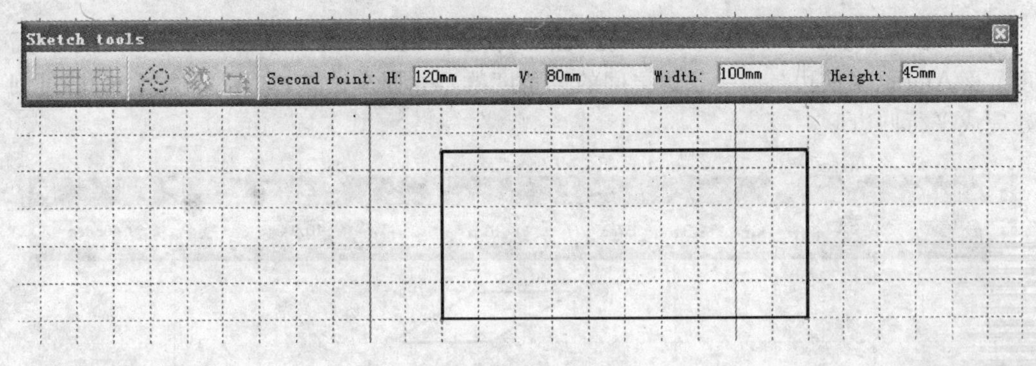

图 2-10 Rectange(矩形)

2) “Oriented Rectangle”(斜置矩形)

该命令可以在所选择的方向上创建斜置的矩形。具体操作步骤如下:

(1) 单击“Oriented Rectangle”(斜置矩形)工具命令图标;

(2) 输入数值、回车,确定斜置矩形的第一个角点,如图 2-11(a)所示,并确定第二个

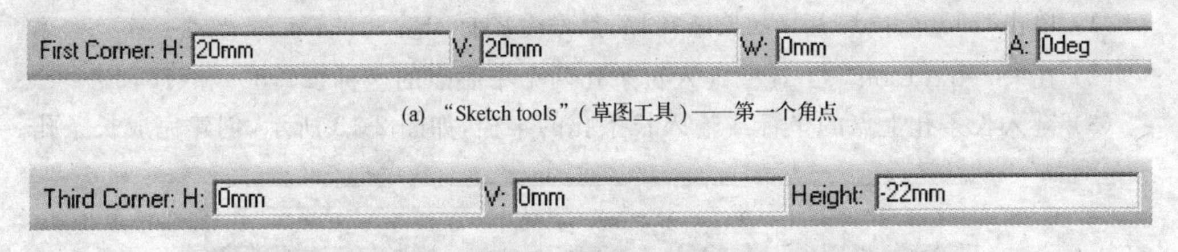

(a) “Sketch tools”(草图工具)——第一个角点

(b) “Sketch tools”(草图工具)——第三个角点

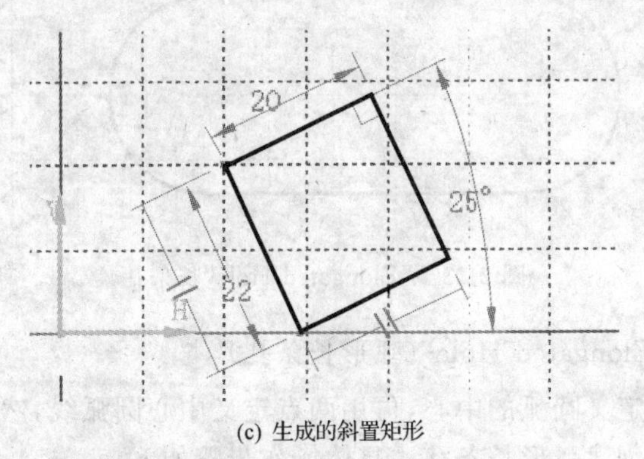

(c) 生成的斜置矩形

图 2-11 “Oriented Rectangle”(斜置矩形)

角点，从而确定了矩形的一条边和方位；

(3) 在“Sketch tools”（草图工具栏）中为第三个角键入坐标值或给定矩形 Height（高度），如图 2-11(b)所示，然后回车。创建完成的斜置矩形如图 2-11(c)所示。

3) Parallelogram(平行四边形)

该命令可以创建平行四边形。具体操作步骤如下：

(1) 单击 Parallelogram(平行四边形)工具命令图标；

(2) 利用“Sketch tools ”工具栏或光标定义两个端点(20,20)和(37,10)，作为平行四边形的一条边；

(3) 在“Sketch tools ”工具栏中键入第三点坐标值或给定 Height（平行四边形的高度）及 Angle(当前边与前一条边之间的锐角度数)，并回车确认，如图 2-12 所示，即可创建完成平行四边形。

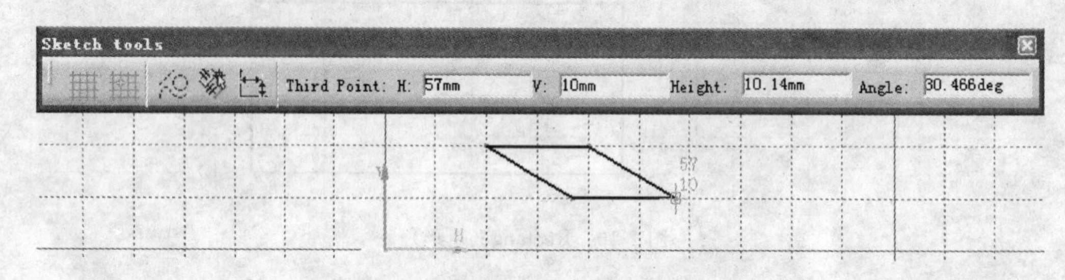

图 2-12　Parallelogram(平行四边形)

4) “Elongated Hole”(长条孔)

该命令可以通过确定两个点来定义轴，然后定义与长条孔宽度相对应的点创建长条孔。具体操作步骤如下：

(1) 单击“Elongated Hole”(长条孔)工具命令图标；

(2) 在“Sketch tools ”工具栏键入长条孔两个中心点的坐标(20,30)和(70,30)；

(3) 键入长条孔上点的坐标或输入长条孔的半径，如图 2-13 所示，创建完成长条孔。

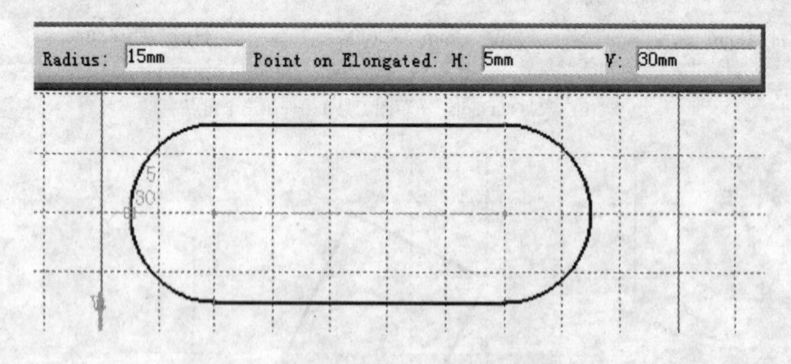

图 2-13　“Elongated Hole”长条孔

5) “Cylindrical Elongated Hole”(弧形长条孔)

该命令可以通过定义圆弧的中心，再用两点定义中心圆弧线，然后再定义与弧形长条孔宽度相对应的点来创建弧形长条孔。具体操作步骤如下：

(1) 单击“Cylindrical Elongated Hole”(弧形长条孔)工具命令图标；

(2) 定义中心圆弧线的圆心坐标为(20,20)；

(3) 确定轴线弧的起点和终点分别为(10,40)和(40,10)；

(4) 定义圆弧形长条孔上的点(50,20)，或给出确定圆弧形长条孔宽度的半径值7.639，如图 2-14 所示，即可创建完成圆弧形长条孔。

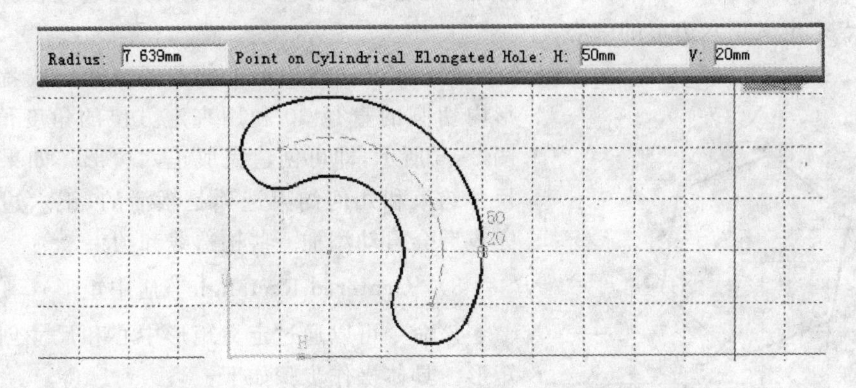

图 2-14 “Cylindrical Elongated Hole”(弧形长条孔)

6) “Keyhole Profile”(钥匙孔轮廓)

该命令可以通过定义中心轴，然后定义与两个半径相对应的点来创建钥匙孔轮廓。具体操作步骤如下：

(1) 单击“Keyhole Profile”(钥匙孔轮廓)工具命令图标。

(2) 在“Sketch tools ”工具栏内输入钥匙孔中心轴两个端点的坐标值(40,50)和(40,20)，或者在屏幕上直接拾取两点来定义中心轴。中心轴的起点同时是大圆弧的圆心，中心轴的终点是小圆弧的圆心。

(3) 依次在“Sketch tools ”工具栏内输入数值或单击定义小圆弧上的一点，如图 2-15(a)所示，再定义大圆弧上的一点，如图 2-15(b)。结果创建得到如图 2-15 所示的钥匙孔轮廓。

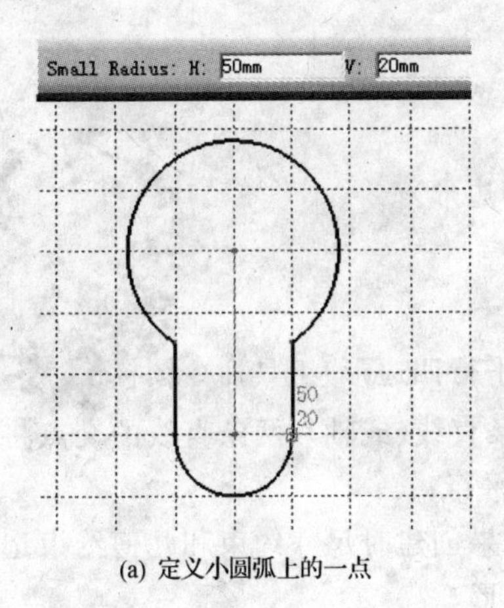

(a) 定义小圆弧上的一点

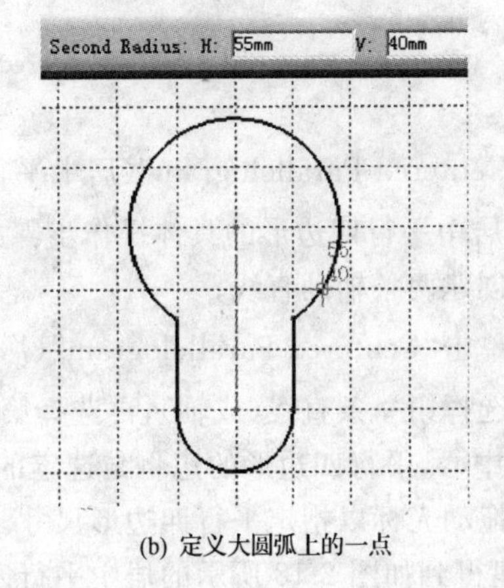

(b) 定义大圆弧上的一点

图 2-15 “Keyhole Profile”(钥匙孔轮廓)

7) Hexagon(正六边形)

该命令可以通过定义中心及内切圆或外接圆直径创建正六边形。具体操作步骤如下：

(1) 单击 Hexagon(正六边形)工具命令图标；

(2) 在“Sketch tools ”工具栏内输入中心点的坐标值(25,25),或者通过在屏幕上直接拾取点来定义正六边形的中心；

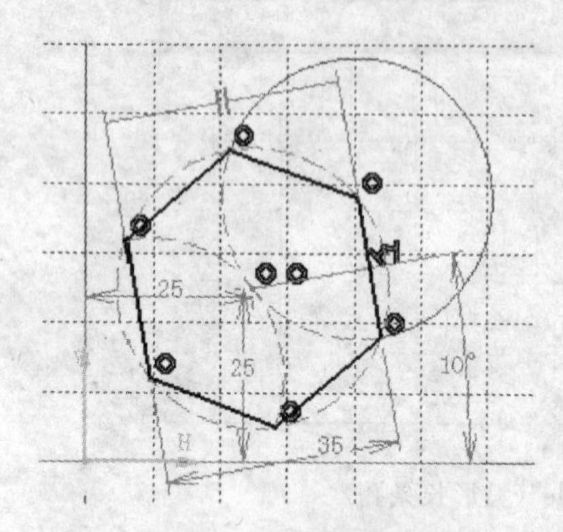

图 2-16 Hexagon(正六边形)

(3) 定义正六边形上的点(50,30),或者正六边形内切圆的直径 30 和用来定方位的角度值 10,如图 2-16 所示,即可创建完成正六边形。如果创建时尺寸约束和几何约束选项是激活的,正六边形创建完成后会自动添加一些构造线和约束。

8) “Centered Rectangle”(居中矩形)

该命令可以通过定义矩形中心和尺寸创建居中矩形。具体操作步骤如下：

(1) 单击“Centered Rectangle”(居中矩形)工具命令图标；

(2) 在“Sketch tools ”工具栏内键入矩形中心坐标(40,30)；

(3) 拖动光标或在草图工具栏内输入相应值,创建居中矩形,如图 2-17 所示。

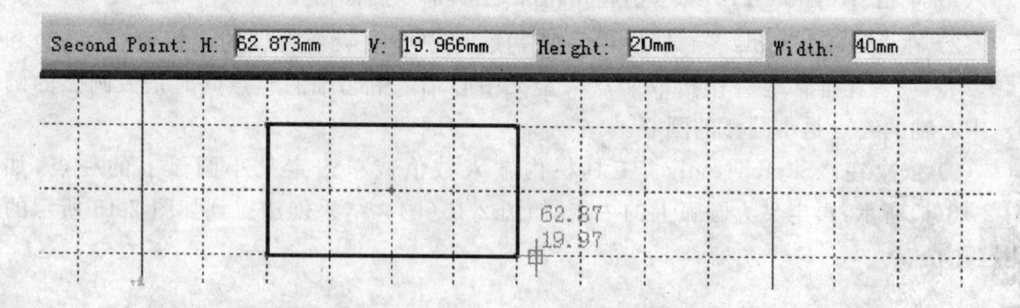

图 2-17 “Centered Rectangle”(居中矩形)

9) “Centered Parallelogram”(居中平行四边形)

创建居中平行四边形的具体操作步骤如下：

(1) 创建两条辅助直线；

(2) 单击“Centered Parallelogram”(居中平行四边形)工具命令图标；

(3) 选择第一条直线(或轴),再选择第二条直线(或轴),两条直线的交点将作为平行四边形的中心,平行四边形的边将与选定的线平行；

(4) 拖动光标以指定平行四边形尺寸。如果创建时尺寸约束和几何约束选项是激活的,将创建得到如图 2-18 所示的居中平行四边形。

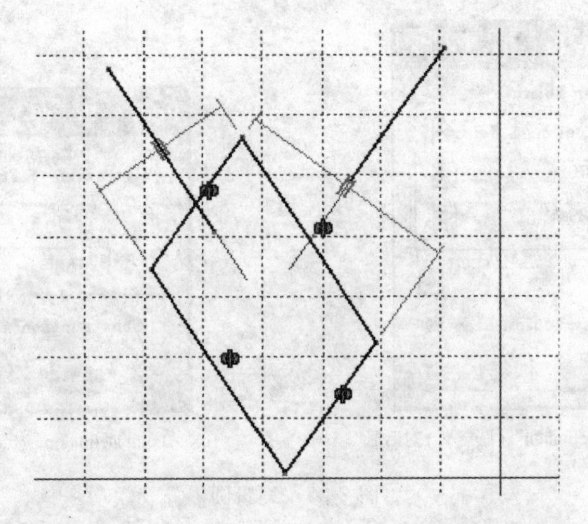

图 2-18 “Centered Parallelogram”(居中平行四边形)

2.3.3 绘制圆

单击 Profile 工具栏上 Circle(创建圆)工具命令图标右下角的黑色三角，弹出 Circle(创建圆)子工具栏，如图 2-19 所示。该工具栏提供了各种绘制圆和圆弧的工具。

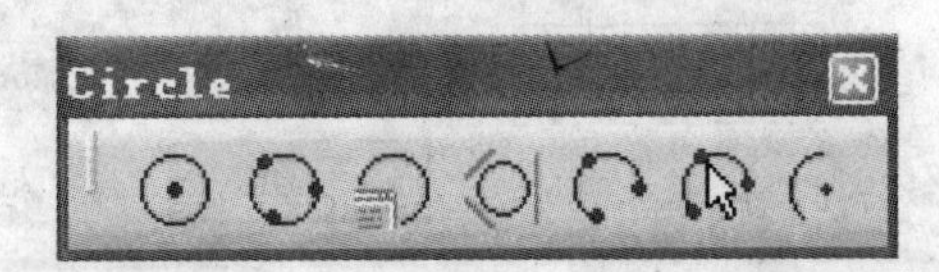

图 2-19 Circle(创建圆)子工具栏

1) Circle(创建圆)

该命令可以通过定义圆心和半径来创建圆，具体操作步骤如下：

(1) 单击 Circle 工具命令图标；

(2) 利用“Sketch tools”工具栏输入圆心坐标值，或者直接在屏幕上拾取圆心点；

(3) 接着在“Sketch tools ”工具栏中输入圆的半径，或者在屏幕圆心之外拾取圆上一点来定义圆的半径，即可得到一个圆。

创建完成圆后，可以对其进行编辑，具体编辑方法如下：

(1) 双击圆，弹出“Circle Definition”(圆定义)对话框，如图 2-20(a)所示，在对话框中可以对相应的参数进行修改；而双击在创建圆过程中输入的点元素(如圆心)，将弹出“Point Definition”(点定义)对话框，可以对点进行编辑，如图 2-20(b)所示。两对话框下端各有一个“Construction element”(构造元素)复选框，可以将所选元素转换为构造元素或标准元素。

(2) 如果施加了半径或直径约束，则在双击约束后会弹出“Constraint Definition”(约束定义)对话框，如图 2-21 所示。

【Dimension】(尺寸)：可以切换为 Radius(半径)或 Diameter(直径)；

【Diameter】(直径)：可以修改直径尺寸数值。

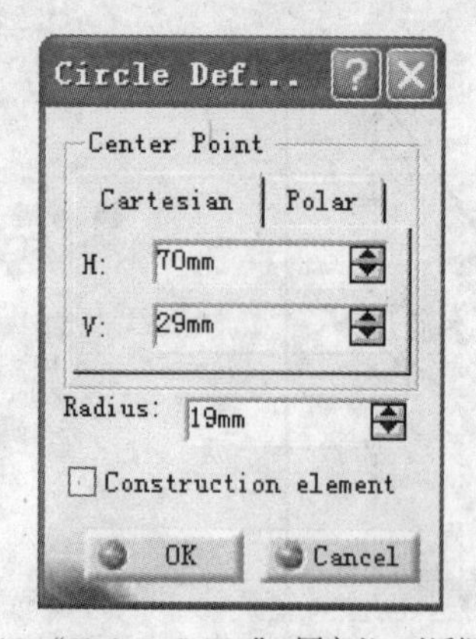

(a) "Circle Definition"（圆定义）对话框

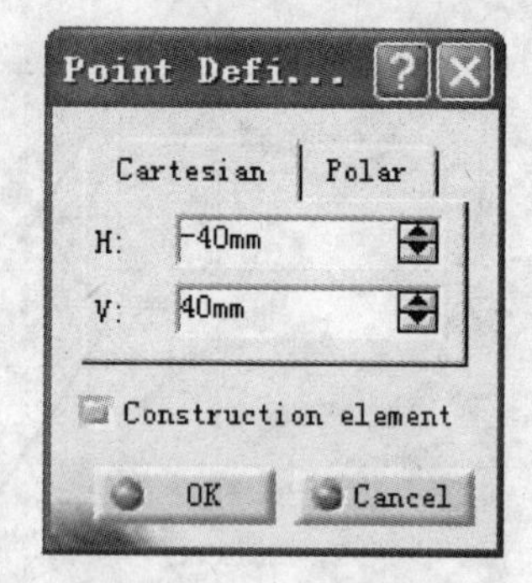

(b) "Point Definition"（点定义）对话框

图 2-20　编辑圆

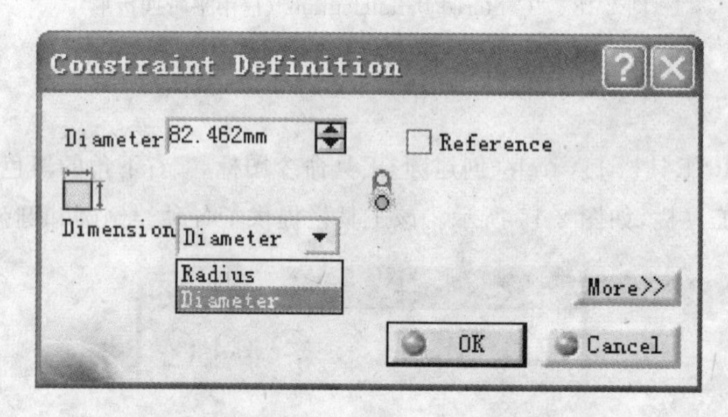

图 2-21　"Constraint Definition"(约束定义)对话框

(3) 在没有半径约束的情况下,可以直接拖动圆来改变其大小。

2) "Three Point Circle"(创建三点圆)

该命令可以通过定义圆上的三个点来创建圆,具体操作步骤如下:

(1) 单击"Three Point Circle"(三点圆)工具命令图标;

(2) 使用"Sketch tools"工具栏输入或直接拾取圆上的第一个点,如(10,10);

(3) 同理,再定义圆上的第二个点,如(50,20);

(4) 定义圆上的第三个点,如(30,40),结果得到如图 2-22 所示的圆;也可以通过定义两点及半径的方法创建圆。

3) "Circle Using Coordinates"(使用坐标创建圆)

该命令通过对话框定义圆心和半径来创建圆。既可以使用直角坐标,也可以使用极坐标。具体操作步骤如下:

(1) 单击"Circle Using Coordinates"(使用坐标创建圆)工具命令图标,弹出类似于图 2-20(a)所示"Circle Definition"(圆定义)对话框,可以输入直角坐标或极坐标,但是没有"Construction element"(构造元素)复选框;

(2) 在对话框中输入圆心的 H、V 坐标值以及圆的 Radius(半径)值,单击 OK 确定。

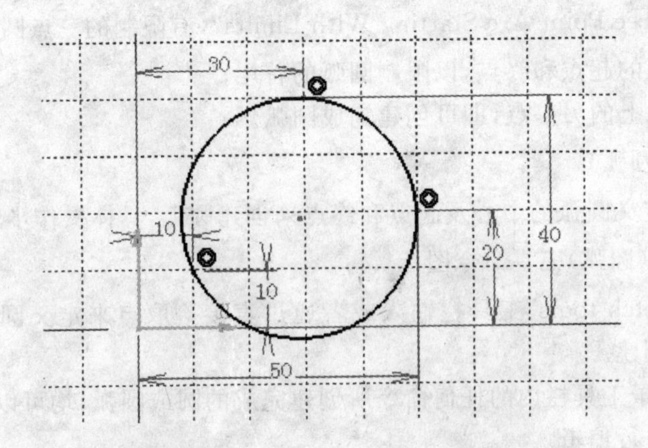

图 2-22 “Three Point Circle”(三点圆)

也可以单击已有点作为圆心参考点,然后再输入相对坐标值。

4)“Tri-Tangent Circle”(三切线圆)

该命令可以通过圆的三条切线创建圆,切线可以是直线或圆弧。具体操作步骤如下:

(1) 假如已绘制好两个圆和一条直线,如图 2-23(a)所示;

(2) 单击“Tri-Tangent Circle”(三切线圆)工具命令图标;

(3) 分别选择与绘制圆相切的三条切线,即可创建得到如图 2-23(b)所示的圆。

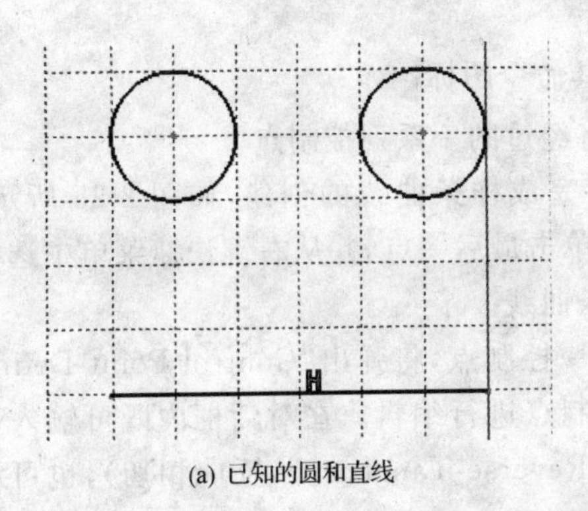

(a) 已知的圆和直线

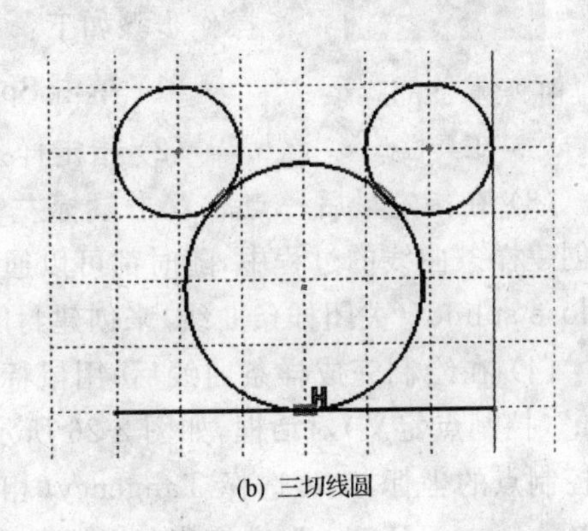

(b) 三切线圆

图 2-23 创建三切线圆

5)“Three Point Arc”(三点圆弧)

该命令可以通过依次定义弧的起点、第二点和终点来创建圆弧。具体操作步骤如下:

(1) 单击“Three Point Arc”(三点圆弧)工具命令图标;

(2) 使用“Sketch tools”工具栏输入或者通过直接拾取点来定义圆的起点、第二点和终点,即可完成三点圆弧的创建。

6)“Three Point Arc Starting With Limits”(有限制的三点圆弧)

该命令与“Three Point Arc”(三点圆弧)命令的区别仅在于给定点的顺序的不同。具体操作步骤如下:

(1) 单击“Three Point Arc Starting With Limits”(有限制的三点圆弧)工具图标；

(2) 定义圆弧的起点和终点，以限制圆弧的首尾；

(3) 定义圆弧上的另一点，即可创建完成圆弧。

7) Arc(创建圆弧)

该命令通过定义圆弧的中心及起点和终点来创建圆弧，具体操作步骤如下：

(1) 单击 Arc(圆弧)工具命令图标；

(2) 使用“Sketch tools”工具栏输入或者通过直接拾取点来定义圆心、起点和终点，即可完成圆弧的创建。

注意：用画圆子工具栏内的任何命令所创建完成的圆或圆弧，均可以使用在创建圆命令中介绍的方法进行编辑。

2.3.4 创建样条曲线

单击 Profile 工具栏上 Spline(样条曲线)工具命令图标右下角的黑色三角，将弹出 Spline 子工具栏，如图 2-24 所示。该工具栏上提供了创建样条曲线和曲线连接两种工具命令。

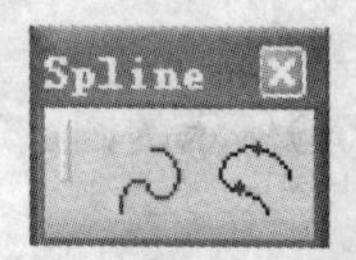

图 2-24 Spline 子工具栏

1) Spline(样条曲线)

该命令可以通过创建一系列控制点来创建样条曲线。具体操作步骤如下：

(1) 单击 Spline 工具命令图标。

(2) 指定样条曲线将经过的一系列控制点。

(3) 在指定最后一点时双击鼠标左键，即可完成样条曲线的创建，如图 2-25 所示。在创建样条曲线的过程中，随时都可以通过右键单击最后一点，并从右键快捷菜单中选择“Close spline”(关闭样条曲线)来创建封闭的样条曲线。

(4) 在绘制完成样条曲线后，用鼠标双击任一控制点，将弹出“Control Point Definition”(控制点定义)对话框，如图 2-26 所示，对控制点进行编辑。在对话框内既可输入新的控制点的坐标，又可选择 Tangency(相切)或“Reverse Tangency”(反向相切)，也可激活“Curvature Radius”(曲率半径)选项。

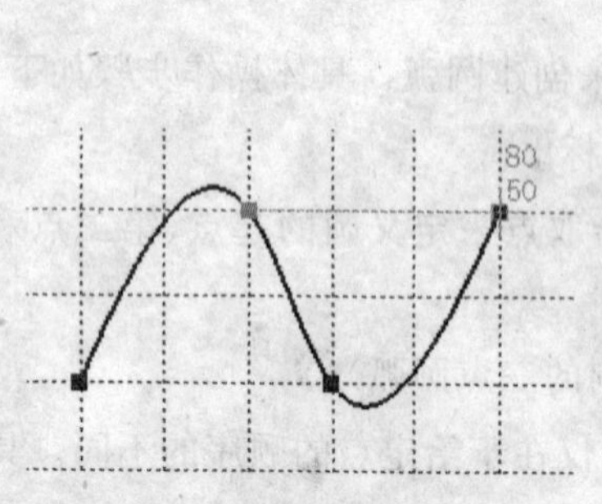

图 2-25 Spline(样条曲线)

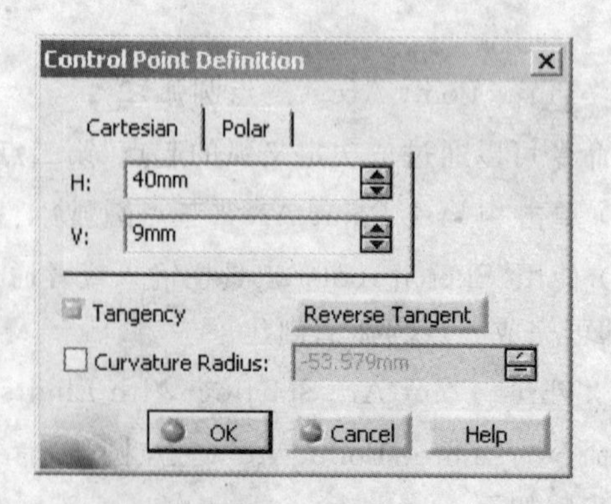

图 2-26 “Control Point Definition”(控制点定义)对话框

2) Connect(曲线连接)

该命令可以用一条样条曲线(包括弧、样条曲线或直线)连接两条分离的样条曲线。连接曲线与两条被连接曲线关联,并可以选择与被连接曲线点连续、曲率连续或切线连续,而且可以定义每个连接点处的张度值和连续方向。具体操作步骤如下:

(1) 假设已有两条分离的样条曲线,如图 2-27(a)所示。

(2) 单击"Connect with an Spline"(用样条曲线连接曲线)工具命令图标,此时,"Sketch tools"工具栏会显示用于定义连接的连接选项和连续选项,如图 2-28 所示。

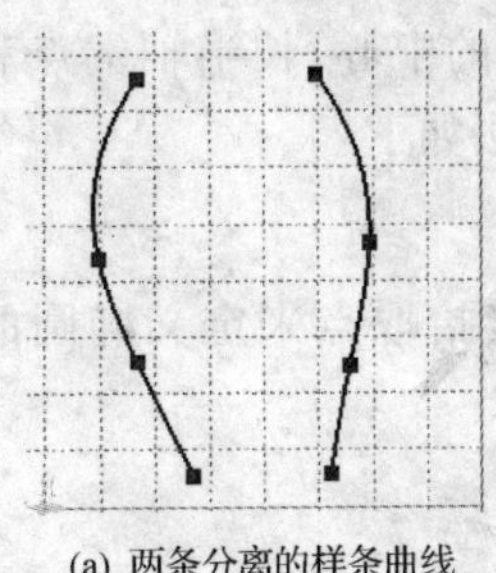

(a) 两条分离的样条曲线

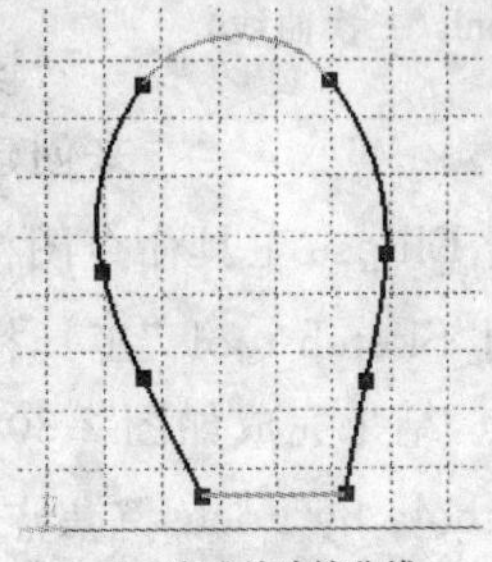

(b) 完成的连接曲线

图 2-27 曲线连接

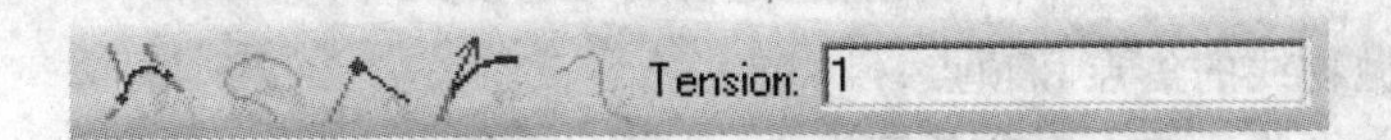

图 2-28 "Sketch tools"工具栏——曲线连接选项

连接选项包括:

① "Connect with an Arc" (用弧连接);

② "Connect with an Spline" (用样条曲线连接),(默认情况下选择该选项)。

连续选项包括:

① "Continuity in point" (点连续);

② "Continuity in tangency" (切线连续);

③ "Continuity in curvature" (曲率连续)(默认情况下选择该选项)。

如果选择点连续,则连接线为一直线。

Tension(张度值)只可用于"Continuity in tangency" (切线连续)和"Continuity in curvature"(曲率连续)选项。默认值为 1,而 0 值对应于点连续。

(3) 选择要连接的第一样条曲线和第二样条曲线,即可完成曲线连接。选择元素时单击的位置很重要,如果单击控制点,则控制点将自动被用作连接曲线的起点或终点;单击非控制点处则选择就近的端点为连接点,如图 2-27(b)所示。

(4) 如果在"Sketch tools"工具栏中选择"Connect with an Arc "(用弧连接)选项,则连接曲线为一圆弧。

(5) 双击连接曲线,出现"Connect Curve Definition"(连接曲线定义)对话框,可以编辑连接曲线。拖动连接曲线，被连接曲线将相应地更改。连接曲线不能修剪或打断。

2.3.5 创建二次曲线

单击 Profile 工具栏上 Ellipse（椭圆）工具命令图标右下角的黑色三角，将弹出 Conic（二次曲线）子工具栏，如图 2-29 所示。该工具栏上提供了创建椭圆、抛物线、双曲线、五点二次曲线等工具命令。本节只介绍常见的椭圆、抛物线和双曲线的创建方法。

图 2-29　Conic（二次曲线）子工具栏

1）Ellipse（椭圆）

该命令通过定义椭圆的中心、长半轴端点和短半轴端点来创建椭圆，具体操作方法如下：

（1）单击 Ellipse 工具命令图标；

（2）使用“Sketch tools”工具栏输入或者通过直接拾取点来定义椭圆的中心点和两个半轴的端点，结果完成如图 2-30 所示的椭圆。

2）“Parabola by Focus”（焦点抛物线）

该命令可以通过依次定义焦点、顶点以及抛物线的两个端点来创建抛物线，具体操作方法如下：

（1）单击“Parabola by Focus”（焦点抛物线）工具命令图标；

（2）定义抛物线的焦点和顶点；

（3）定义与抛物线终点对应的两个点，结果创建得到如图 2-31 所示的抛物线。

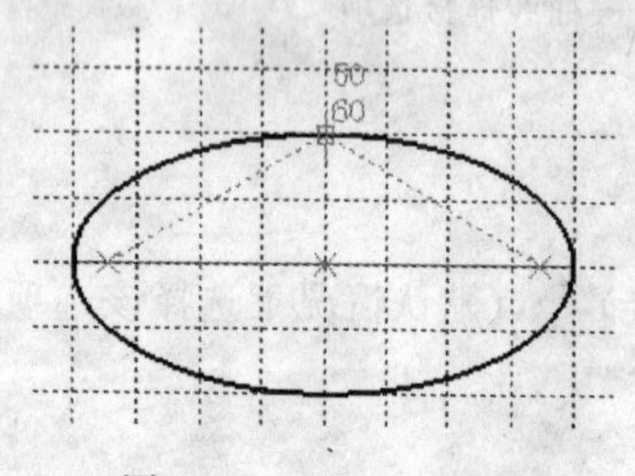

图 2-30　Ellipse（椭圆）

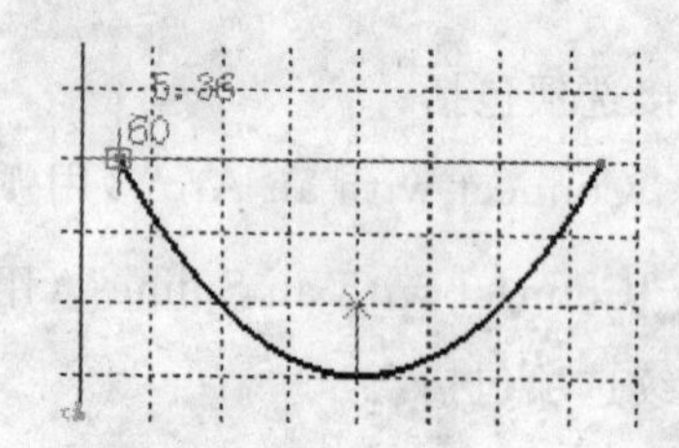

图 2-31　“Parabola by Focus”（焦点抛物线）

3）“Hyperbola by Focus”（焦点双曲线）

该命令可以通过依次定义焦点、中心、顶点和两个端点来创建双曲线，具体操作方法如下：

（1）单击“Hyperbola by Focus”（焦点双曲线）工具命令图标；

（2）定义双曲线的焦点、中心和顶点。焦点以十字符号表示；

（3）单击与双曲线终点对应的两个点，结果创建得到如图 2-32 所示的双曲线。

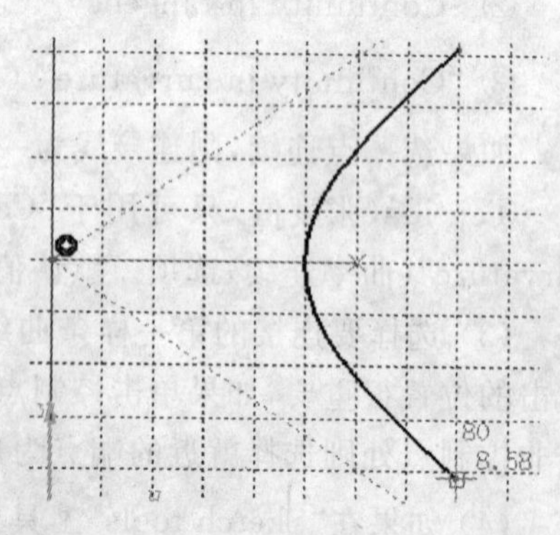

图 2-32　“Hyperbola by Focus”（焦点双曲线）

2.3.6 创建直线

单击 Profile 工具栏上 Line(直线)工具命令图标右下角的黑色三角,将弹出 Line 子工具栏,如图 2-33 所示。该工具栏上提供了绘制直线的多种工具图标。

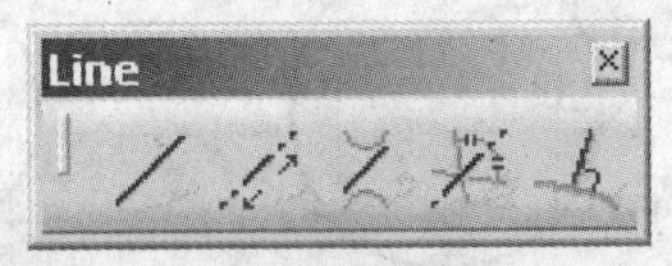

图 2-33 Line 子工具栏

1) Line(直线)

该命令通过定义两点来创建直线,具体操作步骤如下:

(1) 单击 Line 工具命令图标;

(2) 定义起点和终点。可以在“Sketch tools”工具栏中给定直线的坐标值或直线的长度和角度,即可创建直线,如图 2-34 所示。

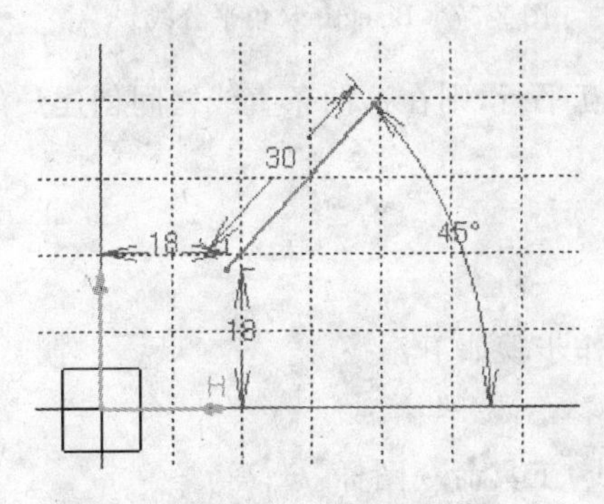

图 2-34 Line(直线)

2) “Infinite Line”(无限长直线)

该命令可以创建水平或垂直的无限长直线,或者通过两个点来创建无限长的倾斜直线。具体操作方法如下:

单击“Infinite Line”工具命令图标,“Sketch tools”工具栏中将显示三个选项,如图 2-35 所示。

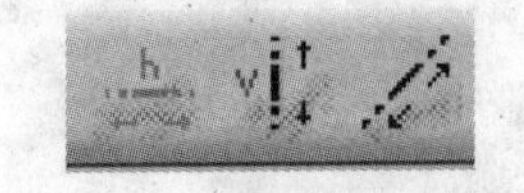

图 2-35 “Sketch tools”工具栏

① :“Horizontal Line”(水平线),定位一点即可创建水平线;

② :“Vertical Line”(垂直线),定位一点即可创建垂直线;

③ :“Line Through Two Points”(两点直线),定义无限长线上的两点或一点和角度,即可创建直线。

3) Bi-tangent(双切线)

该命令可以创建两个元素的公切线。

以创建两个圆的公切线为例进行说明,具体操作步骤如下:

(1) 使用创建圆的工具绘制两个圆;

(2) 单击 Bi-tangent(双切线)工具命令图标;

(3) 分别选择事先创建的两个圆,生成这两个圆的公切线,如图 2-36 所示。选择圆时的位置不同,得到公切线的位置也会不同。

4) Bisecting(角平分线)

该命令可以创建两条相交直线的无限长角平分线,具体操作步骤如下:

(1) 单击 Bisecting(角平分线)工具命令图标;

(2) 分别选择两条直线,即可创建得到如图 2-37 所示的无限长角平分线。

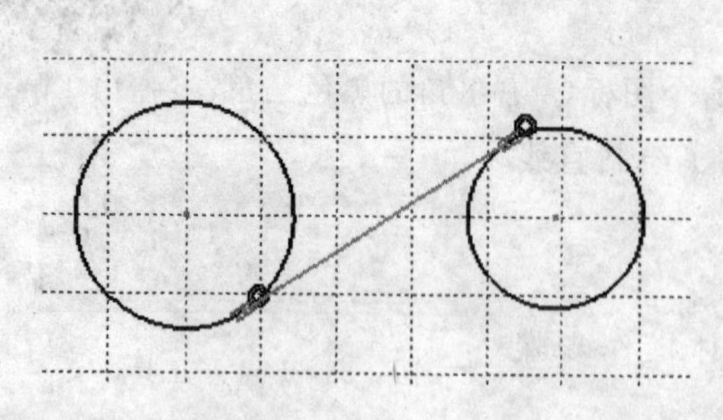

图 2-36　两圆的公切线

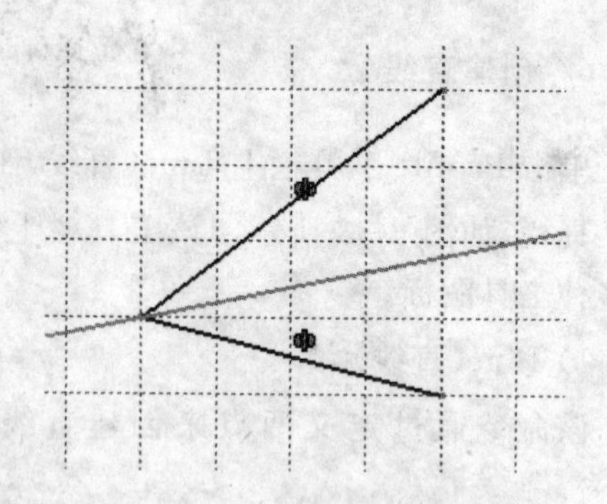

图 2-37　Bisecting(角平分线)

如果在激活该工具命令后,选定的两条直线相互平行,则在这两条直线之间创建一条距二者等距离的直线。

5)"Line Normal To Curve"(曲线的法线)

该命令可以创建曲线的法线。

以创建样条曲线的法线为例进行说明,具体操作步骤如下:

(1) 创建一条样条曲线;

(2) 单击"Line Normal To Curve"(曲线的法线)工具命令图标;

(3) 指定曲线外的一点,该点将是所创建曲线法线的一个端点;

(4) 选择曲线,即可创建得到如图 2-38 所示的曲线的法线。

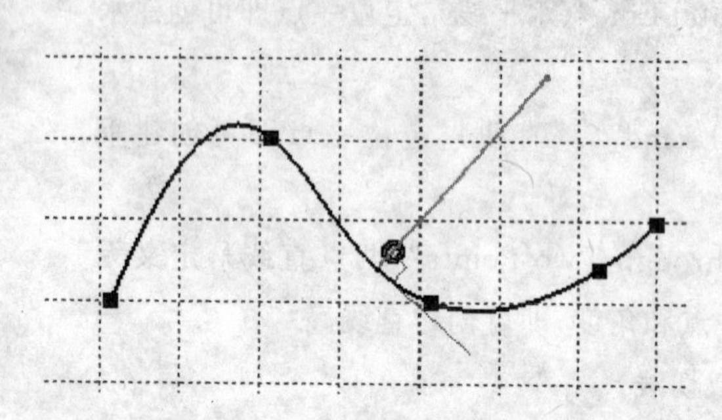

图 2-38　"Line Normal To Curve"(曲线的法线)

2.3.7　创建轴线

零件实体造型在创建回转体或回转槽时都需要轴线。在 Profile 工具栏上单击 Axis(轴线)工具命令图标,再指定两点,即可过这两点创建一条轴线。

注意:

(1) 每个草图只允许创建一条轴线,如果试图创建第二条轴线,则先前创建的第一条轴线将自动转变为构造线;

(2) 如果在激活 Axis 命令之前已经选择了一条直线,则该直线将自动转变为轴线;

(3) 双击已有的轴线,将弹出直线定义对话框,可对轴线进行编辑。

2.3.8 创建点

单击 Profile 工具栏上 Point(点)工具命令图标右下角的黑色三角，将弹出 Point 子工具栏，如图 2-39 所示。该工具栏上提供了绘制点的多种工具图标。

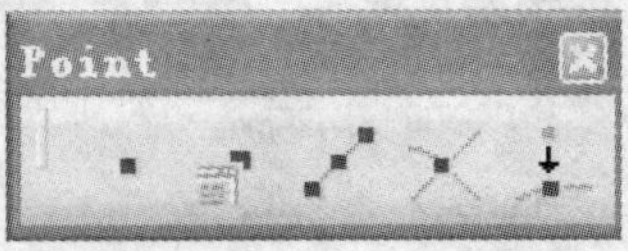

图 2-39 Point(点)工具栏

1) Point(点)

该命令用于创建点，具体操作步骤如下：

(1) 单击 Point 工具命令图标；

(2) 在“Sketch tools”工具栏中键入点的坐标值，或者用鼠标在屏幕上直接拾取点，即可创建点。

双击已创建的点，将弹出“Point Definition”(点定义)对话框，如图 2-40 所示，可以对点进行编辑。

2) “Point by Using Coordinates ”(使用坐标创建点)

该命令可以通过在点定义对话框中输入直角坐标或极坐标来创建点，还可使用现有的点作为参考来创建另一个点。具体操作步骤如下：

(1) 单击“Point by Using Coordinates”工具命令图标，弹出点定义对话框；

(2) 输入点的直角坐标值(20,30)，创建一点(也可以输入极坐标)；

(3) 再激活该工具命令，在出现的点定义对话框中选择已创建的点作为参考点，在对话框内输入相对坐标值(30,50)，创建第二点，如图 2-41 所示。

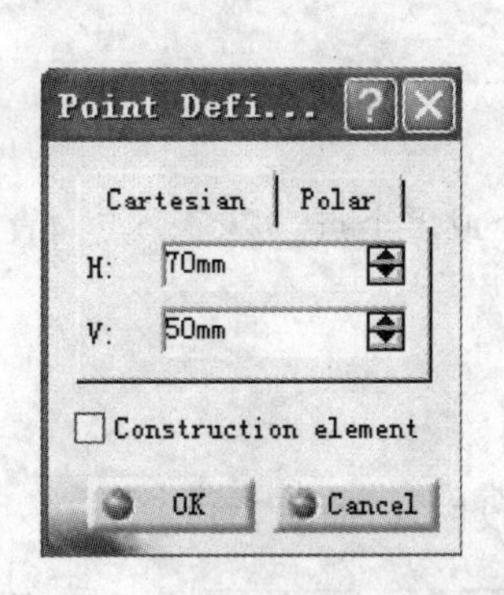

图 2-40 “Point Definition ”(点定义)对话框

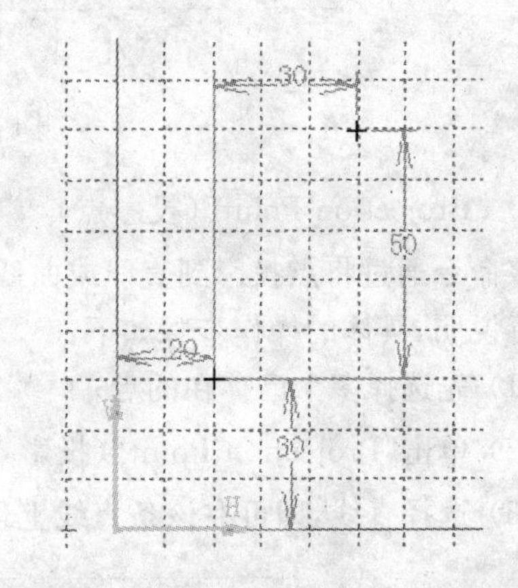

图 2-41 “Point by Using Coordinates”(使用坐标创建点)

3) “Equidistant Points”(等距点)

该命令用于在直线或曲线上创建等距点，具体操作步骤如下：

(1) 绘制一条直线或曲线；

(2) 单击“Equidistant Points”工具命令图标，弹出“Equidistant Points Definition”(定义等距点)对话框，如图 2-42 所示。

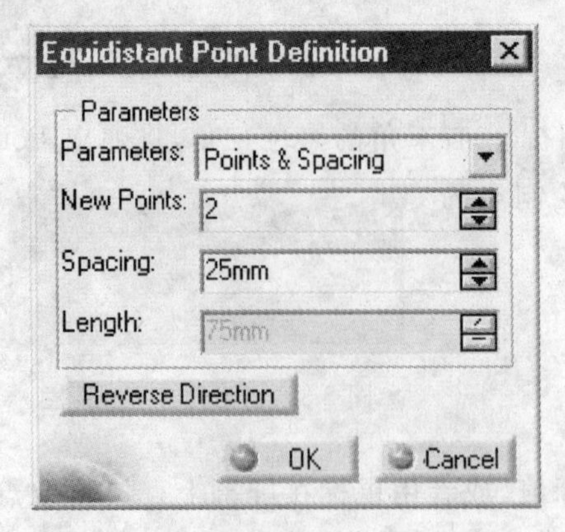

图 2-42 “Equidistant Points Definition”（定义等距点）对话框

该对话框中各项的含义如下：

【Parameters】(参数)：定义等距点的不同方式；

【New Points】(新点数)：要创建的点数；

【Spacing】(间距)：每两点之间的距离；

【Length】(长度)：要被分割的直线的总长；

【Reverse Direction】(反转方向)：在相反的方向上创建等距点。

4)“Intersection Point”(交点)

该命令可以创建相交元素的交点。以图 2-43 为例进行说明，具体的操作步骤如下：

(1) 选择圆和样条曲线；

(2) 单击“Intersection Point”工具命令图标；

(3) 选择直线，即可创建得到直线与圆和样条曲线的若干个交点，如图 2-43 所示。

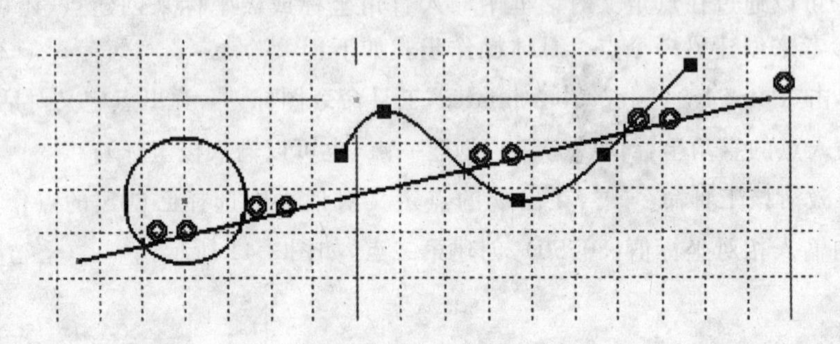

图 2-43 创建交点

5)“Projection Point”(投影点)

该命令通过将点投影到直线或曲线上来创建一个或多个点。以多个点向直线投影为例进行说明，具体的操作步骤如下：

(1) 先选择多个已存在的点；

(2) 单击“Projection Point”(投影点)工具命令图标；

(3) 选择直线，即可在该条直线上创建得到多个投影点，如图 2-44 所示。

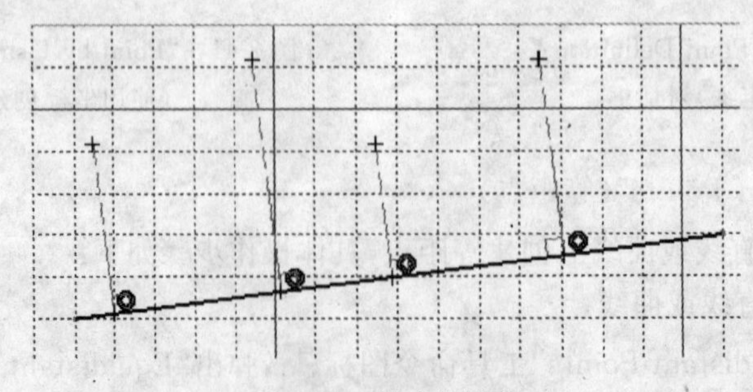

图 2-44 创建投影点

2.4 草图编辑

草绘器工作台提供了丰富的编辑工具命令，如圆角、倒角、修剪、镜像、投影等，这些工具命令图标集中在 Operation(操作)工具栏上，如图 2-45 所示。同样可以在下拉菜单 Insert(插入)→Operation 菜单项的下一级菜单中找到这些编辑命令。

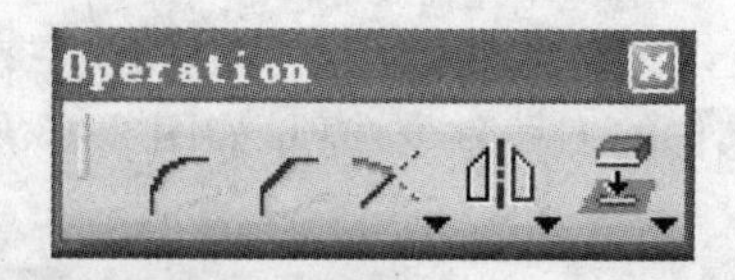

图 2-45　Operation(操作)工具栏

2.4.1 圆角

该命令可以使用不同的修剪选项在两条直线之间创建圆角。具体操作步骤如下：

(1) 单击 Corner(圆角)工具命令图标，在“Sketch tools”工具栏上显示进行圆角操作的多种命令选项，如图 2-46 所示。

图 2-46　圆角“Sketch tools”工具栏

其中各选项的含义为：

：“Trim All Elements”(修剪所有元素)，两条直线超出圆角部分都将被修剪掉；

：“Trim First Elements”(修剪第一条直线)，第一条直线超出圆角的部分被修剪掉；

：“No Trim”(不修剪)，不修剪任何一条直线；

：“Standard Lines Trim”(修剪两条直线直到它们相交)，修剪掉两条直线交点以外的部分；

：“Construction Lines Trim”(修剪两条直线并创建构造线，直到它们相交)，修剪掉两条直线交点以外部分，同时由圆角到交点部分会转变为构造线；

：“Construction Lines No Trim”(不修剪两条直线并创建构造线)，不修剪两条直线，但圆角以外部分会转变为构造线。

(2) 分别选择两条直线，在两条直线的交汇处会显示一个圆角，而且圆角的大小随光标的移动而不断变化。

(3) 在“Sketch tools”工具栏中输入圆角半径值，回车确认，或者当移动光标至适当位置时，单击鼠标确认，即可创建得到圆角，如图 2-47。

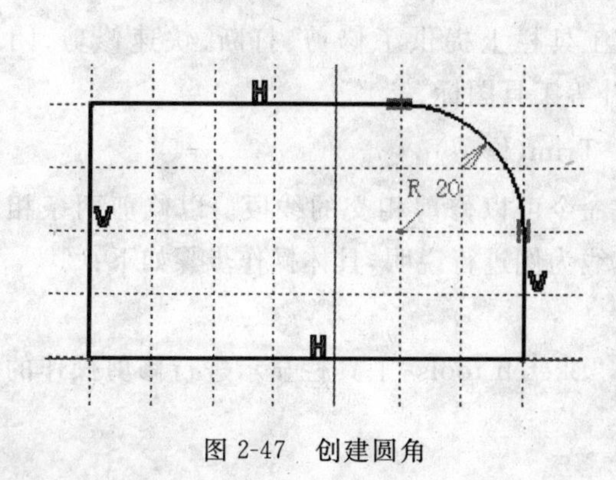

图 2-47　创建圆角

2.4.2 倒角

该命令可以使用不同的修剪选项在两条直线之间创建倒角。具体操作步骤如下：

（1）单击 Chamfer（倒角）工具命令图标，在“Sketch tools”工具栏上显示进行倒角操作的多种命令选项，如图 2-48 所示，其中各选项的含义与圆角的完全相对应。

图 2-48　倒角“Sketch tools”工具栏

（2）分别选择两条直线，此时两条直线间会显示一个倒角，移动光标时倒角随之改变。同时在“Sketch tools”工具栏中给出了三种定义倒角尺寸的方法，如图 2-49 所示。

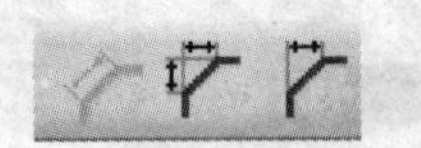

图 2-49　三种定义倒角尺寸的方法

其中各选项的含义依次为：

：“Angle/Length”（角度/斜边长），给定角度和斜边长定义倒角。

：“Length1/Length2”（边长 1/边长 2），给定两边长定义倒角。

：“Length1/Angle”（边长 1/角度），给定边长 1 和角度定义倒角。

（3）在“Sketch tools”工具栏中输入相应数值，即可创建倒角。如果以修剪所有元素选项在两直线间创建倒角，当输入边长为 10、角度为 45°时，得到如图 2-50 所示的倒角。

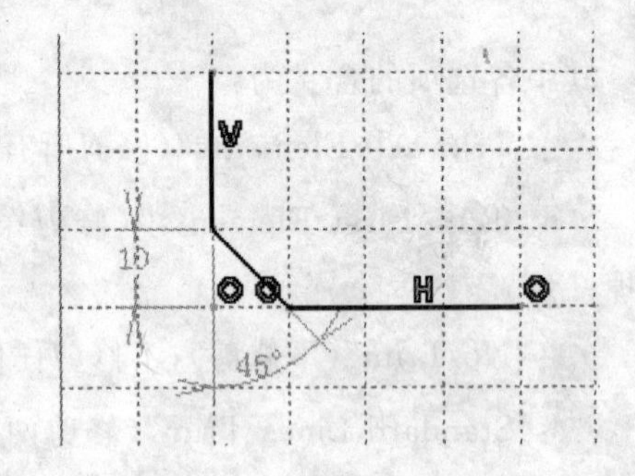

图 2-50　创建倒角

2.4.3 限定

单击 Operation 工具栏上 Trim（修剪）工具命令图标右下角的黑色三角，将弹出 Relimitations（重新限定）子工具栏，如图 2-51 所示。该工具栏上提供了修剪、打断、快速修剪、闭合、求补等工具图标。

图 2-51　Relimitations（重新限定）子工具栏

1）Trim（修剪）

该命令可以修剪相交的线段。以修剪两条相交的直线为例进行说明，具体操作步骤如下：

（1）创建两条相交直线。

（2）单击 Trim（修剪）工具命令图标，“Sketch tools”工具栏显示进行修剪操作的两个命令选项，如图 2-52 所示。

图 2-52　修剪“Sketch tools”工具栏

修剪“Sketch tools”工具栏中的选项含义如下：

：“Trim All Elements”(修剪所有元素)，两线段从交点处都将被修剪掉。

：“Trim First Element”(修剪第一元素)，只有第一条线段会被修剪。

(3) 选择第一条直线，沿该直线移动光标可切换裁剪方向及切点位置。

(4) 选择第二条直线。若所选裁剪方式为，则两条直线均被修剪，如图 2-53(b)所示；若所选裁剪方式为，则只有第一条直线被修剪，如图 2-53(c)所示。

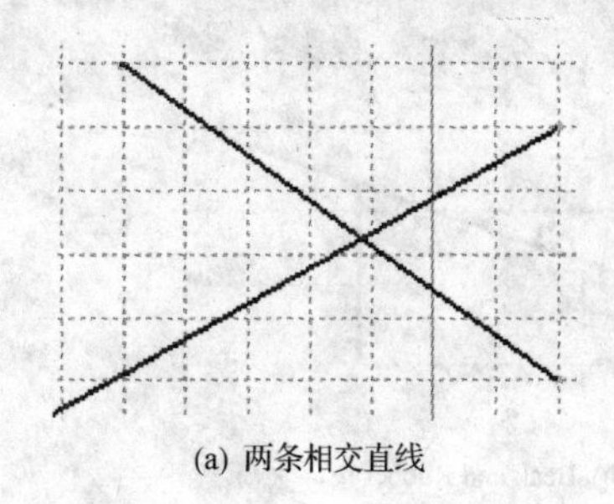

(a) 两条相交直线

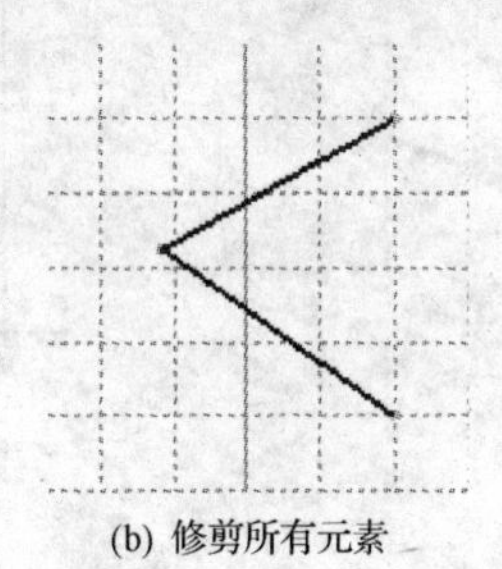

(b) 修剪所有元素

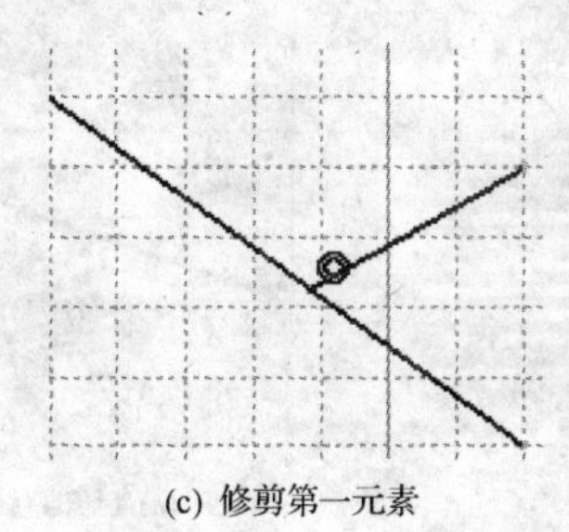

(c) 修剪第一元素

图 2-53　修剪操作

2) Break(打断)

该命令用于打断线段。具体操作步骤如下：

(1) 单击 Break(打断)工具命令图标；

(2) 选择要中断的线段，如直线；

(3) 指定打断点位置，直线被打断成两段。

如果所指定的打断点不在直线上，则打断点将是指定点在该直线上的投影点。

打断还可用于相交元素的打断。具体操作时，要先选择被打断的元素，再选择相交的元素。

3) “Quick Trim”(快速修剪)

该命令用于删除和快速修剪草图元素。具体操作步骤如下：

(1) 单击“Quick Trim”(快速修剪) 工具命令图标，在“Sketch tools”工具栏上显示三种快速修剪命令选项，如图 2-54 所示。

其中各选项的含义如下：

：“Beak and Rubber In”(断开并擦除内部)，可以直接擦除所选元素。

：“Beak and Rubber Out”(断开并擦除外部)，被选元素会以交点为分界，所选部分以外被擦除。

图 2-54　快速修剪“Sketch tools”工具栏

：“Break and Keep”(断开并保留)，被选元素会在交点处断开，但不会被擦除。

(2) 在如图 2-55(a)所示的三条相交直线上，均选择竖直线的中间段，针对上述三种不同命令选项所得修剪结果不同，如图 2-55 所示。

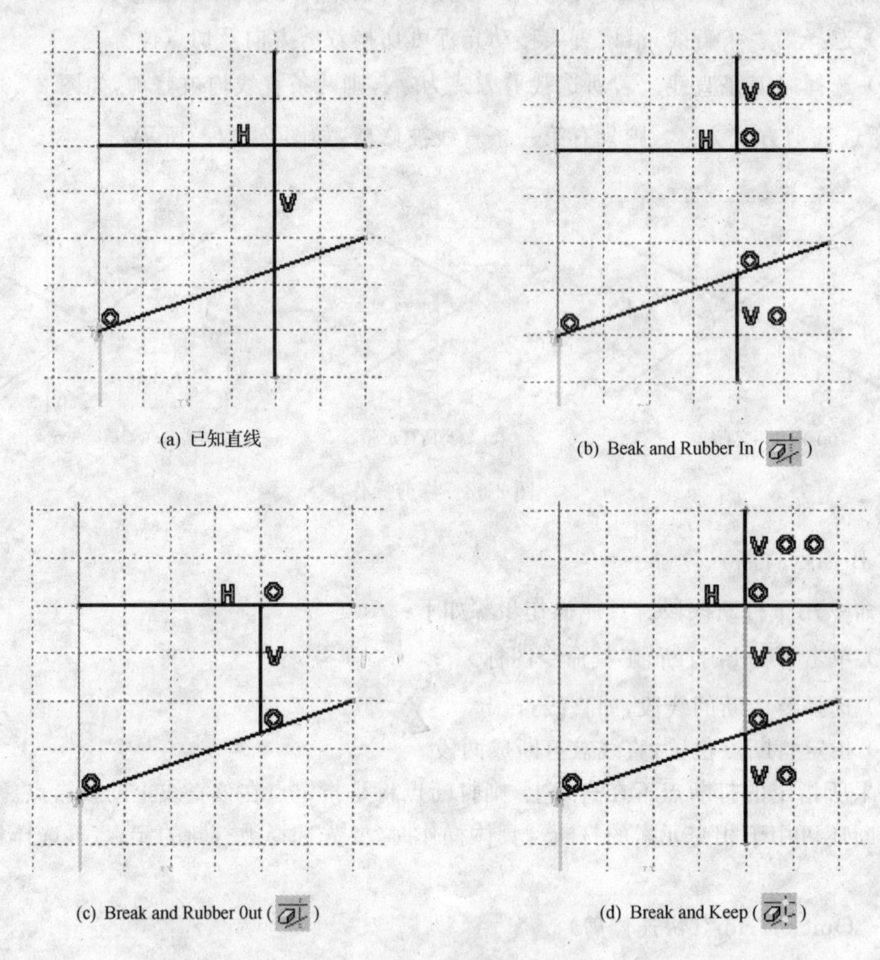

(a) 已知直线

(b) Beak and Rubber In ( )

(c) Break and Rubber 0ut ( )

(d) Break and Keep ( )

图 2-55　快速修剪应用举例

4) Close (闭合)

该命令可以封闭圆弧、椭圆弧或样条曲线。具体操作步骤如下：

(1) 创建三点弧，如图 2-56(a)所示；

(2) 单击 Close (闭合)工具命令图标；

(3) 选择弧，即可得到闭合后的圆，如图 2-56(b)所示。

5) Complement (求补)

该命令可以创建已有圆弧、椭圆弧的互补弧。具体操作步骤如下：

(1) 创建三点弧，如图 2-56(a)所示；

(2) 单击 Complement (求补)工具命令图标；

(3) 选择已有的圆弧，即可得到该弧的互补弧，如图 2-56(c) 所示。

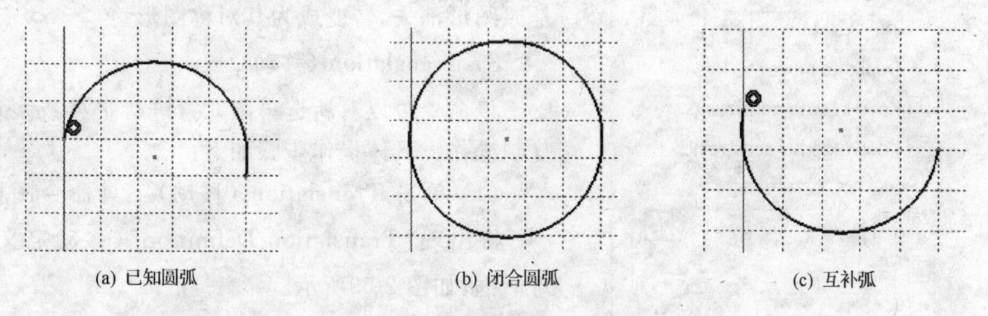

图 2-56　Close(闭合)与 Complement(求补)

2.4.4　转换

单击 Operation 工具栏上 Mirror(镜像)工具命令图标右下角的黑色三角，将弹出 Transformation(转换)子工具栏，如图 2-57 所示。该工具栏上提供了镜像、移动、旋转、缩放、偏移等工具图标。

图 2-57　Transformation(转换)子工具栏

1) Mirror (镜像)

该命令可以使用直线或轴线作为镜像线复制现有草图元素。具体操作步骤如下：

(1) 创建一个圆和一条轴线，如图 2-58(a)所示；

(2) 选择欲镜像复制的圆；

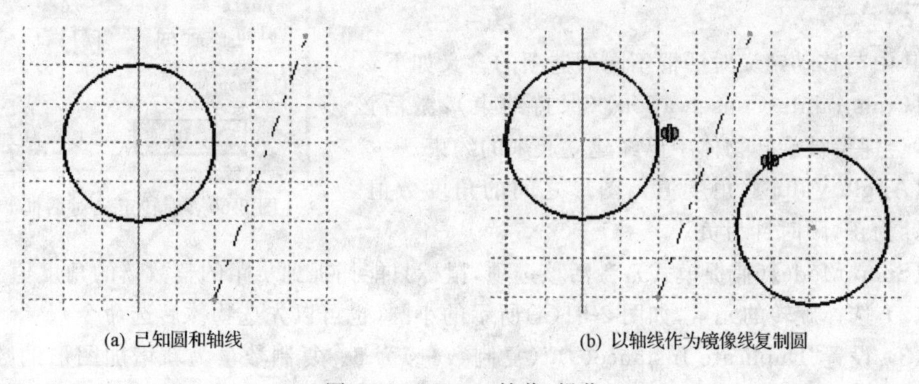

图 2-58　Mirror(镜像)操作

(3) 单击 Mirror（镜像）工具命令图标；

(4) 选择镜像线——轴线，得到如图 2-58(b)所示的结果。

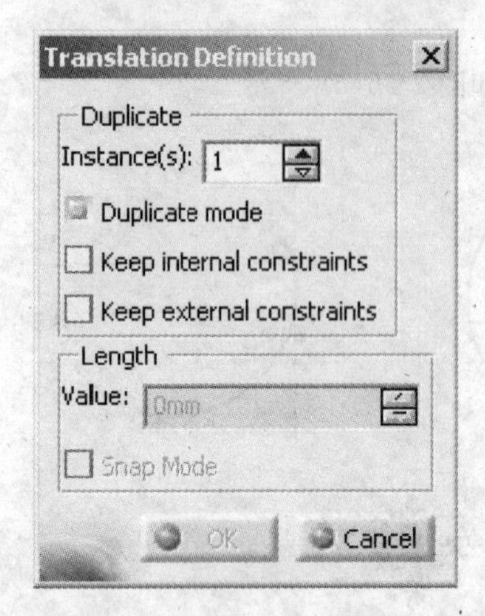

图 2-59 移动定义对话框

2) Symmetry（对称）

该命令与镜像的操作步骤相同，但操作结果是原图形消失，转变成为其对称图形。

3) Translation（移动）

该命令可以对所选草图元素进行平移或多重复制操作。具体操作步骤如下：

(1) 单击 Translation（移动）工具命令图标，将出现“Translation Definition”（移动定义）对话框，如图 2-59所示。

该对话框中各选项的含义如下：

【Duplicate Instance(s)】（复制数量）；

【Duplicate mode】（复制模式）：选择该项，将复制所选择的草图元素，否则，将只移动草图元素。

【Keep internal constraints】（保留内部约束）：保留所选择几何元素内部的约束。

【Keep external constraints】（保留外部约束）：选择该项，会保留所选择几何元素与外部几何元素之间的约束。

【Value】（长度数值）：输入数值确定参考点终点到起点的距离。

(2) 选择一个或多个要平移或复制的草图元素（也可先选复制对象，再激活命令）。

(3) 在“Sketch tools”工具栏输入参考点的起点坐标，或者通过鼠标直接在屏幕上拾取点，然后指定参考点的终点位置，即可完成平移或复制操作。

4) Rotation（旋转）

该命令可以对所选草图元素进行旋转或环形阵列复制，具体操作步骤如下：

(1) 单击 Rotation（旋转）工具命令图标，将弹出“Rotation Definition”（旋转定义）对话框，如图 2-60所示。

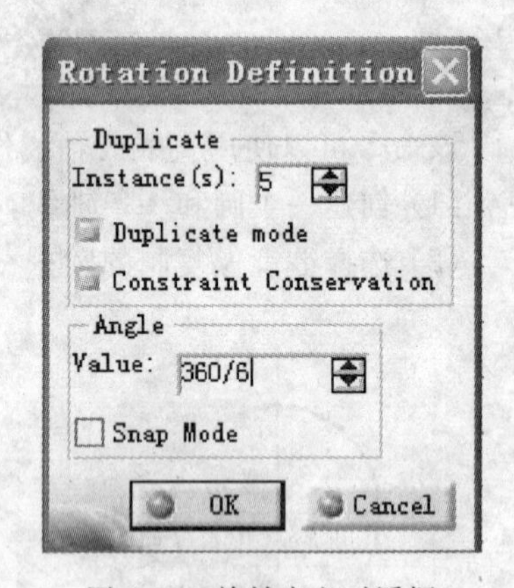

图 2-60 旋转定义对话框

其中与移动定义对话框不同的选项的含义如下：

【Constraints Conservation】（保持约束）：激活该选项，会保留被旋转物体中已经建立起来的约束。

【Angle Value】（角度值）：图形之间的角度数值。逆时针为正，顺时针为负。

【Snap Mode】（捕捉模式）：激活该选项，鼠标只能捕捉到步距的整数倍的角度值。

(2) 选择旋转的元素，如图 2-61(a)所示的小圆（也可以先选物体后选命令）。

(3) 设置“Duplicate Instance(s)”（复制数量）为 5。复制数量为新增加图形的数量，不包括原图形。

(4) 确定旋转中心，在此选择大圆的圆心。

(5) 在“Angle value”中输入角度为 360/6。

(6) 单击 OK 按钮，得到如图 2-61(b)所示的环形阵列复制结果。

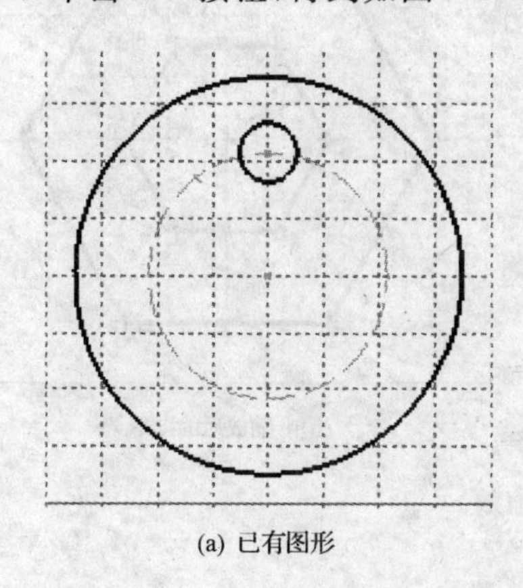

(a) 已有图形

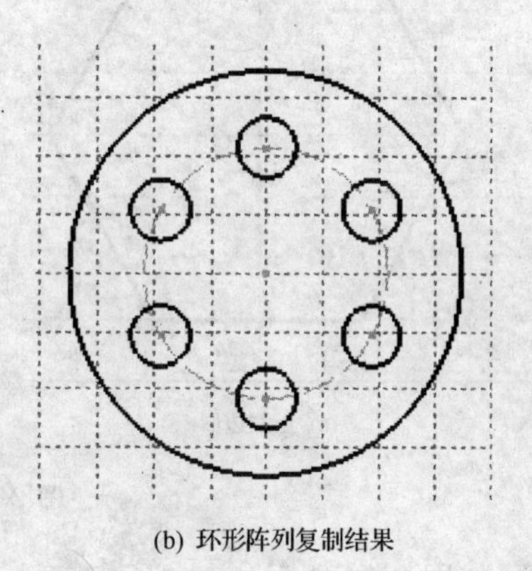

(b) 环形阵列复制结果

图 2-61 旋转操作

5) Scale (缩放)

该命令可以对已有草图对象进行比例缩放，具体操作步骤如下：

(1) 单击 Scale (缩放)工具命令图标，出现“Scale Definition”(缩放定义)对话框，如图 2-62 所示；

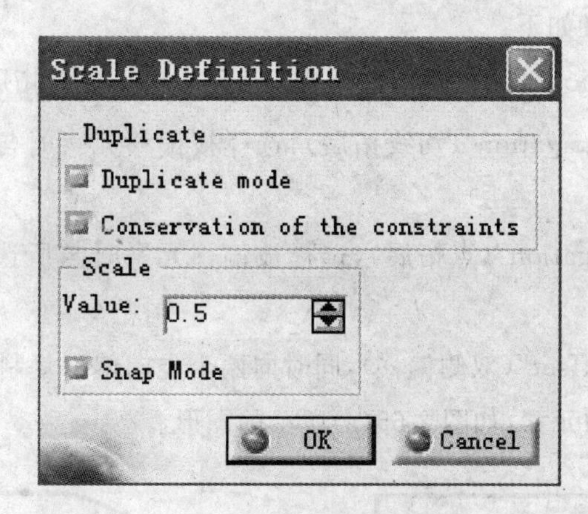

图 2-62 “Scale Definition”(缩放定义)对话框

(2) 确定选择“Duplicate mode”(复制模式)，然后选择要缩放的元素，在此选择如图 2-63(a)所示草图中的正六边形(也可以先选择几何图形，再激活缩放命令)；

(3) 指定缩放中心点，在此选择正六边形的中心；

(4) 给定 Value(缩放值)为 0.5；

(5) 单击 OK 按钮，得到缩小的正六边形，如图 2-63(b)所示。

6) Offset (偏移)

该命令可以对已有的直线、弧或圆等草图对象进行偏移复制。具体操作步骤如下：

(1) 单击 Offset (偏移)工具命令图标，对应的“Sketch tools”工具栏会出现 4 个命

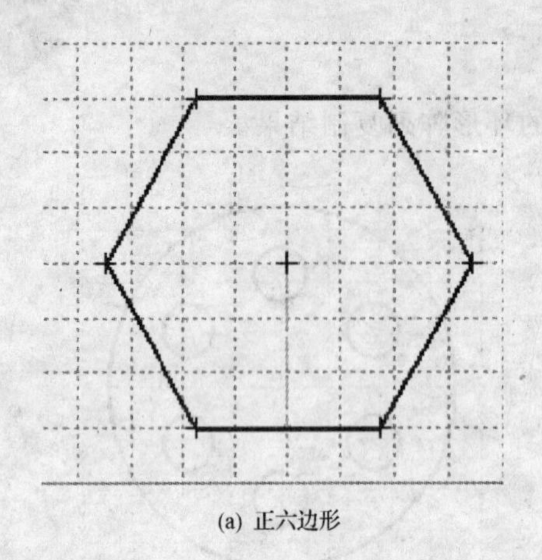
(a) 正六边形

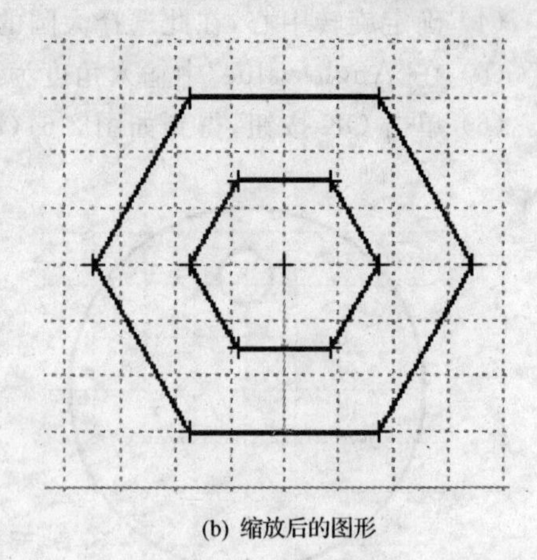
(b) 缩放后的图形

图 2-63　Scale(缩放)

令选项,如图 2-64 所示。

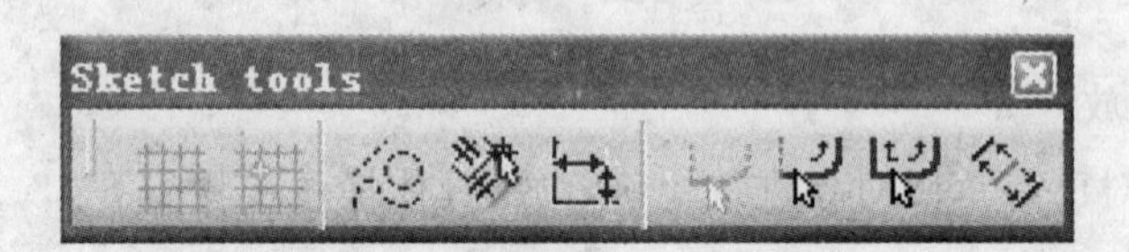

图 2-64　偏移“Sketch tools”工具栏

各命令选项的含义如下:

:“No Propagation”(无拓展),选择被偏移元素时不进行拓展、增加所选元素。

:“Tangent Propagation”(切线拓展),选择被偏移元素时与所选元素相切的线也被选中,并会顺次传递。

:“Point Propagation”(点拓展),选择被偏移元素时与所选元素相连接的所有元素均被选中。

:“Both Side Offset”(双侧偏移),同时向两个方向偏移复制所选元素。

(2) 选择被偏移的元素,如图 2-65(a)所示的图形。

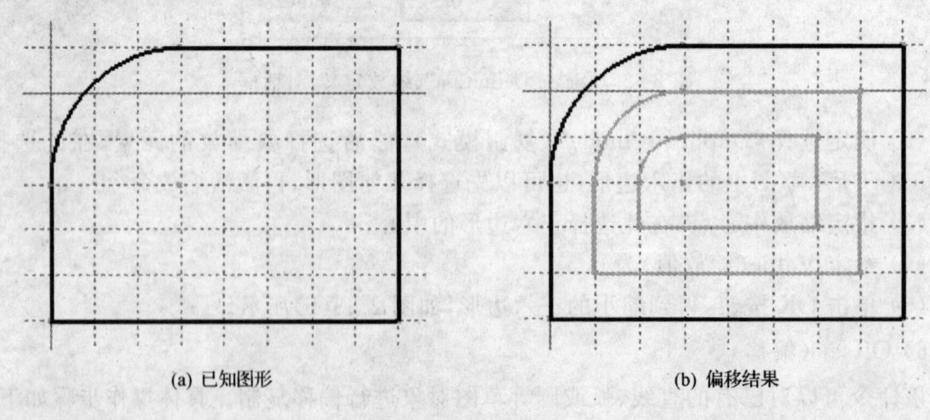
(a) 已知图形　　(b) 偏移结果

图 2-65　Offset(偏移)

(3) 给“Sketch tools”工具栏中的各参数赋值，如 Instance(s)(多重偏移的数目)为 2，Offset(偏移距)为 10，结果得到如图 2-65(b)所示的图形。

注意：如果在草图工具栏中键入偏移距，则要移动鼠标使预览图形在正确的一侧。

2.4.5 投影三维元素

单击 Operation 工具栏上“Project 3D Elements”(投影三维元素)工具命令图标右下角的黑色三角，将弹出“3D Geometry”(三维几何图形)子工具栏，如图 2-66 所示。该工具栏上提供了投影三维元素、求三维元素与草图平面的交线以及投影三维轮廓等工具命令图标，可以用于将已经存在的三维实体上的几何元素向当前草图平面投影，还可以将与当前草图平面相交的实体的轮廓投影在草图平面上。用这种方法创建的草图与相应的实体相关联，在实际建模过程中经常使用。

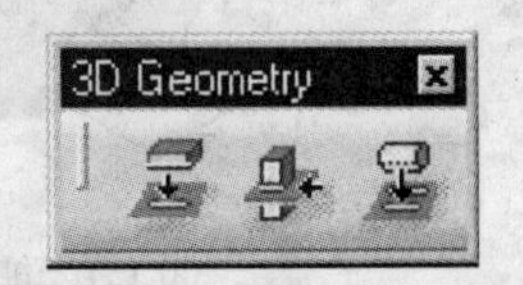

图 2-66 “3D Geometry”(三维几何图形)子工具栏

1) “Project 3D Elements”(投影三维元素)

该命令通过将三维元素的边线投影到草图平面上来创建草图，具体操作步骤如下：

(1) 单击“Project 3D Elements”(投影三维元素)工具命令图标；

(2) 选择已有实体的边线，如已有实体正六棱柱底面的边线，如图 2-67(a)所示，该边线将被投影到草图平面上，并显示为黄色，如图 2-67(b)所示。边线与三维实体相关联。

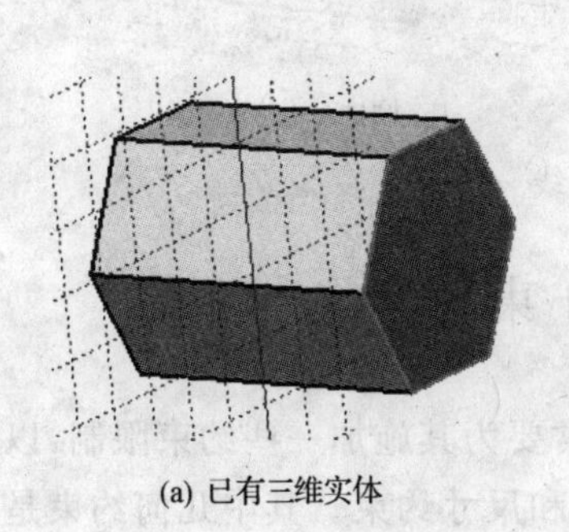

(a) 已有三维实体

(b) 实体边线的投影

图 2-67 投影三维元素

2) “Intersect 3D Elements”(相交三维元素)

该命令通过求作三维元素与草图平面的交线来创建草图，具体操作步骤如下：

(1) 单击“Intersect 3D Elements”(相交三维元素)工具命令图标；

(2) 选择已有实体与草图平面相交的面，如已有实体正六棱柱的一个侧棱面，如图 2-68(a)所示，即可得到二者的交线，并显示为黄色，如图 2-68(b)所示。交线与三维实体相关联。

3) “3D Silhouette Edges”(三维轮廓线)

该命令通过将实体(回转体)的外廓投影到草图平面来创建草图，操作步骤如下：

(1) 单击“3D Silhouette Edges”(三维轮廓线)工具命令图标；

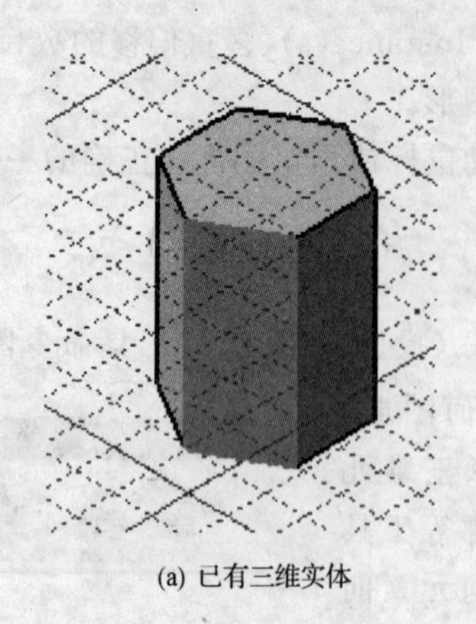

(a) 已有三维实体

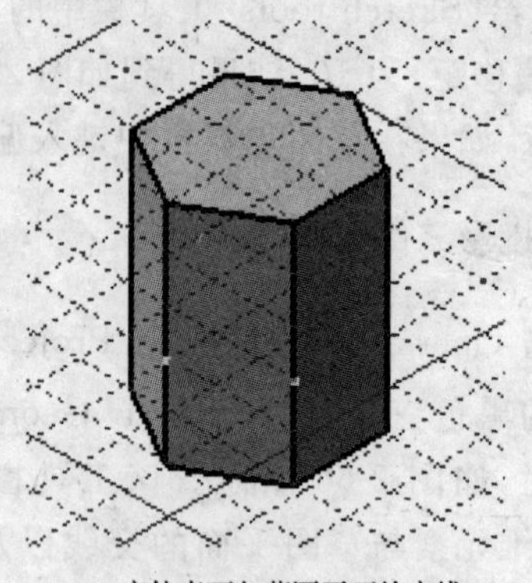

(b) 实体表面与草图平面的交线

图 2-68　相交三维元素

(2) 选择如图 2-69(a)所示圆柱面,求得如图 2-69(b)所示的外廓投影。

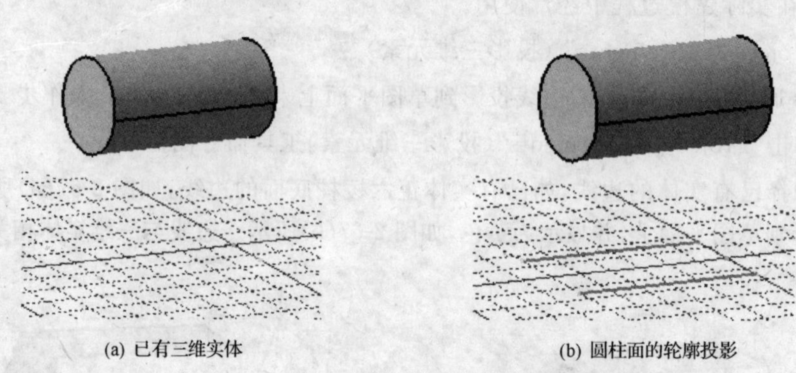

(a) 已有三维实体　　(b) 圆柱面的轮廓投影

图 2-69　三维轮廓线

2.5 草图约束

为了使草图能够满足设计要求并方便修改,通常要为其施加一些约束限制,以使草图中的图形和位置唯一确定。这些约束包括几何约束和尺寸约束。其中几何约束是限制一个或多个几何元素之间的几何位置关系,例如限制一条直线的水平、垂直约束,以及两直线间的平行、垂直约束等都属于几何约束;而尺寸约束则是利用尺寸数值确定几何对象的形状、大小和位置,例如约束直线的长度或两点之间的距离等都属于尺寸约束。

草图和约束显示的颜色不同,表明其所处的约束状态也不同,系统默认的设置为:草图欠约束时显示为黑色,全约束时显示为绿色,而过约束时则草图和相应的约束均显示为紫色。

2.5.1 创建约束

1) 使用草图工具栏创建约束

激活"Sketch tools"工具栏中"Geometrical Constraint"(几何约束)和"Dimensional Constraints"(尺寸约束)选项,在创建草图过程中会自动生成所有的几何约束,而且在数值框中输入的尺寸数值会自动生成相应的尺寸约束。

2）使用对话框定义约束

选择要施加约束的图形元素后，单击“Constraint”（约束）工具栏中的“Constraints Defined in Dialog Box”（使用对话框定义约束）工具命令图标，弹出“Constraint Definition”（约束定义）对话框，如图 2-70 所示。

图 2-70 “Constraint Definition”（约束定义）对话框

约束定义对话框中各约束的含义是：Distance（距离）、Length（长度）、Angle（角度）、Radius/Diameter（半径/直径）、“Semimajor aixs”（椭圆长轴长度）、“Semiminor aixs”（椭圆短轴长度）、Symmetry（对称）、Midpoint（中点）、“Equidistant point”（等分点）、Fix（固定）、Coincidence（一致）、Concentricity（同心）、Tangency（相切）、Parallelism（平行）、Perpendicular（垂直）、Horizontal（水平）、Vertical（垂直）。

针对所选元素，只有存在可能性的约束在对话框中才是可选的。图 2-70 中显示的是在选定两直线后的可选约束。

使用对话框可以对一个或多个元素施加各种约束。如果需要，还可以同时定义多个约束。如果要创建永久约束，要确保在“Sketch tools”工具栏中激活“Dimensional constraints”工具命令图标及“Geometrical constraints”工具命令图标（取决于要创建约束的类型），如果不激活这些图标，则只能创建临时约束。

3）快速约束

该命令可以快速创建尺寸/几何约束。在选择被约束元素后系统会在元素上或者在元素之间显示一最可能的约束，将优先采用尺寸约束，此时可以使用右键快捷菜单获取其他类型的约束或根据需要定位约束。创建快速约束，既可以先选择几何图形，再激活工具命令，也可以先激活命令再选择几何图形。双击命令图标可以连续施加多个约束。

下面通过对一条直线和一个圆施加约束来说明创建快速约束的方法，具体的操作步骤如下：

(1) 单击 Constraint（约束）工具命令图标。

(2) 选择圆，将预显示圆的直径约束。此时在该约束上单击右键可选择其他类型约束，如图 2-71(a)所示。

(3) 再选择直线，会显示为标注二者之间的距离，单击确认，如图 2-71(b)所示。在预显示时，还可以在该约束上单击右键选择其他约束。若要标注圆心到直线的距离，应在选择圆时改选圆心。

4）接触约束

单击快速约束工具命令图标右下角的黑色三角形，出现“Constraint Creation”（约束创建）子工具栏，其中有“Contact Constraint”（接触约束）工具命令图标。

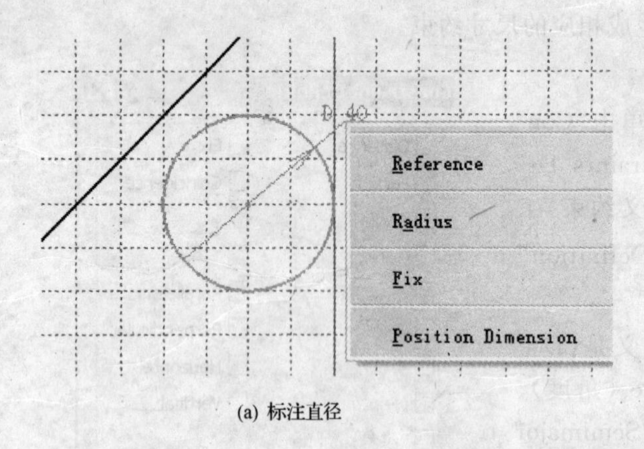

(a) 标注直径

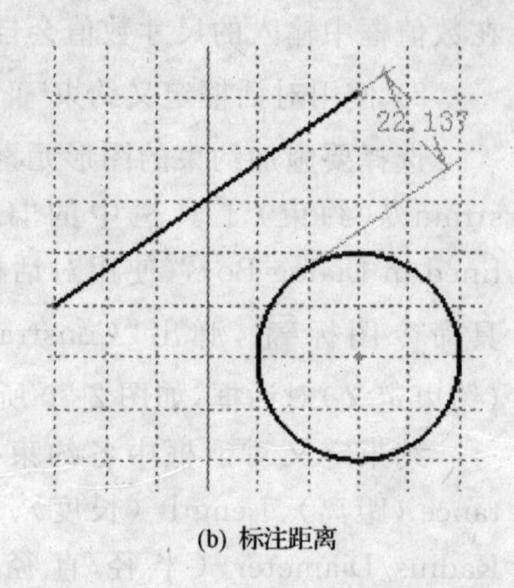

(b) 标注距离

图 2-71 创建快速约束

创建接触约束既可以先选择几何图形,也可以先选择命令。如果要插入的约束不是优先创建的约束,可以使用右键快捷菜单。在任意两个元素之间创建约束时,将优先建立以下的约束:同心、一致和相切。

5) 同步约束

该命令可以将草图中的一组几何元素固连在一起。约束之后,该组被视为刚性组并且只需拖动它的元素之一就可以很容易地移动整个组。在单击同步约束图标后会出现"Fix Together Definition"(同步定义)对话框,列表显示所有选定的几何元素。

6) 自动约束

该命令可以检测选定元素间的所有可能约束,并在检测到之后施加这些约束。可以只约束一个元素,也可以同时对多个元素进行约束。具体操作步骤如下:

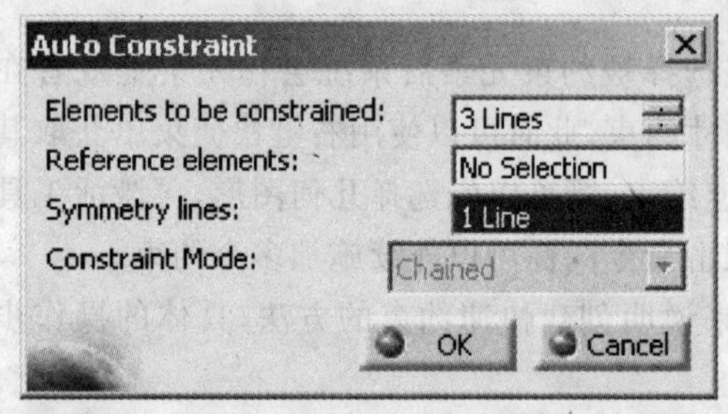

图 2-72 "Auto Constraint"(自动约束)对话框

(1) 单击"Auto Constraint"(自动约束)工具命令图标,弹出"Auto Constraint"(自动约束)对话框,如图 2-72 所示。

其中各项含义为:

【Elements to be constrained】(被约束的元素)。

【Reference elements】(参考元素):将作为被约束的元素的参考元素。

【Symmetry lines】(对称线):选择将被用作对称线的元素。

【Constraint Mode】(约束方式):选择将建立的约束形式。只有在选择了参考元素后该项才可用。

(2) 设置各项后,单击 OK 按钮,即可自动生成约束。

2.5.2 制作动画约束

该命令可以针对一个已经存在的约束,分配一对界限值和步数,按工作指令以动画的形式显示约束值变化引起图形变化的动态过程。具体操作步骤如下:

(1) 单击一个要进行动画演示的约束；

(2) 单击“Animate Constraints”(动画约束)工具命令图标，显示“Animate Constraints”对话框，如图 2-73 所示。

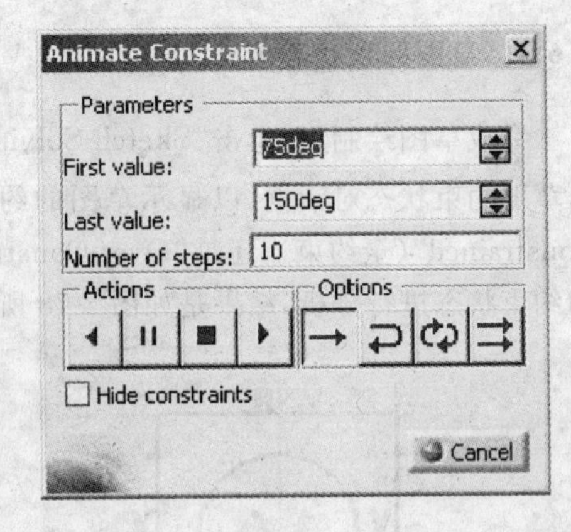

图 2-73 “Animate Constraints”(动画约束)对话框

该对话框中各项的含义为：

【First value】(初始值)：动画约束的初始值。

【Last value】(最后值)：动画约束的终止值。

【Number of steps】(动画的步数)：用来设定动画的步数。

【Actions】(动作指令)：包括倒放、暂停、停止、开始四个选项。

【Options】(选项)：包括单方向、一个往返、循环和重复四个选项。

2.5.3 约束的编辑和修改

可以像编辑普通元素一样对已创建的约束进行编辑、修改。

双击尺寸约束后会弹出约束定义对话框，如图 2-74 所示，在其中可以修改尺寸值。另外，单击约束工具栏中的工具命令图标，弹出“Edit Multi-Constraint”(编辑多个约束)对话框，如图 2-75 所示，其中显示出所有的尺寸约束，可以为某一约束输入新值。

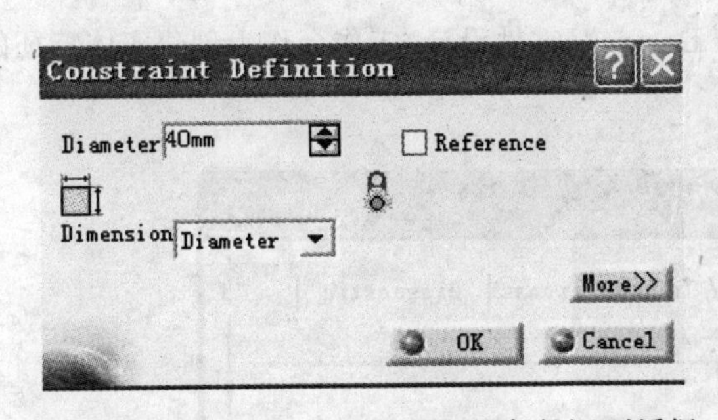

图 2-74 “Constraint Definition”(约束定义)对话框

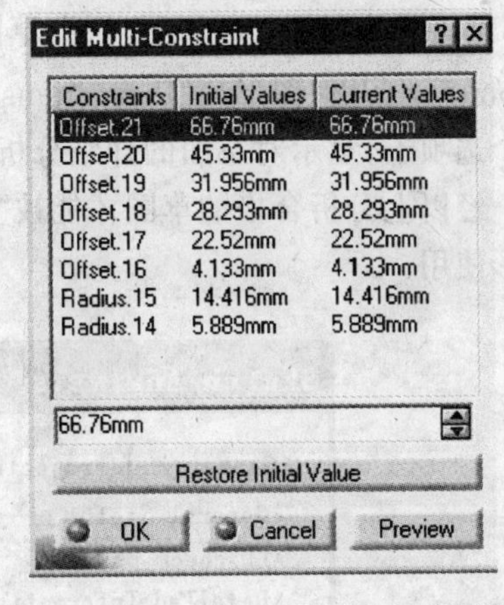

图 2-75 “Edit Multi-Constraint”对话框

2.6 草图分析

图 2-76 “2D Analysis”子工具栏

草图设计的最后一个环节通常是要对其进行分析，了解草图的约束状态及其他详细信息。在 Tools 工具栏中有“2D Analysis”(二维分析)子工具栏，如图 2-76 所示，其中包含“Sketch Solving Status”(草图约束状态)和“Sketch Analysis”(草图分析)两个工具命令图标。

2.6.1 草图约束状态分析

完成草图绘制后，单击“Sketch Solving Status”（草图约束状态）工具命令图标，弹出草图约束状态对话框，以显示草图的约束状态是“Under-Constrained”（欠约束）、“Iso-Constrained”（全约束），还是“Over-Constrained”（过约束）。例如，对如图 2-77 所示草图的约束状态进行分析，结果是如图 2-78 所示的欠约束状态。

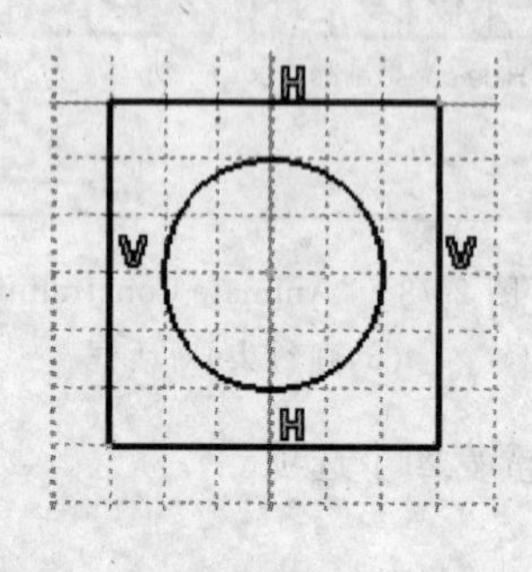

图 2-77 草图图形

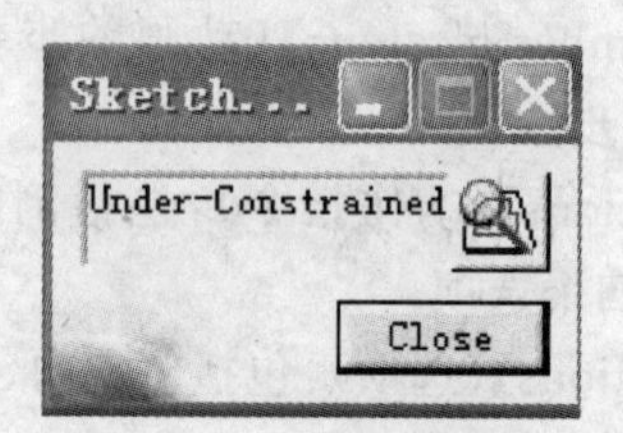

图 2-78 “Sketch Solving Status”对话框

2.6.2 草图分析对话框

完成草图绘制后，单击“2D Analysis”子工具栏中的“Sketch Analysis”（草图分析）工具命令图标，或者单击“Sketch Solving Status”对话框中的“Sketch Analysis”工具按钮，都将弹出“Sketch Analysis”（草图分析）对话框，如图 2-79 所示。该对话框上包含了 Geometry（几何图形）、“Projections/Intersections”（投影/相交）和 Diagnostic（诊断结果）三个选项卡，显示对草图的详细分析结果。

经以上分析合格的草图才能被“Part Design”（零件设计）工作台作为创建实体特征的截形使用。

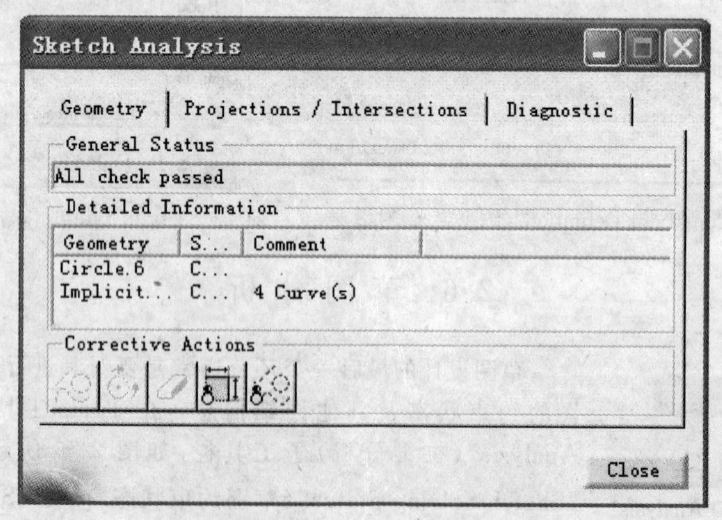

图 2-79 “Sketch Analysis”（草图分析）对话框

2.7 上机练习

2.7.1 练习一

绘制如图 2-80 所示的草图。

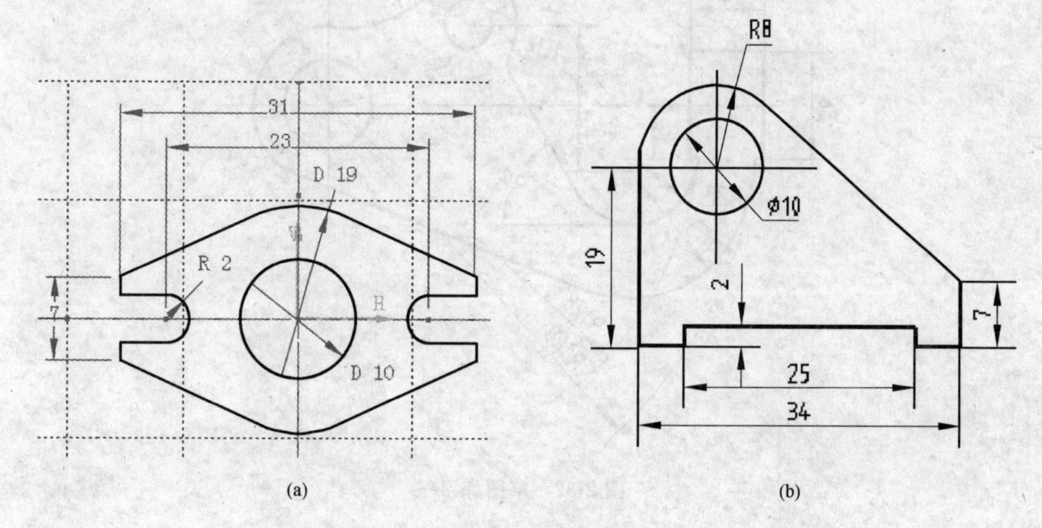

图 2-80 草图练习一

2.7.2 练习二

绘制如图 2-81 所示的草图。

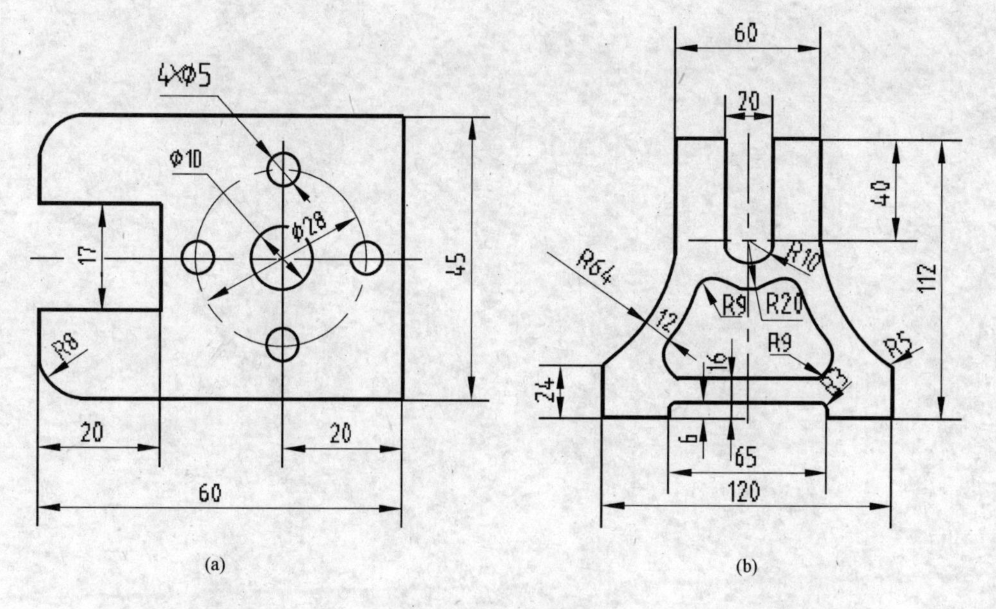

图 2-81 草图练习二

2.7.3 练习三

绘制如图 2-82 所示的草图。

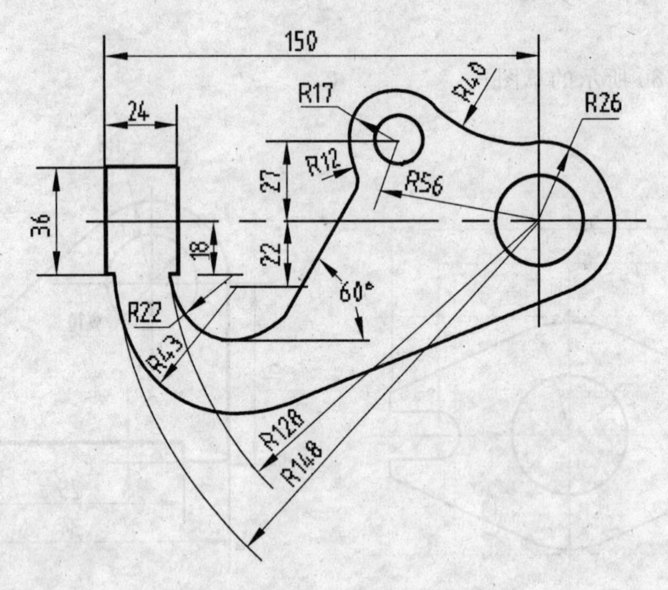

图 2-82 草图练习三

第三章　组合体造型设计

在“Part Design”(零件设计)工作台，主要是利用基于草图的特征命令来创建实体模型。本章主要介绍如下两方面的内容：

(1) “Part Design”工作台中基于草图的特征创建方法；

(2) 点、线、面等参考元素的创建方法。

3.1　零件设计工作台及其用户界面

进入零件设计工作台的方法，可以归纳为以下四种：

(1) 单击 Start(开始)下拉菜单→“Mechanical Design”(机械设计)→“Part Design”(零件设计)级联菜单项，如图 3-1 所示，进入零件设计工作台；

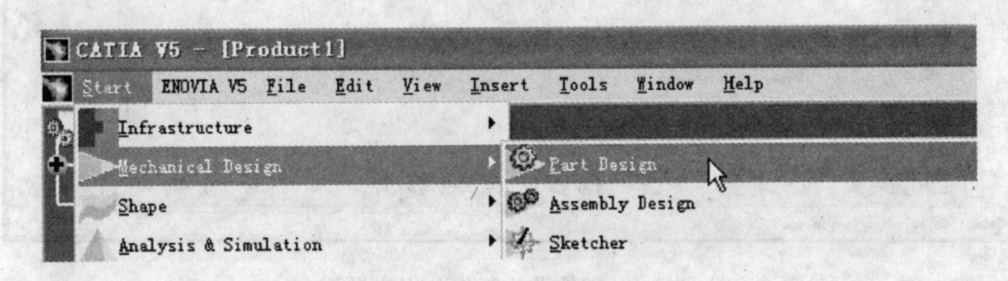

图 3-1　Start(开始)下拉菜单

(2) 单击 File(文件)下拉菜单→New...(新建)，出现 New(新建)对话框，如图 3-2 所示，从中选择 Part 后单击 OK 按钮，进入零件设计工作台；

(3) 单击 Workbench(工作台)图标，在事先定制的“Welcome to CATIA V5”对话框中选择“Part Design”工作台图标，如图 3-3 所示，即可进入零件设计工作台；

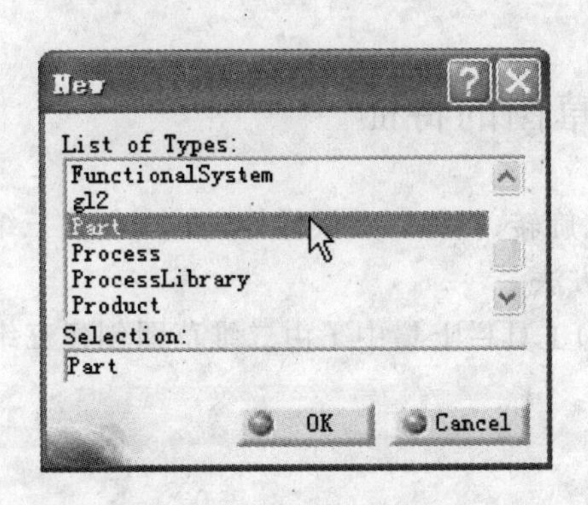

图 3-2　New(新建)对话框

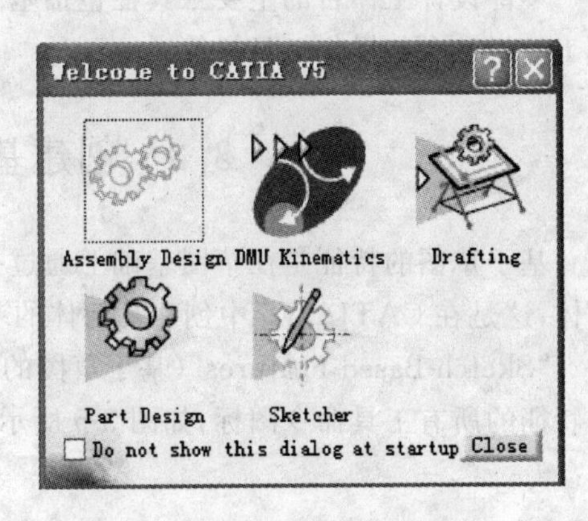

图 3-3　开始对话框

(4) 打开已有的 CATIA V5 零件文件，也可进入零件设计工作台。

零件设计工作台用户界面，如图 3-4 所示，由中间大的工作区、上部的菜单栏、右侧和下部的工具栏以及最底一行的命令提示栏等组成。

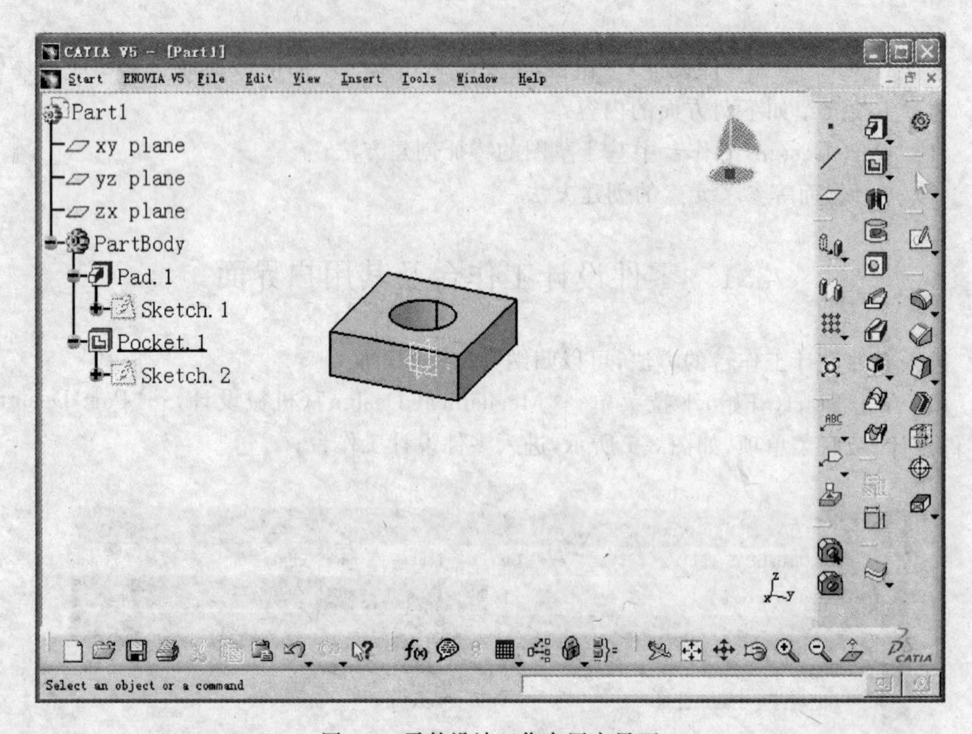

图 3-4　零件设计工作台用户界面

工作区包括三部分内容：三维几何体、特征历史树以及罗盘。

特征历史树依次记录了创建三维几何体的实体特征。位于特征树最顶端的根节点是零件名称，下面是笛卡儿直角坐标系的三个坐标平面，之后则是组成当前实体的几何体及其组成特征。

零件设计工作台的主要工具栏包括基于草图的特征工具栏、修饰特征工具栏、变换特征工具栏和布尔操作工具栏等。

3.2　创建基于草图的特征

基于草图的特征是在草图基础上通过拉伸、旋转、扫掠以及放样等方式来创建三维几何体，这是在 CATIA V5 中创建几何体的基本方法。

“Sketch-Based Features”(基于草图的特征)工具栏上集中了由二维草图创建三维实体特征的所有工具命令图标，如图 3-5 所示。

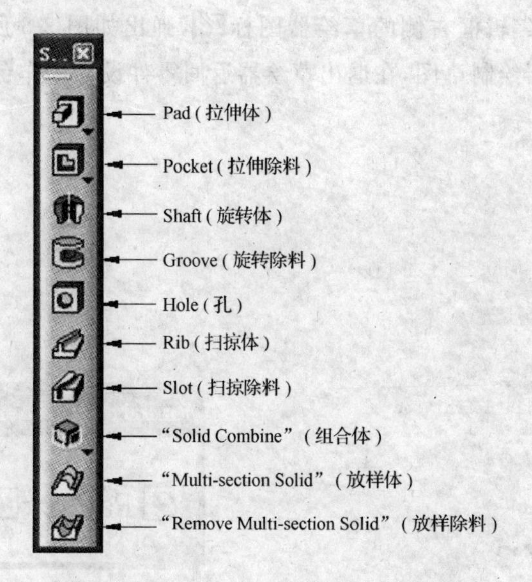

图 3-5 "Sketch-Based Features"(基于草图的特征)工具栏

3.2.1 Pad(拉伸体)

Pad(拉伸体)是指通过拉伸草图截形或曲面一定长度得到的实体特征。创建 Pad 特征的一般方法是:先绘制草图截形,再激活拉伸体命令,最后在 Pad 定义对话框中为各参数赋值,即可创建得到拉伸体特征。

1. Pad 的类型和参数含义

单击"Sketch-Based Features"工具栏中的 Pad 工具命令图标,弹出"Pad Definition"(拉伸定义)对话框,如图 3-6 所示。

"Pad Definition"(拉伸定义)对话框中主要项含义如下:

(1) Type(类型):在下拉列表中共列出五种拉伸方式,分别是 Dimension(尺寸)、"Up to next"(拉伸至下一个对象)、"Up to last"(拉伸至最后一个对象)、"Up to plane"(拉伸至某个平面)以及"Up to surface"(拉伸至某个曲面)等。选择 Dimension 方式时,不需要其他参考基准,只需为 Length(长度)赋值即可;其他四种方式都需要参考平面或曲面。

(2) Selection(选择):选择已有的草图截形,也可以通过下列两种方式创建草图或修改已有草图。

方式一 将光标置于编辑框中单击鼠标右键,在快捷菜单中通过激活相应的菜单项命令来完成草图截形的修改与创建,如图 3-7 所示。

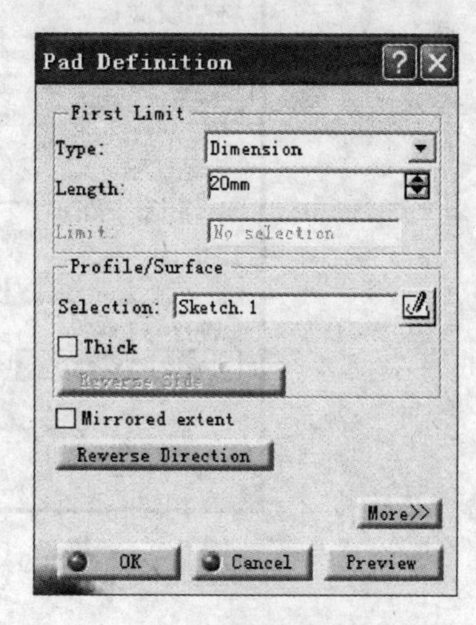

图 3-6 "Pad Definition"(拉伸定义)对话框

方式二　单击此编辑框右侧的草绘器图标，弹出如图 3-8 所示的对话框，选择草图工作面，进入草绘器绘制草图，在退出草绘器返回零件设计工作台时，该对话框消失。

图 3-7　草图选项快捷菜单

图 3-8　进入草绘器对话框

(3) Thick(厚)：在轮廓的两侧添加厚度。

(4) "Mirrored extent"(镜像范围)：由草图工作面向正反两个法线方向同时拉伸，结果生成对称的实体。

(5) "Reverse Direction"(反向)：由草图向缺省方向的相反方向拉伸，适用于开放轮廓。

(6) More(更多)：用于展开"Pad Definition"对话框，如图 3-9 所示，实现更复杂的拉伸要求。

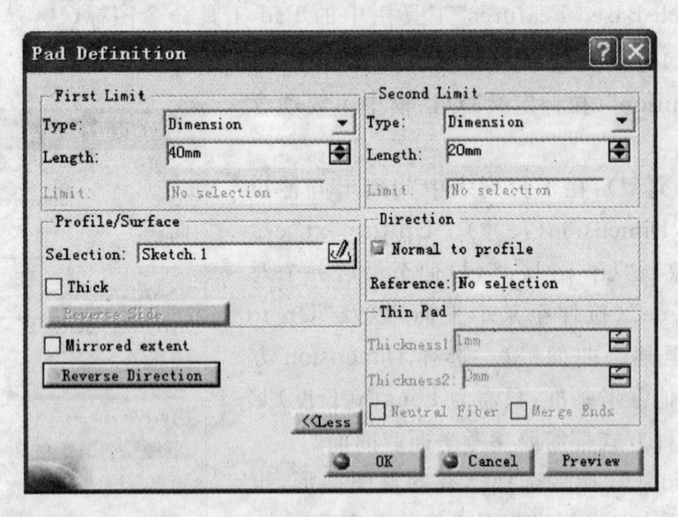

图 3-9　"Pad Definition"展开对话框

2. Pad 建模应用举例

1) Dimension(尺寸)拉伸方式

进入零件设计工作台，选择 xy 坐标面作为工作面进入草绘器；绘制如图 3-10(a)所示的草图，并单击工具命令图标 退出草绘器，又返回到零件设计工作台；单击 Pad 工具命令图标，弹出“Pad Definition”对话框；选择 Dimension 拉伸方式，可以将草图拉伸成不同的三维实体，拉伸体预览如图 3-10 所示；单击 OK 按钮，生成拉伸体。

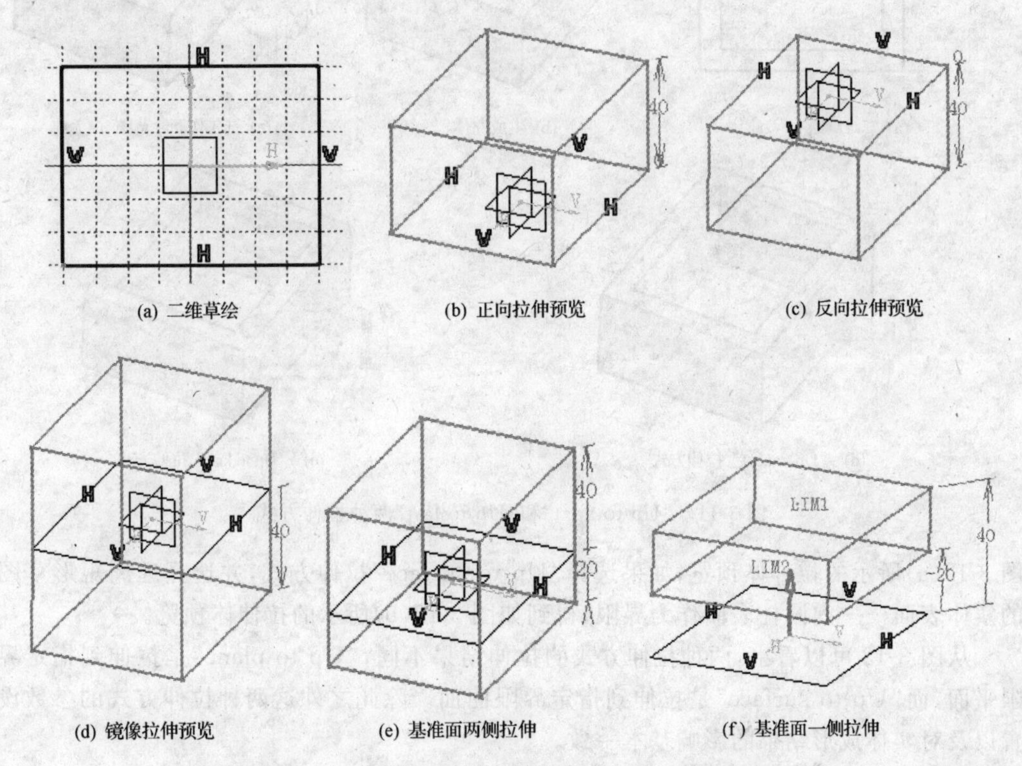

图 3-10 Dimension(尺寸)拉伸方式下的拉伸体预览

2) “Up to next”和“Up to last”拉伸方式

同样的方法，选择 xy 坐标面绘制如图 3-11(a)所示草图，并按 Dimension 方式拉伸成如图 3-11(b)所示的实体；再选择与实体侧棱面平行的 yz 坐标面绘制如图 3-11(c)所示草图。

如果选择“Up to next”拉伸方式，则得到如图 3-11(d)所示的拉伸体；如果选择“Up to last”拉伸方式，则得到如图 3-11(e)所示的拉伸体。

注意：只在草图一侧有实体时，Reverse Direction (反向)按钮不起作用。

3) “Up to plane”和“Up to surface”拉伸方式

“Up to plane”拉伸方式是将封闭草图截形拉伸到已有的平面，该平面可能是实体上的表面、坐标平面，也可能是下一节讨论的参考平面。作为界限的平面可以想象为无限大，只要能够与绘制草图的工作面法线相交即可。

“Up to surface”拉伸方式是将封闭草图截形拉伸到已有的曲面或平面。作为界限面的曲面或平面，同样可以想象为无限大，只要能够与绘制草图的工作面法线相交即可。

创建如图 3-12 所示的实体，并在实体外的坐标面上绘制一个矩形草图。如果选择“Up to plane”拉伸方式，并选择靠近矩形草图的实体外表面——平面作为界限，得到如

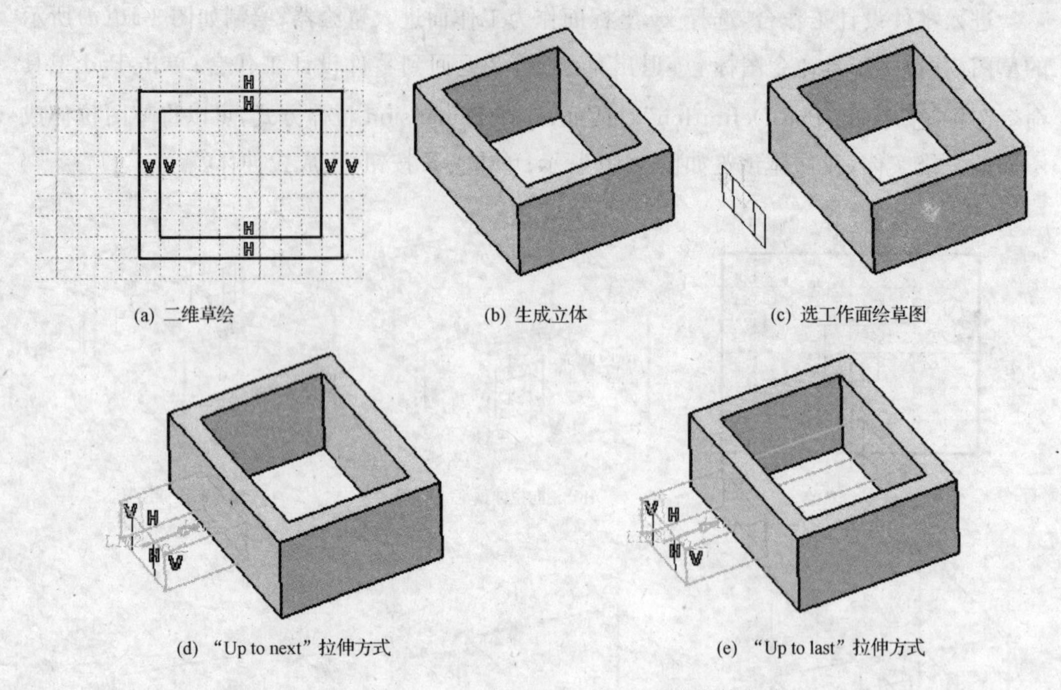

图 3-11 “Up to next”和“Up to last”两种拉伸方式

图 3-12(a)所示的拉伸体预览；如果选择“Up to surface”拉伸方式，并选择远离矩形草图的实体表面——内圆柱表面作为界限，得到如图 3-12(b)所示的拉伸体预览。

从图 3-12 可以看出，两种拉伸方式的拉伸结果不同，“Up to plane”是拉伸到指定界限平面，而“Up to surface”是拉伸到指定界限曲面。除此之外这两种拉伸方式的参数设置以及对实体成形结果的影响基本一致。

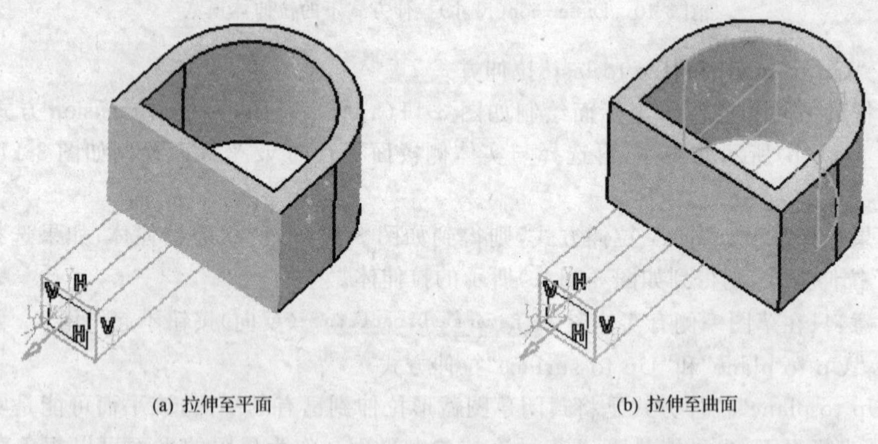

图 3-12 “Up to plane”和“Up to surface”拉伸方式

3. “Drafted Filleted Pad”(拔模并倒圆的拉伸体)

单击“Sketch-Based Features”工具栏中 Pad 工具命令图标右下角的三角符号，出现 Pad 子工具栏，单击其中的“Drafted Filleted Pad”(拔模并倒圆的拉伸体)工具命令图标

,就可以创建有拔模和倒圆角的拉伸体。注意:执行此命令之前要有实体存在。具体操作步骤如下:

(1) 选择已有实体表面作为草图工作面,绘制所需草图,如图 3-13(a)所示。

(2) 确认选择了图 3-13(a)所示的草图截形,单击“Drafted Filleted Pad”工具命令图标 ,弹出“Drafted Filleted Pad Definition”(拔模并倒圆的拉伸体定义)对话框,如图 3-14 所示。

(3) 定义对话框中的拉伸参数。

① Length(长度)赋值 40mm,如图 3-13(b)所示;

② Limit(界限)选择草图圆所在平面作为拔模斜度的基准面;

③ Angle(角度)是指拔模角度;

④ “Neutral element”(不变的元素),表示拔模后保持大小不变的面,其中有两个选项“First limit”和“Second limit”,选中哪一个面,则该面上圆的大小与草图大小一致,如图 3-13(c)所示;

⑤ Fillets(倒圆角),分别为“Lateral radius”(拉伸方向棱边倒圆角半径)、“First limit radius”(第一个界限面倒圆角半径)、“Second limit radius”(另一个界限面倒圆角半径)赋值。可以赋不同的值,也可以取消选择。

(4) 单击 Preview 按钮,预览拉伸效果,如图 3-13(d)所示。

(5) 满足要求后,单击 OK 按钮,完成拉伸。

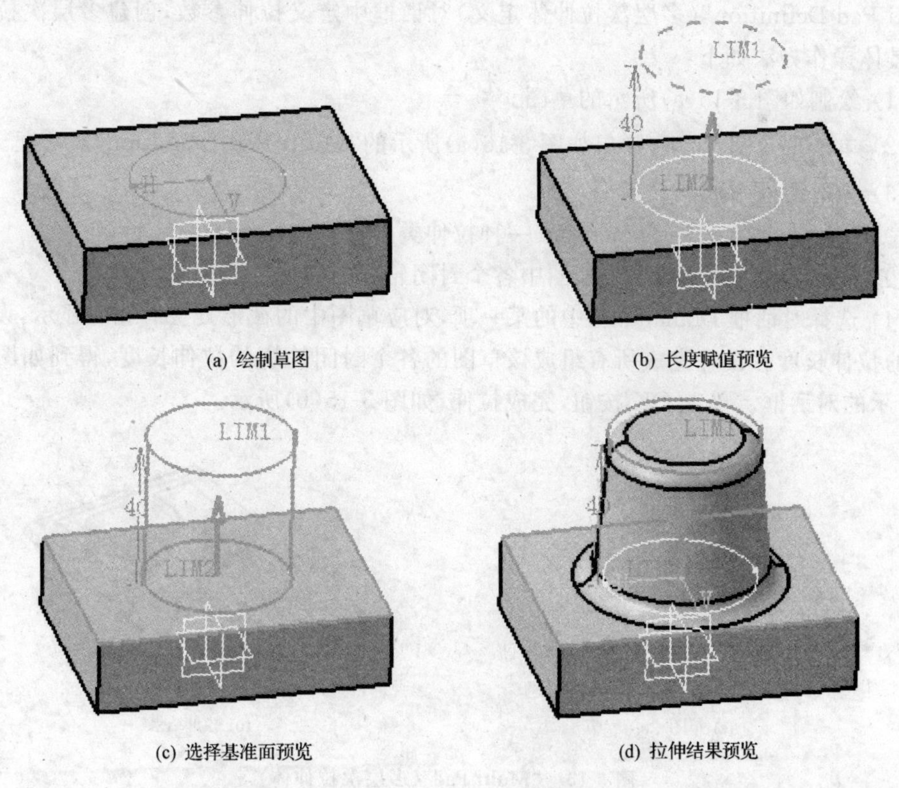

(a) 绘制草图 (b) 长度赋值预览

(c) 选择基准面预览 (d) 拉伸结果预览

图 3-13 “Drafted Filleted Pad”(拔模并倒圆的拉伸体)

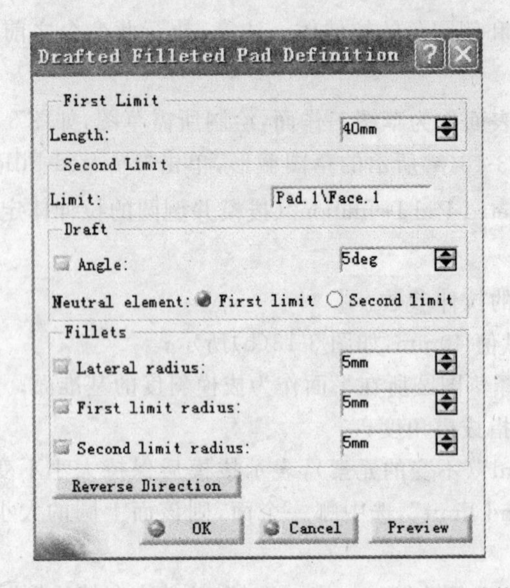

图 3-14 “Drafted Filleted Pad Definition”(拔模并倒圆的拉伸体定义)对话框

4. “Multi-Pad”(多层次拉伸体)

单击 Pad 子工具栏中的“Multi-Pad”(多层次拉伸体)工具命令图标，在弹出的“Multi-Pad Definition”(多层次拉伸体定义)对话框中定义拉伸参数，创建多层次拉伸实体。具体操作方法如下：

(1) 绘制如图 3-15(a)所示的草图。

(2) 单击工具图标，弹出如图 3-16(a)所示的“Multi-Pad Definition”对话框。

(3) 为对话框中的参数赋值：

① Type(类型)，只有 Dimension 一种拉伸类型；

② Domains(区域)，列出了草图中各个封闭轮廓的名称及当前长度值。

(4) 选择对话框 Domains 区中的某一项，对应草图中的截形处会有相应显示，设置该截形的拉伸长度。设置完成所有组成该草图的各个封闭轮廓的拉伸长度，得到如图 3-16(b)所示的对话框。单击 OK 按钮，完成拉伸，如图 3-15(b)所示。

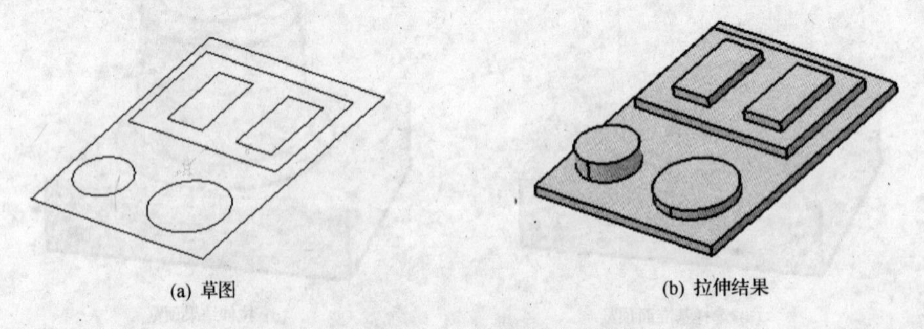

(a) 草图　　(b) 拉伸结果

图 3-15 “Multi-Pad”(多层次拉伸体)

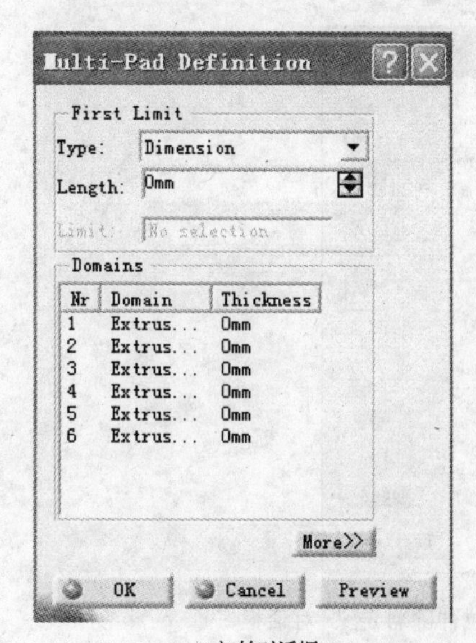

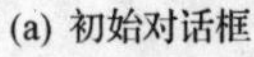
(a) 初始对话框

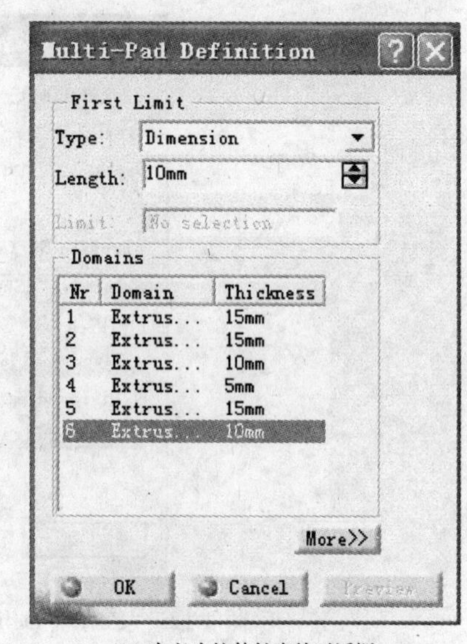

(b) 定义完拉伸长度的对话框

图 3-16　多层次拉伸体定义对话框

3.2.2　Pocket(拉伸除料)

Pocket(拉伸除料)是从已有实体上将拉伸部分移除,从而形成空腔特征。可见,Pad(拉伸体)是拉伸草图轮廓创建实体,形成凸台;而 Pocket(拉伸除料)则是拉伸草图轮廓并从已有实体中将其移除,形成空腔。

实际上,Pocket 和 Pad 的定义对话框几乎完全一样,只是将 Pad 对话框中的 Length(拉伸长度)换成了 Depth(挖切深度),而且,这两种工具命令的操作方法也完全一样。

1. Pocket(拉伸除料)建模

(1) 选择已有长方体的上表面作为工作面,绘制一个草图,如图 3-17(a)所示。

(2) 单击"Sketch-Based Features"(基于草图的特征)工具栏中的 Pocket 工具命令图标,弹出"Pocket Definition"(拉伸除料定义)对话框,如图 3-18 所示。

(3) 选择拉伸除料方式为 Dimension,并为参数 Depth(深度)赋值,结果如图 3-17(b)所示。注意:深度值小于板厚,除料结果为盲孔,而大于或等于板厚,则为通孔。

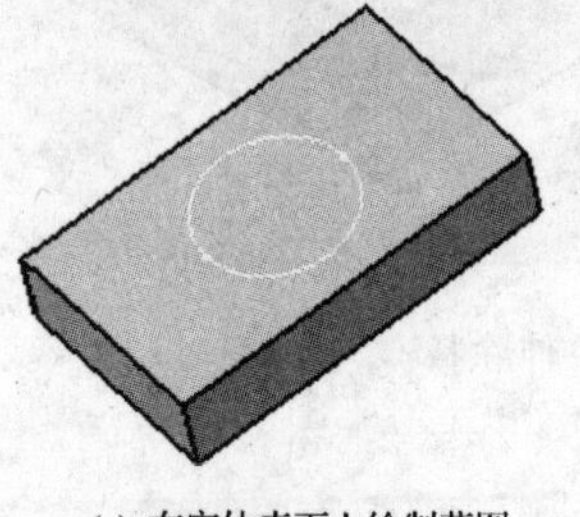
(a) 在实体表面上绘制草图

(b) 拉伸除料结果

图 3-17　"Pocket Definition"(拉伸除料)

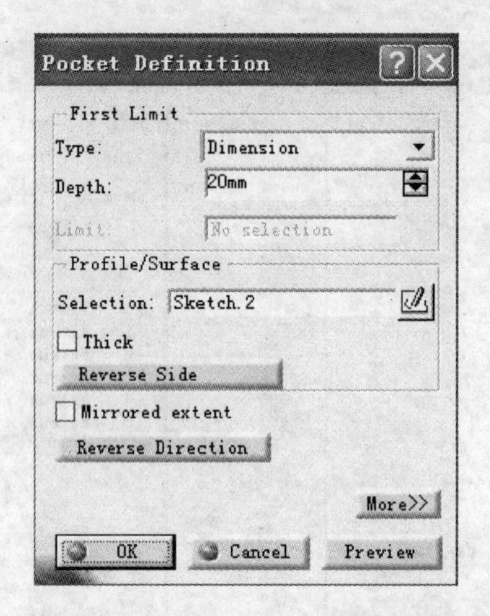

图 3-18 “Pocket Definition”(拉伸除料定义)对话框

其他四种拉伸除料方式的参数设置及操作方法请参考 Pad(拉伸体)。

2. “Drafted Filleted Pocket”(拔模并倒圆的拉伸除料)

单击 Pocket 子工具栏上的“Drafted Filleted Pocket”工具命令图标,弹出“Drafted Filleted Pocket Definition”(拔模并倒圆的拉伸除料定义)对话框,如图 3-19(a)所示。该命令的应用举例,如图 3-19(b)所示。

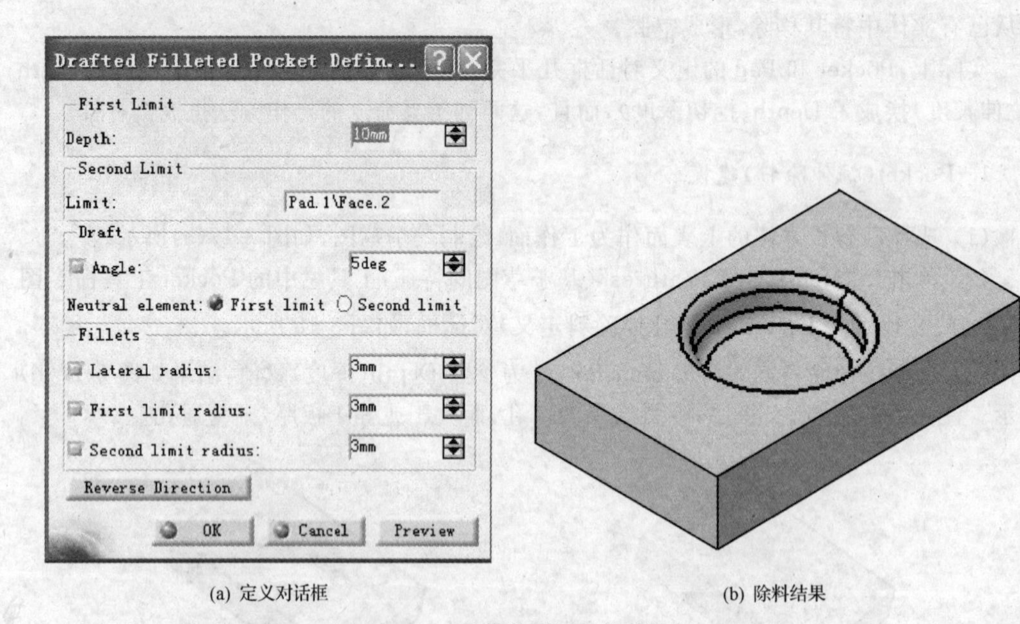

(a) 定义对话框　　(b) 除料结果

图 3-19 拔模并倒圆的拉伸除料

3. “Multi-Pocket”(多层次拉伸除料)

“Multi-Pocket”(多层次拉伸除料)也位于 Pocket 子工具栏上,操作方法同“Multi-

Pad"(多层次拉伸体),在此不再赘述。该命令的应用举例,如图 3-20 所示。

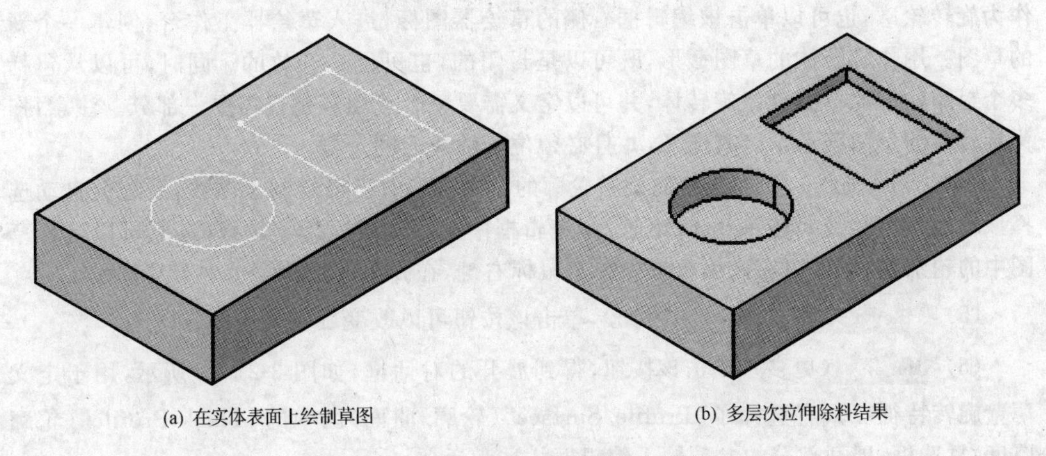

(a) 在实体表面上绘制草图　　(b) 多层次拉伸除料结果

图 3-20　"Multi-Pocket"(多层次拉伸除料)

3.2.3　Shaft(旋转体)

Shaft(旋转体)是指草图截形绕指定轴旋转而形成的实体特征。使用该特征命令可以创建圆柱体、圆锥体、球体、圆环体等回转体。

单击"Sketch-Based Features"(基于草图的特征)工具栏中的 Shaft(旋转体)工具命令图标,弹出"Shaft Definition"(旋转体定义)对话框,如图 3-21(a)所示。

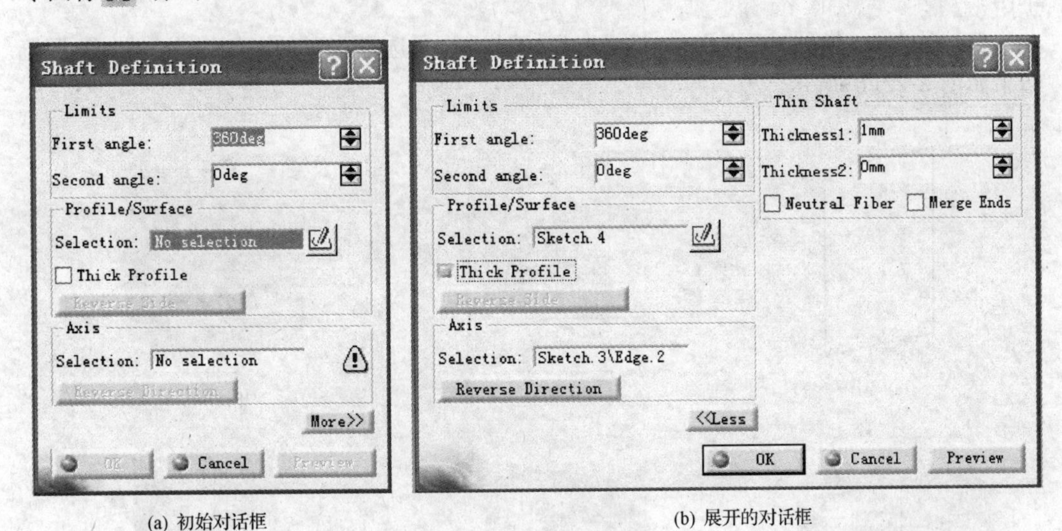

(a) 初始对话框　　(b) 展开的对话框

图 3-21　"Shaft Definition"(旋转体定义)对话框

1. "Shaft Definition"(旋转体定义)对话框

该对话框中各参数、选项的含义如下:

(1) "First angle"(第一角度),旋转特征的起始平面相对轮廓平面转过的夹角。

(2) "Second angle"(第二角度),旋转特征的终止平面相对轮廓平面转过的夹角。

(3) “Profile/Surface”(轮廓/表面)，在 Selection(选择)编辑框中选择已有草图截形作为旋转轮廓，也可以单击该编辑框右侧的草绘器图标，进入草绘器工作台，创建一个新的草图。用作旋转体的草图截形，既可以是封闭的，也可以是开放的。同时，可以从包括多个封闭轮廓的草图创建旋转体，并可以定义需要整个草图还是仅需要一部分。注意：作为旋转体的草图截形不能有交叉，并且必须位于轴线的同一侧。

(4) Axis(轴线)，如果在绘制旋转轮廓的草图截形时已经绘制了轴线，系统会自动选择该轴线，否则，需要在 Selection(选择)编辑框中指定轴线。指定轴线时，既可以选择草图中的轮廓线，也可以在该编辑框中单击鼠标右键，在弹出的快捷菜单中定义轴线。

(5) Reverse Direction (反向)，单击该按钮可以改变旋转角度的方向。

(6) More>> (更多)，单击该按钮，得到展开的对话框，如图 3-21(b)所示，用于定义薄壁旋转特征。只有选择了“Profile/Surface”(轮廓/曲面)区中的“Thick Profile”(轮廓厚度)复选框，展开部分的参数输入编辑框才被激活。

2. Shaft(旋转体)建模方法

创建 Shaft(旋转体)的具体操作步骤如下：

(1) 绘制一个草图截形，如图 3-22(a)所示。

(2) 单击工具命令图标 ，弹出“Shaft Definition”(旋转体定义)对话框。

(3) 在“Profile/Surface”(轮廓/曲面)区的 Selection(选择)编辑框中，选择该矩形草图。

(4) 在 Axis(轴线)区的 Selection(选择)编辑框中，选择矩形的左侧边作为轴线，预览结果如图 3-22(b)所示。

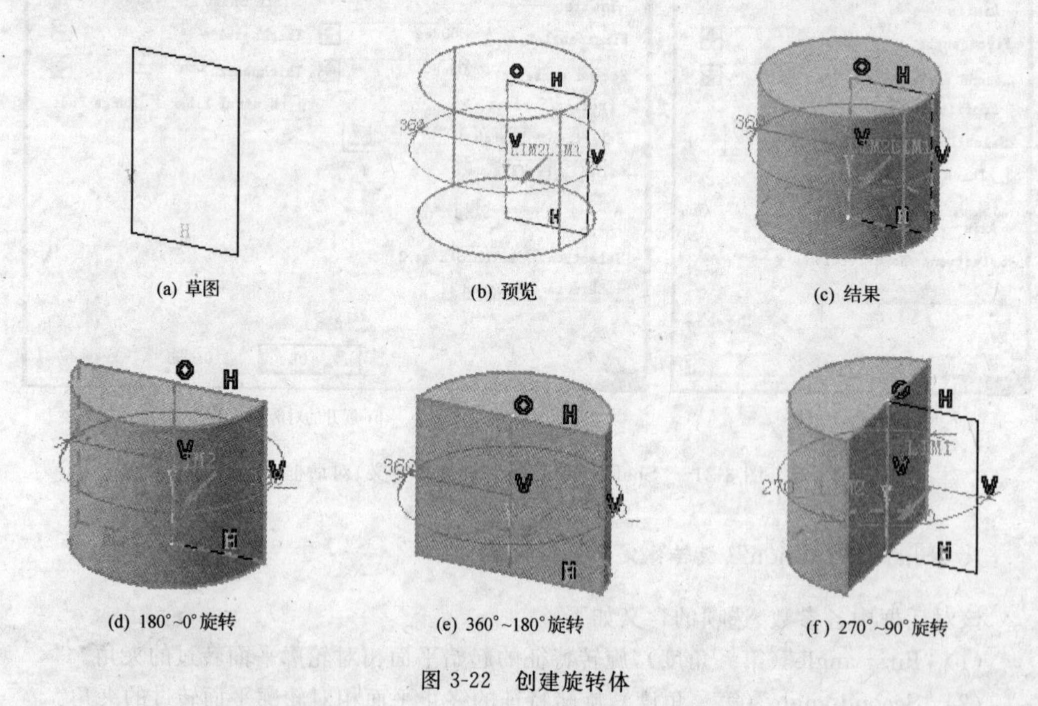

(a) 草图　(b) 预览　(c) 结果

(d) 180°~0°旋转　(e) 360°~180°旋转　(f) 270°~90°旋转

图 3-22　创建旋转体

(5) 单击 OK 按钮，创建得到旋转体，如图 3-22(c)所示。

(6) 定义 Limits(界限)区的两个参数“First angle”(第一角度)和“Second angle”(第二角度)，如果分别赋值为 180 和 0，得到如图 3-22(d)所示的实体；赋值分别为 360 和 −180，得到如图 3-22(e)所示的实体；赋值为 270 和 −90，则得到如图 3-22(e)所示的实体。

3. 关于 Shaft(旋转体)轴线的说明

旋转体的轴线，既可以选择草图中的轮廓线，如图 3-22(a)所示，也可以选择坐标轴，如图 3-23 所示，同时，还可以在 Axis(轴线)区的 Selection(选择)编辑框中单击鼠标右键，在弹出的快捷菜单中定义轴线。如果在草图中绘制了轴线，则在旋转体定义对话框中无需再定义轴线，系统会自动指定草图中的轴线作为旋转轴线，如图 3-24 所示。

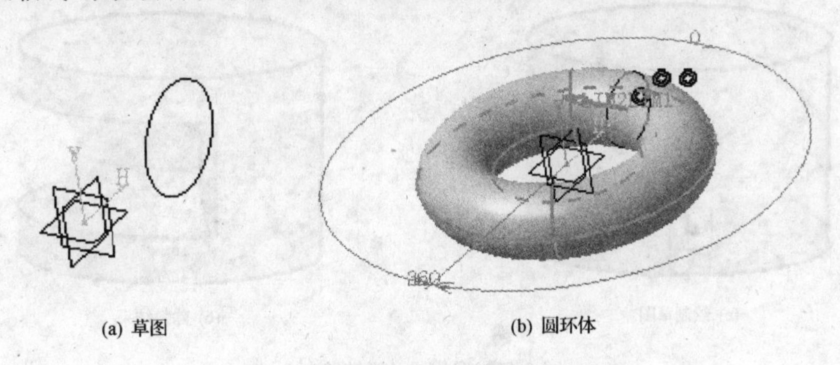

(a) 草图　　(b) 圆环体

图 3-23　坐标轴作为回转轴线的旋转体

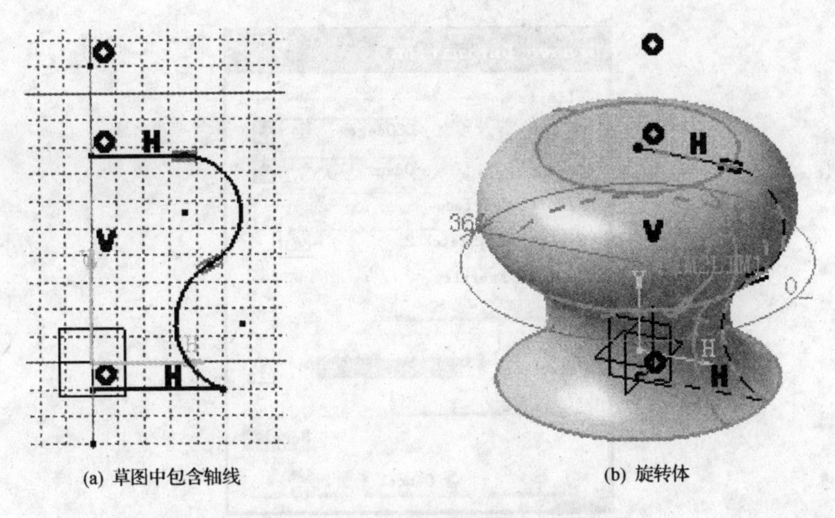

(a) 草图中包含轴线　　(b) 旋转体

图 3-24　在草图中直接绘制旋转体的轴线

3.2.4　Groove(旋转除料)

Shaft(旋转体)和 Groove(旋转除料)都属于旋转特征。两者的关系如同 Pad 和 Pocket 的关系。二者区别在于：Shaft 是旋转形成实体，增加材料；而 Groove 是旋转形成空腔，是在已有实体的基础上移除材料。

创建 Groove(旋转除料)的具体步骤如下：

(1) 在已有实体——圆柱体的基础上，选择 yz 坐标面作为草图工作面，绘制草图截形——圆，如图 3-25(a)所示。

(2) 单击 Groove 工具命令图标，弹出"Groove Definition"(旋转除料定义)对话框，如图 3-26 所示。

(3) 为对话框中各参数赋值："First angle"为 90，"Second angle"为－90，Profile 选择绘制的草图——圆，Axis 选择与已有圆柱体同样的回转轴——z 轴；

(4) 单击 Preview 按钮预览，若符合设计要求，则单击 OK 按钮，完成旋转除料的特征，如图 3-25(b)所示。

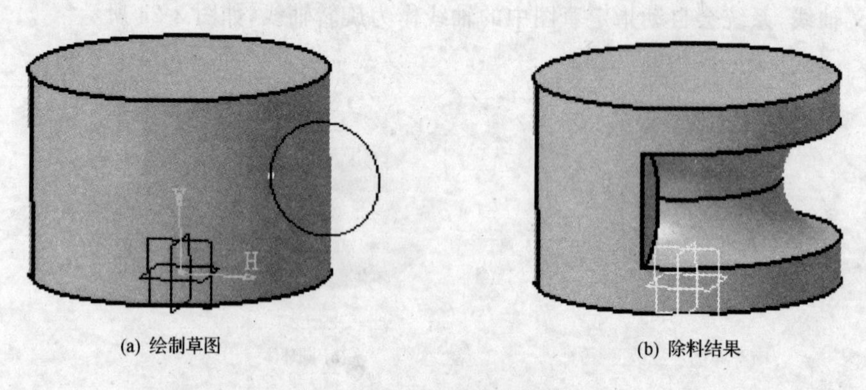

(a) 绘制草图　　(b) 除料结果

图 3-25　Groove(旋转除料)

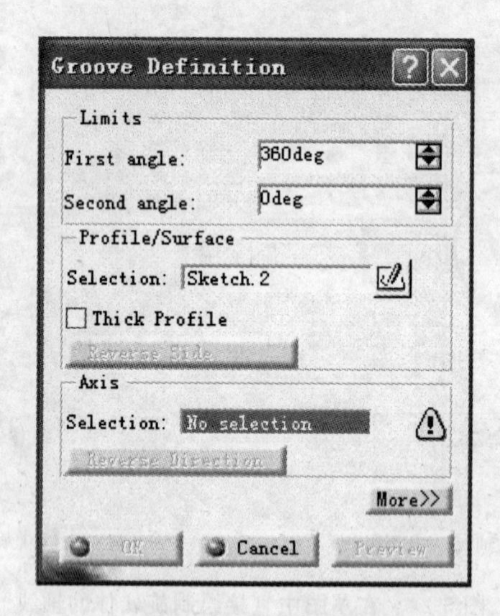

图 3-26　"Groove Definition"(旋转除料定义)对话框

3.2.5　Hole(孔)

孔是实体上常见的结构，有盲孔、通孔、光孔、螺孔、沉孔等多种形式。

Hole(孔)是在已有实体基础上创建的特征，通常分两步创建：先是孔特征参数的设置，再就是孔的定位。

单击“Sketch-Based Features”(基于草图的特征)工具栏中的 Hole(孔)工具命令图标 ，选择要创建孔的实体表面，弹出“Hole Definition”(孔定义)对话框，如图 3-27 所示，该对话框中有三个选项卡：Extension(延伸)、Type(种类)和“Thread Definition”(螺纹定义)。

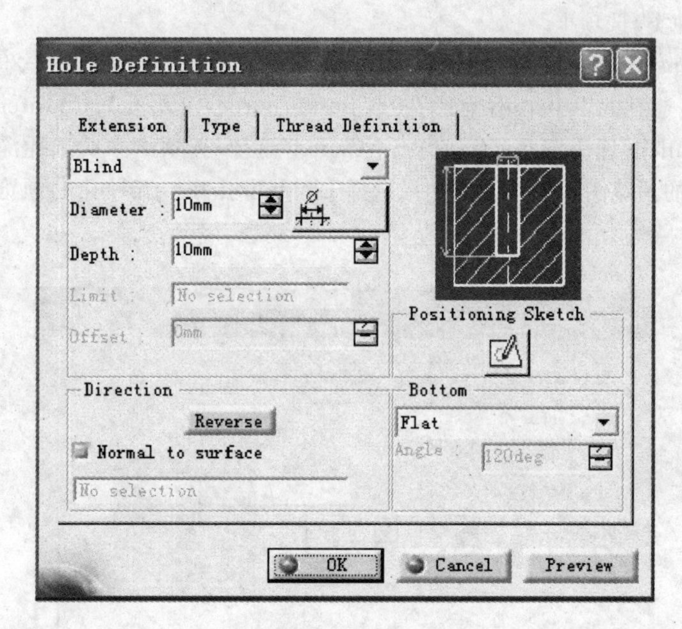

图 3-27 “Hole Definition”(孔定义)对话框——Extension(延伸)选项卡

1. 孔定义对话框中参数的含义

1) Extension(延伸)选项卡

“Hole Definition”(孔定义)对话框中的 Extension(延伸)选项卡，如图 3-27 所示。孔深度界限类型共有五种：Blind(盲孔)、“Up To Next”(至下一面的孔)、“Up To Last”(至最后一个面的孔)、“Up To Plane”(至一个平面的孔)以及“Up To Surface”(至一个曲面的孔)等，并可在对话框右上角看到对应类型的预览图，如图 3-28 所示。

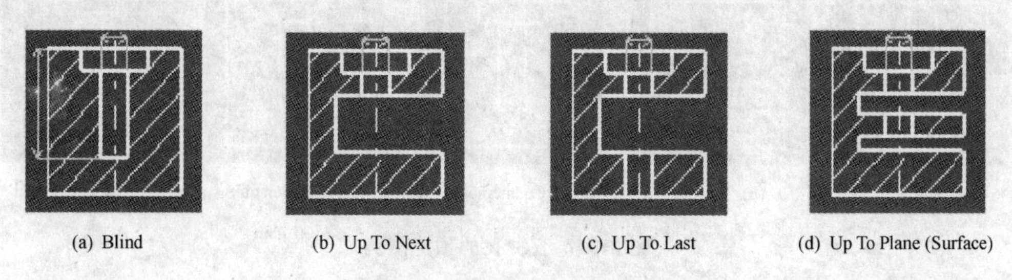

(a) Blind　　(b) Up To Next　　(c) Up To Last　　(d) Up To Plane (Surface)

图 3-28 孔深度界限类型图例

定义孔的 Diameter(直径)、Depth(深度)、Direction(方向)、“Positioning Sketch”(定位草图)和 Bottom(底部形状)。

单击 Diameter(直径)右侧的图标，弹出“Limit of Size Definition”(极限尺寸定义)对话框，可从四种方法中选出一种定义孔直径的公差尺寸。

单击“Positioning Sketch”区的图标进入草绘器，约束孔的位置。

Bottom(底部形状)共有三种类型：Flat(平底)、V-Bottom(锥形底)和 Trimmed(修剪)，一般应选 V-Bottom。

2) Type(种类)选项卡

“Hole Definition”(孔定义)对话框中的 Type(类型)选项卡，如图 3-29所示。共有五种孔：Simple(普通孔)、Tapered(锥形孔)、Counterbored(沉头孔)、Countersunk(埋头孔)以及 Counterdrilled(埋头沉孔)等。当 Extension(延伸)选项卡中所选孔深度界限类型不同时，则五种孔的预览图示也不同。如果选择 Blind(盲孔)时，五种孔的预览图示如图 3-30所示。

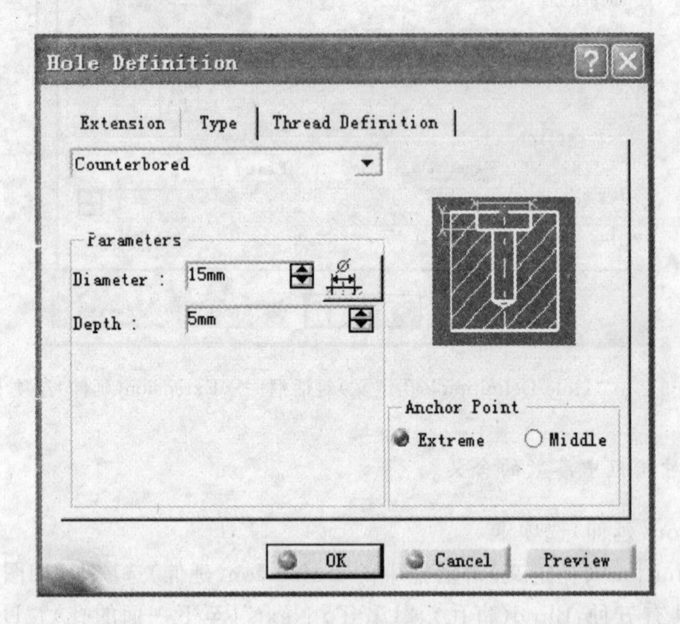

图 3-29 “Hole Definition”(孔定义)对话框——Type(类型)选项卡

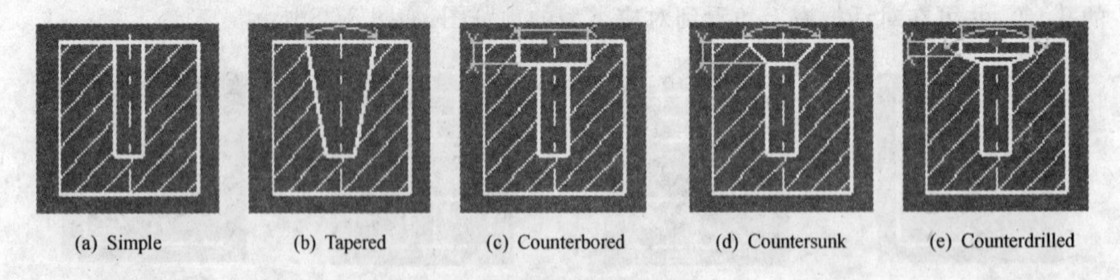

(a) Simple (b) Tapered (c) Counterbored (d) Countersunk (e) Counterdrilled

图 3-30 五种孔的预览图例

3) “Thread Definition”(螺纹定义)选项卡

“Hole Definition”(孔定义)对话框中的“Thread Definition”(螺纹定义)选项卡，如图 3-31所示。只有选中左上角的 Threaded(螺纹)复选框，其下“Thread Definition”区的

各项参数才能被激活。

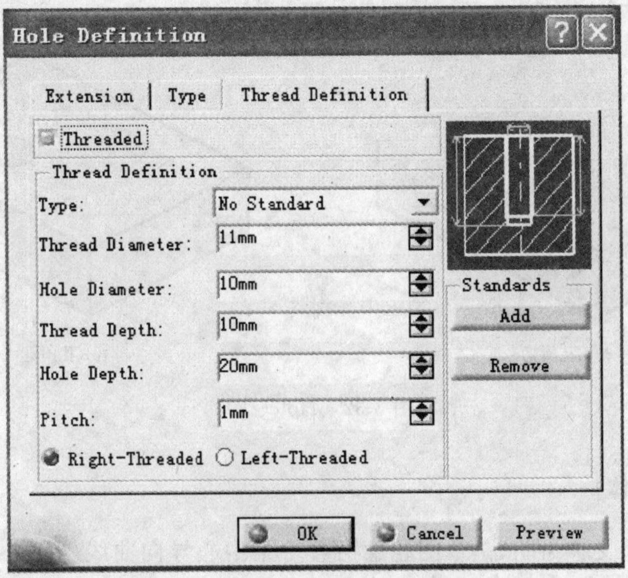

图 3-31 “Hole Definition”(孔定义)对话框中的“Thread Definition”(螺纹定义)选项卡

螺纹定义选项卡中各项参数的含义如下：

(1) Type(螺纹类型)：有三种——“Metric Thin Pitch”(公制细牙螺纹)、“Metric Thick Pitch”(公制粗牙螺纹)和“No Standard”(非标准螺纹)。

(2) “Thread Diameter”(螺纹公称直径)：螺纹的大径。

(3) “Hole Diameter”(螺纹底孔直径)：螺纹的小径。

(4) “Thread Depth”(螺纹深度)。

(5) “Hole Depth”(底孔深度)：底孔深度必须大于螺纹深度。

(6) Pitch(螺距)：标准螺纹的螺距是自动确定的。

(7) Right-Threaded(右旋螺纹)和 Left -Threaded(左旋螺纹)：螺纹旋向。

2. Hole(孔)建模

创建 Hole(孔)特征的具体操作步骤如下：

(1) 单击“Sketch-Based Features”(基于草图的特征)工具栏中的 Hole(孔)工具命令图标，选择要创建孔的已有实体——长方体的上表面，把该表面作为放置孔的工作表面，弹出“Hole Definition”(孔定义)对话框。此时在实体上生成了孔的预览效果图，如图 3-32(a)所示。

(2) 为对话框中各参数赋值：孔深度界限类型选择盲孔，底部形状选择 120°的锥形底，孔径为 15mm，孔深为 10mm。

(3) 单击“Positioning Sketch”区的图标，在草绘器中约束孔的位置。

(4) 单击 Preview 按钮，并单击 OK 按钮，结束孔操作，结果如图 3-32(b)所示。

注意：创建得到螺纹孔后，在屏幕几何体上并不显示螺纹，但在特征历史树上有螺纹孔的图标，而且系统中也已记录了螺纹的参数，在以后创建工程图或数控加工时，系统会自动识别出螺纹孔。

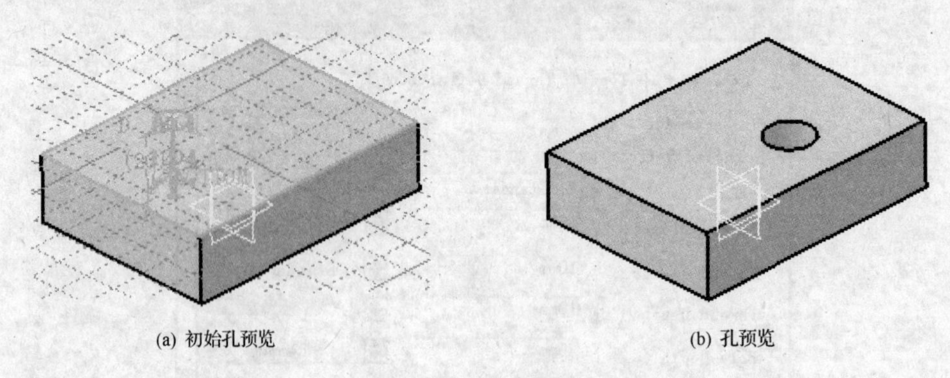

(a) 初始孔预览　　(b) 孔预览

图 3-32　Hole(孔)

3.2.6　Rib(扫掠体)

Rib(扫掠体)，又称为肋，是草图轮廓沿着一条中心导向曲线(又称路径)扫掠来创建实体。通常轮廓使用封闭草图，而路径则可以是草图也可以是空间曲线，可以是封闭的也可以是开放的。

单击“Sketch-Based Features”(基于草图的特征)工具栏中的Rib(扫掠体)工具命令图标，弹出“Rib Definition”(扫掠体定义)对话框，如图 3-33 所示。

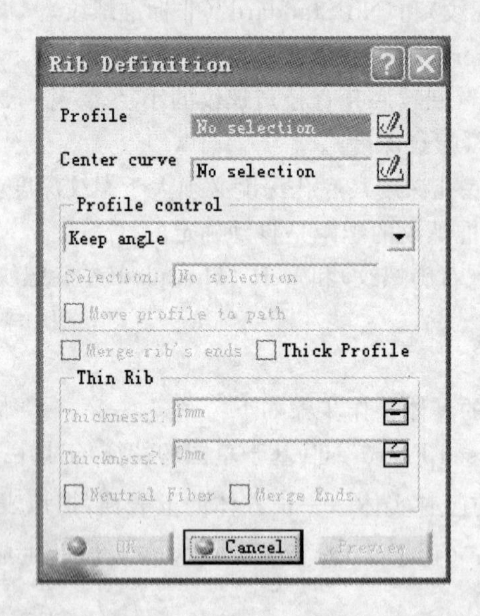

图 3-33　“Rib Definition”(扫掠体定义)对话框

1. 扫掠体定义对话框中各主要参数项的含义

(1) Profile(轮廓)：选择创建扫掠体的草图截形。既可以选择已经绘制好的草图，也可以单击编辑框右侧的图标在 Sketcher 中创建或编辑轮廓。

(2) “Center Curve”(中心线):它和轮廓的定义相似,既可以选择已有图形元素,也可以创建或编辑中心线。使用中心曲线时要遵循以下规则:三维中心曲线必须相切连续;若中心曲线是平面曲线,则可以相切不连续;中心曲线不能由多个几何元素组成。

(3) “Profile Control”(轮廓控制):在该选区提供了三种方式来控制轮廓沿中心线扫掠时的方向:

① “Keep angle”(保持角度):轮廓草图平面与中心线的切线之间始终保持初始位置时的角度。

② “Pulling direction”(牵引方向):在扫掠过程中轮廓的法线方向始终与指定的牵引方向一致,这需要选择方向,可以选择平面或实体的边线。如果选择的是平面,则方向由该面的法线方向确定。扫掠结果的起始和终止端面应平行。

③ “Reference surface”(参考曲面):轮廓平面和参考曲面之间的角度保持不变。

(4) “Move profile to path”(移动轮廓):当选择“Profile Control”(轮廓控制)选项中的后两项时,此项被激活。选择该项时扫掠结果会离开原始位置一定距离。

(5) “Merge rib's ends”(修剪端部):选择此项扫掠时,碰到实体表面时会将多余的部分自动修剪掉。

(6) “Thick profile”(薄壳扫掠):选择此项可以创建薄壳扫掠体。薄壳厚度在“Thin Rib”区中定义,Thickness1 是向内增厚的厚度,Thickness2 是向外增厚的厚度。

2. Rib(扫掠体)建模

创建 Rib(扫掠体)的具体操作步骤如下:

(1) 绘制草图轮廓,如图 3-34(a)中的圆,并绘制扫掠中心线,如图 3-34(a)中的开放曲线;

(2) 单击 Rib(扫掠体)工具命令图标,在弹出的“Rib Definition”对话框中定义各参数项:Profile 选择草图圆,“Center curve”选择曲线,“Profile control”选择“Keep angle”,其他各项保持默认状态;

(3) 单击 Preview 按钮,满意后单击 OK 按钮,生成如图 3-34(b)所示的扫掠体。

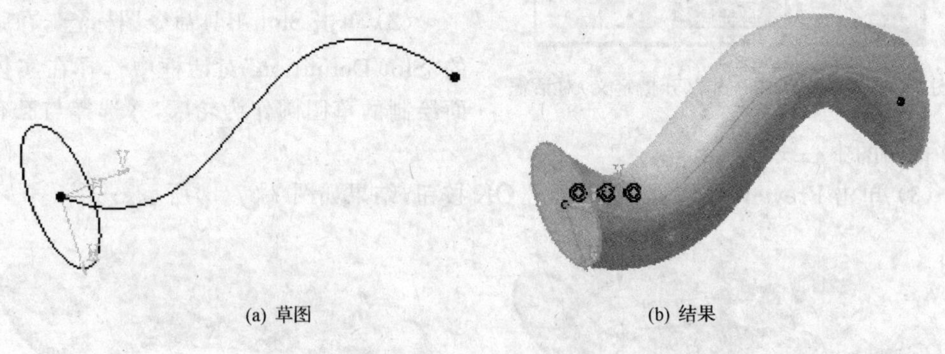

(a) 草图　　(b) 结果

图 3-34　扫掠体的生成

同时,还可以从包括多个轮廓的草图中创建扫掠体,要求这样的草图轮廓必须是单联通的。例如,使用由两个同心圆组成的草图轮廓沿中心线扫掠,可以创建得到一条管道,如图 3-35 所示。

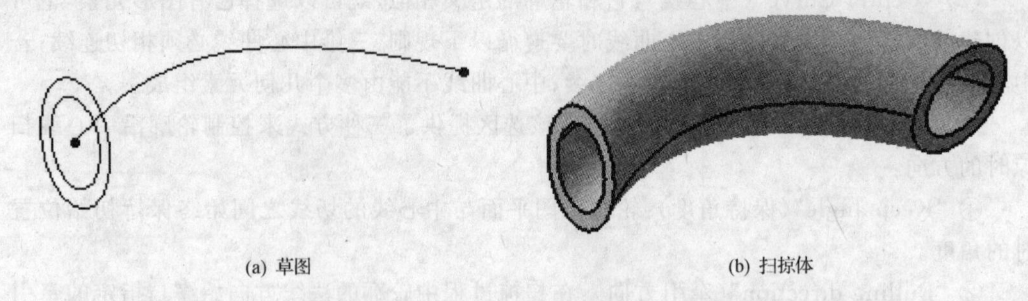

(a) 草图　　(b) 扫掠体

图 3-35　由包括多个轮廓的草图创建扫掠体

3.2.7　Slot(扫掠除料)

Slot(扫掠除料,又称开槽)与 Rib(扫掠体)都属于扫掠特征。二者的关系如同 Pocket 和 Pad 以及 Groove 和 Shaft 的关系。它们的区别在于:Rib 是扫掠轮廓生成实体,增加材料;而 Slot 是扫掠轮廓形成沟槽,是在已有实体的基础上移除材料。

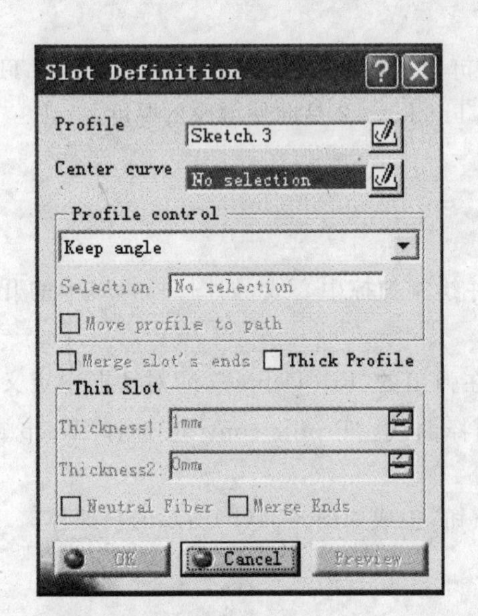

图 3-36　“Slot Definition”(开槽定义)对话框

在已有实体基础上,单击“Sketch-Based Features”(基于草图的特征)工具栏中的 Slot(扫掠除料)工具命令图标,弹出“Slot Definition”(开槽定义)对话框,如图 3-36 所示。该对话框中各项的含义与如图 3-33“Rib Definition”的完全一致,在此不再赘述。

创建 Slot(扫掠除料)的具体操作步骤如下:

(1) 在已有实体(如扫掠体)基础上,选择其左端面作为草图工作面绘制草图,如图3-37(a)所示;

(2) 单击 Slot 工具命令图标,在弹出的“Slot Definition”对话框中选择在实体端面绘制的草图圆作为轮廓,并选择与已有扫掠体相同的中心线;

(3) 单击 Preview 按钮,满意后单击 OK 按钮,结果如图 3-37(b)所示。

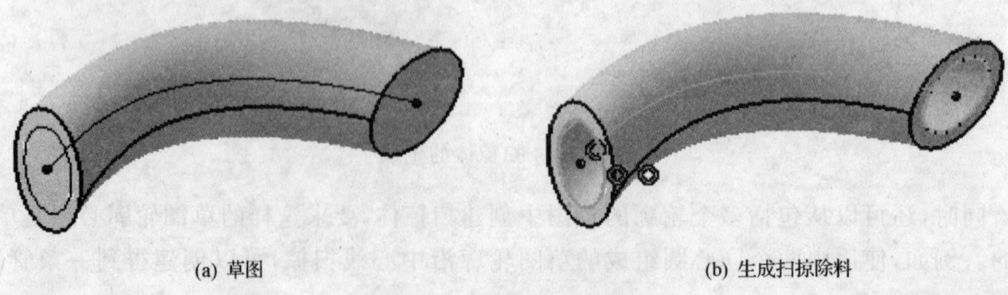

(a) 草图　　(b) 生成扫掠除料

图 3-37　Slot(扫掠除料)

3.2.8 Stiffener(加强筋)

加强筋是零件上的一种常见结构，目的是为了加强零件局部的刚度和强度。

创建加强筋时只需在欲创建加强筋的上边缘绘制一条开放的草图轮廓即可。

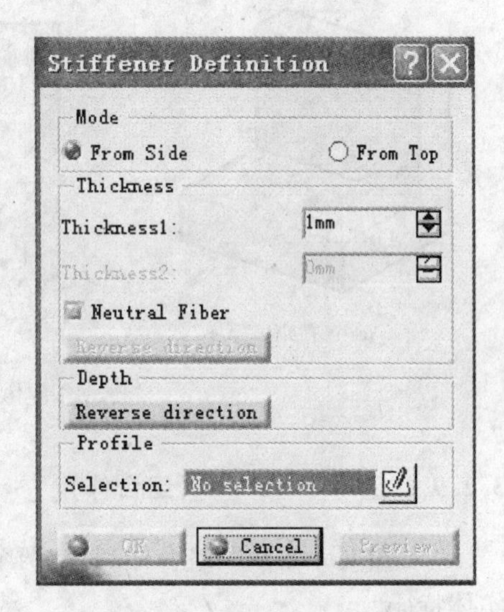

图 3-38 “Stiffener Definition”(加强筋定义)对话框

单击“Sketch-Based Features”工具栏中“Solid Combine”(组合体)工具命令图标右下角的三角形，在展开的子工具栏上单击 Stiffener(加强筋)工具命令图标，弹出“Stiffener Definition”(加强筋定义)对话框，如图 3-38 所示。

加强筋定义对话框中各项参数的含义如下：

(1) Mode(模式)：有两种延伸模式——“From Side”(沿草图平面延伸)和“From Top”(沿草图平面的法线方向延伸)，如图 3-39 所示。前者是沿着轮廓线所在平面方向，以给定厚度向已有实体延伸，直至实体界限；而后者则是沿着轮廓线所在平面的垂直方向，向已有实体延伸，直至实体界限。

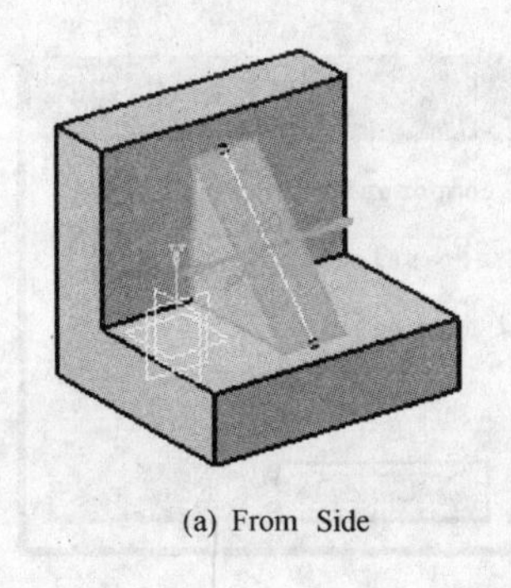

(a) From Side

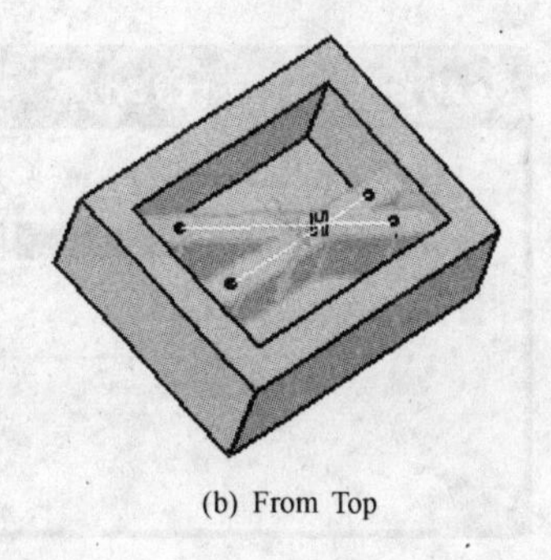

(b) From Top

图 3-39 加强筋延伸模式

(2) Thickness(厚度)：默认情况下选中该区中的“Neutral Fiber”(对称中心)复选框，此时只有“Thickness1”(厚度 1)可用，表示以轮廓为对称中心向两个方向同时增厚。如果取消选择“Neutral Fiber”，则“Thickness1”和“Thickness2”同时被激活，可以为两个方向厚度赋予不同的值。

(3) Profile(轮廓)：既可以选择已有的草图轮廓，又可以单击编辑框右侧的图标，在草绘器中创建或修改草图截形。

创建 Stiffener(加强筋)具体的操作步骤如下：

(1) 先创建如图 3-40(a)所示的实体，并选择该实体的对称面作为草图工作面绘制如图 3-40(b)所示的轮廓；

(2) 单击 Stiffener 工具命令图标，在弹出的“Stiffener Definition”对话框中定义参数，给“Thickness1”(厚度 1)赋值，其他按默认；

(3) 单击 Preview 按钮，满意后单击 OK 按钮，结果如图 3-40(c)所示。

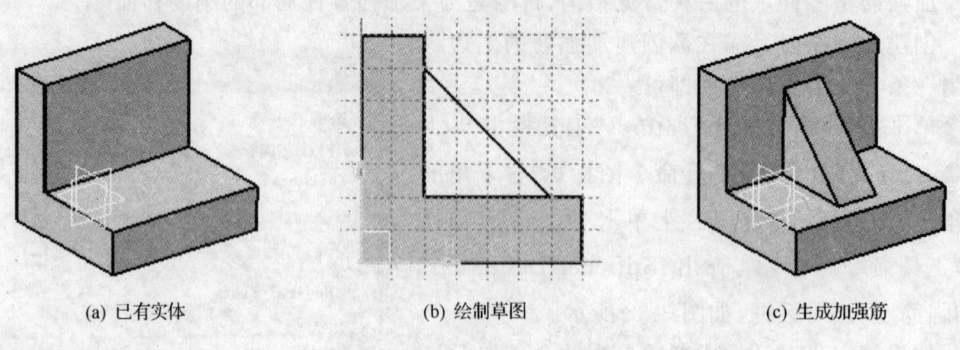

(a) 已有实体　　(b) 绘制草图　　(c) 生成加强筋

图 3-40　Stiffener(加强筋)

3.2.9　“Solid Combine”(组合体)

“Solid Combine”(组合体)是指两个草图截形分别沿两个方向拉伸，生成交集部分的实体特征。

单击“Sketch-Based Features”(基于草图的特征)工具栏中的“Solid Combine”(组合体)工具命令图标，弹出“Combine Definition”(组合体定义)对话框，如图 3-41 所示。

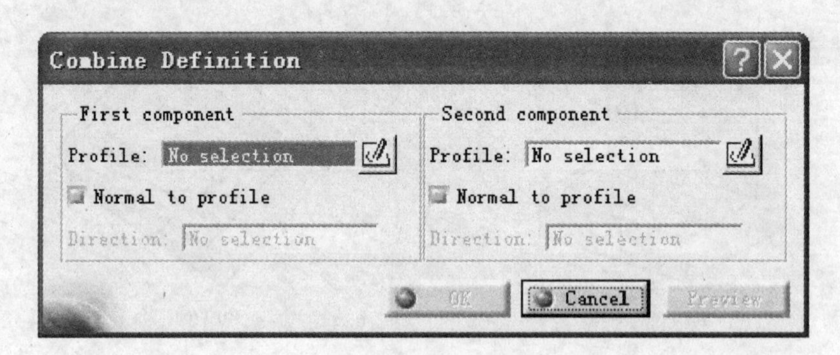

图 3-41　“Combine Definition”(组合体定义)对话框

由对话框可见，此特征需要定义两个轮廓草图及其拉伸方向。草图截形可以是已有的图形元素，也可以重新创建或修改获得。默认时选中“Normal to profile”(垂直于轮廓)复选框，表示沿草图平面的法线方向拉伸实体，否则，需要定义拉伸方向。

创建“Solid Combine”(组合体)的具体操作步骤如下：

(1) 绘制两个草图截形，一个是在 xy 面绘制的以原点为圆心直径为 80mm 的圆，另一个是在 xz 面绘制的以原点为中心边长为 40mm 的正方形，如图 3-42(a)所示；

(2) 单击工具命令图标，弹出“Combine Definition”对话框，在其中的两个 Profile(轮廓)选项处分别定义圆和正方形两个轮廓草图，显示结果如图 3-42(b)所示，为沿草图的法线方向，以另一草图截形为界限拉伸成形；

(3) 单击 Preview 按钮，满意后单击 OK 按钮，最后形成如图 3-42(c)所示的实体。

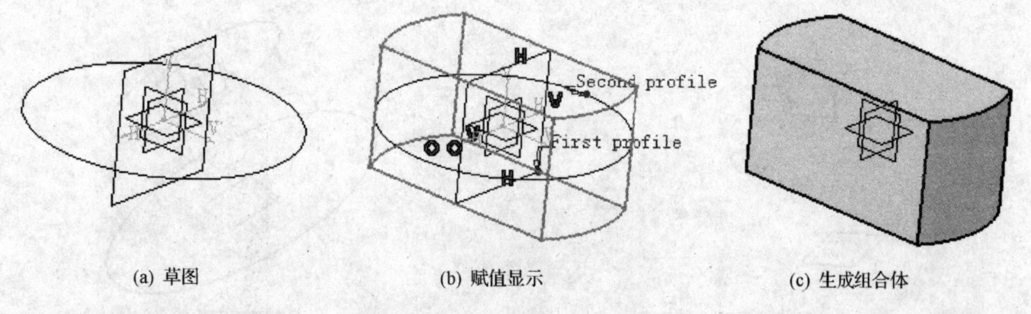

(a) 草图　　(b) 赋值显示　　(c) 生成组合体

图 3-42　“Solid Combine”(组合体)

3.2.10　“Multi-sections Solid”(放样体)

“Multi-sections Solid”(放样体)是指两个或两个以上不同位置的封闭截面轮廓沿一条或多条引导线以渐进方式扫掠形成的实体。这种造型方法在零件造型中不常用,但是由于它能形成由一种截形过渡到另一种不同截形的变截形实体,在一些特殊零件造型中有其独到之处。

放样时所使用的每一个封闭截面轮廓都有一个闭合点和闭合方向,而且要求各截面的闭合点和闭合方向都必须处于正确的方位,否则会发生扭曲或出现错误。所以,在用放样方法造型时关键是设计各个截形和调整各截面的闭合点和闭合方向。

1. 创建“Multi-section Solid”(放样体)

创建放样体的具体操作步骤如下:

(1) 先建立几个草图平面。在此只建立一个与 xy 坐标面平行的偏移平面。单击如图 3-43 所示的“Reference Elements”(参考元素)工具栏中的 Plane(平面)工具命令图标,弹出如图 3-44 所示的“Plane Definition”(定义平面)对话框,在 Reference(参考)编辑框中选择 xy 坐标面,Offset(偏移)编辑框中赋值 30mm,单击 OK 按钮,结果创建了一个与 xy 坐标面平行、距离为 30mm 的参考平面,如图 3-45(a)所示。

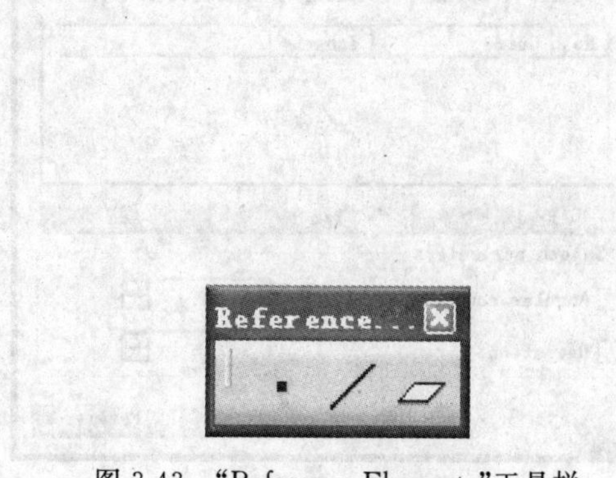

图 3-43　“Reference Elements”工具栏

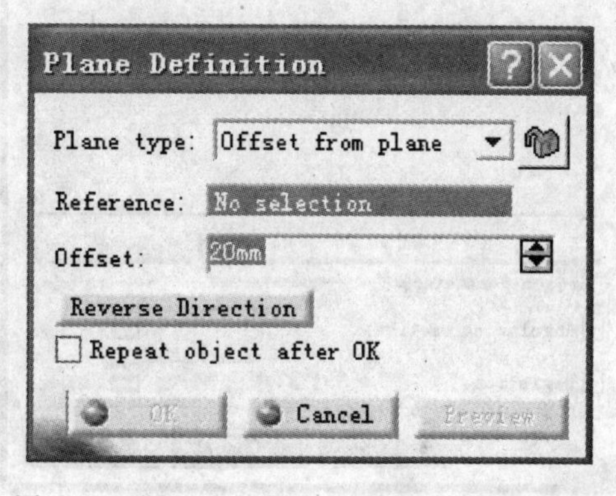

图 3-44　“Plane Definition”(定义平面)对话框

(2) 分别选择 xy 坐标面和所建立的参考平面作为草图工作平面,在草绘器中绘制一个小椭圆和大椭圆草图截形(尺寸自定),如图 3-45(b)所示。

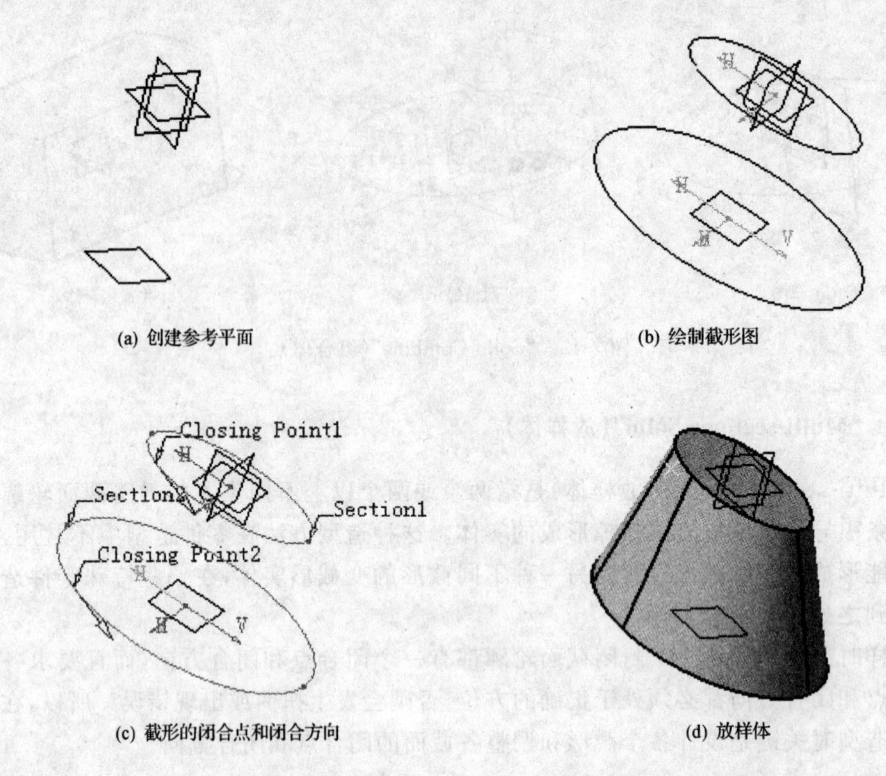

(a) 创建参考平面　　(b) 绘制截形图

(c) 截形的闭合点和闭合方向　　(d) 放样体

图 3-45 “Multi-sections Solid”(放样体)

(3) 单击“Multi-sections Solid”(放样体)工具命令图标，弹出“Multi-sections Solid Definition”(放样体定义)对话框，如图 3-46(a)所示。

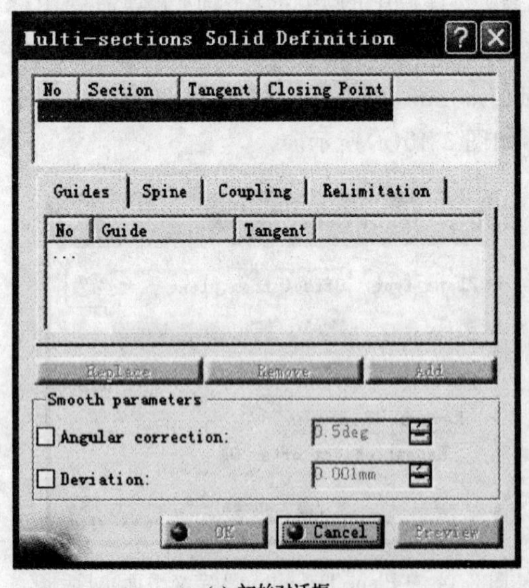

(a) 初始对话框

Multi-sections Solid Definition

No	Section	Tangent	Closing Point
1	Sketch.1		Extremum.1
2	Sketch.2		Extremum.2

Guides　Spine　Coupling　Relimitation

No　Guide　Tangent

Replace　Remove　Add

Smooth parameters

Angular correction: 0.5deg

Deviation: 0.001mm

OK　Cancel　Preview

(b) 添加草图截形后的对话框

图 3-46 “Multi-sections Solid Definition”(放样体定义)对话框

(4) 依次选择两个草图，将其添加到对话框中，如图 3-46(b)所示。此时系统为草图截形分别定义相应的名称 Section1(截形 1)和 Section2(截形 2)，并自动添加了闭合点“Closing Point1”(闭合点 1)和“Closing Point2”(闭合点 2)，以及闭合方向，如图 3-45(c)所示。

(5) 单击闭合方向箭头可以调整方向，使它们同为顺时针或逆时针方向即可；

(6) 单击 Preview 按钮，满意后单击 OK 按钮，得到如图 3-45(d)所示的放样体。

2. 放样体定义对话框

放样体定义对话框中各参数选项的含义如下：

(1) 图 3-46 所示放样体定义对话框的上部是放样体草图截形的列表区域，当依次选取创建放样体的草图后，它们的相关信息随即被添加到该列表区域。

在列表中任一个草图截形上单击鼠标右键，弹出如图 3-47 所示的快捷菜单，通过激活其中的相应命令可以对该截形定义进行修改。快捷菜单中各项的含义如下：

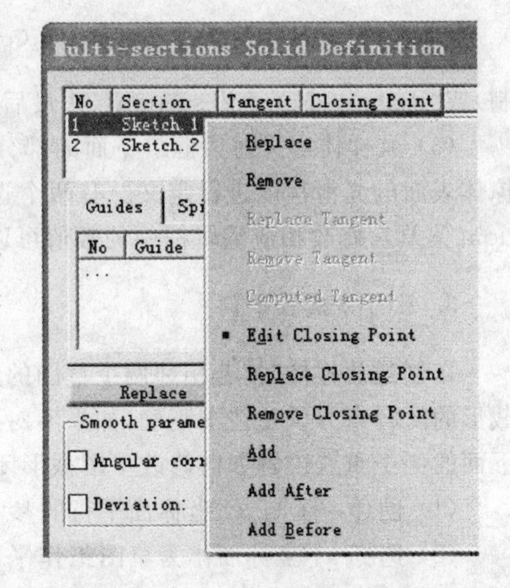

图 3-47　草绘截形的右键快捷菜单

① Replace(替换)：替换选中的截形。

② Remove(移除)：删除选中的截形。

③ “Replace Closing Point”(替换闭合点)：替换选中截形的闭合点。

④ “Remove Closing Point”(移除闭合点)：删除选中截形的闭合点。

⑤ Add(添加)：添加草图截形，此草图列在表的最后。

⑥ “Add After”(向后添加)：添加截面草图，被列在选中截形之后。

⑦ “Add Before”(向前添加)：添加截面草图，被列在选中截形之前。

(2) 放样体定义对话框的中间部分包含四个选项卡：

① Guides(引导线)：在放样体中起边界的作用，它属于最终生成的实体。

② Spine(脊线)：用来引导实体的延展方向，通常情况下系统能通过所选草图截形自动使用一条默认的脊线，不必定义。如需定义脊线要保证所选曲线相切连续。

③ Coupling(连接)：在此选项卡中有四种方式可供选择，如图 3-48 所示。Ratio(比率连接)，指按截形的比率连接实体的表面，当各截形的顶点数不同时，常用这种连接方式；Tangency(相切连接)，指放样过程中生成曲线的切矢连续变化，这时各截形的顶点数必须相同；“Tangency then curvature”(切矢曲率连接)，按截形曲线的曲率不连续点连接实体表面，各截形的顶点数必须相同；Vertices(顶点连接)，在截形所有顶点处连接实体表面，各截形的顶点数必须相同。

④ Relimitation(重新限制)：默认情况下，放样体是从第一个截形放样到最后一个截形，但也可以用引导线或脊线来限制放样。要用引导线或脊线来限制放样，需要在 Relimitation(重新限制)选项卡中取消选择“Relimited on start section”(用第一个截形限

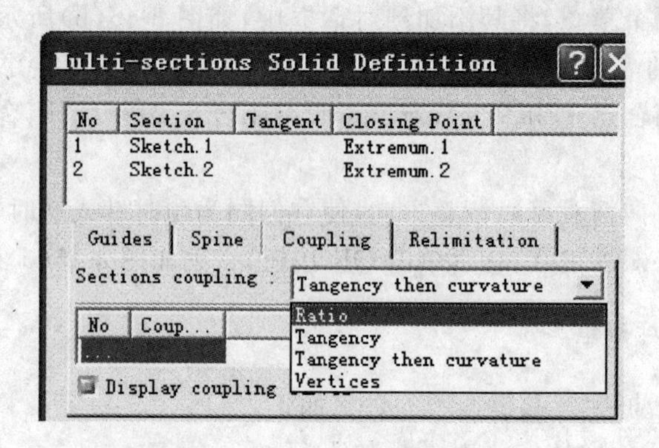

图 3-48 Coupling(连接)选项卡

制)或“Relimited on end section”(用最后一个截形限制)两个复选框。

(3) 放样体定义对话框最下面的部分是“Smooth parameters”(平滑参数),用于对扫掠体表面的光滑程度进行定义。有两个选项:“Angular correction”(角度矫正)和 Deviation(偏差),修改相应编辑框中的数值可以实现对实体表面光滑程度的调整。

3. 放样体建模举例

在创建放样体时,若相邻两个草图的形状不同,如一个是圆而另一个是矩形,这时两截形的闭合点方位往往不正确,如果不对其进行修改,得到的放样体要么扭曲要么出错。下面的例子重点讲解如何修改草图截形闭合点的方位。具体的操作步骤如下:

(1) 创建一个与 xy 坐标面平行的参考平面,如图 3-49(a)所示。

(2) 选择 xy 坐标面作为草图工作平面,在草绘器中绘制一个圆;而选择所建立的参考平面作为草图工作平面,在草绘器中绘制一个矩形,如图 3-49(b)所示。

(3) 单击“Multi-sections Solid”工具命令图标,弹出“Multi-sections Solid Definition”对话框。

(4) 依次选择圆和矩形两个草图截形,将其添加到对话框中的草图截形列表区,此时系统自动为这两个草图截形分别定义相应的名称 Section1 和 Section2,并自动添加了闭合点“Closing Point1”和“Closing Point2”,以及闭合方向,如图 3-49(c)所示。尽管两个草图截形上表示闭合方向的箭头均指向逆时针,但是两个截形闭合点的位置是错开的。如果不对其处理就进行实体预览,将弹出如图 3-50 所示的“Update Error”数据错误提示对话框,得到的放样体也是扭曲的,如图 3-49(d)所示。因此,必须对草图截形的闭合点进行修改,使它们处于正确的位置。

(5) 修改第一个草图截形——圆的闭合点:在放样体定义对话框的草图截形列表区中选择该草图,并在其上单击鼠标右键,或在如图 3-49(c)所示的“Closing point1”上单击鼠标右键,在弹出的快捷菜单中选择“Remove Closing Point”(移除闭合点),草图中的“Closing point1”标识随即消失;同理,在弹出的右键快捷菜单中选择“Create Closing Point”(创建闭合点),此时弹出一个对话框,在不对其参数进行任何定义的情况下,将光标移至另一个草图截形——矩形的闭合点“Closing point2”处,系统会自动捕捉“Closing point2”点,并在两截形之间显示一条虚线,虚线的两个端点分别为“Closing point2”点和在第一个草图截形上新建的符合放样体要求的闭合点位置，确认后，即可在圆上创建新的闭合点，如图 3-49(e)所示。

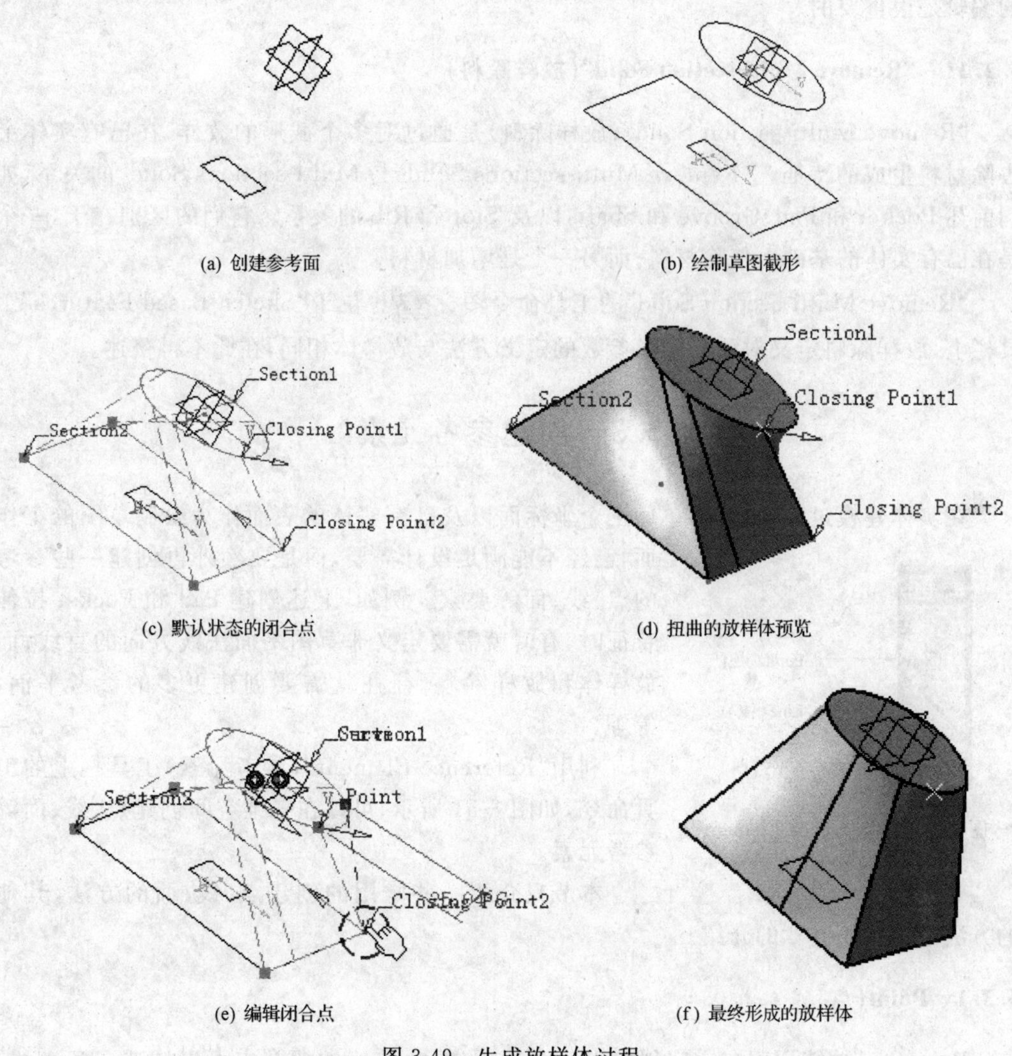

(a) 创建参考面　(b) 绘制草图截形

(c) 默认状态的闭合点　(d) 扭曲的放样体预览

(e) 编辑闭合点　(f) 最终形成的放样体

图 3-49　生成放样体过程

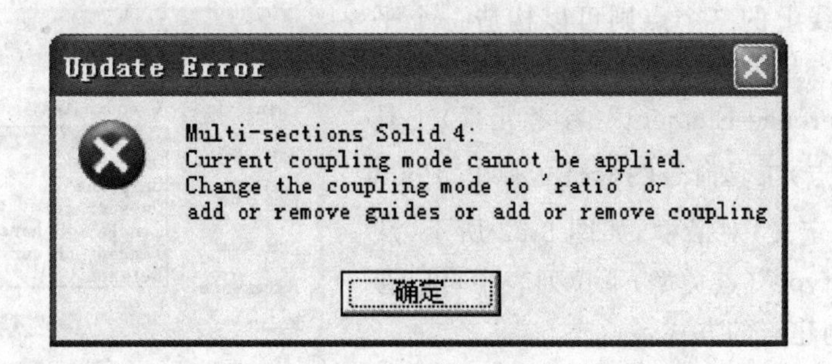

图 3-50　“Update Error”数据错误提示对话框

(6) 在放样体定义对话框中，选择 Coupling(连接)选项卡中的 Ratio 方式。

(7) 单击 Preview 按钮，满意后再单击 OK 按钮，得到如图 3-49(f)所示的放样体。

可见，草图截形上的闭合点是用于定义各截形之间放样的基准点。各截形闭合点的相对位置不同，放样体也不同，有时会出现无法实现放样的提示。所以理解并掌握闭合点的编辑是很重要的。

3.2.11 “Remove Multi-section Solid”（放样除料）

“Remove Multi-section Solid”（放样除料）是通过对多个截形的放样，在已有实体上去除材料生成的特征。“Remove Multi-sections Solid”与 Multi-sections Solid”的关系，如同前述 Pocket 和 Pad、Groove 和 Shaft，以及 Slot 和 Rib 的关系。它们的区别在于，一个是在已有实体的基础上移除材料；而另一个是增加材料。

“Remove Multi-section Solid”的工具命令图标也位于“Sketch-Based Features”工具栏上，放样除料定义对话框中各参数的定义方法与放样体相同，在此不再赘述。

3.3 创建参考元素

在实体建模过程中，有时单凭三个坐标面以及已有实体的表面作为绘制草图的工作面，已经不能满足设计需要，而是要额外再创建一些参考的点、线、面等要素。例如，上述创建 Pad 和 Pocket 拉伸特征时，有时就需要定义非草图平面法线方向的直线；而放样体和放样除料，往往就需要创建更多的参考平面，等等。

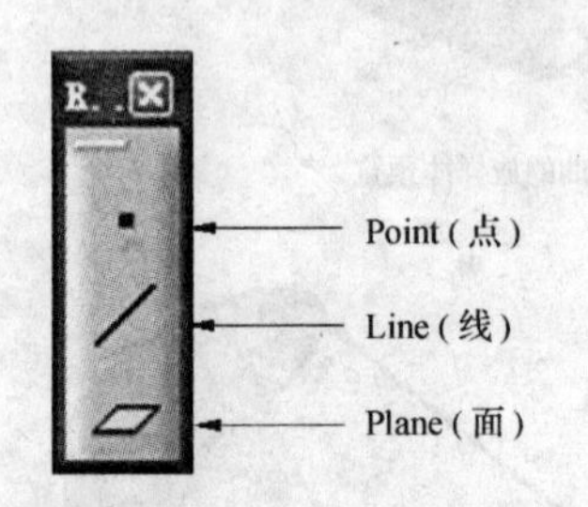

图 3-51 “Reference Element”（参考元素）工具栏

利用“Reference Element”（参考元素）工具栏上的工具命令，如图 3-51 所示，可以在三维空间创建点、线、面等参考元素。

本节只介绍一些常用的创建点、线、面的方法，其他的方法请参见第五章的介绍。

3.3.1 Point（点）

Point（点）功能用于在空间创建点。众所周知，由空间的两个点可以构造一条直线，由不在一条直线上的三个点则可以构造一个平面，所以，创建点是最为基础和重要的操作。

单击“Reference Element”（参考元素）工具栏中的 Point（点）工具命令图标，弹出“Point Definition”（点定义）对话框，如图 3-52 所示，从其中的“Point type”（点类型）下拉列表中可以看出，共有七种创建点的方式：

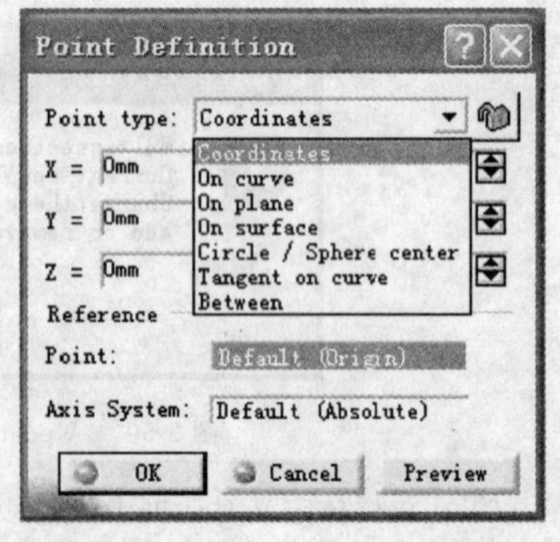

图 3-52 点定义对话框——坐标点

(1) Coordinates（坐标点）；

(2) “On curve”（曲线上的点）；

(3) “On plane”（平面上的点）；

(4) “On surface”(曲面上的点)；

(5) “Circle center”(圆心点)；

(6) “Tangent on curve”(曲线上的切点)；

(7) Between(中间点)。

本节只介绍前两种创建点的方式,其余的五种由读者自行练习。

对话框中“Point type”编辑框右侧的“锁定”图标按钮用于防止在创建点的过程中对其类型的更改。单击该按钮,启用锁功能,其图标变为红色的。

1. Coordinates(坐标点)

单击“Reference Element”(参考元素)工具栏中的 Point(点)工具命令图标,弹出如图 3-52 所示的“Point Definition”(点定义)对话框,选择 Coordinates(坐标点)方式,在下面对应的“X=”、“Y=”和“Z=”编辑框中输入相应的坐标数值,单击 OK 按钮,即完成点的创建。此点默认是相对系统坐标原点 X、Y、Z 方向距离均为 10mm。

对话框中底部的 Reference(参考元素)有两个选项：

(1) Point(参考点)：单击该编辑框,再到绘图区选择某一参考点,则参考点的名称随即出现在编辑框中。这时在“X=”、“Y=”和“Z=”编辑框中输入坐标数值,创建得到的点则是相对于该参考点的相对坐标。

如果在参考点编辑框中单击鼠标右键,将弹出如图 3-53 所示的快捷菜单,从中选择相应的命令选项,可以创建新的参考点,也可以从已有的几何元素上提取特征点作为参考点。

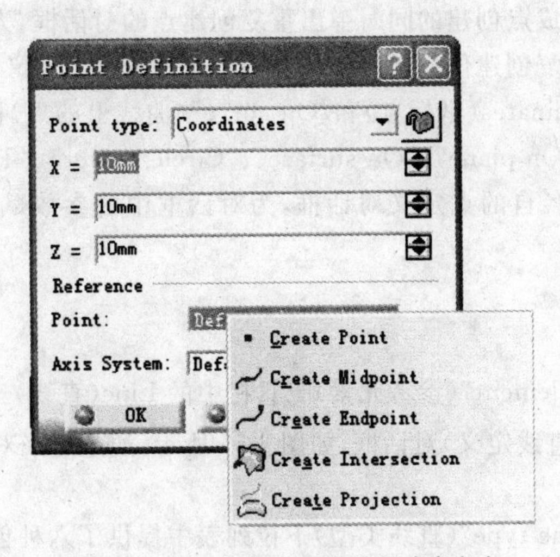

图 3-53 通过右键快捷菜单创建参考点

(2) “Axis System”(轴系)：选项中的初始值为当前局部轴系。如果当前没有局部轴系,则该字段将设置为 Default(默认)。

2. “On curve”(曲线上的点)

当选择的“Point type”为“On curve”(曲线上的点)时,弹出如图 3-54 所示的“Point

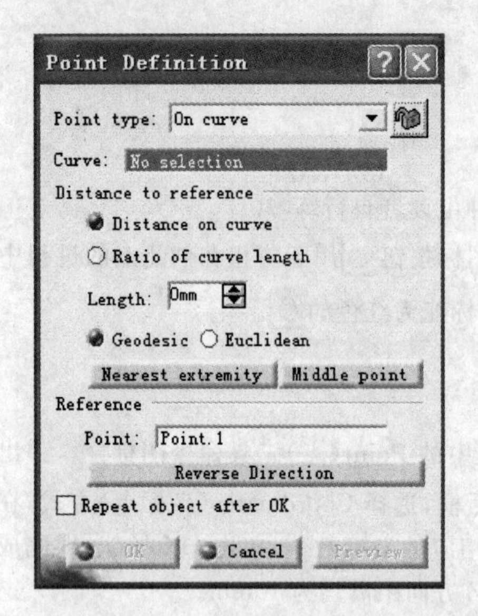

图 3-54 点定义对话框——曲线上的点

Definition"(点定义)对话框。

该对话框中主要项的含义如下:

(1) Curve(曲线):选择创建点所在的曲线。如果在此编辑框中单击鼠标右键,将可以通过弹出的快捷菜单用多种方式创建、编辑和修改曲线。

(2) "Distance to reference"(至参考元素的距离):有两个选项——"Distance on curve"(曲线上相对参考点的距离)和"Ratio of curve length"(参考点与曲线端点的比率),选择的选项不同,其下的编辑框也不同,分别是 Length 和 Ratio。输入相应数值以确定点的位置。

(3) Geodesic 和 Euclidean 两个单选项为距离类型,分别是相对于 Reference(参考元素)的曲线距离和直线距离。

(4) 单击按钮 Nearest extremity ,所创建的点为曲线的端点。

(5) 单击按钮 Middle point ,所创建的点为曲线的中点。

(6) Reference(参考元素):缺省状态下为曲线的端点。

(7) 单击按钮 Reverse Direction ,选择曲线的另一个端点作为参考点。

(8) "Repeat object after OK"(确定后重复操作):创建更多与当前点定义相同的点。选择该复选框,将在完成点创建的同时弹出重复创建点的对话框,为对话框中参数赋值后单击 OK 按钮,结束重复创建任务,否则,结束创建点并退出点定义对话框。

以上介绍了 Coordinates(坐标点)和"On curve"(曲线上的点)两种创建点的方式,其他五种创建点的方式"On plane"、"On surface"、"Circle center"、"Tangent on curve"以及 Between 等,都有它们各自的点定义对话框,为对话框中的参数赋值即可创建得到所需的点。

3.3.2 Line(直线)

单击"Reference Element"(参考元素)工具栏中的 Line(直线)工具命令图标,将弹出"Line Definition"(直线定义)对话框,如图 3-55 所示,通过定义对话框中的参数选项来创建各种空间直线。

在对话框中的"Line type"(直线类型)下拉列表中提供了六种创建直线的方式:

(1) "Point-Point"(点-点);

(2) "Point-Direction"(点-方向);

(3) "Angle/Normal to curve"(与曲线呈角度或垂直);

(4) "Tangent to curve"(曲线切线);

(5) "Normal to surface"(曲面法线);

(6) Bisecting(角平分线)。

本节只介绍前两种创建直线的方式，其余的四种由读者自行练习。

在“Line type”编辑框的右侧同样有一个“锁定”图标按钮，可以防止在选择几何图形时更改直线类型。

1. “Point-Point”(点-点)

在如图3-55所示的“Point-Point”(点-点)直线定义对话框中，选取两点输入到“Point1”(点1)和“Point2”(点2)编辑框中，单击OK按钮，完成直线的创建。

在直线定义对话框中，可以设置直线的起点(Start)及支撑平面(Support)来创建直线；可以定义直线的长度类型(Length Type)：线段(Length)、射线(Infinite Start Point，Infinite End Point)、直线(Infinite)；选择“Mirrored extent”(镜像范围)复选框，可以创建相对于选定的Start(起点)和End(终点)的对称线。

2. “Point-Direction”(点-方向)

在“Line type”(直线类型)中选择“Point-Direction”(点-方向)，弹出如图3-56所示的直线定义对话框。

在Point和Direction编辑框中分别输入要创建直线上的一个点和方向，单击OK按钮，完成直线的创建。单击“Reverse Direction”按钮，将改变直线的方向。

在直线定义对话框的“Line type”(直线类型)中选择“Angle/Normal to curve”、“Tangent to curve”、“Normal to surface”以及Bisecting等方式，将弹出相应的对话框，为其中的参数赋值就可以创建得到符合要求的直线。

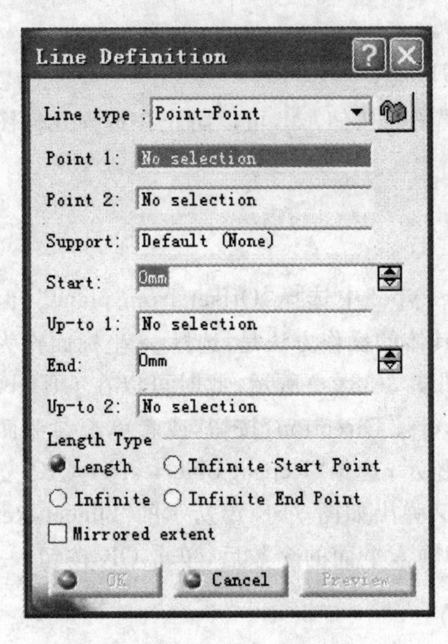

图3-55 “Line Definition”(直线定义)对话框

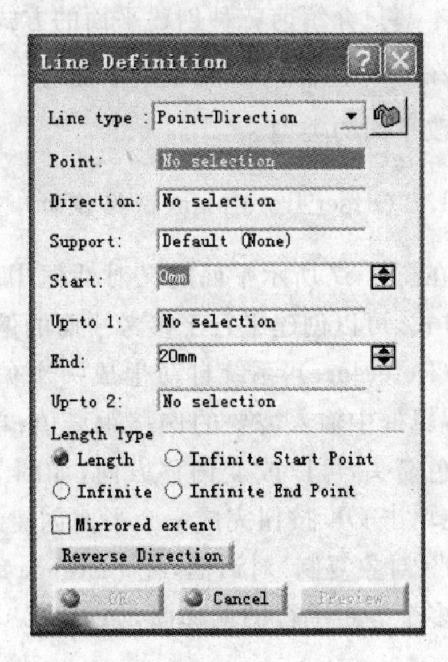

图3-56 直线定义对话框——“Point-Direction”

3.3.3 Plane(平面)

单击“Reference Element”(参考元素)工具栏中的 Plane(平面)工具命令图标,将弹出“Plane Definition”(平面定义)对话框,如图 3-57所示。通过定义对话框中的参数选项来创建各种空间平面。

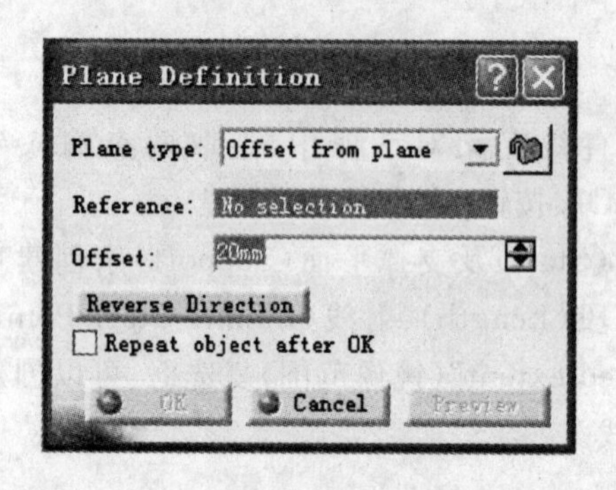

图 3-57 “Plane Definition”(平面定义)对话框

在对话框“Plane type”(平面类型)下拉列表中提供了十一种创建平面的方式:

(1) “Offset from plane”(偏移面);

(2) “Parallel through point”(定点偏移面);

(3) “Angle/Normal to plane”(与平面倾斜/垂直);

(4) “Through three point”(通过三点);

(5) “Through two lines”(通过两条直线);

(6) “Through point and line”(通过点和直线);

(7) “Through planar curve”(通过平面曲线);

(8) “Normal to curve”(与曲线垂直);

(9) “Tangent to surface”(与曲面相切);

(10) Equation(方程式);

(11) “Mean through points”(多点平均面)。

本节只介绍前三种创建平面的方式,其余的由读者自行练习。

在“Plane type”编辑框的右侧有一个“锁定”图标按钮,可以防止在选择几何图形时更改平面的类型。

1. “Offset from plane”(偏移面)

在图 3-57 所示平面定义对话框中的“Plane type”中选择“Offset from plane”(偏移面)方式,可以创建平行于参考平面的偏移面。具体的操作方法是:选择 yz 坐标面作为参考面(Reference),系统自动生成一个偏移面,如图 3-58(a)所示;此时可以在 Offset(偏移)编辑框中输入需要的偏移距离值;单击“Reverse Direction”按钮,或者单击参考面上的红色箭头,可以改变偏移方向,如图 3-58(b)所示;选择“Repeat object after OK”复选框,在单击 OK 按钮完成一个平面创建的同时,又弹出如图 3-58(c)所示的“Object Repetition”(对象复制)对话框,在 Instance 编辑框中输入平面的个数后,单击 OK 按钮,一次创建多个等距平行的偏移面,如图 3-58(d)所示。

2. “Parallel through point”(定点偏移面)

该方式可以创建过定点且平行于参考平面的平面,可以看作是“Offset from plane”(偏移面)的一种特例。当选择“Parallel through point”(定点偏移面)方式时,对应的

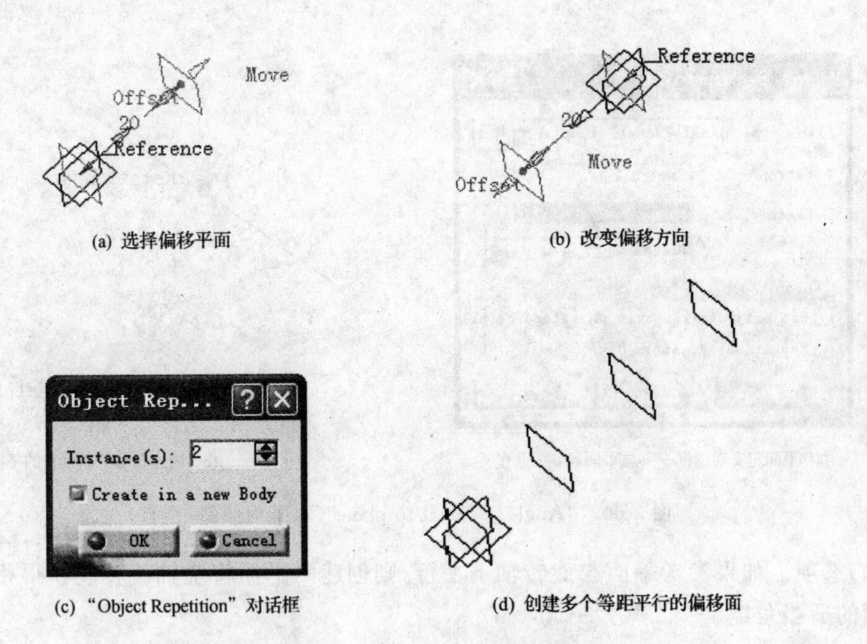

(a) 选择偏移平面　(b) 改变偏移方向

(c) “Object Repetition”对话框　(d) 创建多个等距平行的偏移面

图 3-58 “Offset from plane”(从平面偏移)

“Plane Definition”对话框如图 3-59(a)所示。在选择了一个参考平面之后，再选择平面外的一个点，当然也可以通过 Point 编辑框中的右键快捷菜单创建点，最后，单击 OK 按钮，结束定点偏移面的创建，如图 3-59(b)所示。

(a) 平面定义对话框——定点偏移面　(b) 创建结果

图 3-59 “Parallel through point”(定点偏移面)

3. “Angle/Normal to plane”(与平面倾斜/垂直)

该方式可以创建与参考平面成一定角度的平面。当选择“Angle/Normal to plane”(与平面呈角度/垂直)方式时，对应的“Plane Definition”对话框如图 3-60(a)所示。

该对话框中各项的含义是：

(1) “Rotation axis”(旋转轴)：该轴可以是任何直线、坐标轴或隐藏元素，例如，圆柱面的轴线。要选择后者，请在按住 Shift 键的同时将光标移至元素上方单击。

(2) Reference(参考)：选择参考平面。

(3) Angle(角度)：该角度值为要创建的平面相对于参考平面的角度。若要在参考平面上投影旋转轴，请选中“Project rotation axis on reference plane”(在参考平面上投影旋

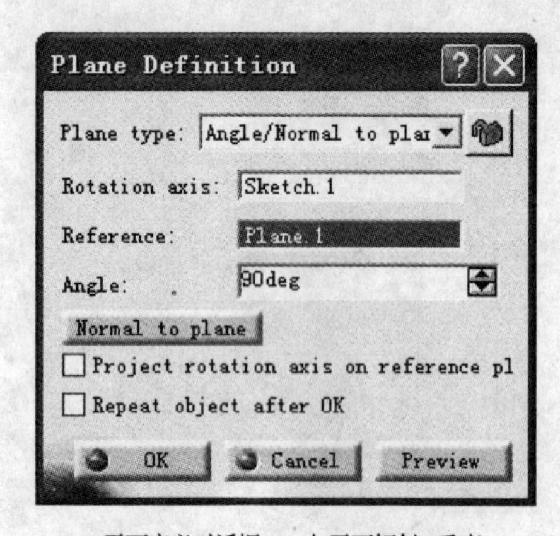

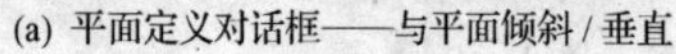
(a) 平面定义对话框——与平面倾斜/垂直

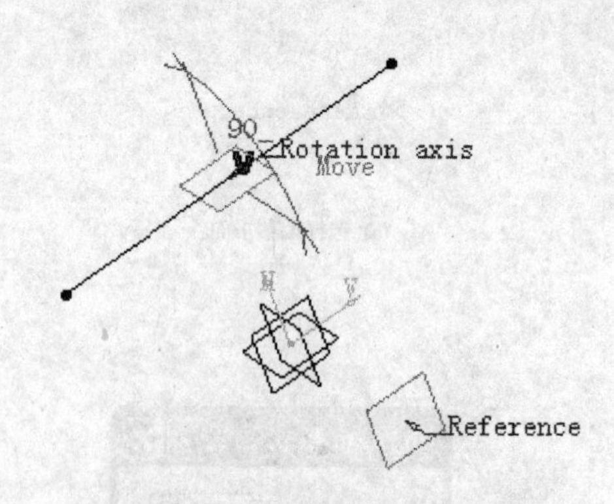

(b) 创建与参考面垂直的平面

图 3-60 “Angle/Normal to plane”(与平面倾斜/垂直)

转轴)选项。如果参考平面与旋转轴不平行,则创建的平面将绕轴旋转以获得相对于参考平面的适当角度。

(4) 单击“Normal to plane”(平面的法线)按钮,指定一个 90°的角,如图 3-60(b)所示。

若要创建更多的平面,请选中“Repeat object after OK”复选框。

在平面定义对话框的“Plane type”中选择以下几种方式:“Through three point”、“Through two lines”、“Through point and line”、“Through planar curve”、“Normal to curve”、“Tangent to surface”、Equation 以及“Mean through points”等,都会弹出相应的“Plane Definition”对话框,为其中的参数赋值就可以创建得到符合要求的平面。

3.3.4 参考元素在实体建模中的应用

下面以创建如图 3-61 所示的实体为例,介绍参考元素的应用。

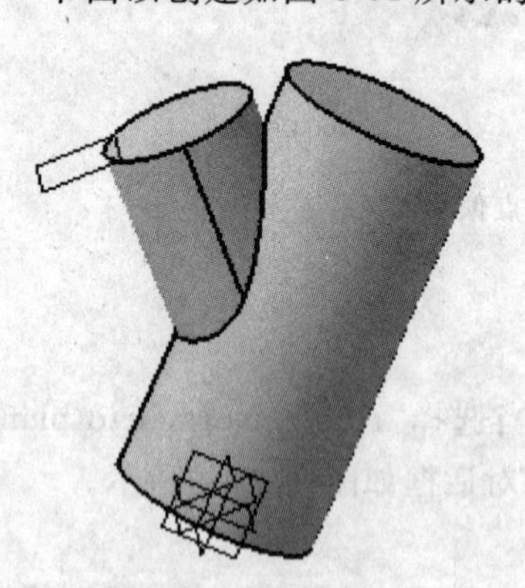
图 3-61 实体模型

创建该模型的具体步骤如下:

(1) 进入“Part Design”工作台,选择 xy 坐标面作为草图工作面,在草绘器中绘制半径为 20 的圆,如图 3-62(a)所示。

(2) 在零件设计工作台,用 Pad 工具命令创建高 80 的圆柱,如图 3-62(b)所示。

(3) 使用创建平面的工具命令,选择“Angle/Normal to plane”方式,创建一个倾斜平面,如图 3-62(c)所示。该平面主要参数为:y 轴为旋转轴、xy 坐标面为参考、旋转角度为−45°。

(4) 同理,创建一个偏移平面,如图 3-62(d)所示。该平面主要参数为:以上一步创建的平面为参考面,偏移距为 70。

(5) 选择第(4)步创建的平面作为草图工作面,在草绘器中绘制半径为 15mm 的圆,如图 3-62(e)所示。

(6) 在零件设计工作台,使用 Pad 工具命令,选择“Up to surface”拉伸方式,创建斜圆柱。预览效果如图 3-62(f)所示,最后完成的实体模型如图 3-62(g)所示。

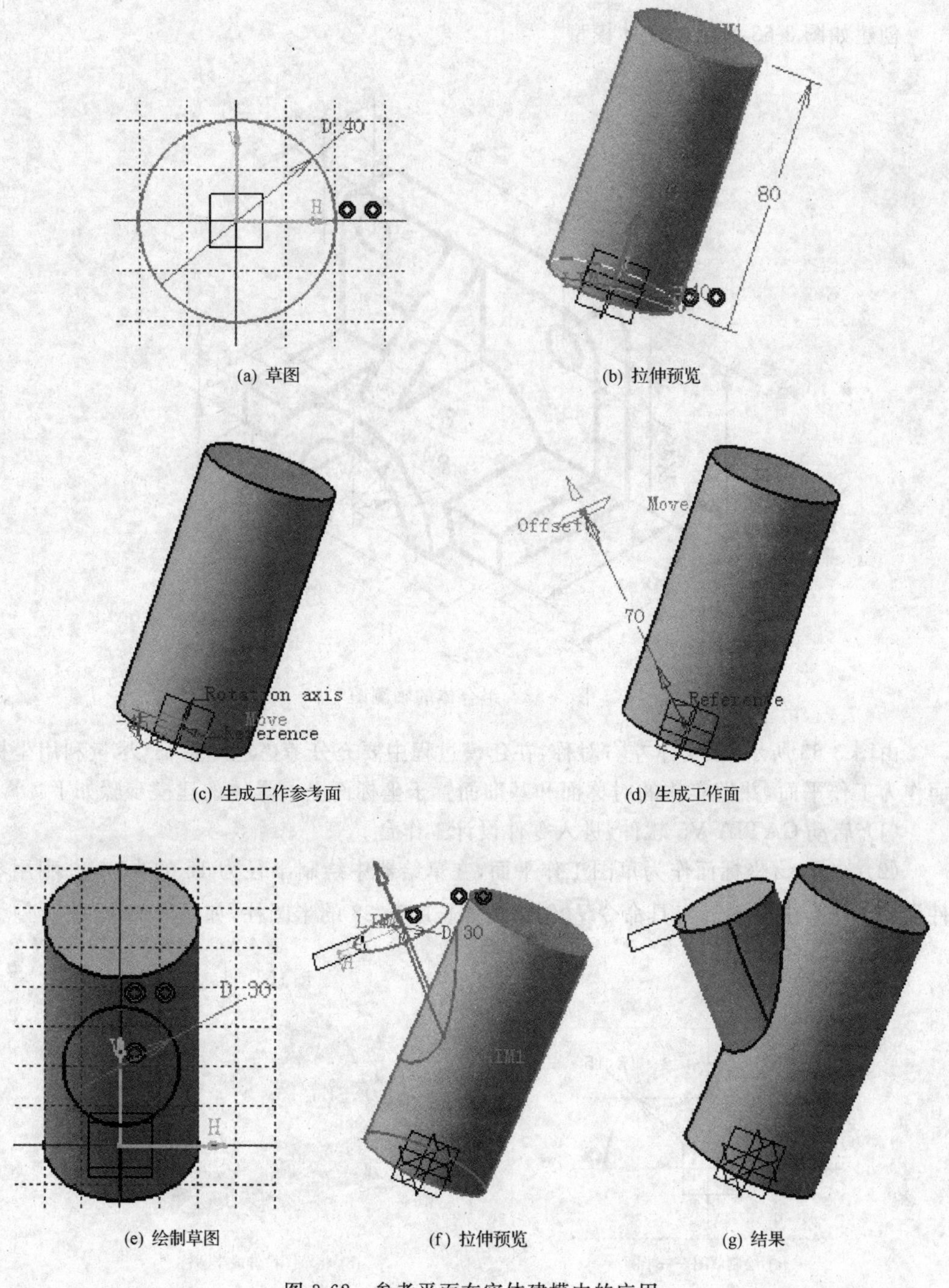

(a) 草图　(b) 拉伸预览

(c) 生成工作参考面　(d) 生成工作面

(e) 绘制草图　(f) 拉伸预览　(g) 结果

图 3-62　参考平面在实体建模中的应用

3.4 综合举例

创建如图 3-63 所示的实体模型。

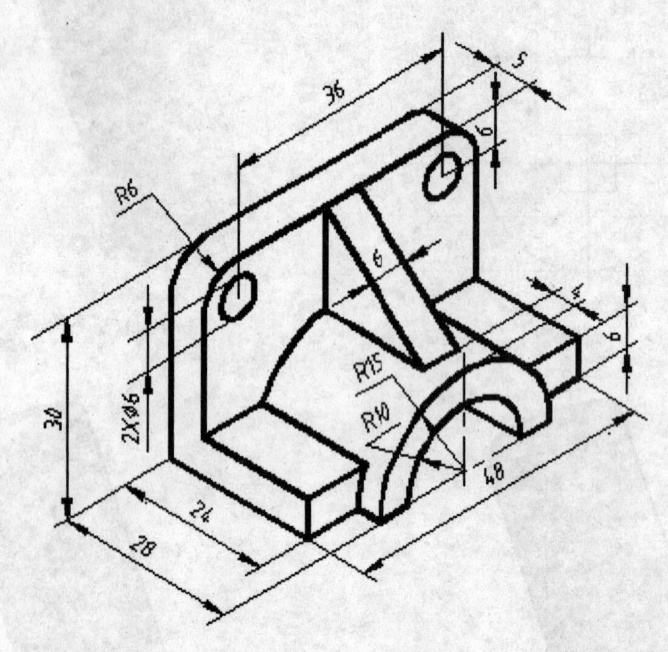

图 3-63 组合体的轴测图

由图 3-63 所示，该实体左右对称，在建模过程中要充分考虑这一特征，尽量利用坐标面作为工作平面，并把实体的对称面和基准面置于坐标面上。具体的建模步骤如下：

(1) 启动 CATIA V5 软件，进入零件设计工作台。

(2) 选择 xz 坐标面作为草图工作平面，在草绘器中绘制半径为 15 的半圆，并利用零件设计工作台中的 Pad 工具命令 创建拉伸长度为 28 的半圆柱，如图 3-64 所示。

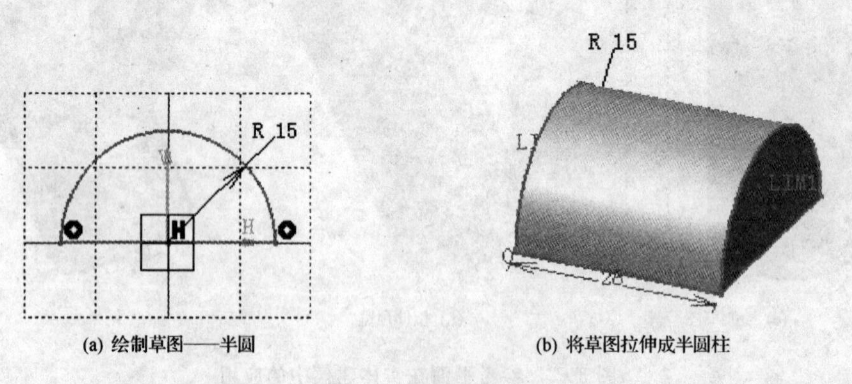

(a) 绘制草图——半圆　　(b) 将草图拉伸成半圆柱

图 3-64 创建半圆柱

(3) 同样选择 xz 坐标面作为草图工作平面，在草绘器中绘制草图——48×6 的矩形，并利用 Pad 工具命令创建拉伸长度为 24 的长方体底板，如图 3-65 所示。注意：在绘制草图时，通过约束保证矩形尺寸及其与半圆柱左右对称、底面平齐。

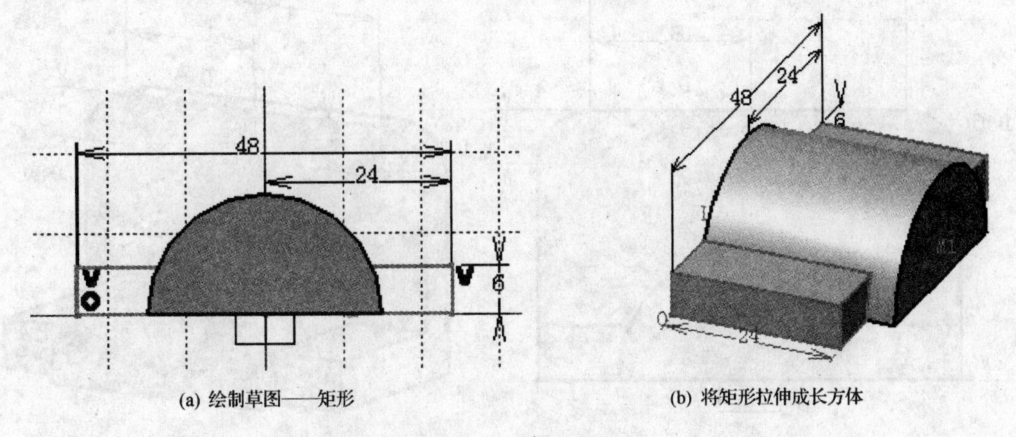

图 3-65 创建长方体底板

(4) 继续选择 xz 坐标面作为草图工作平面，在草绘器中绘制草图——48×24 的矩形并修饰 R6 的圆角，再利用 Pad 工具命令创建拉伸长度为 5 的长方体立板，如图 3-66 所示。注意：通过约束保证草图尺寸及其与整体的对称性和相对位置。

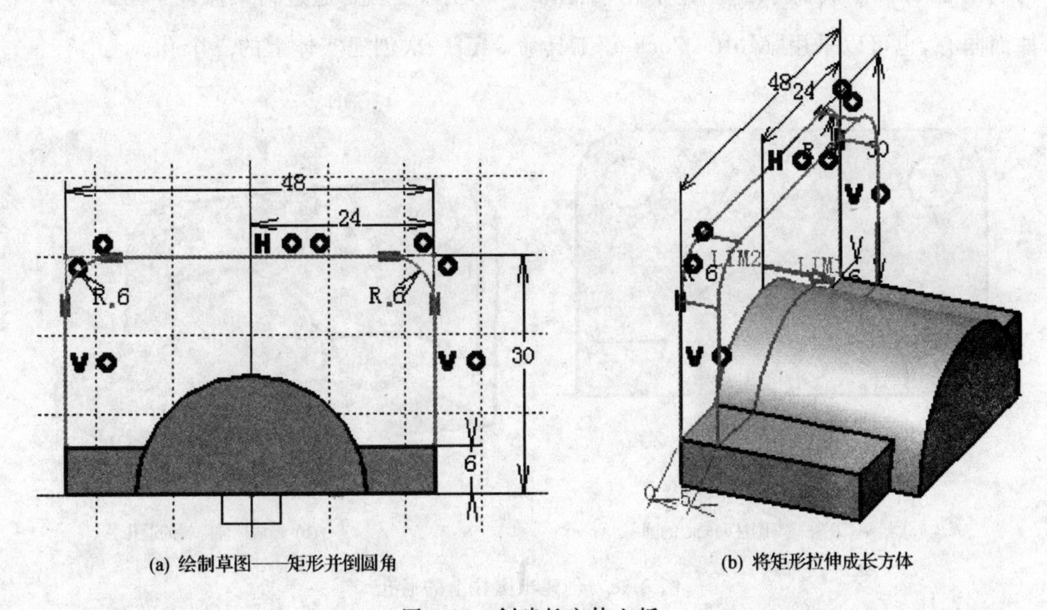

图 3-66 创建长方体立板

(5) 选择上一步拉伸的长方体立板的前面作为工作平面，在草绘器中绘制草图——两个左右对称、直径为 6 的圆，再利用 Pocket 工具命令创建在长方体立板上创建两个通孔，如图 3-67 所示。注意：通过约束保证圆的直径及其相对位置。

其实，可以将第(4)、(5)步的两个草图合成为一个草图，也即在绘制第(4)步的草图时直接绘制上第(5)步的两个圆，将这个符合单连通要求的草图通过一次 Pad 拉伸，即可完成立板完整的造型。

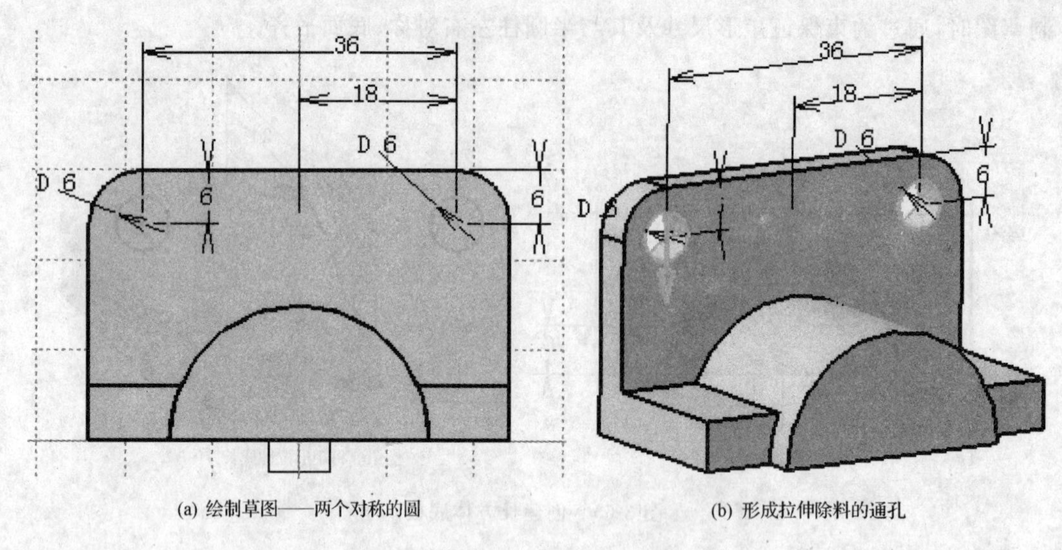

图 3-67 创建长方体立板上的两个孔

(6) 选择半圆柱前端面作为草图工作面，在草绘器中绘制草图——直径为 20 的圆，再利用 Pocket 工具命令创建半孔，如图 3-68 所示。注意:通过约束保证草图圆与半圆柱面同心，也可以采用“Multi- Pocket”工具命令一次创建实体上的三个孔。

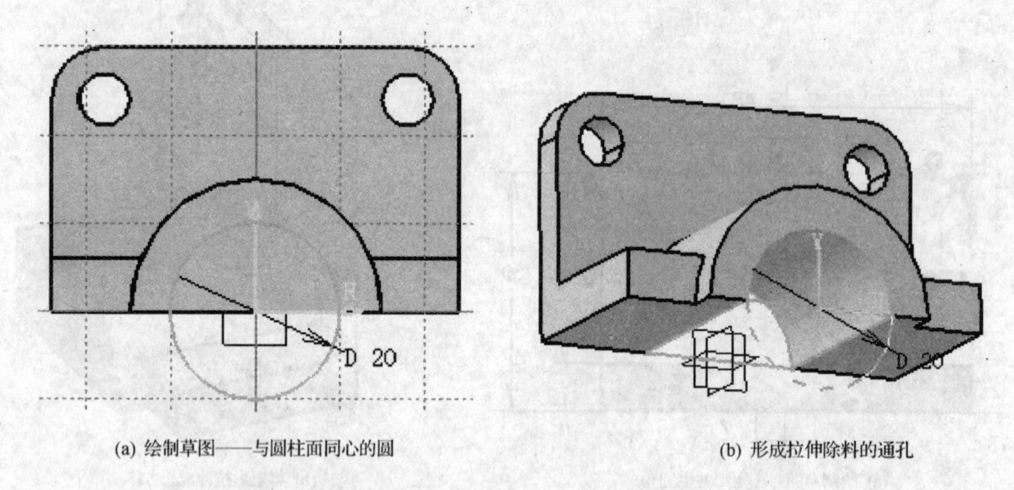

图 3-68 创建半圆柱上的通孔

(7) 选择实体的对称平面，即 yz 坐标面作为工作平面，在草绘器中绘制草图——斜线，即肋板的轮廓线，并约束斜线的相对位置。然后使用 Stiffener 工具命令创建厚度为 12 的肋板。至此也完成了整体组合体的实体造型，如图 3-69 所示。

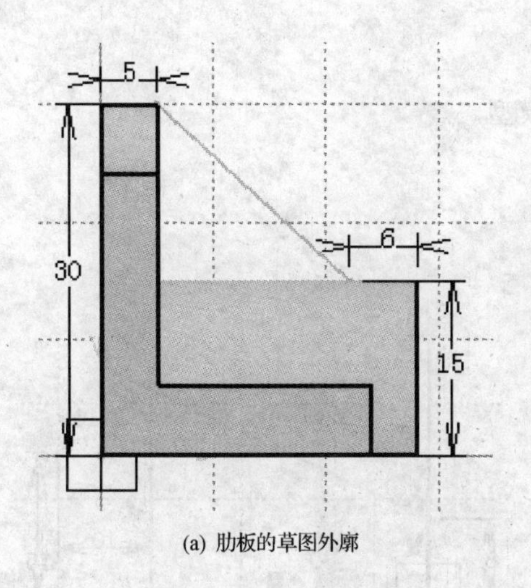

(a) 肋板的草图外廓

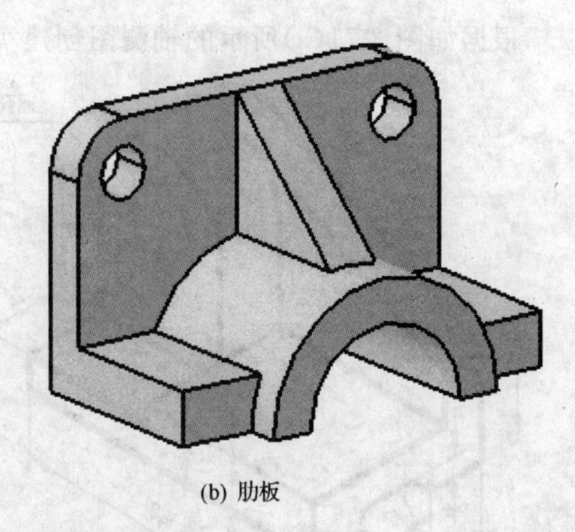

(b) 肋板

图 3-69　创建肋板并完成整体造型

3.5 上机练习

3.5.1 练习一

根据如图 3-70 所示的轴测图创建实体模型。

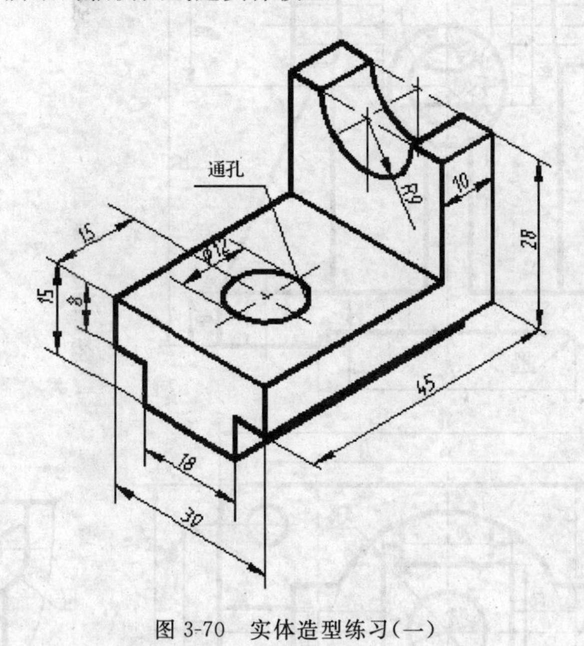

图 3-70　实体造型练习(一)

练习一建模提示：

(1) 选择 yz 坐标面作为工作平面，以立体左端面的形状为草图截形，拉伸 45mm；

(2) 以拉伸体的上表面为工作平面，生成右侧的长方体；

(3) 以第一次拉伸的底部立体上表面或下表面为工作平面，拉伸除料形成通孔；

(4) 以长方体的左端面或右端面为工作平面，拉伸除料形成半圆柱孔。

3.5.2 练习二

根据如图 3-71(a)所示的轴测图创建实体模型。

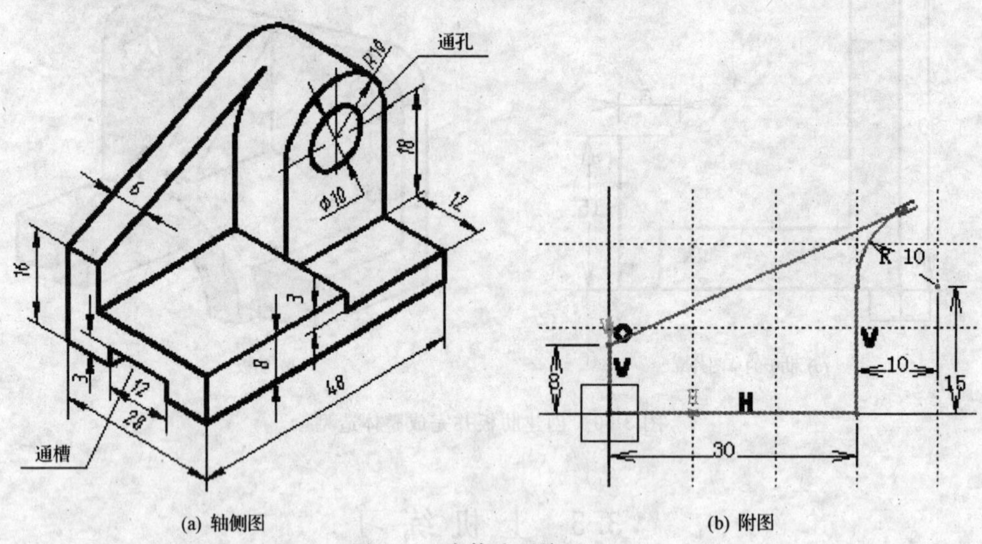

(a) 轴侧图　　　　　　(b) 附图

图 3-71　实体造型练习(二)

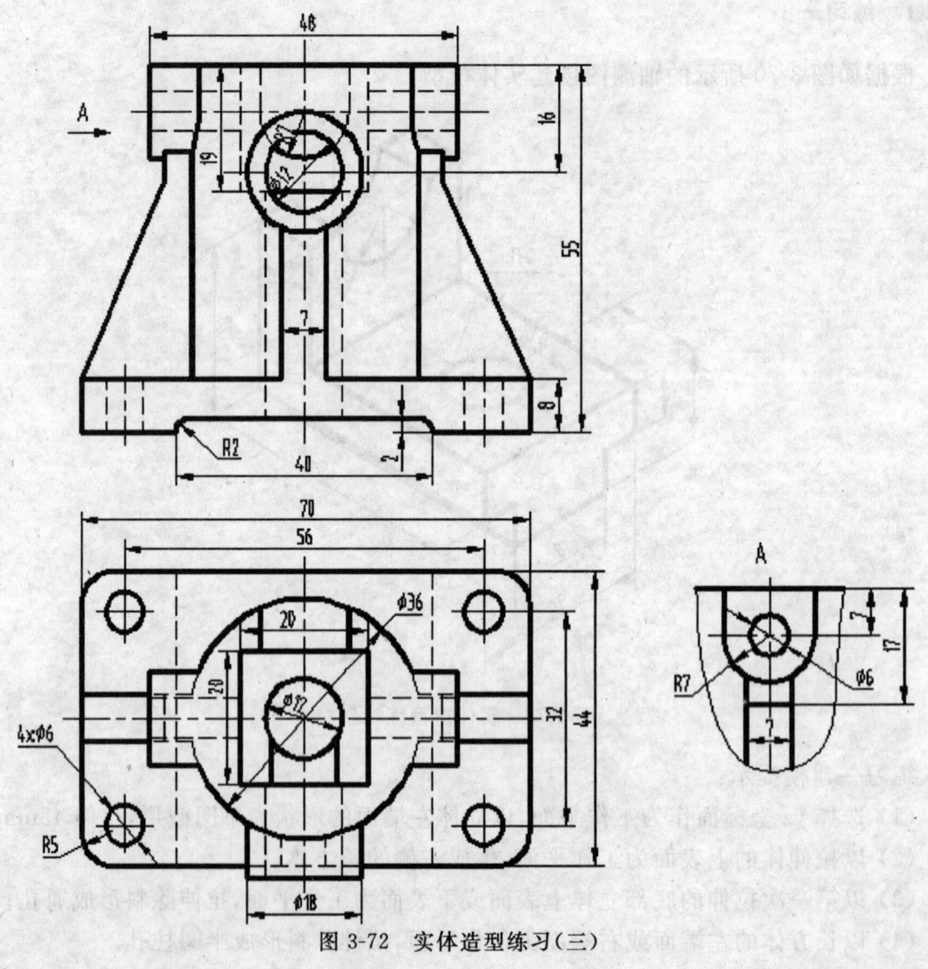

图 3-72　实体造型练习(三)

练习二建模提示：

(1) 在已有实体的基础上创建特征，尽可能地选择实体的表面作为工作平面。

(2) 先创建长方体的底板，再生成底板右上靠后的倒U字型部分，最后生成左上靠后的立板。注意：在创建立板时一定要绘制如图3-71(b)所示的封闭草图才可以拉伸。

(3) 注意生成每一部分实体时，都应该有其对应的封闭草图轮廓。

3.5.3 练习三

根据如图3-72所示工程图样创建实体模型。

练习三建模提示：

由工程图可知此构件左右对称，前后基本对称，在绘制草图时要将原点作为图形的中心对称点；在建模过程中尽量先作拉伸生成立体的最外轮廓，之后依次挖切以免作重复工作。

3.5.4 练习四

根据如图3-73所示工程图样创建实体模型。

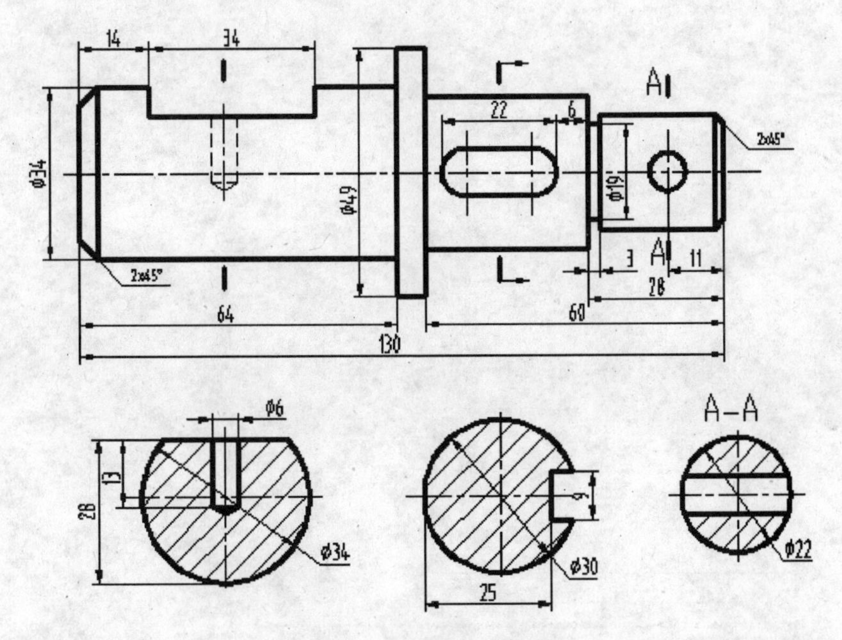

图3-73 实体造型练习(四)

练习四建模提示：

(1) 轴是回转体，生成这种同轴线轴类件时建议使用Shaft(旋转体)建模方式。

(2) 绘制如图3-74所示的开放草图，以草图两端点连线为轴线旋转成形，两端点落在坐标轴上，即以坐标轴为轴线。也可以将草图两端点连接起来绘制成封闭草图，此时可以选择两端点连线作轴线。

(3) 在本题所示零件左侧φ34轴段平面和φ30轴段的键槽处建模时，可以使用创建参考平面来辅助建模。

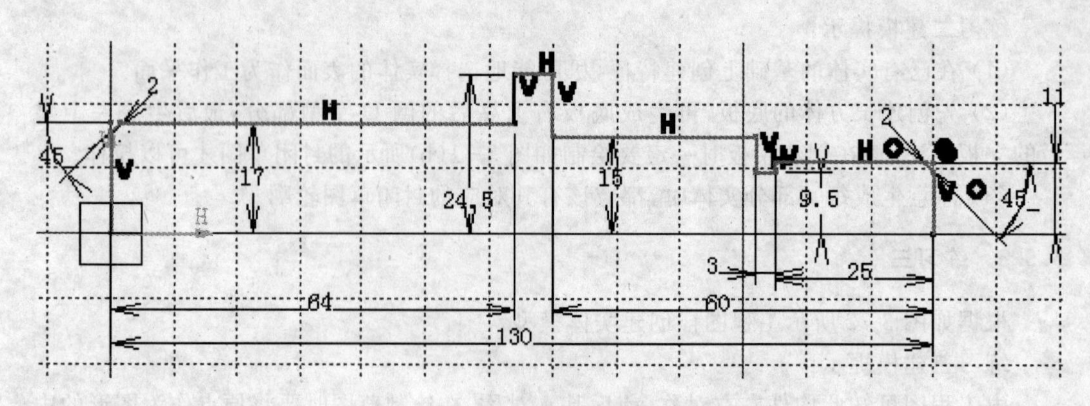

图 3-74 练习四附图

第四章　零 件 设 计

4.1　创建修饰特征

修饰特征是指在已有基本实体的基础上建立的修饰，如倒角、螺纹等。在“Dress-Up Features”（修饰特征）工具栏上集中了丰富的创建修饰特征的工具命令图标，包括圆角、倒角、拔模、抽壳、增厚面、螺纹、移出面和替换面等，如图 4-1 所示。

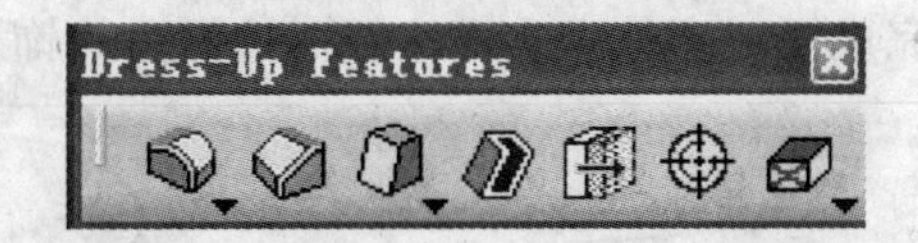

图 4-1　“Dress-Up Features”（修饰特征）工具栏

4.1.1　Fillets（圆角）

单击“Dress-Up Features”（修饰特征）工具栏中“Edge Fillet”（边圆角）工具命令图标右下角的三角符号，即可弹出 Fillets（圆角）子工具栏，如图 4-2 所示，其中包含四种圆角工具命令：“Edge Fillet”（边圆角）、“Variable Radius Fillet”（变半径圆角）、“Face-Face Fillet”（面-面圆角）和“Tritangent Fillet”（三切圆角）等，这些工具命令的应用实例如图 4-3 所示。

图 4-2　Fillets（圆角）子工具栏

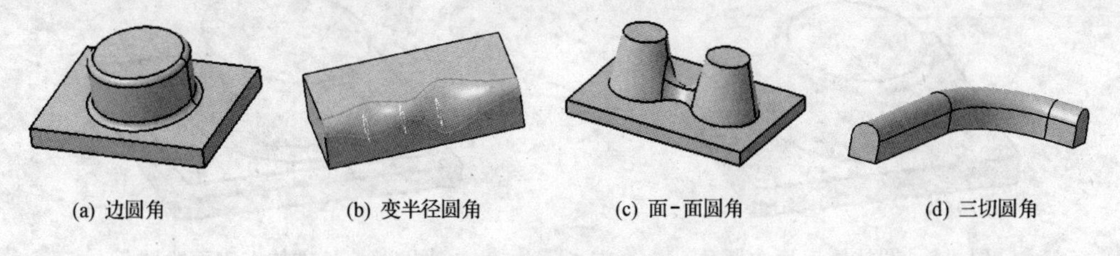

(a) 边圆角　(b) 变半径圆角　(c) 面-面圆角　(d) 三切圆角

图 4-3　四种圆角工具命令应用实例

1. “Edge Fillet”（边圆角）

该工具命令用于将实体上的棱边倒圆，具体的操作步骤如下：

(1) 单击 Fillets 子工具栏中的“Edge Fillet”（边圆角）工具命令图标，弹出“Edge Fillet Definition”（边圆角定义）对话框，如图 4-4 所示；

(2) 在 Radius（半径）编辑框中输入圆角半径值，如 3mm；

(3) 在“Object(s) to fillet”（圆角对象）编辑框中选择实体上将要进行圆角修饰的边或面，如图 4-5(a)所示；

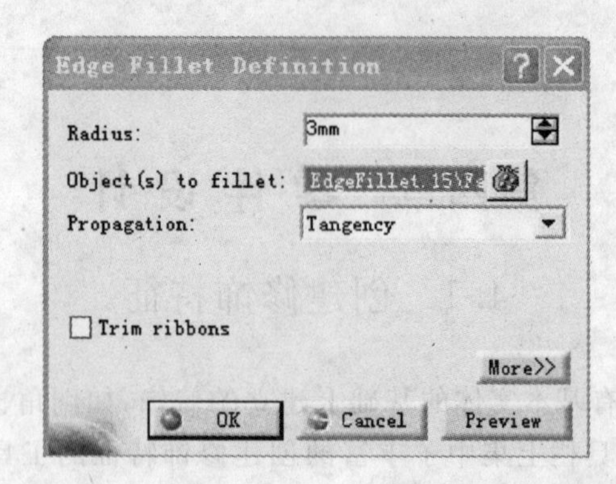

图 4-4 “Edge Fillet Definition”(边圆角定义)对话框

(4) 单击 OK 按钮,完成了对实体上表面边线的边圆角修饰,如图 4-5(b)所示。

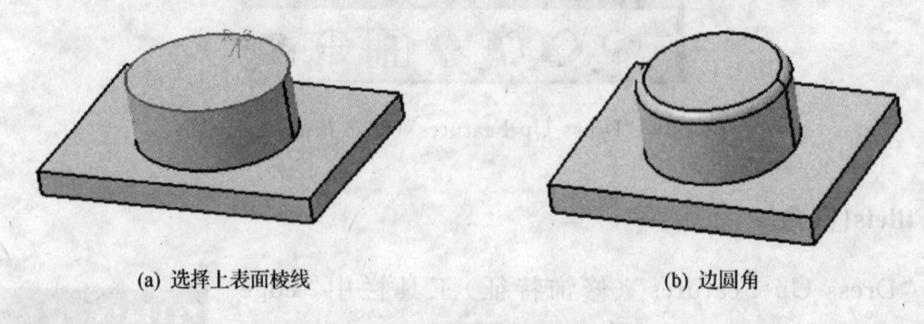

(a) 选择上表面棱线　　(b) 边圆角

图 4-5 实体上表面的边圆角修饰

边圆角修饰的进一步说明:

(1) 在边圆角定义对话框中的“Object(s) to fillet”选项时,如果选择实体中圆柱体的圆柱面,则圆柱面的上、下两条圆周边线为圆角的对象,如图 4-6 所示;而选择长方体上表面时,则长方体上表面的圆周边线及四条棱线为圆角对象,如图 4-7 所示。

图 4-6 圆柱侧表面边圆角

图 4-7 长方体上表面边圆角

(2) 在对话框中的 Propagation(连续方式)中有 Tangency(相切)和 Minimal(最小值)两种选择方式。Tangency 是指当选择某一条边线时,所有和该边线光滑连接的棱边都将选中。例如在图 4-8(a)中选择直线 2 时,与该线相切的圆弧和直线 1 都一同被选中,圆角后的结果如图 4-8(b)所示;Minimal 是指当同样选择直线 2 时,只给直线 2 倒圆角并光滑过渡到下一条线段,圆角后结果如图 4-9 所示。而当选择圆弧线段时,不论选择相切或最小值,和圆弧相切的棱边都将倒圆角,圆角结果同图 4-8(b)一样。

(3) 如果选择边圆角定义对话框中的“Trim ribbon”(修剪重叠)复选框,会自动修剪两个圆角中重叠的部分,如图 4-10 所示。

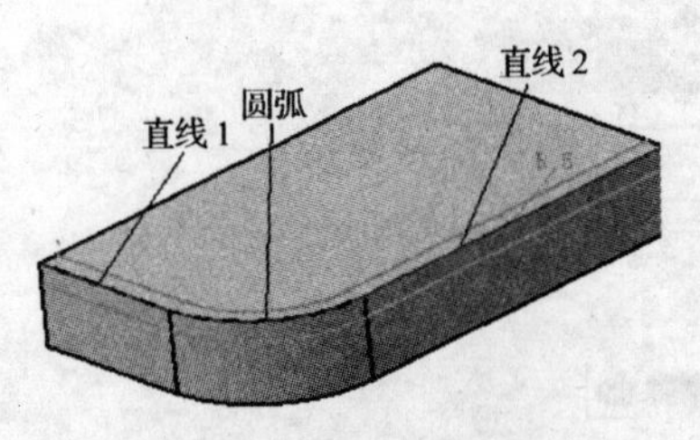

(a) 只选择直线 2 作为圆角对象

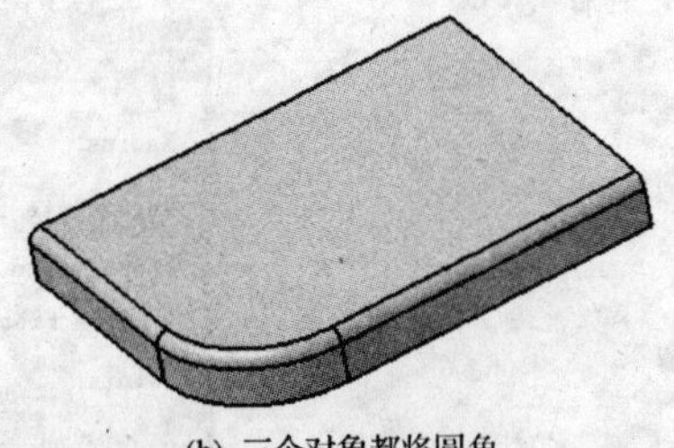

(b) 三个对象都将圆角

图 4-8　Tangency(相切)创建圆角

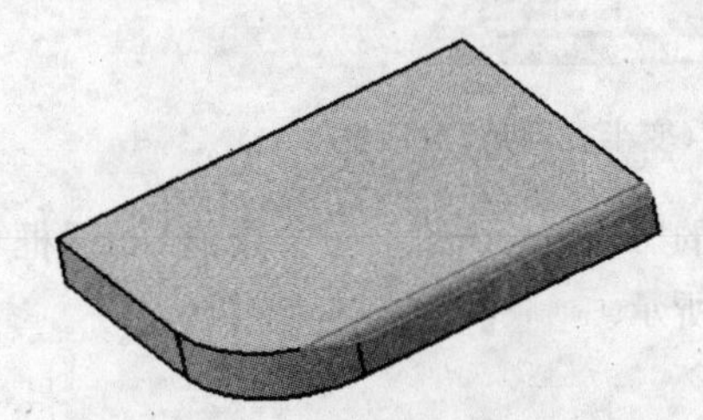

图 4-9　Minimal(最小值)创建圆角

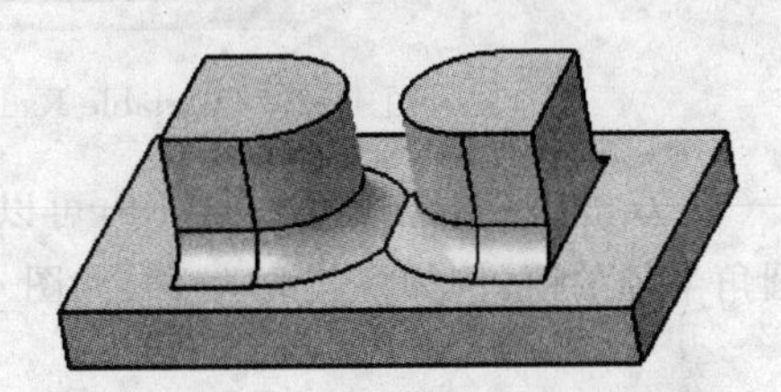

图 4-10　修剪重叠方式创建圆角

(4) 在选择圆角对象时，把光标移进对象，在按住 Alt 键的同时单击鼠标左键(或把光标放在对象附近，按键盘上的"↑"或"↓"键)，将弹出一个局部放大镜。在放大镜中预览要选择的对象，按键盘"↑"或"↓"键可以改变选择对象，这样操作可以选择实体背面的边或面，如图 4-11 所示选择实体背面的竖直边。

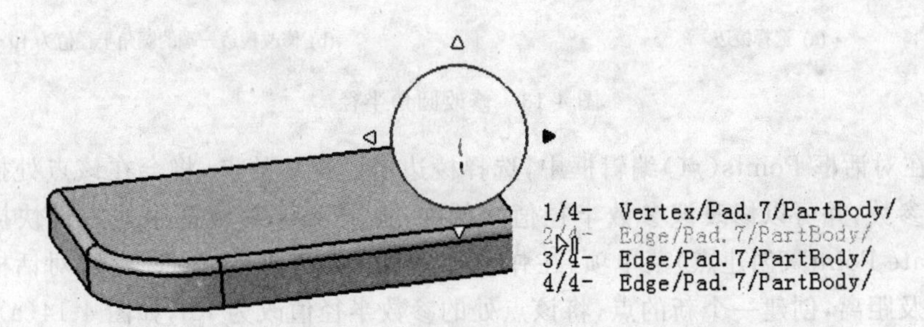

图 4-11　使用局部放大镜选择实体背面的竖直边

2. "Variable Radius Fillet"(变半径圆角)

"Variable Radius Fillet"(变半径圆角)的功能与边圆角类似，不同的是在对棱边圆角时，圆角半径可以是变化的。在棱边上根据需要选择几个控制点，在每个控制点处可以设置不同的圆角半径。在两个控制点间圆角可以按 Cubic(三次方)或 Linear(线性)规律变化。具体的操作步骤如下：

(1) 单击"Variable Radius Fillet"(变半径圆角)工具命令图标，弹出"Variable Radius Fillet Definition"(变半径圆角定义)对话框，如图 4-12 所示。

(2) 在 Radius(半径)编辑框中键入 5mm，在"Edges to fillet"(圆角棱边)编辑框中选择长方体的一个棱边，如图 4-13(a)所示，注意：在被选择棱边的两个端点处都出现了圆角半径的参数 R5。

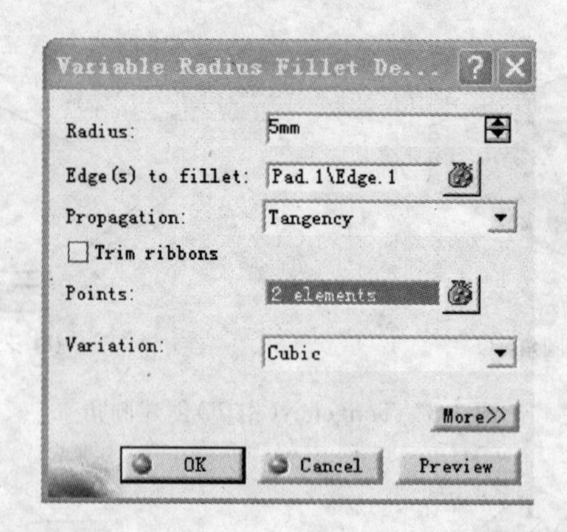

图 4-12 “Variable Radius Fillet”(变半径圆角)对话框

(3) 双击任一端点处的参数 R5,可以在弹出的“Parameter...”(参数值)对话框中修改圆角半径的值,例如将其改为 10,如图 4-13(b)所示。

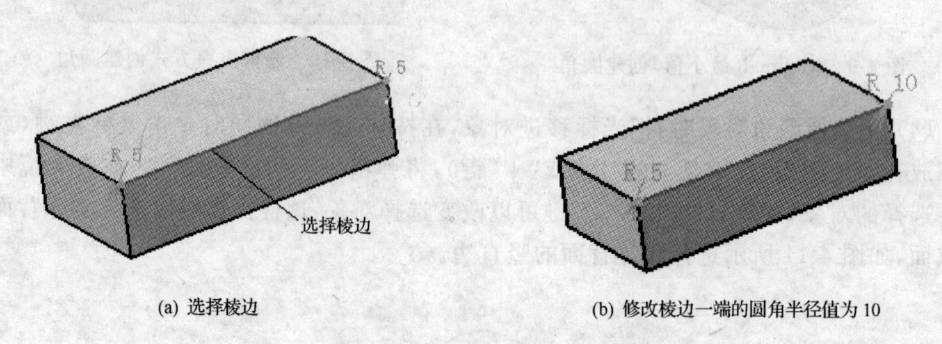

(a) 选择棱边　　(b) 修改棱边一端的圆角半径值为 10

图 4-13 修改圆角半径

(4) 在对话框 Points(点)编辑框中,选择棱边上已建立的点,将会在该点处插入一个圆角半径参数,并可以修改该参数半径值。例如,在 Points 编辑框中的右键快捷菜单中选择“Create Point”(创建点)菜单项,在弹出的“Point Definition”(点定义)对话框中定义点的类型及距离,创建一个新的点,将该点处的参数半径值改为 R8,如图 4-14(a)所示。

(5) 单击 OK 按钮,即可完成三处变半径圆角的修饰特征,如图 4-14(b)所示。

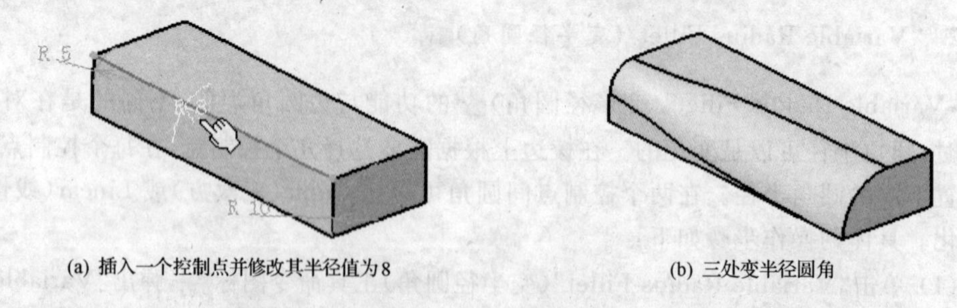

(a) 插入一个控制点并修改其半径值为 8　　(b) 三处变半径圆角

图 4-14 变半径圆角

3. “Face-Face Fillet”(面-面圆角)

使用“Face-Face Fillet”(面-面圆角)工具命令图标可以在两个曲面之间建立一个

过渡的曲面圆角，并要求该圆角半径应小于最小曲面的高度，而大于曲面间最小距离的1/2。具体的操作步骤如下：

(1) 首先建立相对于坐标平面镜像对称的两个圆锥台，如图 4-15。

(2) 单击“Face-Face Fillet”(面-面圆角)工具命令图标，弹出“Face-Face Fillet Definition”(面-面圆角定义)对话框，并选择两圆锥面作为圆角对象，键入圆角半径 20，单击 OK 按钮，即完成面-面圆角修饰，如图 4-16 所示。

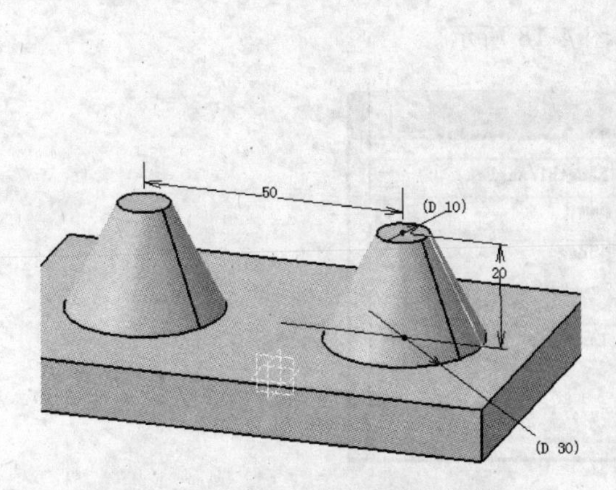

图 4-15　创建两个对称分布的圆锥台

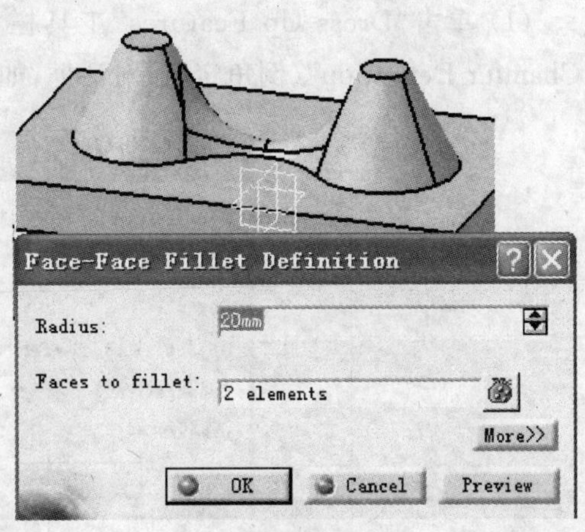

图 4-16　面-面圆角定义及其结果

4. “Tritangent Fillet”(三切圆角)

“Tritangent Fillet”(三切圆角)是在三个选择的平面中去除一个面，然后用过渡圆弧面来代替这个面，并光滑连接相邻两个面。具体的操作步骤如下：

(1) 单击“Tritangent Fillet”(三切圆角)工具命令图标，弹出“Tritangent Fillet Definition”(三切圆角定义)对话框，如图 4-17(a)所示。

(2) 在“Faces to fillet”(圆角表面)编辑框中选择保留的两侧表面，在“Face to re-

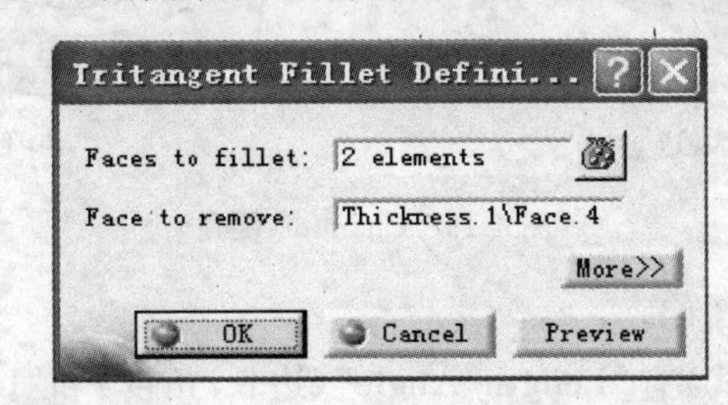

(a) 三切圆角定义对话框

(b) 选择圆角面和去除面

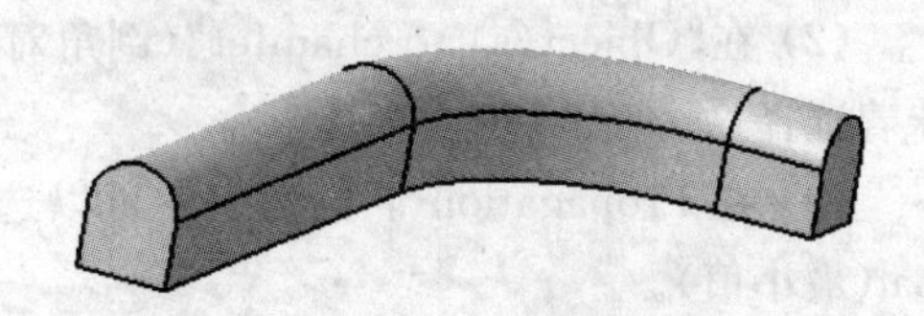
(c) 三切圆角结果

图 4-17　三切圆角操作

move”(去除表面)编辑框中选择要形成圆角的上表面,如图 4-17(b)所示。

(3) 单击 OK 按钮,即创建得到三切圆角特征,如图 4-17(c)所示。

4.1.2 Chamfer(倒角)

倒角是切削加工零件上常见的结构。

倒角修饰的具体操作步骤如下:

(1) 单击“Dress-Up Features”工具栏上的 Chamfer(倒角)工具命令图标,弹出“Chamfer Definition”(倒角定义)对话框,如图 4-18 所示。

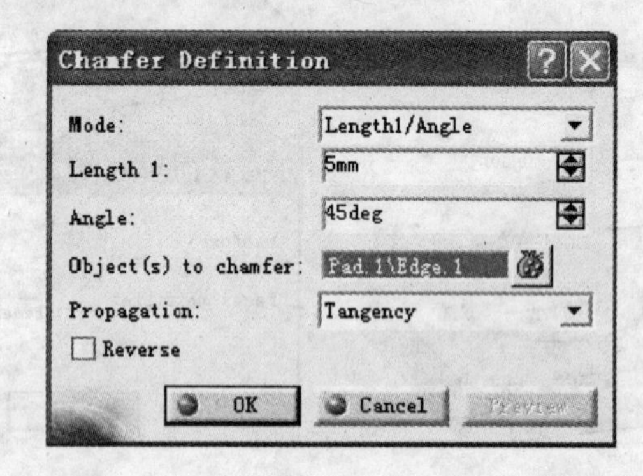

图 4-18 “Chamfer Definition”(倒角定义)对话框

(2) 选择“Length1/Angle”(长度/角度)模式,设置边长为 5mm,角度为 45°,在“Object(s) to chamfer”编辑框中选择圆弧及相切的两条棱线,如图 4-19(a)所示。

(3) 单击 OK 按钮,即创建得到倒角特征,如图 4-19(b)所示。

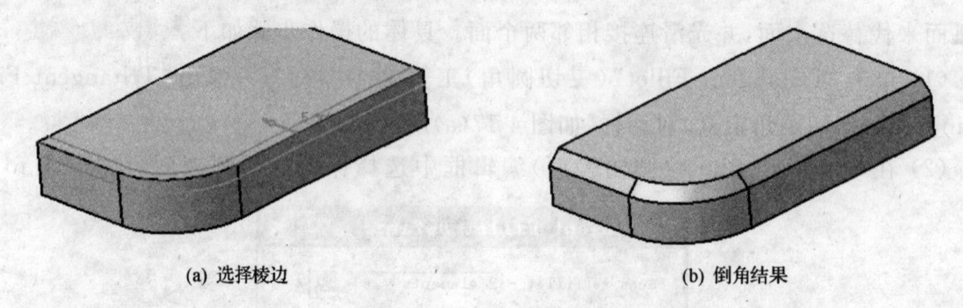

(a) 选择棱边　　(b) 倒角结果

图 4-19 Chamfer(倒角)

倒角定义的进一步说明:

(1) Mode(倒角模式)有“Length/Angle”(边长/角度)和“Length1/Length2”(边长1/边长 2)两种,根据需要输入相应的边长或角度。

(2) 在“Object(s) to chamfer”(倒角对象)编辑框中选择要倒角的对象,选择面时意味着选择这个面的所有边。

(3) 在 Propagation 下拉列表中可以选择边的延续方式为 Tangency(相切)或 Minimal(最小值)。

(4) 如果进行非对称倒角,单击预览图中的箭头,或选择对话框中 Reverse(翻转)编辑框,改变不等边倒角的选择。

4.1.3 Drafts(拔模)

对于铸造、模锻或铸塑等零件，为了便于启模或模具与零件分离，需要在零件的拔模面上构造一个斜角，这个角称为拔模角。例如一个正方体在加上拔模角后即形成了一个正四棱锥台。既可以通过添加材料成型，也可以是去除材料成型，这取决于设计拔模时的拔模角和分型面。

单击“Dress-Up Features”工具栏中的“Draft Angle”(拔模角拔模)工具命令图标右下角的三角形符号，即可弹出Drafts(拔模)子工具栏，如图 4-20 所示，其中包含三种工具命令“Draft Angle”(拔模角拔模)、“Variable Angle Draft”(变拔模角拔模)以及“Draft Reflect Line”(反射线拔模)。

图 4-20 Drafts(拔模)子工具栏

与拔模相关的几个基本定义：

(1) “Pulling Direction”(拔模方向)：零件与模具分离时，零件相对模具的运动方向，用箭头表示。

(2) “Draft Angle”(拔模角)：拔模面与拔模方向间的夹角，该值可为正值或负值。

(3) “Neutral Element”(中性面)：添加拔模角前、后，大小和形状保持不变的面。

(4) 中性线：中性面与拔模面的交线，拔模前、后中性线的位置不变。

(5) “Limiting Element(s)”(分界面)：沿中性线方向限制拔模面范围的元素。

(6) “Parting Element”(分离元素)：拔模面在拔模方向上限制拔模面范围的元素。

1. “Draft Angle”(拔模角拔模)

该工具命令是根据拔模面和拔模方向之间的夹角作为拔模条件进行拔模。具体的操作步骤如下：

(1) 单击“Draft Angle”(拔模角拔模)工具命令图标，弹出“Draft Definition”(拔模定义)对话框，如图 4-21(a)所示。选择四个侧表面为拔模面，则显示为暗红色；在“Neutral Element”编辑框选择上表面为中性面，则显示为蓝色，如图 4-21(b)所示。

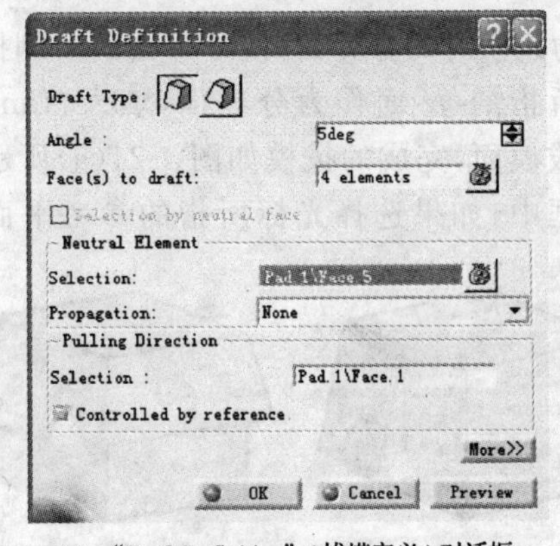

(a) “Draft Definition”(拔模定义)对话框

(b) 选择四个拔模面和一个中性面

图 4-21 “Draft Angle”(拔模角拔模)

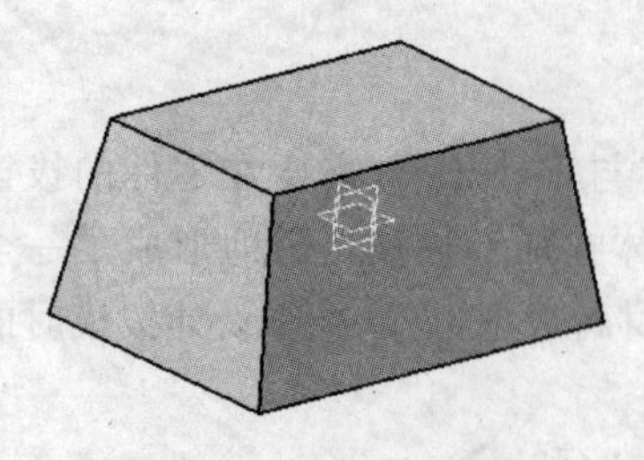

图 4-22　拔模角拔模

(2) 确认拔模方向和拔模角。一条线和一个面都可以作为拔模方向。选择实体上面为中性面,拔模方向向上,如图 4-21(b)所示箭头。如果方向不正确,可以单击箭头改变方向。在 Angle(角度)编辑框中输入 5,定义拔模面和拔模方向之间的夹角为 5°。

(3) 单击 OK 按钮,即创建得到如图 4-22 所示的拔模特征。

在定义拔模角拔模时应注意以下几点:

(1) 如果选择对话框中的"Selection by neutral face"(按中性面来确定拔模面)复选框,则只需选择实体上的一个面作为中性面,与其相交的面都会被定义为拔模面。

(2) 单击 More 按钮,得到展开的对话框,如图 4-23 所示,可以在该对话框中设置分界面和分离元素这两个限制元素。

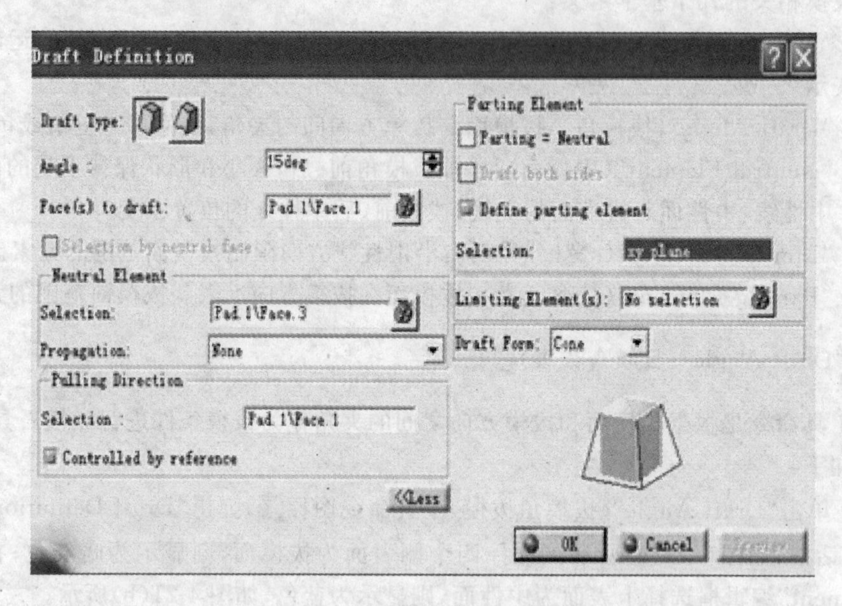

图 4-23　展开的拔模定义对话框

(3) 拔模时可以选择一个平面(或曲面)作为拔模时的分界面,使分界面的一侧拔模,另一侧则不拔。如图 4-24(a)所示,选择光标所指的 yz 面作为分界面,填入"Limiting Element(s)"(分界面)对话框,并指定右侧面为拔模面,完成的拔模如图 4-24(a)所示;在"Define parting Element"(定义分离元素)编辑框中,如果选择光标所指的参考平面(需

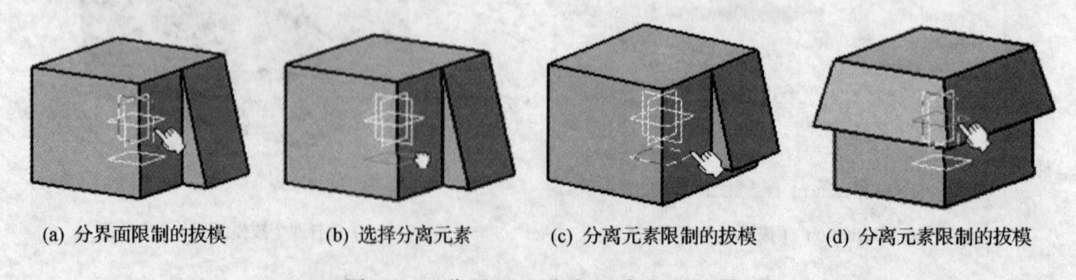

(a) 分界面限制的拔模　(b) 选择分离元素　(c) 分离元素限制的拔模　(d) 分离元素限制的拔模

图 4-24　分界面和分离元素限制拔模

事先建立该参考平面)作为分离元素，如图 4-24(b) 所示，则得到的拔模如图 4-24(c)所示；如果选择上表面作为中性面，选择光标所指的 xy 面作为分离元素，完成的拔模如图 4-24(d)所示。

(4) 选择展开对话框中的“Parting＝Neutral”复选框时，可以进行双向拔模。当进一步选择“Draft both side”(双向拔模)复选框时，此时的中性面也是分离元素。选择位于实体上下面之间的坐标平面作为中性面，完成如图 4-25 所示的双向拔模。

图 4-25　双向拔模

2. “Variable Angle Draft”(变拔模角拔模)

“Variable Angle Draft”(变拔模角拔模)功能与变半径圆角功能类似，沿拔模中性线上的拔模角可以是变化的，中性线上的顶点、一般点或某平面与中性线的交点等都可以作为控制点来定义拔模角。具体的操作步骤如下：

(1) 单击 Drafts(拔模)子工具栏中“Variable Angle Draft”(变拔模角拔模)工具命令图标，弹出“Draft Definition”对话框，如图 4-26(a)所示。

(2) 选择如图 4-26(b)所示实体上的圆弧面及其相切平面作为拔模面，选择上表面作为中性面，并选择中性线上的四个点作为控制点。

(3) 双击控制点的角度参数，可以修改对应点处的拔模角，如图 4-26(c)所示。

(4) 单击 OK 按钮，即创建得到变拔模角拔模的特征，如图 4-26(d)所示。

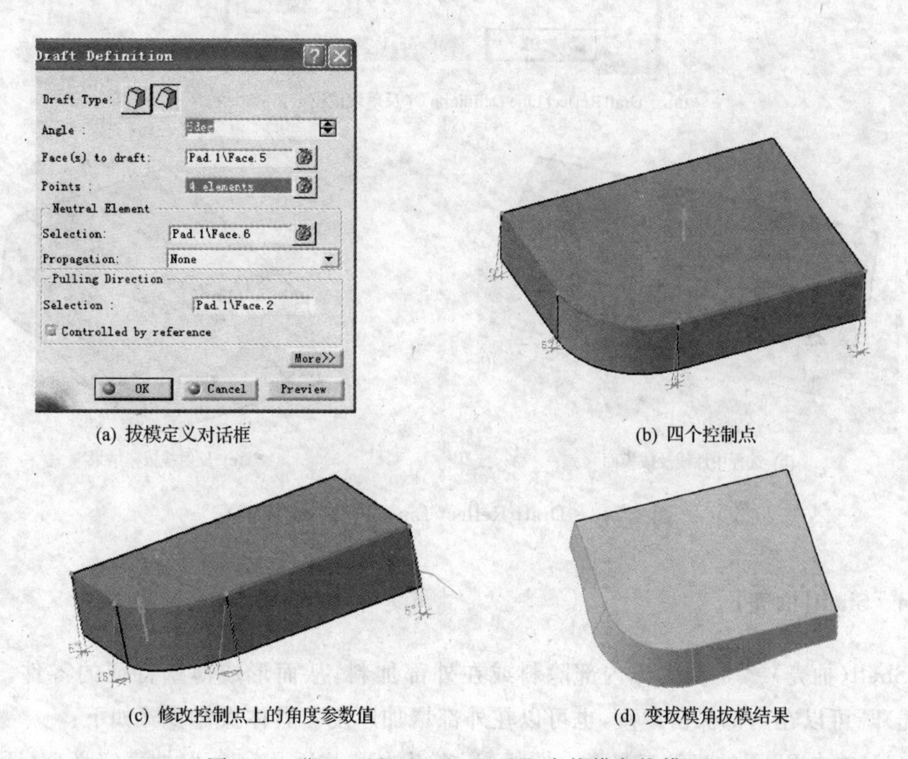

(a) 拔模定义对话框

(b) 四个控制点

(c) 修改控制点上的角度参数值

(d) 变拔模角拔模结果

图 4-26　“Variable Angle Draft”(变拔模角拔模)

3. “Draft Reflect Lines”(反射线拔模)

“Draft Reflect Lines”(反射线拔模)是用曲面的反射线(曲面与平面的交线)作为中性线完成拔模。具体的操作步骤如下：

(1) 单击 Drafts(拔模)子工具栏中的“Draft Reflect Lines”(反射线拔模)工具命令图标，弹出“Draft Reflect Line Definition”(反射线拔模定义)对话框，如图 4-27(a)所示。

(2) 选择如图 4-27(b)所示实体上的变半径圆角曲面作为拔模面，与其相切的面都被选为拔模面。当选择拔模方向时系统会自动选择一条交线作为反射线(中性线)，并自动选择拔模面。若选择上面的平面，其法线方向将作为拔模方向(图中的箭头方向)，弹出的交线为反射线，拔模面也就确定了。

(3) 单击 OK 按钮，创建得到反射线拔模的特征，如图 4-27(c)所示。

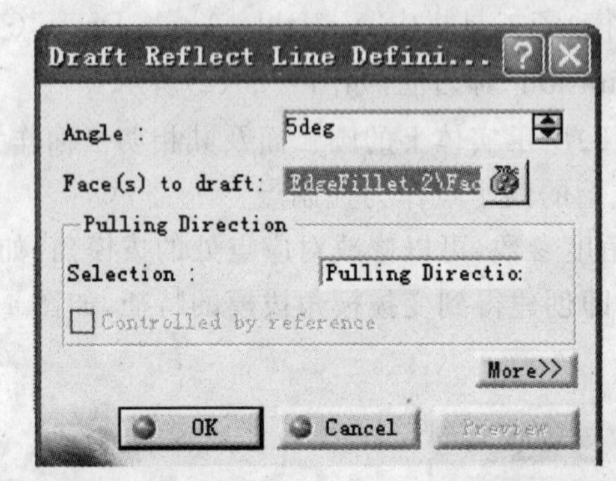

(a) “Draft Reflect Line Definition”(反射线拔模定义)对话框

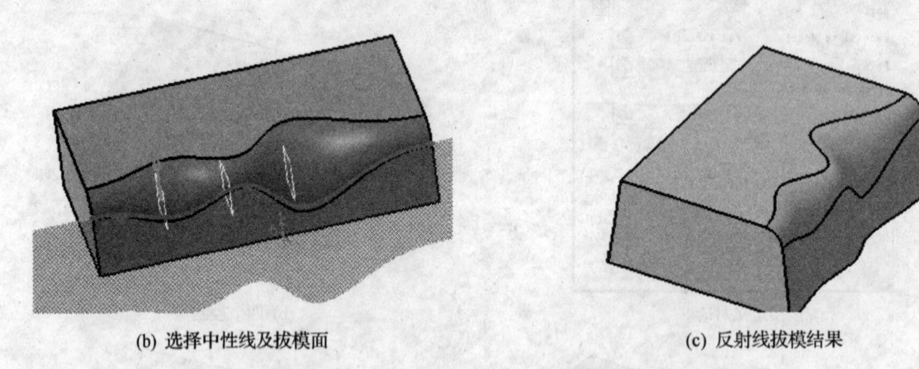

(b) 选择中性线及拔模面　　(c) 反射线拔模结果

图 4-27 “Draft Reflect Lines”(反射线拔模)

4.1.4 Shell(抽壳)

Shell(抽壳)是从实体内部除料或在外部加料，从而形成薄壁特征的零件。Shell(抽壳)既可以在内部保留厚度，也可以在外部增加厚度。具体操作步骤如下：

(1) 单击 Shell(抽壳)工具命令图标，弹出“Shell Definition”(抽壳定义)对话框，如

图 4-28(a)所示。在“Face to remove”(移出面)编辑框中选择已有实体(厚度为 30)上的圆弧面及其相切的两平面作为移出面,如图 4-28(b)所示;并在“Default inside thickness”(内部厚度)编辑框中键入 5mm。

由于“内部厚度”是指实体外表面到抽壳后壳体内表面的厚度,所以抽壳后得到如图 4-28(c)所示的实体及其厚度尺寸。

(2) 如果再在“Default outside thickness”(外部厚度)编辑框中键入 2mm,该厚度值是指实体抽壳后的外表面到抽壳前实体外表面的距离,则抽壳后得到如图 4-28(d)所示的实体及其厚度尺寸。

(3) 如果只给定内部厚度为 5,在“Other thickness faces”(其他表面厚度)编辑框中选择实体的上表面,此时实体显示如图 4-28(e)所示。双击上表面的参数值 0mm,并在弹出的参数对话框中键入一个新的厚度值 7,则抽壳后得到如图 4-28(f)所示的实体及其厚度尺寸,由此实现了壁厚不均匀的抽壳。单击 OK 按钮,完成抽壳特征。

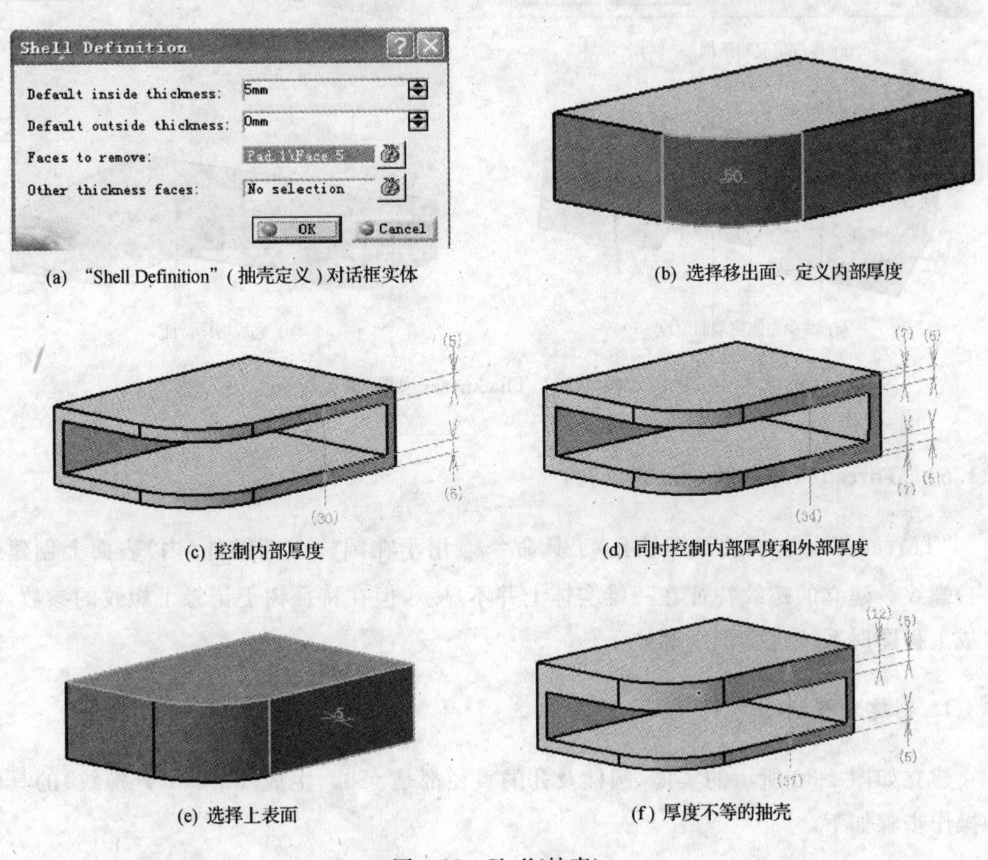

(a) “Shell Definition”(抽壳定义)对话框实体

(b) 选择移出面、定义内部厚度

(c) 控制内部厚度

(d) 同时控制内部厚度和外部厚度

(e) 选择上表面

(f) 厚度不等的抽壳

图 4-28 Shell(抽壳)

4.1.5 Thickness(增厚)

Thickness(增厚)工具命令用于增加或减少实体表面的厚度。当厚度值为正时,增加实体表面的厚度,即添加材料;而当厚度值为负时,则减少实体表面的厚度,即去除材料。具体的操作步骤如下:

(1) 单击 Thickness(增厚)工具命令图标,弹出“Thickness Definition”(厚度定义)对话框,如图 4-29(a)所示。

(2) 在“Default thickness”(缺省增厚值)编辑框中键入厚度值 30mm,在“Default thickness face”(适应面)编辑框中选择缺口右侧前端面,如图 4-29(b)所示。

(3) 然后在“Other thickness face”(其他增厚面)编辑框中选择缺口左侧前端面,键入厚度值－10mm,如图 4-29(c)所示。双击预览图上增厚面的参数,可以对其进行修改。

(4) 单击 OK 按钮,完成实体增厚特征,如图 4-29(d)所示。

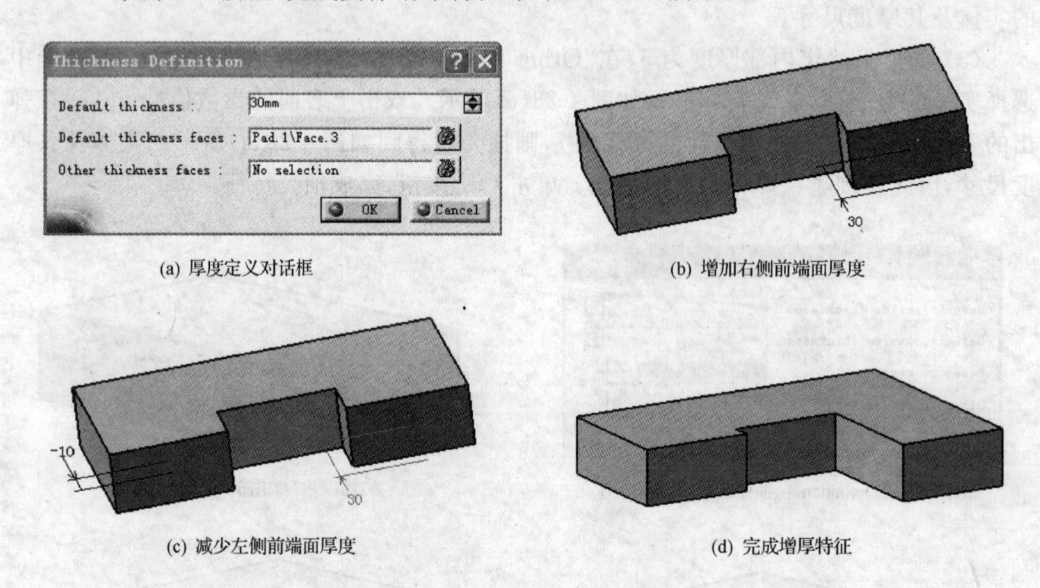

(a) 厚度定义对话框　　(b) 增加右侧前端面厚度

(c) 减少左侧前端面厚度　　(d) 完成增厚特征

图 4-29　Thickness(增厚)

4.1.6　“Thread/Tap”(螺纹及螺纹孔)

“Thread/Tap”(螺纹及螺纹孔)工具命令用于在圆柱或圆锥外(内)表面上创建外(内)螺纹。建立的螺纹特征在三维实体上并不显示,但在特征树上记录了螺纹的参数,在生成工程图时系统也会识别螺纹。

1. 创建外螺纹

建立如图 4-30 所示的实体,圆柱及孔的直径都是 ϕ20。生成 Thread(外螺纹)的具体的操作步骤如下:

(1) 单击“Thread/Tap”(螺纹及螺纹孔)工具命令图标,弹出“Thread/Tap Definition”(螺纹及螺纹孔定义)对话框,如图 4-31 所示。

(2) 选择实体上圆柱 1 的外表面作为“Lateral face”(生成螺纹面),选择圆柱的上表面为“Limit face”(螺纹的开始端)。单击 Preview 按钮,预览创建螺纹的效果,如果方向不正确,则单击“Reverse Direction”(反转方向)按钮进行更正。

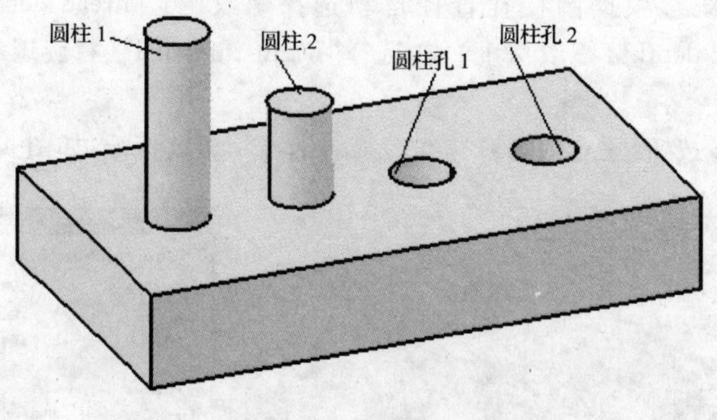

图 4-30　实体

(3) 定义螺纹类型和参数。

① Type(类型)分为“Metric Thin Pitch”(公制细牙螺纹)、“Metric Thick Pitch”(公制粗牙螺纹)和“No Standard”(非标螺纹)等三种,这里选择“Metric Thick Pitch”(公制粗牙螺纹);

② “Thread Description”(螺纹的公称直径),系统会根据圆柱直径自动选择;

③ 键入“Thread depth”(螺纹长度);

④ 选择“Right threaded”(右旋螺纹)。

(4) 单击 OK 按钮,创建得到外螺纹,如图 4-31 所示。

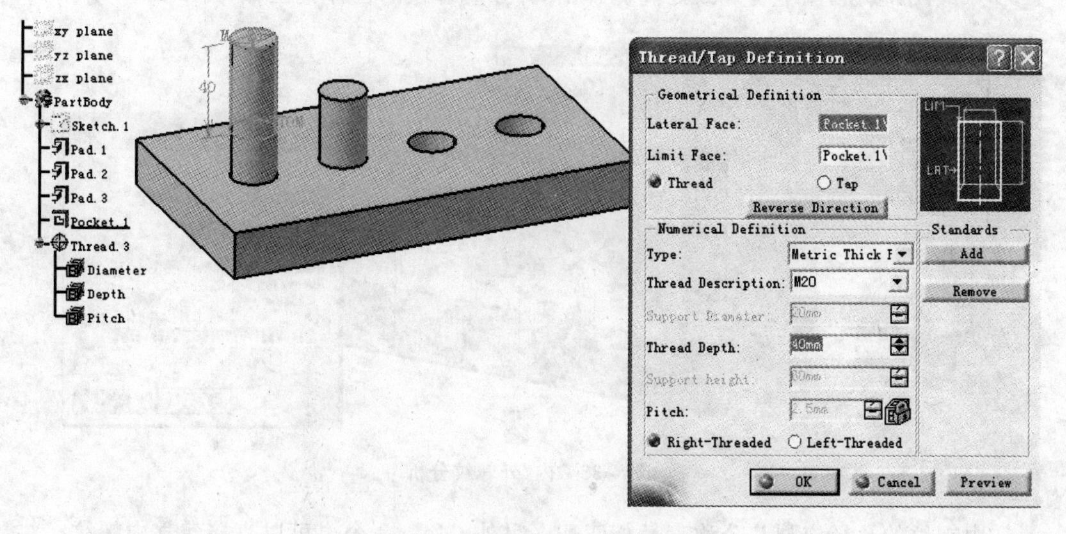

图 4-31　螺纹定义对话框及其参数

2. 创建内螺纹

在图 4-30 所示的实体上,为孔建立 Tap(内螺纹)的具体的操作步骤如下:

(1) 单击“Thread/Tap”(螺纹及螺纹孔)工具命令图标,弹出“Thread/Tap Definition”(螺纹及螺纹孔定义)对话框,选择孔 1 的内表面作为“Lateral face”(建立螺纹面),选择长方体的上表面为螺纹的“Limit face”(螺纹开始端),选择“Metric thick pitch”(公制粗牙螺纹)，系统会根据圆柱孔直径自动选择螺纹的“Thread description”(公称直径)，选择“Thread depth”(螺纹深度)值，选择“Right threaded”(右旋螺纹)，单击 Preview 预览。

(2) 单击 OK 按钮，建立内螺纹并在特征树上显示螺纹特征，如图 4-32 所示。

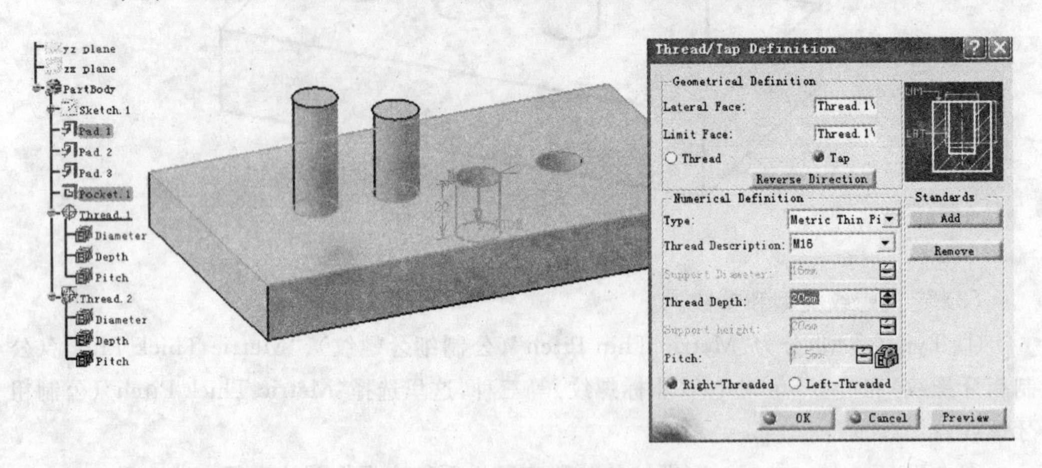

图 4-32　建立螺纹孔

(3) 单击 Analysis(分析螺纹)工具栏中的“Tap/Thread Analysis”(内/外螺纹分析)工具命令图标，弹出“Tap/Thread Analysis”(内/外螺纹分析)对话框，单击对话框中 Apply(应用)按钮，图中有螺纹处高亮弹出，并显示螺纹的公称直径，如图 4-33 所示。

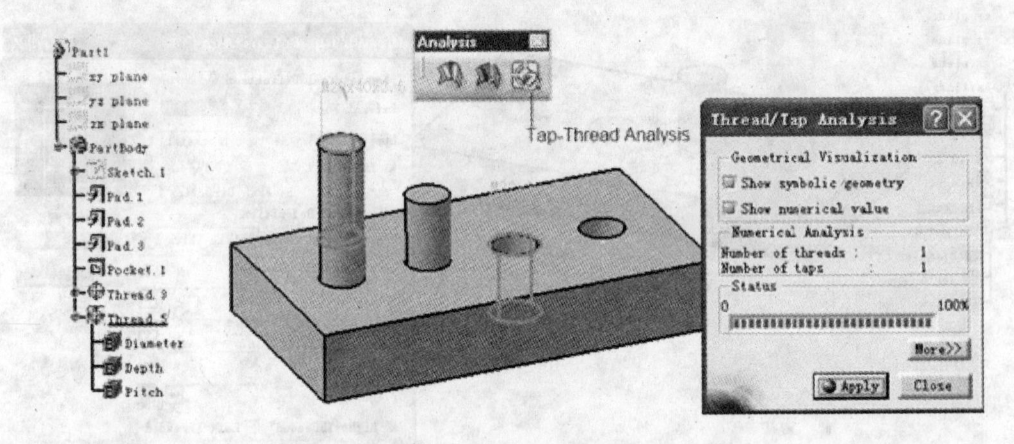

图 4-33　内/外螺纹分析

内螺纹的孔径应与其公称直径相匹配。另外，Hole 命令也可以直接建立内螺纹。

4.1.7 “Remove/Replace Face”(移出面/替换面)

1. “Remove Face”(移出面)

有些零件的模型比较复杂，不利于有限元分析，此时在实体模型上通过创建移出面特征来移出实体模型上的某些复杂表面，将实体模型简化；当不需要简化模型时只需要将移出面特征删除即可快速恢复复杂零件的细致模型。

单击“Dress-Up Features”(修饰特征)工具栏中“Remove Face”(移出面)工具命令图标右下角的三角符号,即可弹出“Remove Face”(移出面)子工具栏,如图 4-34 所示。“Remove Face”(移出面)的具体操作步骤如下:

(1) 单击“Remove Face”(移出面)工具命令图标,弹出“Remove Face Definition”(移除面定义)对话框,如图 4-35 所示。

图 4-34 移出面子工具栏

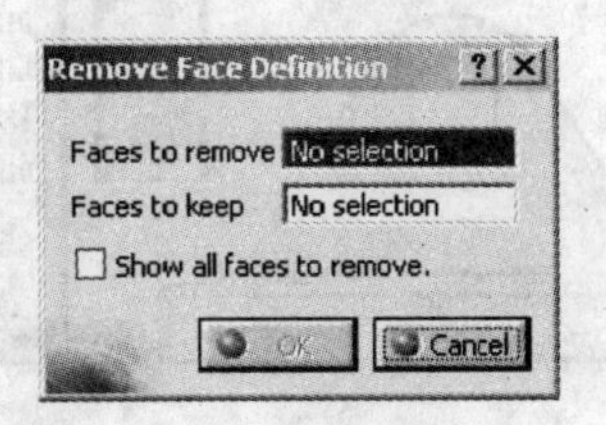

图 4-35 移除面定义对话框

(2) 在“Faces to remove”(移出面)编辑框中选择已有实体上需要移出的表面,而在“Faces to keep”(保留面)编辑框中选择需要保留的表面。图 4-36(a)中只要选择实体中的一个移出面放在移出面编辑框中即可,而保留面编辑框中需选择完整,选择两个保留面。移出后的特征如图 4-36(b)所示。

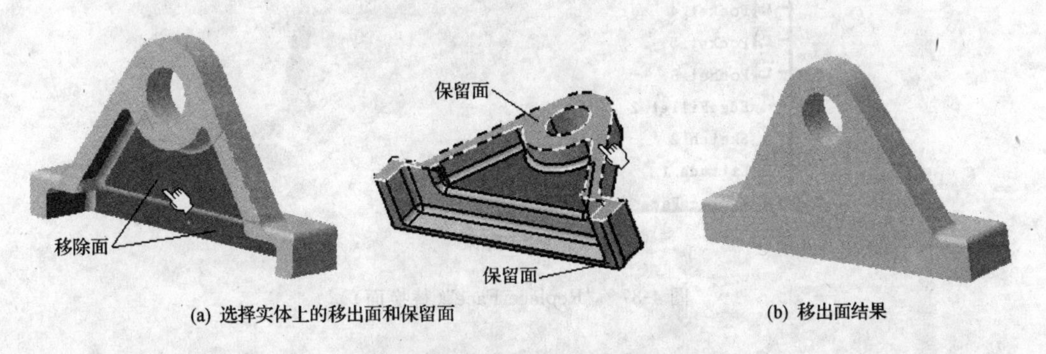

(a) 选择实体上的移出面和保留面 (b) 移出面结果

图 4-36 “Remove Face”(移出面)

2. “Replace Face”(替换面)

“Replace Face”(替换面)特征是用已有的外部曲面的形状来修改原实体的某些表面形状,以得到特殊形状的零件。具体的操作步骤如下:

(1) 建立如图 4-36(a)所示的实体。在草绘器中单击绘制样条曲线,然后进入Shape(曲面)模块中的“Generative Shape design”(生成曲面设计)模块,利用 Extrude(放样曲面)生成曲面,如图 4-37(a)所示。

(2) 在“Remove Face”(移出面)子工具栏中单击“Replace Face”(替换面)工具命令图标,弹出“Replace Face Definition”(替换面定义)对话框,在该对话框“Replacing surface”(替换面)编辑框中选择上一步创建的曲面,并在“Faces to remove”(被替换面)编辑框中选择实体底面,如图 4-37(a)所示。

(3) 单击 OK 按钮,即创建得到替换面特征,如图 4-37(b)所示。

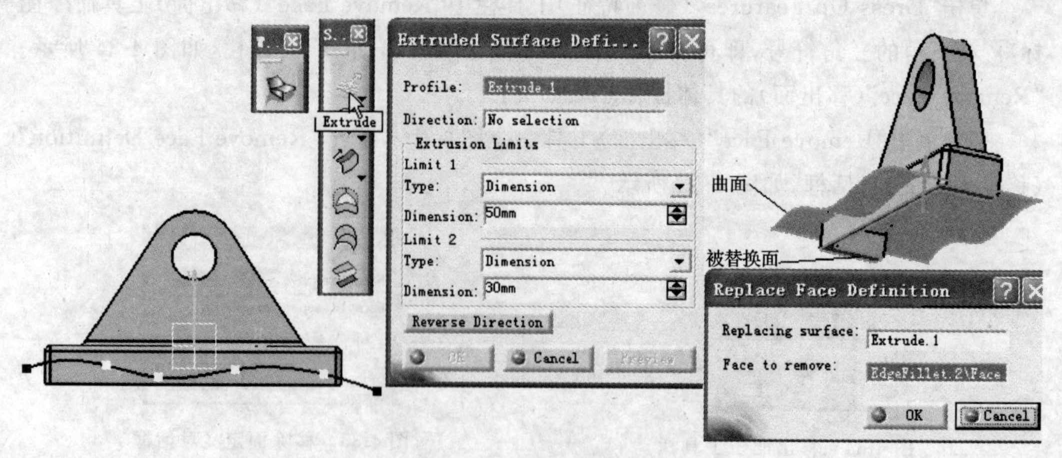

(a) 替换面生成以及选择替换面和被替换面

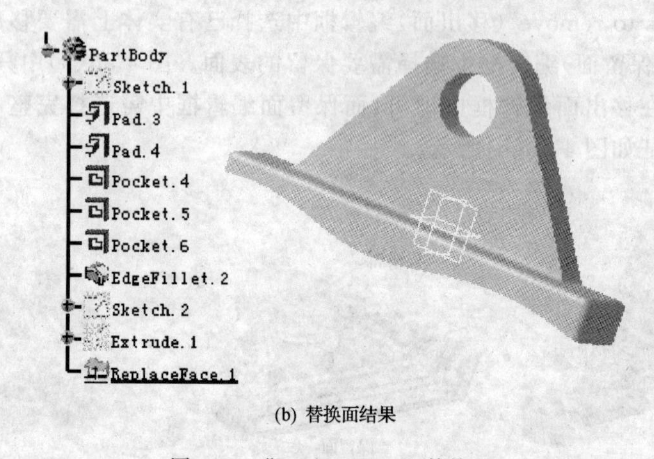

(b) 替换面结果

图 4-37 “Replace Face”(替换面)

4.2 编辑修改零件

修改就是对已创建实体或特征的参数、形状或尺寸进行修改,编辑是指对已生成实体或特征进行再复制或变换等各种操作。

4.2.1 修改特征

在 CATIA V5 中,只要在特征树上可见、对任何时候建立的任何特征都可以进行修改,实际上在 CATIA V5 中修改的过程就是重新定义的过程。只要修改后的拓扑关系成立,都可以进行修改。

CATIA V5 有一个普遍的规律,修改哪个对象就双击哪个对象;也可以在要修改的对象几何体或特征树上单击右键,在快捷菜单的“×××. object”(对象)上选择 Definition (定义)命令或 Edit(编辑)命令。

要修改一个特征的定义,首先需分析这个特征的参数是如何定义的。例如,一个长方体实体,它的长、宽是由草图定义的,而厚度是在拉伸时的实体特征中定义的。因此,要修改长方体的长或宽，就需要双击实体的父特征——草图来修改草图的定义；要修改长方体的厚度，就需要双击实体特征，修改拉伸的长度。

1. 修改草图

建立如图 4-38(a)所示的底板，要求将其中的长圆孔修改为内六角孔。具体的操作步骤如下：

(1) 在特征树上单击长圆孔特征 Pocket. 3 前的“＋”号，展开特征树，双击其下的“Sketch. 3”，系统自动进入草绘器；

(2) 删除长圆孔草图，并绘制一个正六边形；

(3) 退出草绘器，实体自动更新，底板上的长圆孔变成为内六角孔，如图 4-38(b)所示。

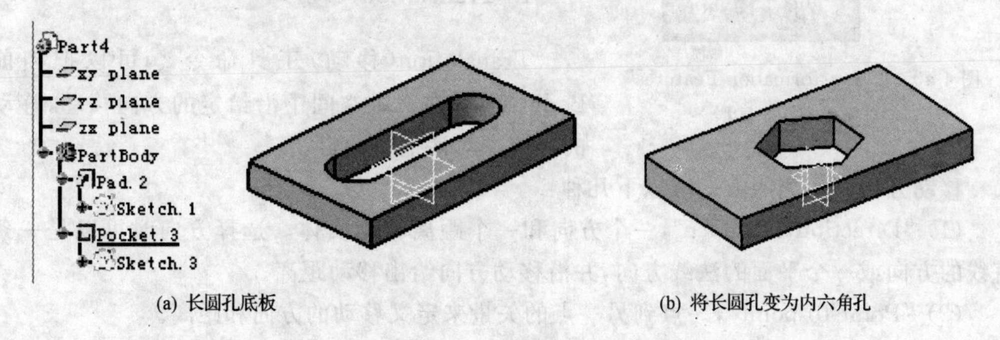

(a) 长圆孔底板　　(b) 将长圆孔变为内六角孔

图 4-38　将底板上的长圆孔修改为内六角孔

2. 修改实体

若要改变底板实体的厚度，需双击实体或双击树上的 Pad. 1，然后在弹出的拉伸体定义对话框中修改拉伸长度。

具体的操作步骤如下：

(1) 双击要修改的 Pad. 1，弹出“Pad Definition”(拉伸体定义)对话框，将 Length(拉伸长度)由原来的 20 修改为 40，如图 4-39 所示。

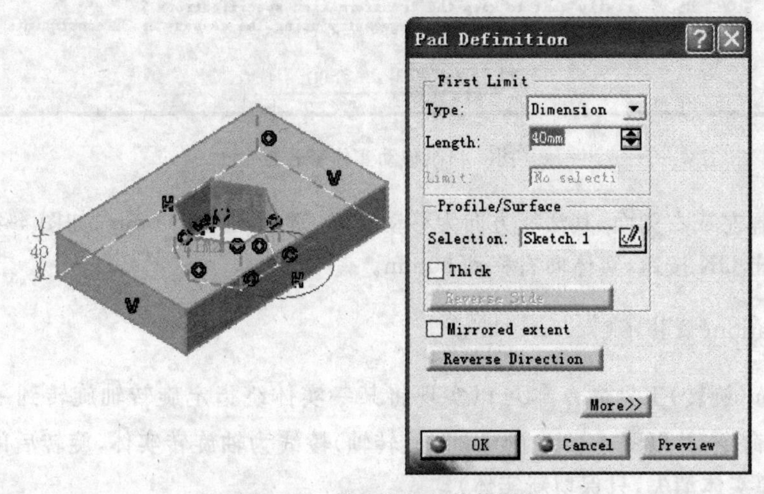

图 4-39　修改底板的拉伸厚度

(2) 单击 OK 按钮,即完成对底板厚度的修改。

4.2.2 编辑实体和特征

在零件设计工作台可以变换实体和变换特征。

在"Transformation Features"(变换特征)工具栏中集中了 Translation(移动)、Rotation(旋转)、Symmetry(对称)、Mirror(镜像)、Rectangular(矩形阵列)、"Circular pattern"(环形阵列)、"User pattern"(自定义阵列)和 Scaling(比例缩放)等实体变换工具命令图标,如图 4-40 所示。

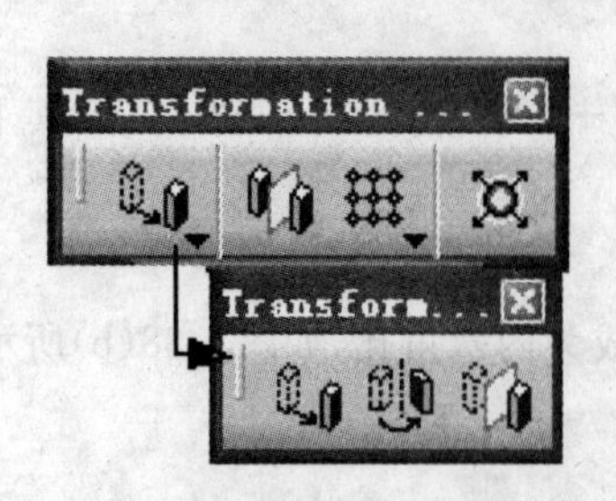

图 4-40 "Transformation Features"(变换特征)工具栏

1. Translation(移动)

Translation(移动)工具命令可以把当前 Body(实体)在三维空间中沿给定的方向移动,移动的距离在对话框中给定。

移动方向和距离的方式有以下几种:

(1) "Direction,Distance",一个方向和一个距离移动实体。选择方向时可以是一条直线的方向或一个平面的法线方向,并沿移动方向给出移动距离。

(2) "Point to point",一点到另一点的矢量来定义移动的方向和距离。

(3) Coordinate,用坐标定义沿 x、y、z 坐标方向移动的距离及移动的方向。

移动实体的操作步骤如下:

(1) 单击"Transformation Features"(变换特征)工具栏中的 Translation(移动实体)工具命令图标,将弹出一个警告框,如图 4-41 所示,提示你是否用这个命令来移动实体,如果不用这个命令,也可以用指南针或三维约束来移动实体。单击"是",继续移动实体,并弹出"Translate Definition"(移动定义)对话框。

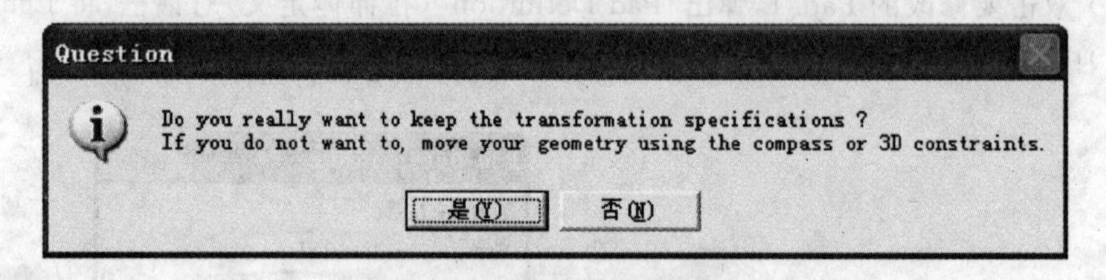

图 4-41 移动实体警告框

(2) 选择左或右侧面,其法线方向为移动方向,键入距离−90mm,如图 4-42 所示。

(3) 单击 OK 按钮,实体向右移动 90mm。

2. Rotation(旋转)

Rotation(旋转)工具命令可以实现将某一实体绕指定旋转轴旋转到一个新的位置。激活该命令,并以图 4-43 中的 Axis(旋转轴)棱线为轴旋转实体,旋转后的实体及操作步骤略(原实体消失,只保留新实体)。

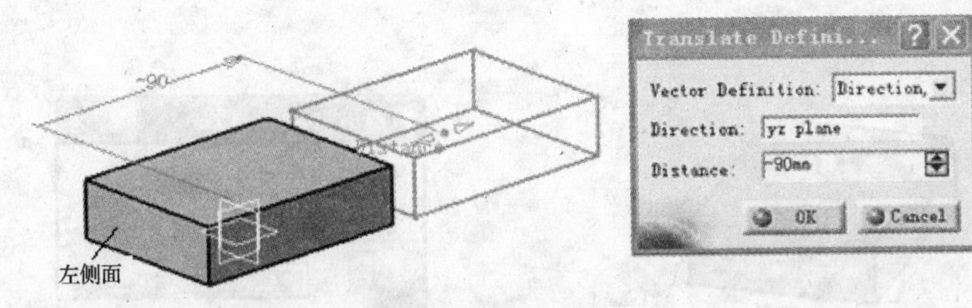

图 4-42　移动实体

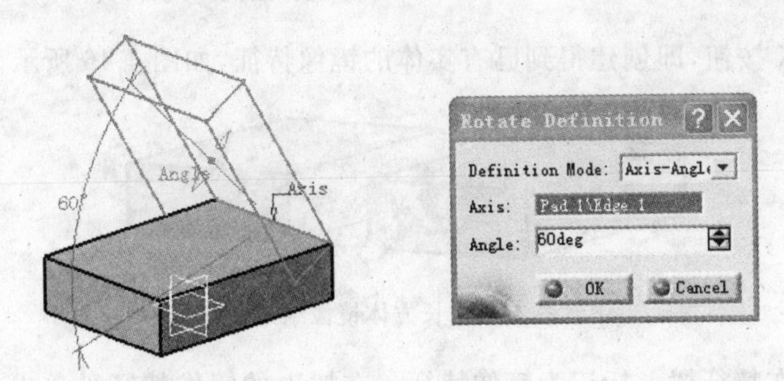

图 4-43　旋转实体

3. Symmetry(对称)

Symmetry(对称)工具命令可以实现将某一实体以指定面为对称面转移到其对称位置。激活该命令，在定义对话框的 Reference(对称面)编辑框中选择图中光标指定的辅助平面，如图 4-44 所示，对称后的实体及操作步骤略(原实体消失，只保留新实体)。

图 4-44　对称实体

4. Mirror(镜像)

Mirror(镜像)工具命令可以镜像实体也可以镜像一个或几个特征。在建立对称实体时使用这个命令可以提高建模速度、减少重复劳动。

Mirror(镜像)特征需要在执行命令前在特征树上选择特征对象(选择多个特征时要同时按住 Ctrl 键)。如果不另选特征对象，系统自动将当前 Body(实体)作为镜像对象。建立镜像时的镜像参考面只能选择平面。建立镜像的具体操作步骤如下：

(1) 单击要镜像的特征对象——长方体。

(2) 单击 Mirror(镜像)工具命令图标，弹出“Mirror Definition”(镜像定义)对话框，在“Mirrioring element”（镜像参考面）编辑框中选择参考平面 Plane.1 作为镜像参考面，如图 4-45 所示。

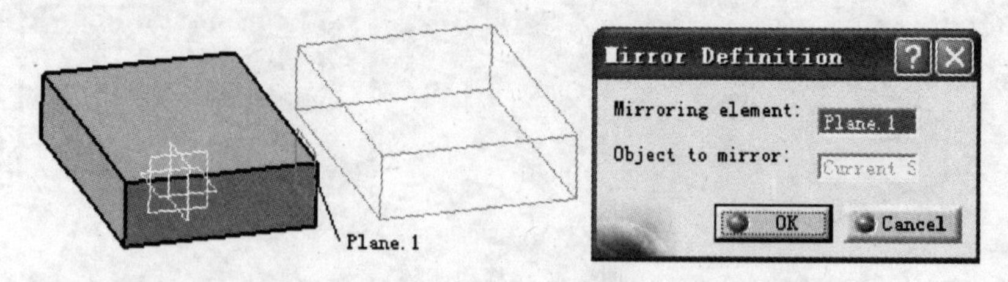

图 4-45 “Mirror Definition”（镜像定义）对话框

(3) 单击 OK 按钮，即创建得到已有实体的镜像特征，如图 4-46 所示。

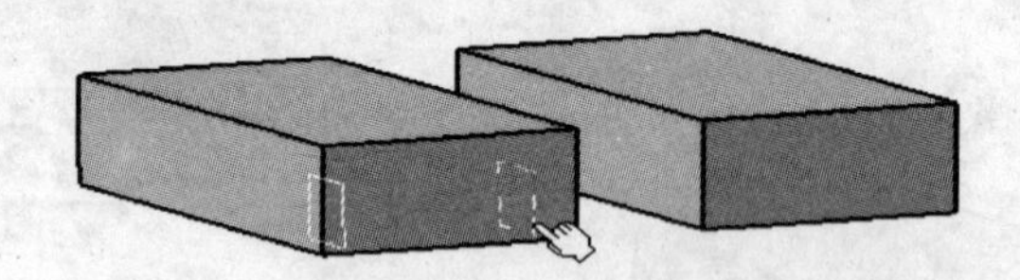

图 4-46 长方体镜像结果

建立的镜像在特征树上标记为镜像特征。在树上的镜像特征处单击右键，在其快捷菜单中选择镜像对象下的 Explode（炸开）命令，将会把镜像特征转换为实体特征。

通常，变换特征不能再被变换，若需要，则应先将其炸开后再进行变换。

5. Patterns（阵列）

Patterns（阵列）就是按一定的规律复制特征。单击“Transformation Features”（变换特征）工具栏中的 Rectangular（矩形阵列）工具命令图标右下角的三角符号，出现 Patterns（阵列）子工具栏，如图 4-47 所示。该工具栏中共有：Rectangular Pattern（矩形阵列）、“Circular Pattern”（环形阵列）以及“User Pattern”（自定义阵列）等三个工具命令。注意：激活阵列命令之前，须先选择阵列的对象，否则阵列当前实体。

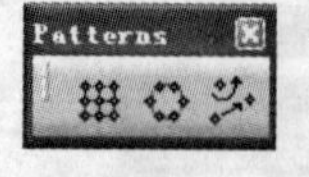

图 4-47 Patterns（阵列）子工具栏

1) “Rectangular Pattern”（矩形阵列）

“Rectangular Pattern”（矩形阵列）是将一个或几个特征按行和列的方式进行复制。例如，将如图 4-48 所示底板上的孔特征复制成 5 行 3 列，具体的操作步骤如下：

(1) 选择要复制的孔特征，如图 4-48 所示。

(2) 单击“Rectangular Pattern”（矩形阵列）工具命令图标，弹出“Rectangular Pattern definition”（矩形阵列定义）对话框，如图 4-49 所示。

(3) 在“First Direction”（第一方向（行））选项卡中定义第一方向（行）参数。首先，在 Parameters（参数列表）下拉列表中选择“Instance(s) & Spacing”（引用数与间距）方式；其次，在 Instance(s)（引用数）编辑框中键入值 5，在 Spacing（间距）编辑框中键入 20mm，单击“Reference Direction”（参考方向）编辑框，选择长方体长边的方向作为参考方向，若 Preview（预览）方向不正确，单击对话框中 Reverse（翻转）改变方向，如图 4-49 所示。

(4) 单击“Second Direction”（第二方向（列））选项卡，定义第二方向（列）参数。在

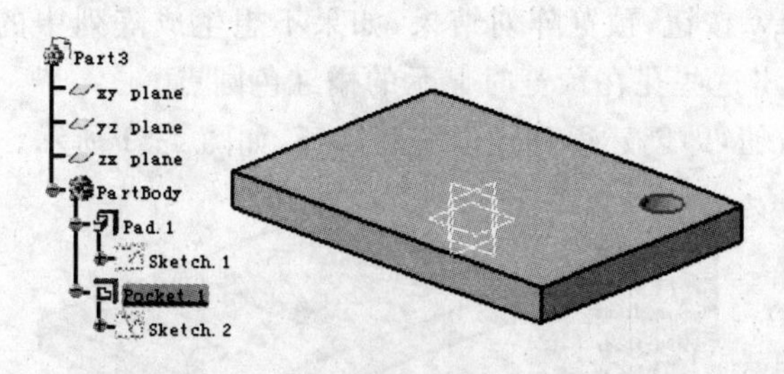

图 4-48 选择要复制的孔特征

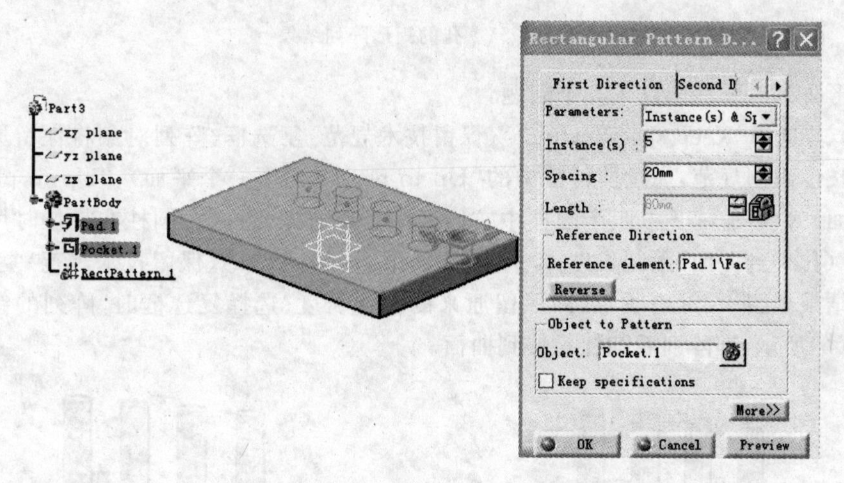

图 4-49 定义第一方向(行)参数

Parameters(参数列表)下拉列表中选择“Instance & Spacing”(引用数与间距)方式,Instance(引用数)编辑框中键入值 3,Spacing(间距)编辑框中键入 20mm,单击“Reference Direction”(参考方向)编辑框,选择长方体的短边作为参考方向。同样,若 Preview(预览)的方向不正确,单击对话框中的 Reverse(翻转)按钮,改变方向,如图 4-50 所示。

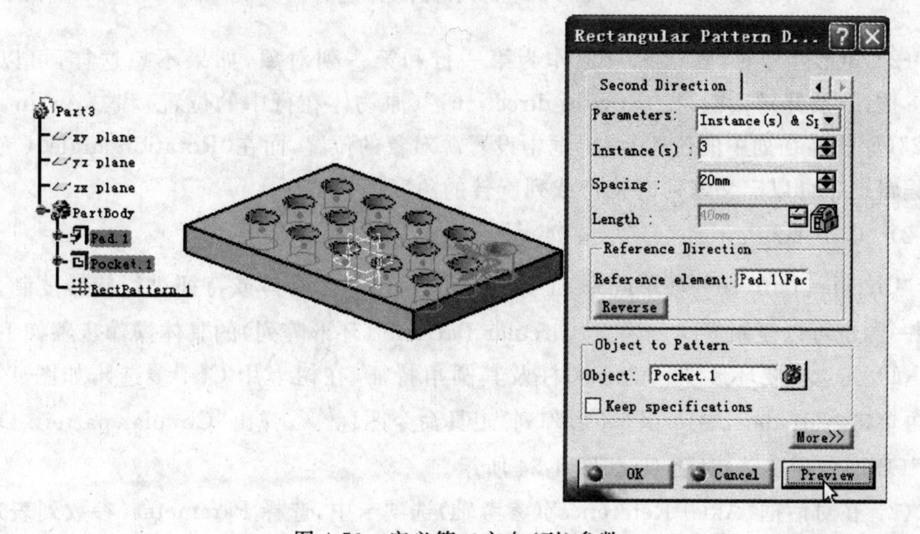

图 4-50 定义第二方向(列)参数

(5) 单击 Preview 按钮，预览阵列结果，如果不想生成阵列中的某个孔，如第二行中间的三个孔，可以单击这些孔在预览时显示的橘红色圆点。

(6) 单击 OK 按钮，即创建得到矩形阵列特征，如图 4-51 所示。

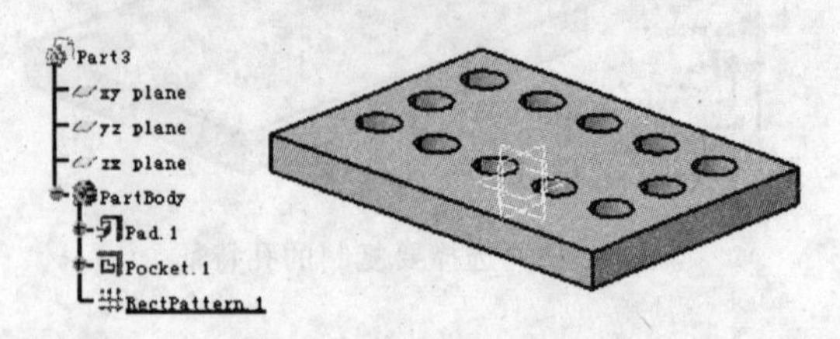

图 4-51　孔的矩形阵列结果

矩形阵列时要注意以下几个问题：

(1) 若选择"Keep specifications"(保留技术规范)复选框，阵列对象将保留原对象生成时的长度限制规范，如拉伸特征中的"Up to next"(到下一个平面)、"Up to plane"(拉伸到曲面)等。图 4-52 中四个圆柱中右侧两个是原对象，这两个圆柱在拉伸时用"Up to surface"(拉伸到曲面)限制长度。不选择"Keep specification"(保留技术规范)复选框时，阵列的结果如图 4-52(a)所示，即保留原来的拉伸长度；选择复选框时，阵列的结果则如图 4-52(b)所示，即阵列后圆柱拉伸到曲面。

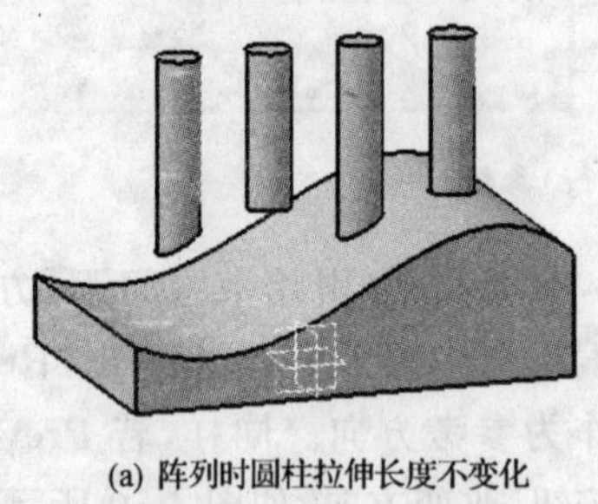

(a) 阵列时圆柱拉伸长度不变化

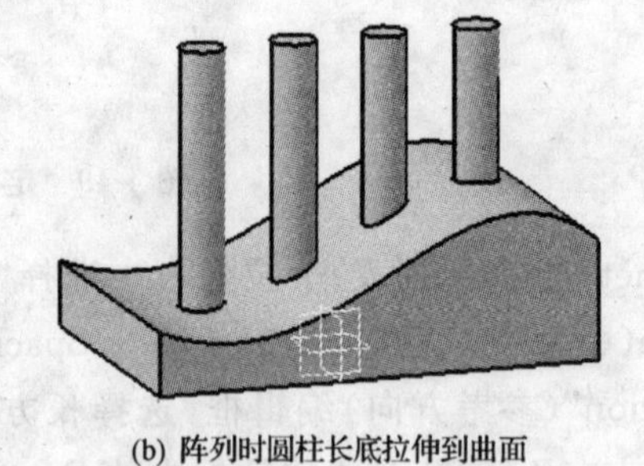

(b) 阵列时圆柱长底拉伸到曲面

图 4-52　阵列时的技术规范

(2) 矩形阵列时，默认源对象作为第一行和第一列对象，如果不想这样，可以单击 More 按钮，展开对话框，在"Row in direction1"(原物体在行中的位置)和"Row in direction2"(原物体在列中的位置)编辑框中设置源对象的位置，而在"Rotation angle"(旋转角度)编辑框中可以定义阵列时将行或列旋转的角度。

2) "Circular Pattern"(环形阵列)

"Circular Pattern"(环形阵列)工具命令是将一个实体或特征进行旋转复制，可以复制一圈也可以复制多圈。建立"Circular Pattern"(环形阵列)的具体操作步骤如下：

(1) 先选择要环形阵列的小圆柱及其圆角特征(在树上用 Ctrl 多选)，如图 4-53 所示，再单击"Circular Pattern"(环形阵列)工具命令图标，弹出"Circular pattern Definition"(环形阵列定义)对话框，如图 4-54 所示。

(2) 在对话框"Axial Reference"(参考轴)选项卡中，选择 Parameter(参数列表)下拉列表框中的"Instances & angular Spacing"(数目和角度间距)，在 Instance(s)(阵列数)编

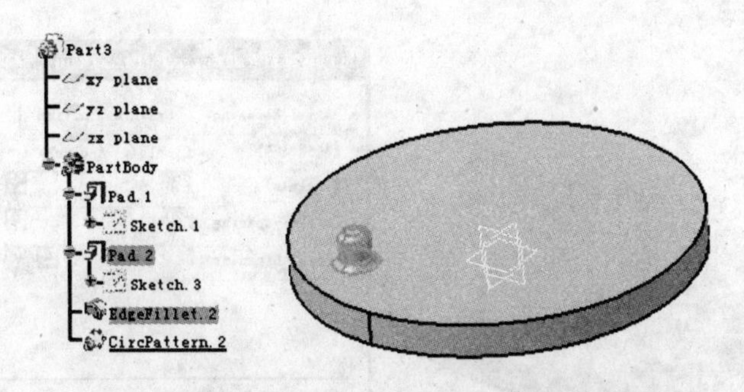

图 4-53　选择小圆柱及其圆角特征作为阵列对象

辑框中键入 6，并在"Angular spacing"（角度间距）编辑框中键入 60。单击"Reference element"（参考元素）编辑框，选择底板，用底板的轴线作为旋转轴。单击 Preview 按钮，预览结果如图 4-54 所示。

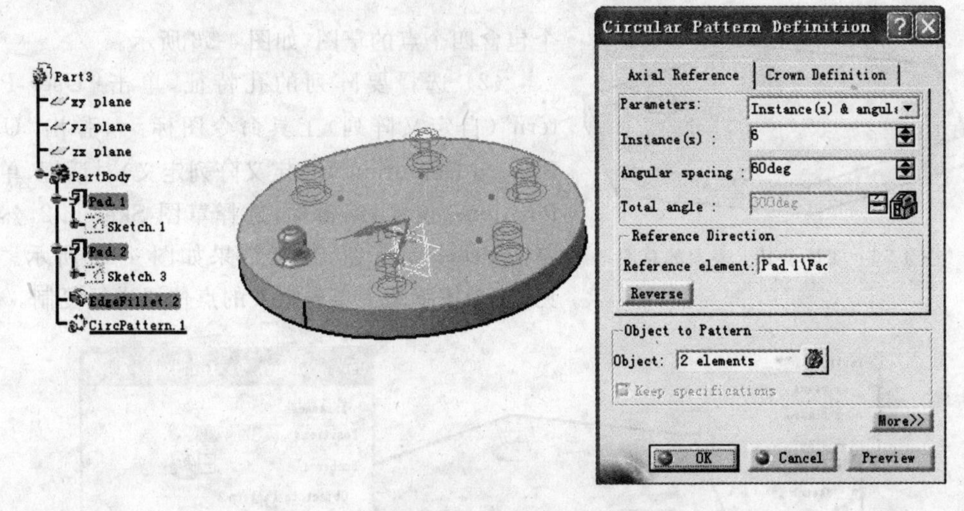

图 4-54　环形阵列

(3) 单击"Crown Definition"（圈数定义）选项卡，在 Parameter（参数列表）下拉列表中选择"Circle & circle spacing"（圈数与圈间距），在 Circles（圈数）编辑框中输入 2，并在"Circle spacing"（圈间距）中输入－40（正值向外，负值向内），单击 Preview（预览），如图 4-55所示。

(4) 若单击某对象在阵列预览时显示的小圆点，则阵列结果将不创建这个对象。单击 More 按钮，展开对话框，选择"Radial alignment of instances"（源对象的径向方位）复选框，环形阵列对象在排列时保持径向方位设置。

(5) 单击 OK 按钮，即创建得到环形阵列特征。

3)"User Pattern"（自定义阵列）

建立"User Pattern"（自定义阵列）时，需要先在实体上建立一个草图，用草图中自定义的系列点标识出阵列特征的位置，这样在进行自定义阵列时将按草图中自定义点的位置生成特征或实体。自定义阵列的具体操作步骤如下：

(1) 先创建一个实体，其上有一个孔。选择该实体的上表面作为草图工作面，绘制一

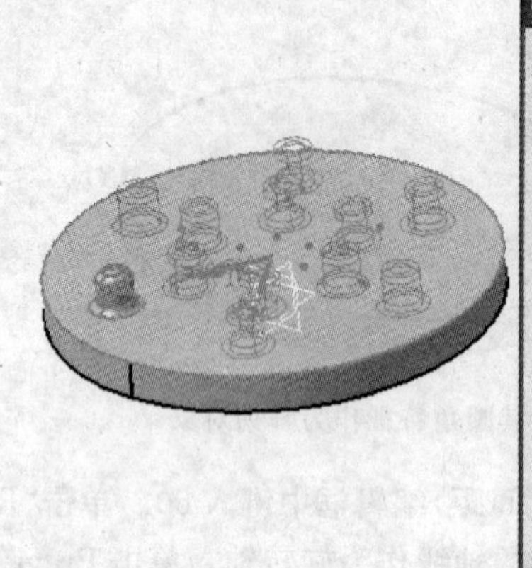

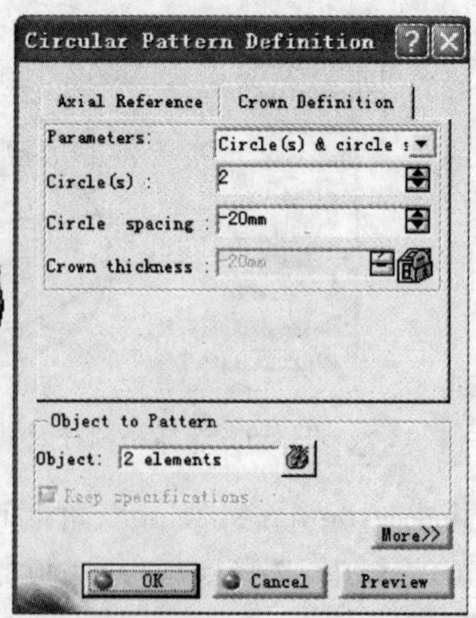

图 4-55　环形阵列的圈数

个包含四个点的草图，如图 4-56 所示。

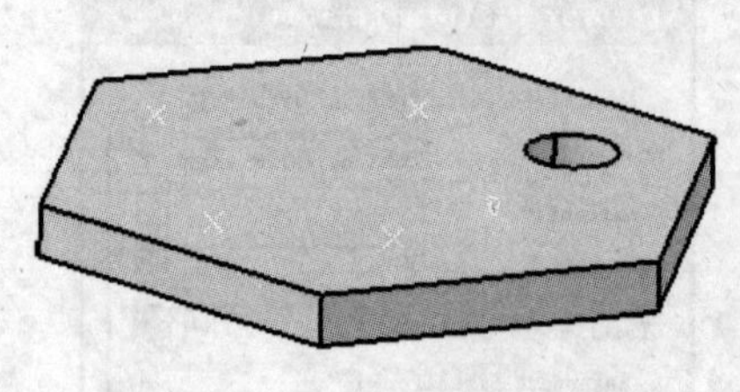

图 4-56　实体及其上表面的草图

(2) 选择要阵列的孔特征，单击“User Pattern”(自定义阵列)工具命令图标，弹出“User Pattern Definition”(自定义阵列定义)对话框，单击 Positions(位置)编辑框，选择草图 Sketch. 2，然后单击 Preview 按钮，预览结果如图 4-57 所示。可见，孔是按草图上事先定义的点位置进行复制。

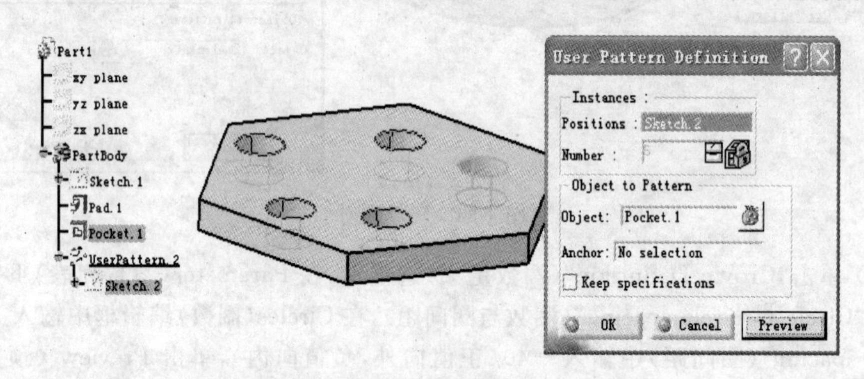

图 4-57　自定义阵列对话框及其预览结果

(3) 单击 OK 按钮，即创建得到自定义阵列特征。

自定义阵列可以选择一个 Anchor(锚点)来定位阵列的源对象，若不选锚点，默认把对象的几何中心作为定位点。锚点可以用一个点，也可以是阵列源对象上的一个顶点。

阵列后的对象是一个阵列特征，要修改其中的一个特征就需要炸开阵列，将阵列特征转变为与源对象相同的特征。炸开方法是：在树上右键单击要炸开的阵列，在快捷键菜单中的阵列对象下选择 Explode(炸开)命令，阵列特征炸开为独立的特征(或实体)。

6. Scaling(缩放)

Scaling(缩放)工具命令用于对实体进行缩放。缩放实体时可以使用点、平面等作为参考,将实体调整为指定的尺寸。具体的操作步骤如下:

(1) 设计图 4-58 中的带有圆孔的长方体。单击"Transformation Features"(变换特征)工具栏中的 Scaling(缩放)工具命令图标,弹出"Scaling Definition"(缩放定义)对话框,在对话框中的 Reference(参考)编辑框中选择 zx 坐标平面,实体将沿 y 轴方向放大。

(2) 在 Ratio(比率)编辑框中键入 1.5 倍放大比率,即实体在 y 轴方向放大 1.5 倍。

(3) 单击 OK 按钮,即实现 Scaling(缩放)特征。因带孔的长方体是一个对象,所以是该实体整体缩放,如图 4-58 所示。

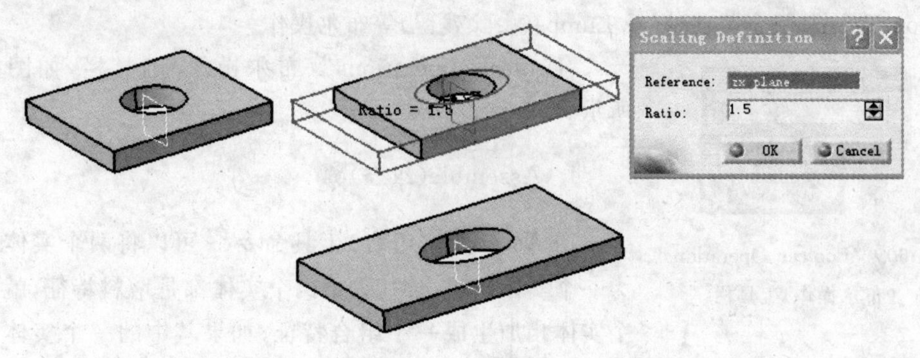

图 4-58 整体缩放

如图 4-59 所示零件中的长方体和圆柱是两个 Body(实体),如果只选择圆柱作为缩放对象,参考平面及比率同上,缩放结果只对圆柱进行了缩放,如图 4-59 所示。

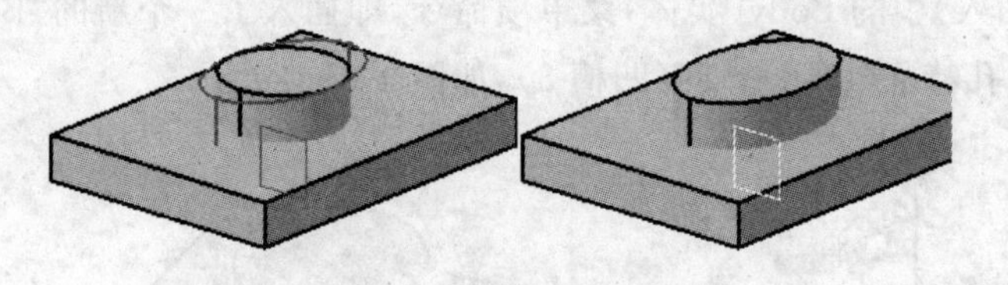

图 4-59 只对圆柱进行缩放

4.3 实体的管理和操作

创建一个复杂形状和结构的零件时,既可以通过建立零件的多种特征来完成,也可以在建立多个实体后通过实体间的"Boolean operations"(布尔操作)来完成。

4.3.1 插入实体

在零件设计工作台,默认一个零件下只有一个实体,这个实体称为"Part body"(零件实体)。在 Insert(插入)下拉菜单中,选择 Body(实体)菜单项命令,就可以在当前实体下插入一个新的实体,其默认的命名为:"Body. 2","Body. 3",…,并且以最后建立的实体作为工作实体,新建立的特征就是在这个实体上的特征。

在特征树上具有下划线的实体或特征是当前可操作的实体或特征，再生成的特征会自动排序在其下的特征之后。如果要使某一实体成为当前的工作实体，在树上对应实体的右键快捷菜单中选择“Define In Work Object”(定义当前实体)命令即可。

需要特别说明的是，在“Part body”(零件实体)中的第一个特征只能是增料特征(如Pad、Shaft、Rib等)，而不能是除料特征(如Pocket、Groove、Slot等)。但在其他实体中则没有这个限制，即其他实体的第一个特征可以是凹槽或环槽等除料特征，而且，即使是除料特征，在图形中也是以实体的形式出现，只是它的材料是负的。

4.3.2 实体间的布尔操作

实体之间可以进行Assemble(组合)、Add(求和)、Remove(求差)、Intersect(求交)、“Union Trim”(组合裁剪)以及Lumps(去除残留)等布尔操作。

“Boolean Operations”(布尔操作)工具栏，如图4-60所示。

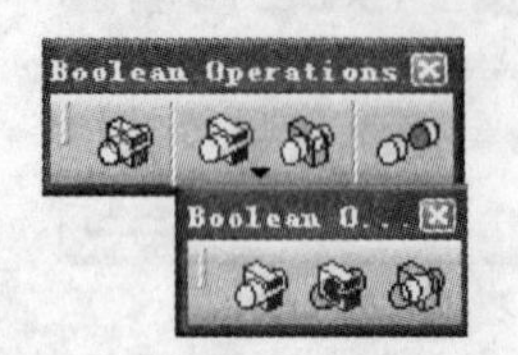

图4-60 “Boolean Operations”(布尔操作)工具栏

1. Assemble(组合)

用Assemble(组合)工具命令可以将两个实体合并为一个实体。组合时，如果两个实体都是增料特征，就把两个实体相加生成一个组合特征；如果其中的一个实体中有除料特征，则在生成的特征中去除除料特征。这个功能类似于两个实体的代数和，增料特征的材料为正，除料特征的材料为负。Assemble(组合)具体的操作步骤如下：

(1) 先在“Part body”(零件实体)下建立一个长方体特征“Pad.1”(凸块1)，再选择下拉菜单Insert(插入)中的Body(实体)菜单项命令，即插入了一个新的“Body.2”(实体2)，在其上建立圆柱孔特征“Pocket.3”(凹槽3)，如图4-61所示。

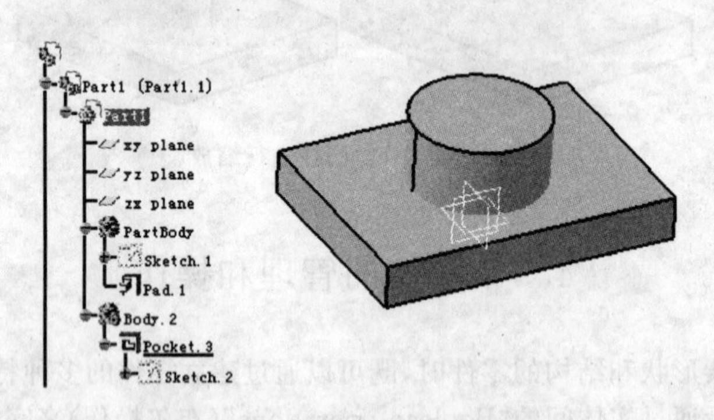

图4-61 建立凸块、凹槽特征

(2) 在树上Body.2的右键快捷菜单中选择“Body.2 Object”→Assemble命令，如图4-62所示，即在“Part body”(零件实体)下生成布尔组合特征，如图4-63所示。也可以单击Assemble工具命令图标，出现Assemble对话框，如图4-64所示，确认Assemble编辑框中是Body.2后单击OK，即建立了Assemble特征，结果同图4-63。

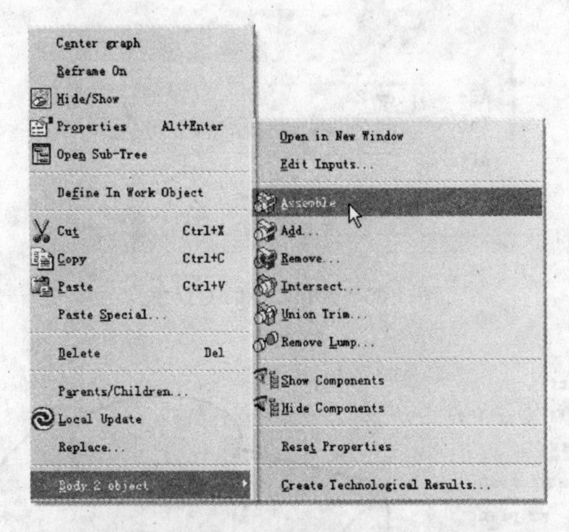

图 4-62　通过右键快捷菜单实现布尔组合特征

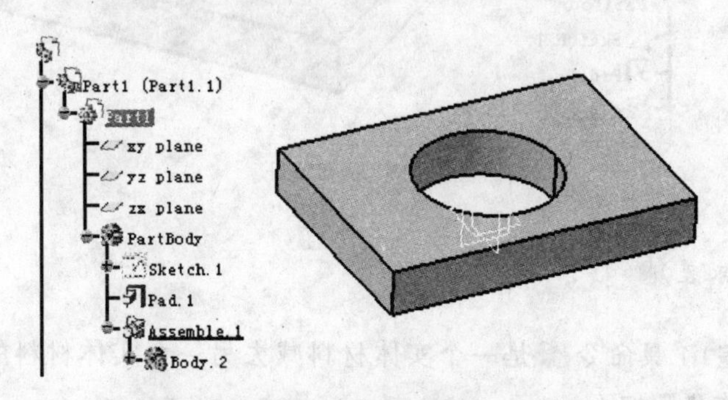

图 4-63　组合特征

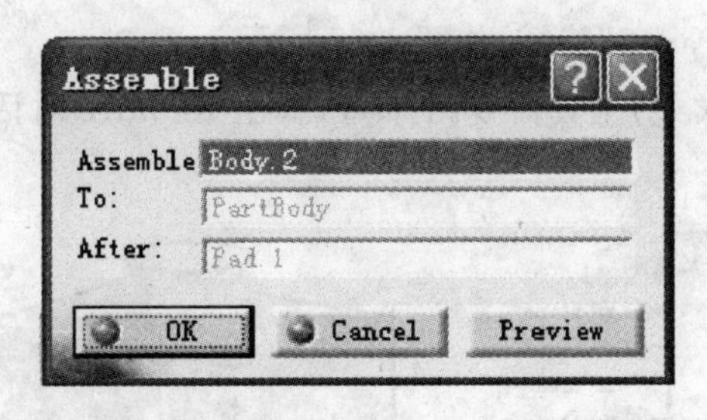

图 4-64　Assemble(组合)对话框

2. Add(求和)

Add(求和)工具命令与组合命令相似,不同的是无论实体中是增料特征还是除料特征,都把他们的特征加起来,形成一个和特征,这个功能类似于把两个实体的绝对值加起来。具体的操作步骤如下:

(1) 建立图 4-61 所示的两个实体,单击 Add(求和)工具命令图标,弹出 Add 对话框,如图 4-65 所示。

(2) 确认编辑框中内容后,单击 OK,即建立了求和特征,如图 4-66 所示。

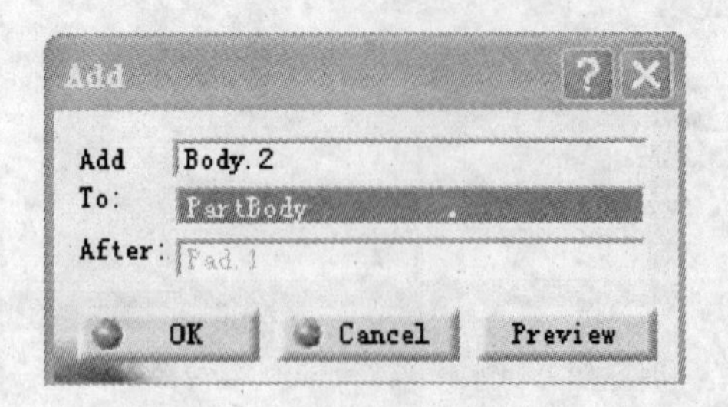

图 4-65　Add(求和)对话框

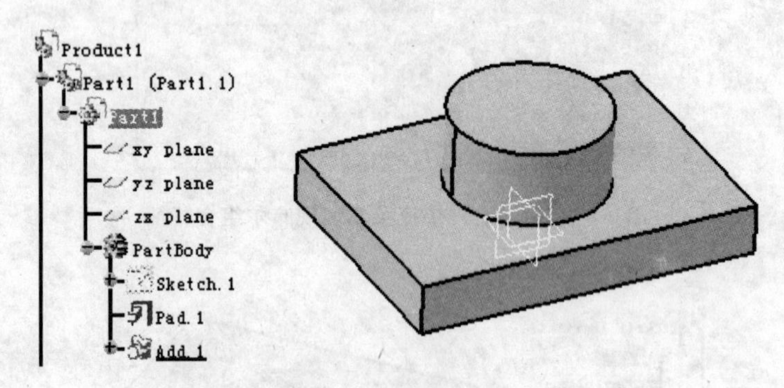

图 4-66　求和特征

3. Remove(求差)

Remove(求差)工具命令是一个实体材料减去另一个实体材料的过程。Remove(求差)具体的操作步骤如下：

(1) 先在"Part body"(零件实体)下建立长方体"Pad.1"特征，再插入一个新实体"Body.2"，并建立圆柱"Pad.2"特征，如图 4-67 所示。

(2) 单击 Remove(求差)工具命令图标，弹出 Remove 对话框，如图 4-68 所示。

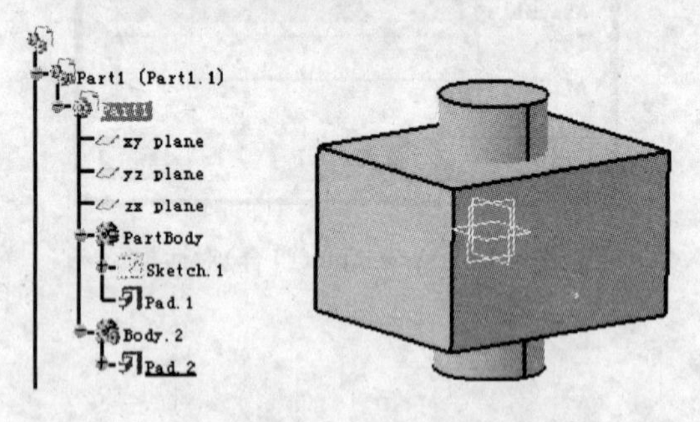

图 4-67　建立两个凸块特征

(3) 单击 OK，在"Part body"下生成布尔操作的差特征，如图 4-69 所示。

4. Intersect(求交)

Intersect(求交)工具命令是将两个实体中相交(交集)的部分保留，删除其余部分。

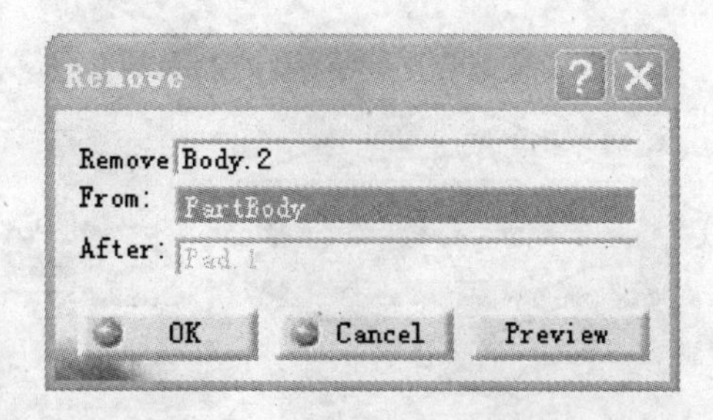

图 4-68 Remove(求差)对话框

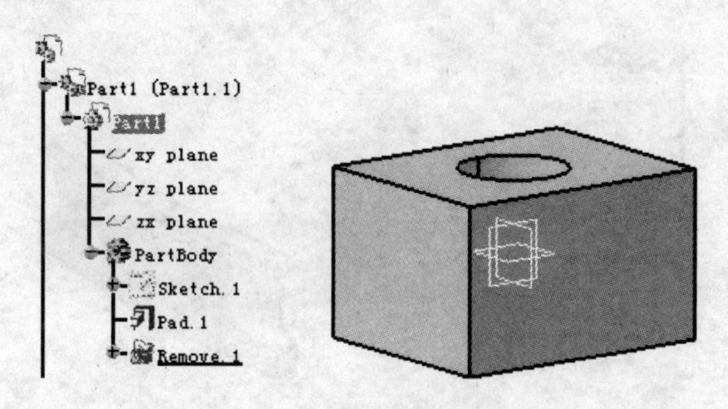

图 4-69 求差特征

Intersect(求交)具体的操作步骤如下：

(1) 先在"Part body"(零件实体)下建立一个长方体特征"Pad. 1",再插入一个新实体"Body. 2",并建立弯曲板特征"Pad. 2",如图 4-70 所示。

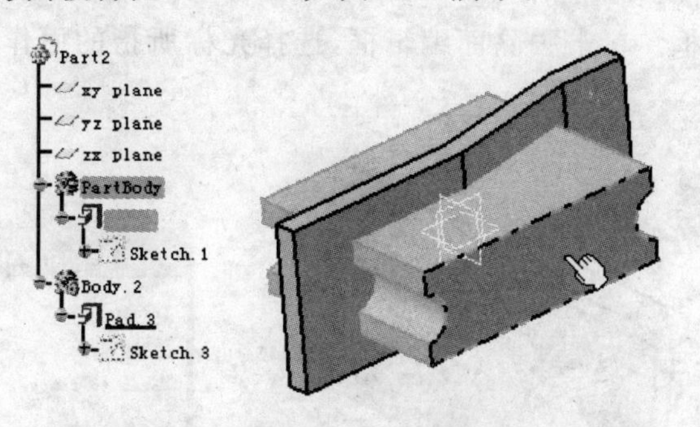

图 4-70 建立长方体和弯曲板特征

(2) 单击 Intersect(求交)工具命令图标,弹出 Intersect(求交)对话框,如图 4-71 所示。

(3) 单击 OK,在"Part body"下生成布尔操作的求交特征,如图 4-72 所示。

5. "Union Trim"(组合裁剪)

"Union Trim"(组合裁剪)工具命令是在把两个实体求和的同时把其中多余的一部分修剪掉。仍以图 4-70 的两个实体为例讲解"Union Trim"(组合裁剪),具体的操作步骤如下：

图 4-71 Intersect(求交)对话框

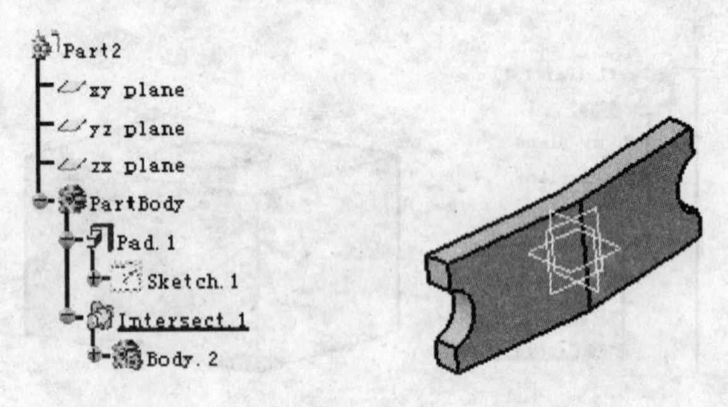

图 4-72 求交特征

(1) 将“Part body”(零件实体)设置为当前工作对象。在树上“Body.2”右键快捷菜单中选择“Body.2 Object”→“Union Trim”命令，弹出图 4-73 所示的“Trim Definition”(裁剪定义)对话框。该对话框中有“Face to remove”(要去除的面)和“Face to keep”(要保留的面)两个编辑框。单击去除面编辑框，选择光标所指的面作为去除面，如图 4-73 所示。

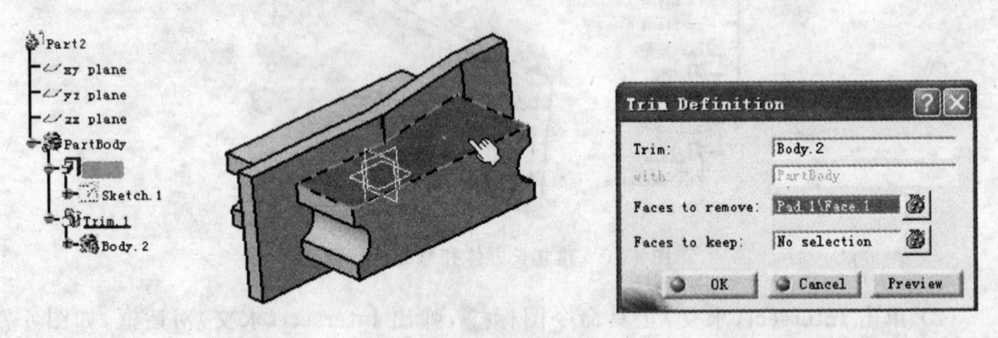

图 4-73 选择去除面

(2) 单击 OK，在“Part Body”下即生成“Union Trim”特征，如图 4-74 所示。

6. Lumps(去除残留)

完成布尔操作后，在实体中可能会残留一些孤立实体或空穴，用 Lumps(去除残留)命令工具把这些残留去除掉。具体的操作步骤如下：

(1) 先在“Part body”(零件实体)下建立一个长方体特征 Pad.1，再在新插入的实体

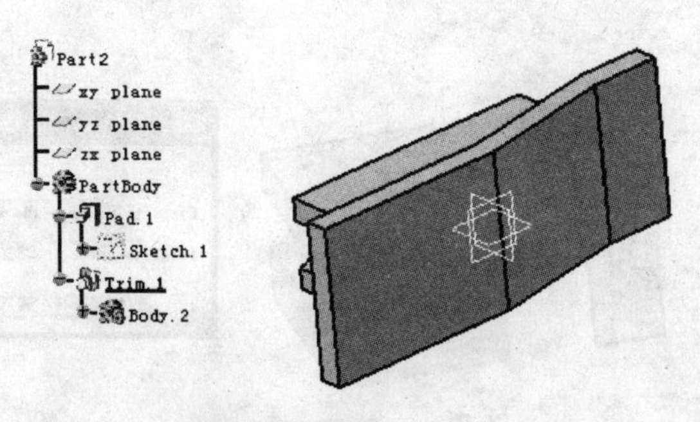

图 4-74　组合裁剪特征

Body.2 下建立圆柱特征 Pad.2，如图 4-75 所示。

(2) 选择 Body.2 求差，结果从“Part Body”中减去了 Body.2，如图 4-76 所示。这时有两个多余的角残留在“Part Body”中，需要从中去除不必要的部分。

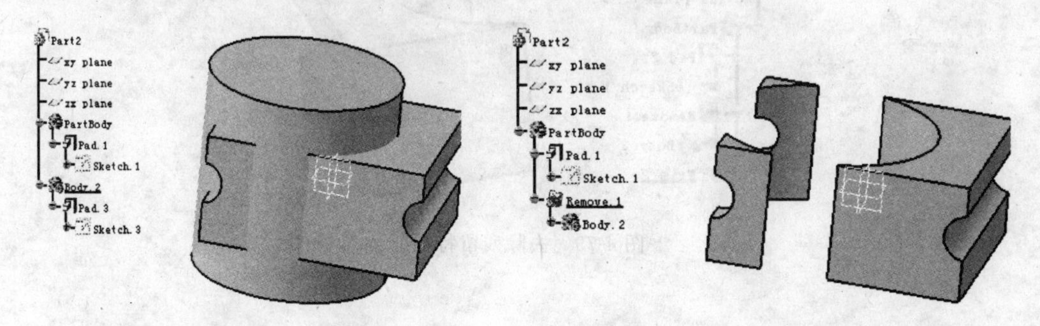

图 4-75　建立长方体和圆柱　　　　图 4-76　求差后存在孤立的角

(3) 在树上“Part Body”的右键快捷菜单中选择“Part Body”→“Remove Lumps”命令，弹出“Remove Lump Definition”对话框，单击其中的“Face to remove”(要去除的面)编辑框，选择两个残余小块，如图 4-77 所示；或者单击“Face to keep”(要保留的面)编辑框并选择右侧大块，如图 4-78 所示。

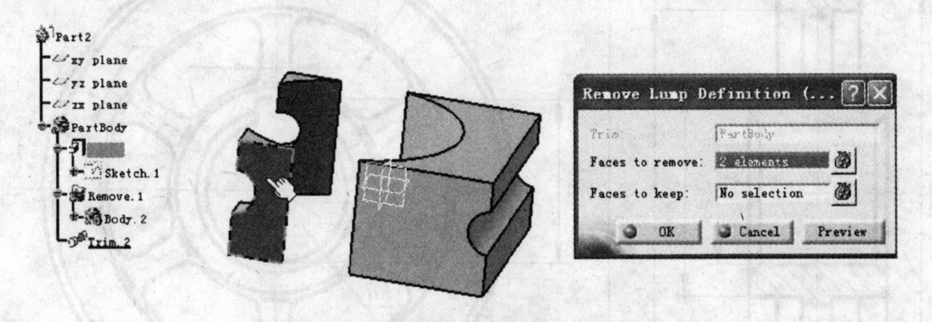

图 4-77　选择孤立的角作为去除面

(4) 单击 OK 按钮，在“Part Body”下即生成去除残留特征，如图 4-79 所示。

在进行组合或求和操作时，可以同时操作多个实体(按住 Ctrl 键)。在布尔操作后所生成特征的右键快捷菜单中可以改变布尔操作的类型。

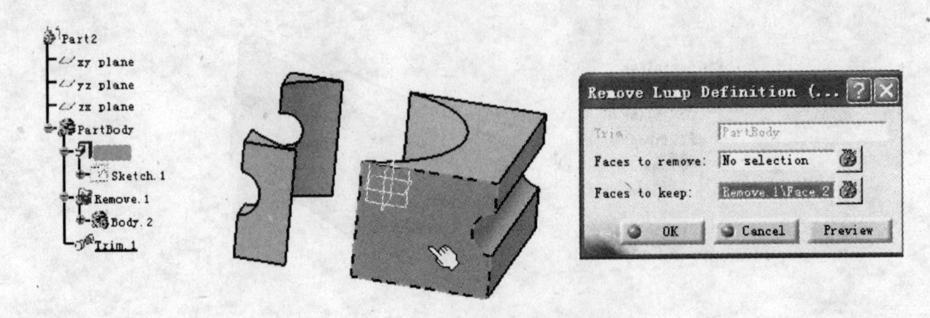

图 4-78　光标所指的面作为保留的面

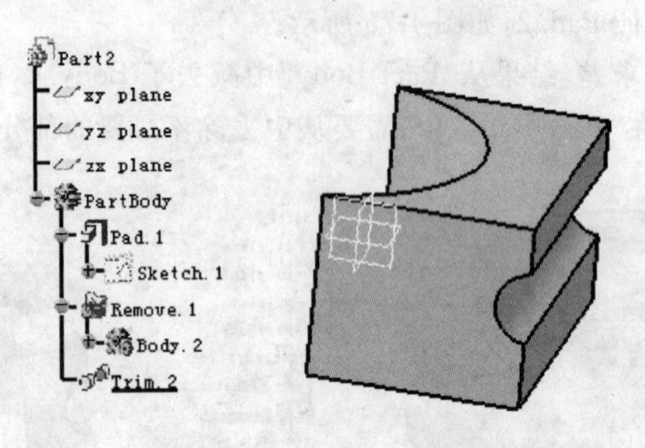

图 4-79　去除残留特征

4.4　综合举例

由如图 4-80 所示的皮带轮视图创建实体模型。

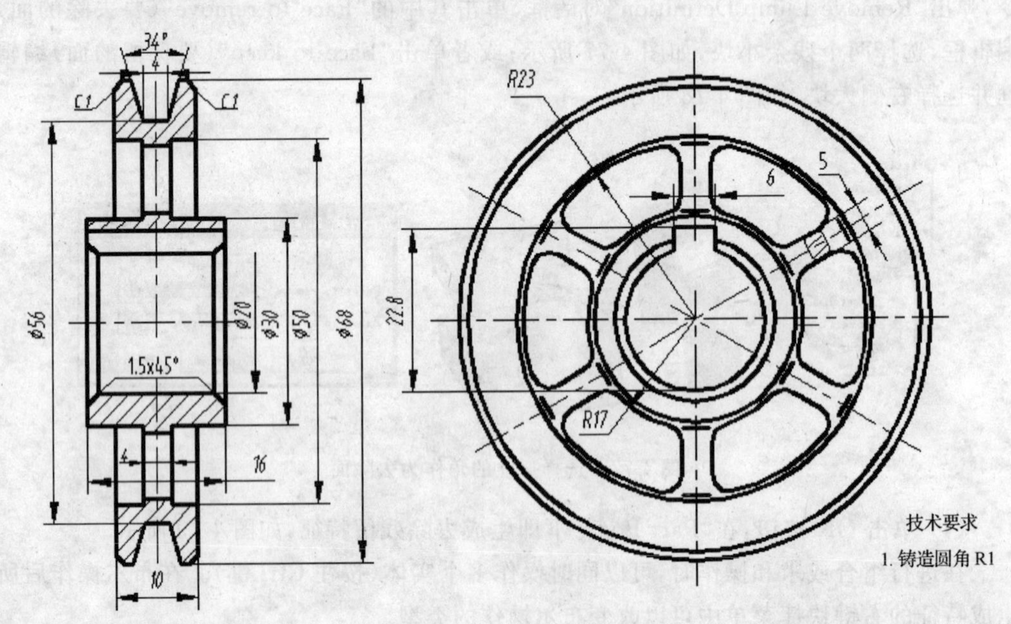

图 4-80　皮带轮视图

创建皮带轮实体模型的具体操作步骤如下：

(1) 选择 xy 坐标面作为草图工作面，进入草绘器，绘制如图 4-81 所示的草图。

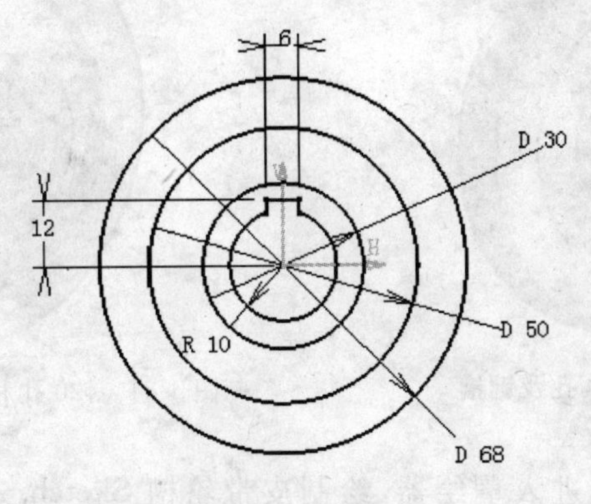

图 4-81　Sketch. 1

(2) 单击 Pad 工具命令图标，在弹出的"Pad Definition"对话框中的 Selection(选择对象)编辑框上单击右键，来重新定义拉伸轮廓，如图 4-82(a)所示。在"Profile Definition"(轮廓定义)对话框中，清除已默认选择的"Sketch. 1"(草图 1)所有轮廓。在选择"Sub-elements"(部分元素)的条件下单击"Add"(增加)，这时回到草图中选择 ϕ68 和 ϕ50 的圆，单击确定。回到"Pad Definition"对话框后，设置拉伸厚度为 5、选择镜像进行拉伸。同理，再拉伸 ϕ50 圆、厚度 4 的圆柱，ϕ28 圆、厚度 16 的圆柱(作图步骤同上)。拉伸时注意需分别定义拉伸轮廓，拉伸的三个圆柱分别为"Pad. 1"、"Pad. 2"、"Pad. 3"，如图 4-82(b)所示。

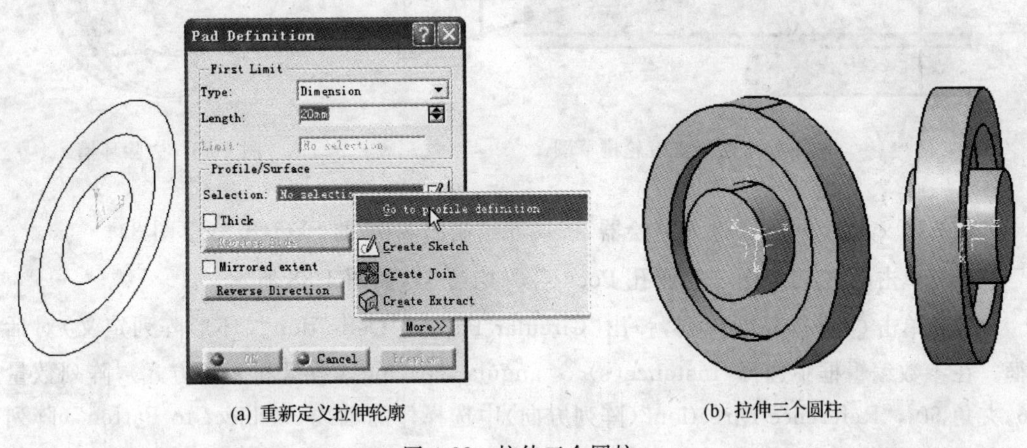

(a) 重新定义拉伸轮廓　　(b) 拉伸三个圆柱

图 4-82　拉伸三个圆柱

(3) 单击，挖切 ϕ20 孔及键槽。挖切通孔时也需重新定义轮廓，步骤参考(2)。挖切的结果为"Pocket. 1"，如图 4-83 所示。

(4) 单击，执行 Chamfer(倒角)命令。选 ϕ20 孔的棱边(两侧)进行 45°倒角，倒角尺寸为 C1. 5，倒角结果为 Chamfer. 1(倒角 1)；再选 ϕ68 的棱边(两侧)进行 45°倒角尺寸为 C1，倒角结果为 Chamfer. 2(倒角 2)，倒角 1 和倒角 2 的显示结果如图 4-84 所示。

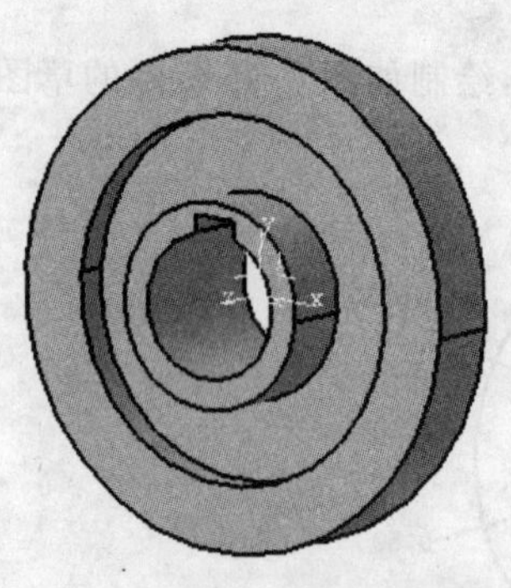

图 4-83　挖切 ϕ20 孔及键槽

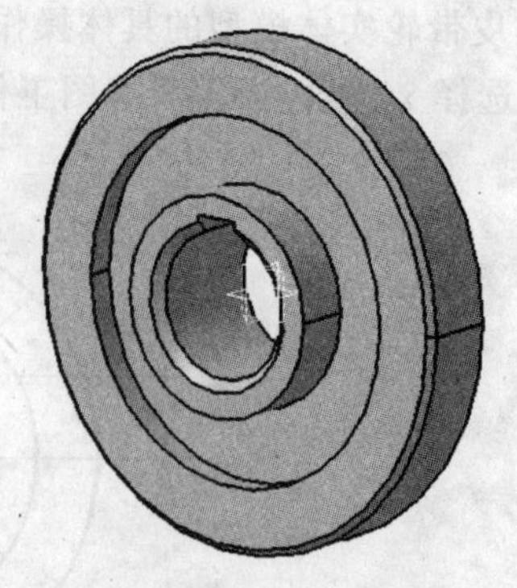

图 4-84　ϕ20 孔和 ϕ68 的棱边两侧倒角

(5) 选 yz 面单击进入草绘器，绘制皮带轮槽 Sketch. 2(草图 2)，尺寸及形状如图 4-85。

(6) 单击 Groove 工具命令图标，去除皮带轮环槽，形成 Groove. 1(环槽 1)，如图 4-86 所示。

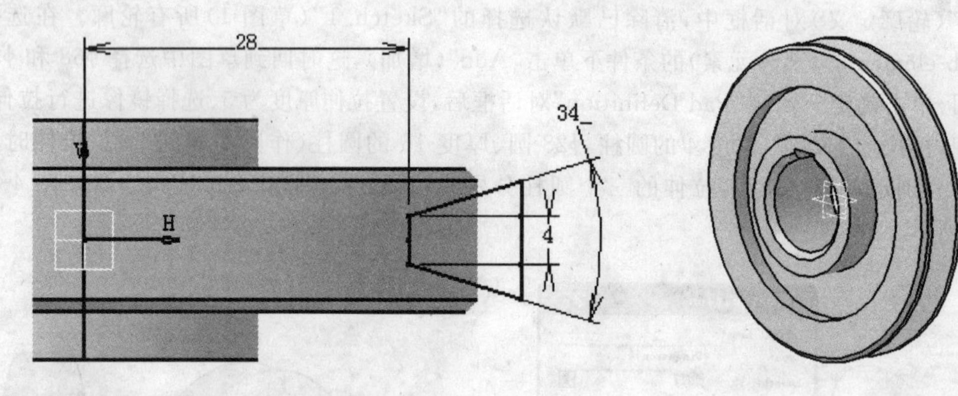

图 4-85　绘制皮带轮槽草图 2

图 4-86　去除环槽

(7) 选 xy 面，单击进入草绘器，按尺寸绘制图 4-87 的 Sketch. 3(草图 3)。

(8) 单击挖切草图 3 的通孔 Pocket. 3(挖槽 3)，如图 4-88 所示。

(9) 单击进行环形阵列，弹出“Circular Pattern Definition”(环形阵列定义)对话框。在参数编辑框中选择“Instance(s) & angular spacing”(数量和夹角方式)，阵列数量 6，夹角 60°，“Reference Direction”(阵列方向)中选择体的轴线，“Object to Patten”(阵列对象)编辑框中选择 Pocket. 3(挖槽 3)。阵列结果为“CircPatten. 3”(环形阵列 3)，如图 4-89所示。

(10) 单击圆角。选 ϕ50 圆柱的两侧平面进行圆角，圆角的半径 R1，圆角的结果为“Edge Fillet. 3”(圆角 3)，如图 4-90 所示。

至此，完成了皮带轮零件的实体建模。皮带轮实体模型及其对应的特征树如图 4-91 所示。

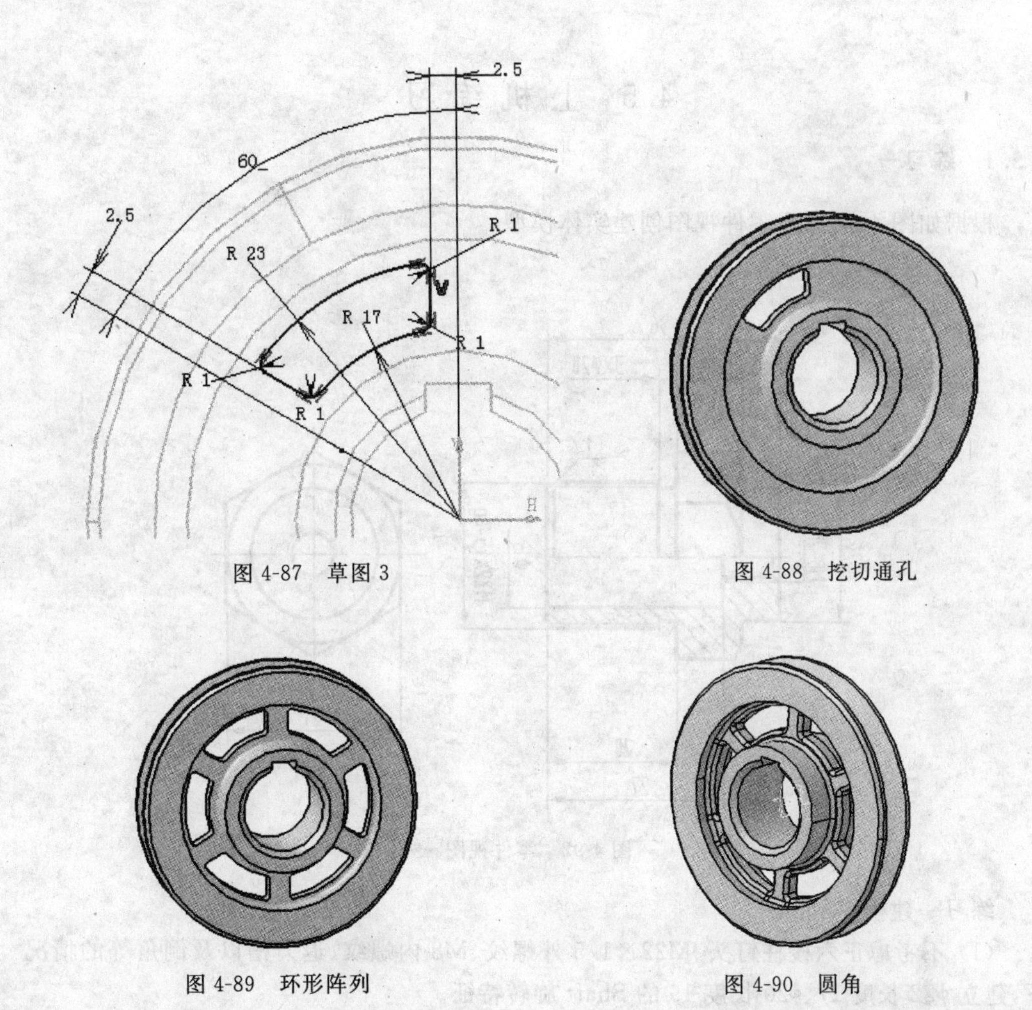

图 4-87　草图 3

图 4-88　挖切通孔

图 4-89　环形阵列

图 4-90　圆角

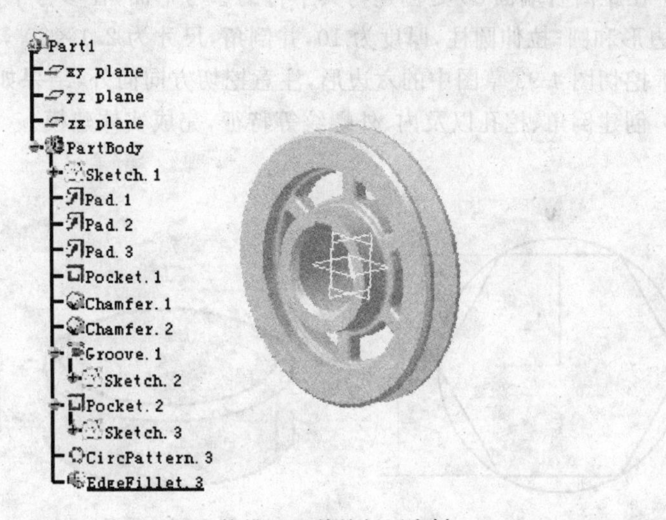

图 4-91　皮带轮实体模型及其特征历史树

4.5 上机练习

4.5.1 练习一

根据如图 4-92 所示零件视图创建实体模型。

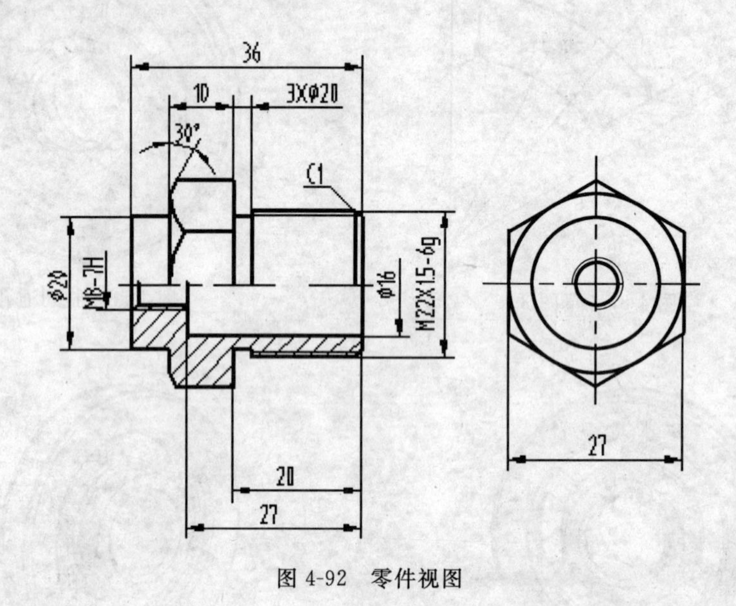

图 4-92 零件视图

练习一建模提示：

(1) 不考虑正六棱柱钉头、M22×1.5 外螺纹、M8 内螺纹、退刀槽以及倒角等的情况下，建立 ϕ22 长度 17、ϕ20 长度 19 的 Shaft 旋转特征。

(2) 在距离右端面 20 处创建与其平行的参考平面，在参考平面上绘制如图 4-93 所示的正六边形和圆；拉伸圆柱，厚度为 10，并倒角，尺寸为 2.1×30°，如图 4-94 所示。

(3) 挖切图 4-93 草图中的六边形，注意挖切方向向外，结果如图 4-95。

(4) 创建倒角、挖孔以及内、外螺纹等特征，完成实体建模。

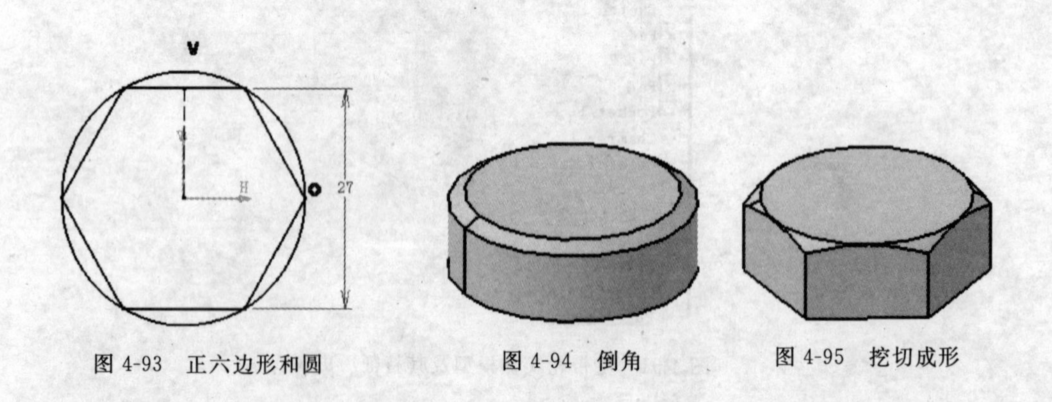

图 4-93 正六边形和圆　　图 4-94 倒角　　图 4-95 挖切成形

4.5.2 练习二

根据如图 4-96 所示组合体三视图创建实体模型。

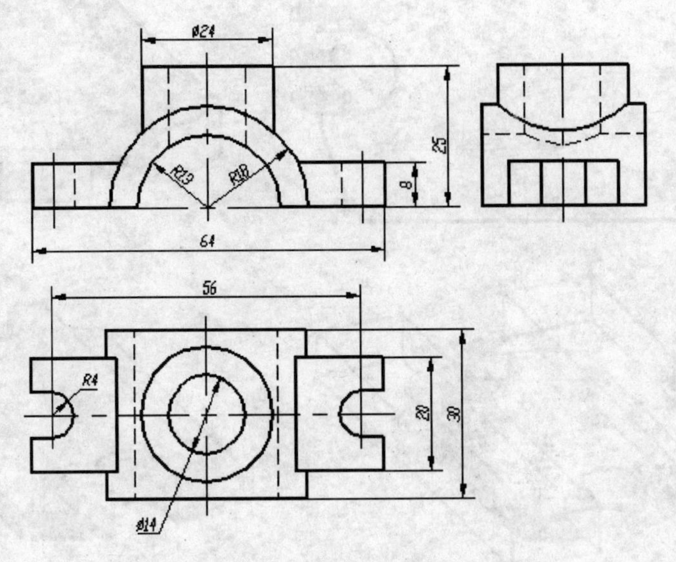

图 4-96 组合体三视图

练习二建模提示：

先形体分析，将组合体分解成半圆柱筒、圆柱筒凸台以及左右对称的凸块等四部分；按照“先实后虚”的顺序创建特征；采用 Mirror 工具命令创建左右对称的凸块。

4.5.3 练习三

创建如图 4-97 所示零件的实体模型。

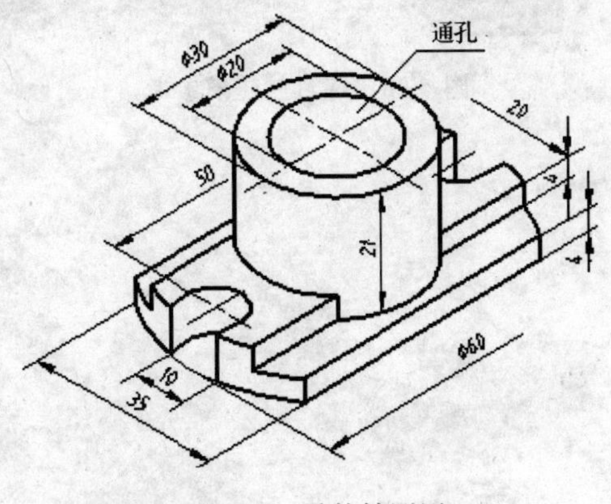

图 4-97 零件轴测图

练习三建模提示：

按照图 4-98 中的提示，先创建底板（Part body）、ϕ30 圆柱（Body. 1）、ϕ20 圆柱孔（Body. 2），然后底板与 ϕ30 圆柱布尔求和，再与 ϕ20 圆柱孔进行布尔求差。

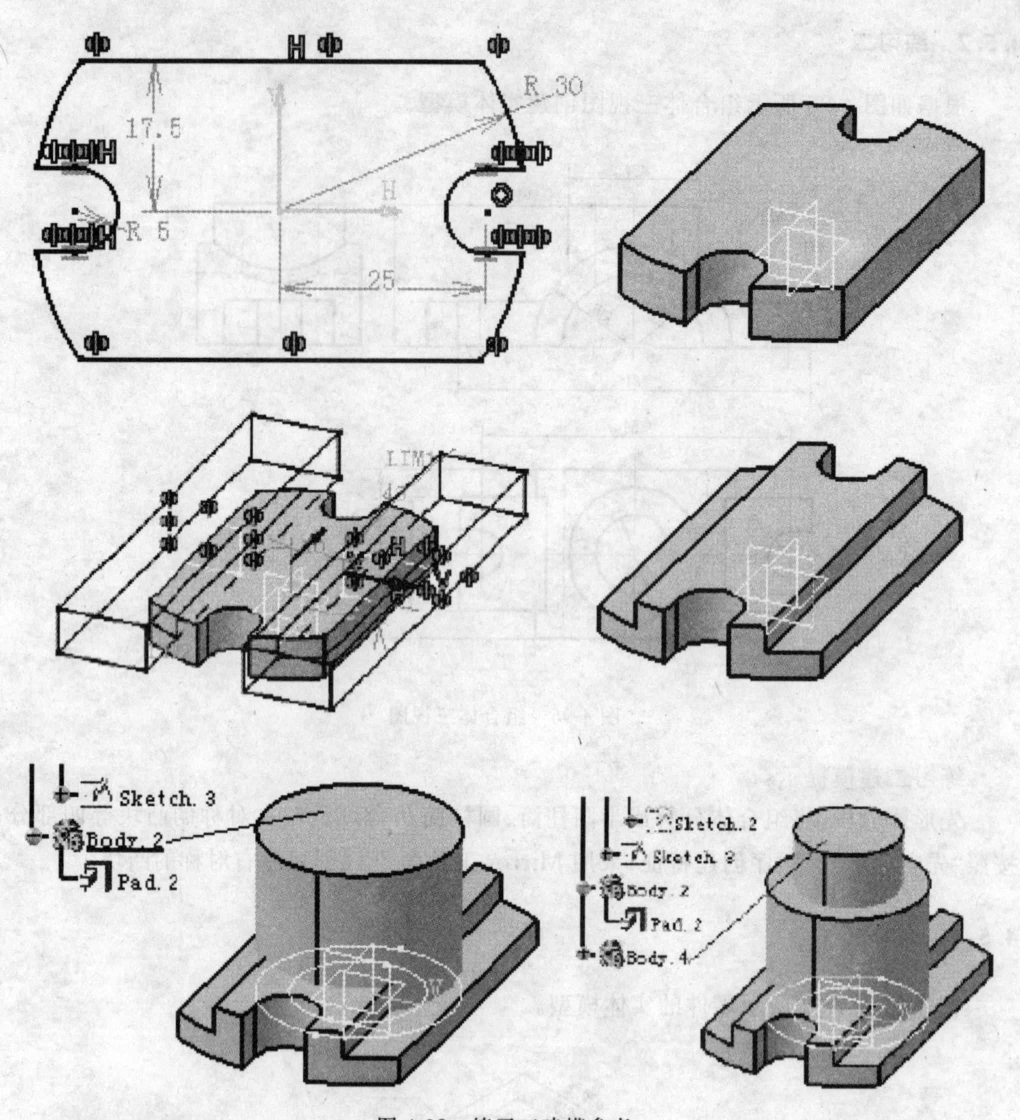

图 4-98　练习三建模参考

第五章　曲 面 设 计

创建一些具有复杂曲面结构的零件模型，单靠“Part Design”工作台不能完成设计，而是需要零件与曲面的混合设计才能完成。本章主要介绍 CATIA V5 的“Generative Shape Design”(创成式曲面设计)工作台，并通过实例介绍曲面与实体的混合设计。

5.1　创成式曲面设计简介

CATIA V5 创成式曲面设计是通过线架、多种曲面特征的创建来进行零件外形设计的。

进入“Generative Shape Design”(创成式曲面设计)工作台常用如下几种方法：

(1) 选择 Start 下拉菜单→Shape(曲面)→“Generative Shape Design”级联菜单项，进入创成式曲面设计工作台。

(2) 单击 Workbench(工作台)图标，在事先定制的“Welcome to CATIA V5”开始对话框中选择“Generative Shape Design”工作台图标，即可进入创成式曲面设计工作台。

常用的线架、曲面设计及其编辑的工具命令图标主要集中在 Wireframe (线架)、Surfaces(曲面)和 Operations (操作)等几个工具栏上，如图 5-1～图 5-3 所示。

图 5-1　线架工具栏

图 5-2　曲面工具栏

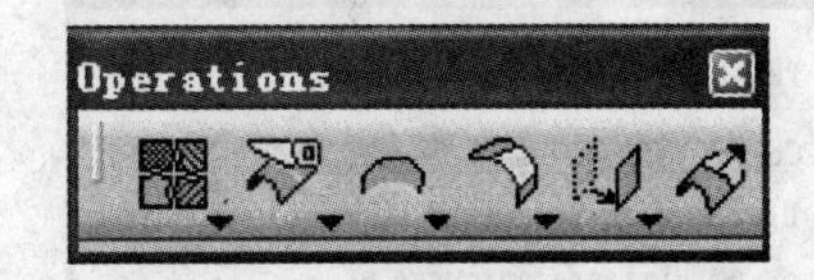

图 5-3　操作工具栏

进行曲面与实体的混合设计时，先要设计出零件的线架结构模型，然后使用创建曲面的工具命令将这些线架结构模型变成曲面模型，最后生成零件的实体模型。

5.2　基本元素设计

基本元素设计主要是建立作为几何体构建基础和参照的点、直线和平面等元素，该功能与零件设计工作台中的辅助点、线、面几乎相同。

5.2.1 Point(点)

Wireframe (线架)工具栏中的 Point(点)工具命令图标 ▪ 用于创建点,单击该工具图标后弹出"Point Definition"(点定义)对话框,在其中的"Point type"(点类型)下拉列表中列出了 7 种创建点的方式,如图 5-4 所示。

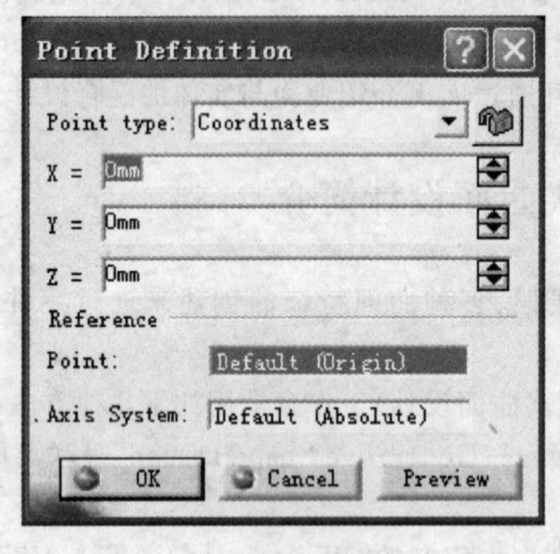

(a) 点定义对话框

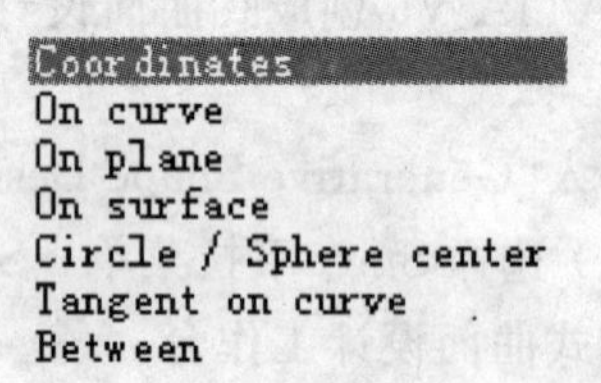

(b) 点的类型

图 5-4 点定义对话框及点的类型

1. Coordinates (坐标点)

使用 Coordinates(坐标点)方法创建点,出现的对话框如图 5-4(a)所示。在"X="、"Y="、"Z="三个文本编辑框中输入 X、Y、Z 坐标,Point 缺省选择坐标原点作为参考点。所输入的 X、Y、Z 坐标是相对于参考点的值。

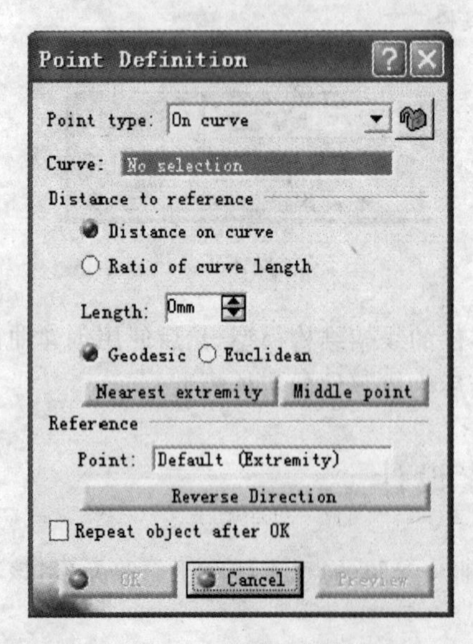

图 5-5 在曲线上创建点

2. "On curve"(曲线上的点)

使用"On curve"(曲线上的点)方法创建点,出现的对话框如图 5-5 所示,该对话框中各项的含义如下:

【Curve】选择一条曲线,所创建的点在该曲线上。

【Distance on curve】创建点位于沿曲线到参考点的给定距离处。

【Ratio of curve length】创建点位于参考点和曲线的端点之间的给定比率。

【Geodesic】创建点位于相对于参考点的曲线距离。

【Euclidean】创建点位于相对于参考点的直线距离。

【Nearest extremity】创建点位于曲线的端点，单击该按钮后即使指定了距离值，创建的点仍为曲线端点。

【Middle point】创建点位于曲线的中点。

【Point】指定参考点，缺省情况为曲线的端点。

【Reverse Direction】修改创建点相对于参考点的位置，若参考点为曲线端点，则改变参考点为曲线的另一端点。或者单击图形中的红色箭头也能起到相同的效果。

【Repeat object after OK】在单击 OK 按钮后重复创建点，创建的系列点为刚创建点与曲线另一端点的 N 等分点，N 为要创建的点数。

3. “On plane”(平面上的点)

使用“On plane”(平面上的点)方法创建点，出现的对话框如图 5-6 所示，该对话框中各项的含义如下：

【Plane】选择一个平面，创建的点如果不启用对话框下边的 Projection(投射)功能，所创建的点在该平面上。

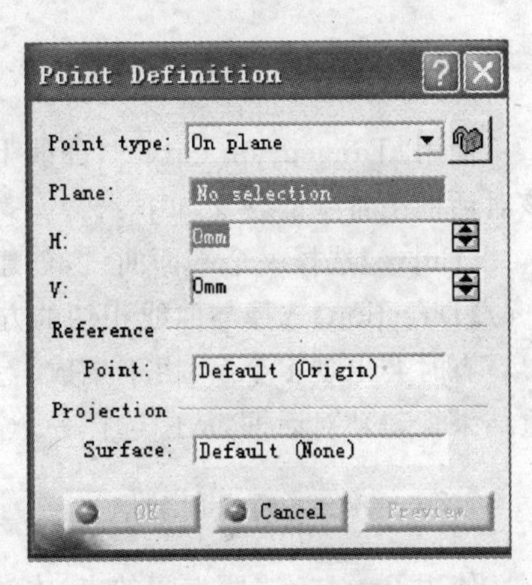

图 5-6 在平面上创建点

【H】、【V】用鼠标确定点的位置或在 H、V 文本框中确定点的坐标，H、V 代表创建点相对于参考点的水平、垂直距离。

【Surface】可以在该文本框中指定一个曲面，使在平面上生成的点投影到曲面上。

4. “On surface” (曲面上的点)

使用“On surface” (曲面上的点)方法创建点，出现的对话框如图 5-7 所示，该对话框中各项的含义如下：

【Surface】选择要在其中创建点的曲面。

【Direction】选择一个元素以采用它的方向作为参考方向，或选择一个平面以采用它的法线作为参考方向。也可以使用上下文菜单指定参考方向的 X、Y、Z 分量。

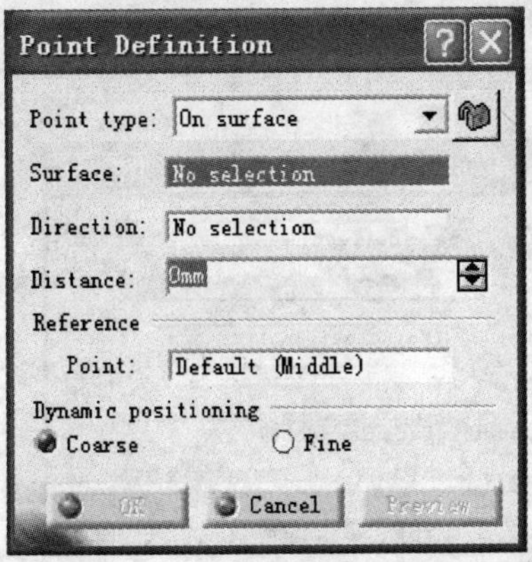

图 5-7 在曲面上创建点

【Distance】输入沿参考方向的距离以显示点。

【Coarse】在参考点和鼠标单击位置之间计算的距离为直线距离。创建的点可能不位于鼠标单击的位置，在曲面上移动鼠标时，Distance 文本框不断更新。

【Fine】在参考点和鼠标单击位置之间计算的距离为最短距离。因此，创建的点精确位于鼠标单击的位置。在曲面上移动鼠标时，Distance 文本框不更新，只有在单击曲面时才更新。

5. “Circle /Sphere center”(圆/球的中心点)

使用“Circle /Sphere center”(圆/球的中心点)方法创建点,出现的对话框如图 5-8 所示,该对话框的含义是:“Circle/Sphere”选择一个圆、圆弧或椭圆,或者选择一个球面或球面的一部分。所选元素的中心显示一个点。

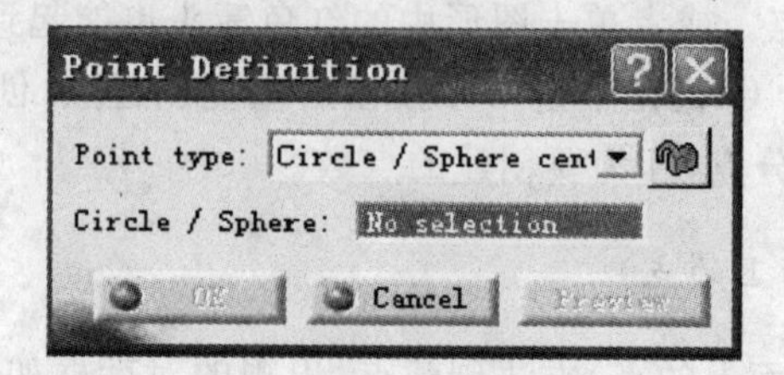

图 5-8 在圆/球面中心创建点

6. “Tangent on curve”(曲线上的切点)

使用“Tangent on curve”(曲线上的切点)方法创建点,出现的对话框如图 5-9 所示,该对话框中各项的含义如下:

【Curve】选择一个平面曲线,创建的点为该曲线的某个切点。

【Direction】选择与曲线相切的方向。

有时会出现多个解,由于生成了多个点,因此将显示“Multi-Result Management (多重结果管理)”对话框,从中选择一个需要的解。

7. Between (两点间的点)

使用 Between (两点间的点)方法创建点,出现的对话框如图 5-10 所示,该对话框中各项的含义如下:

【Point1】、【Point2】选择屏幕上存在的两个点或使用鼠标右键创建点。

【Ratio】输入新点的比率,即创建点到第一个所选点的距离与 Point1、Point2 距离的百分比。

【Reverse Direction】测量创建点到第二个所选点的比率。

【Middle Point】精确地在 Point1、Point2 中点创建点。

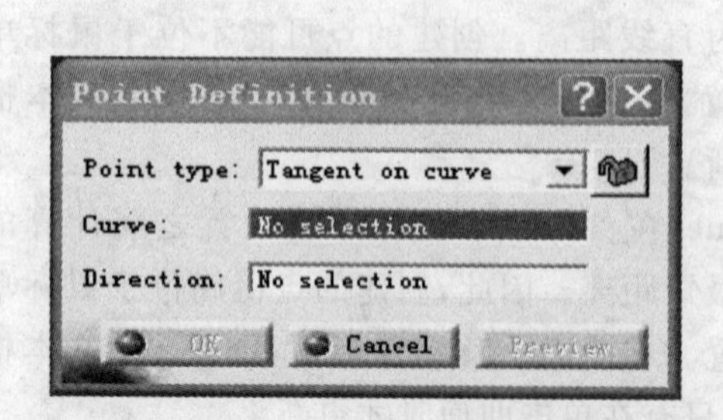

图 5-9 曲线上的切点创建点

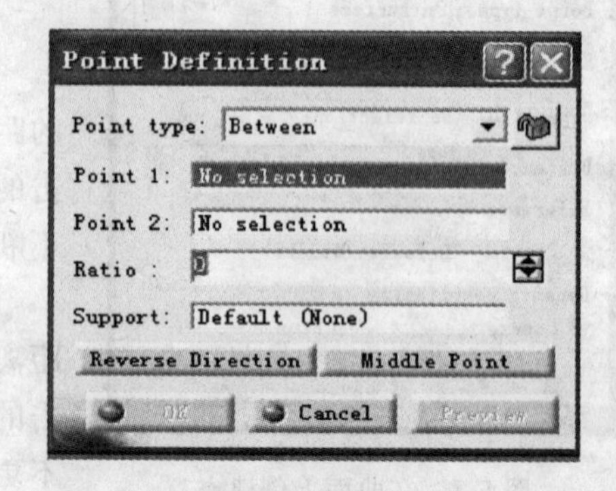

图 5-10 两点间创建点

5.2.2 Line(直线)

Wireframe (线架)工具栏中的 Line(直线)工具命令图标 用于创建直线,单击该工具图标将弹出“Line Definition”(直线定义)对话框,在其中的“Line type”(直线类型)下拉列表中列出了 6 种创建直线的方式,如图 5-11 所示。

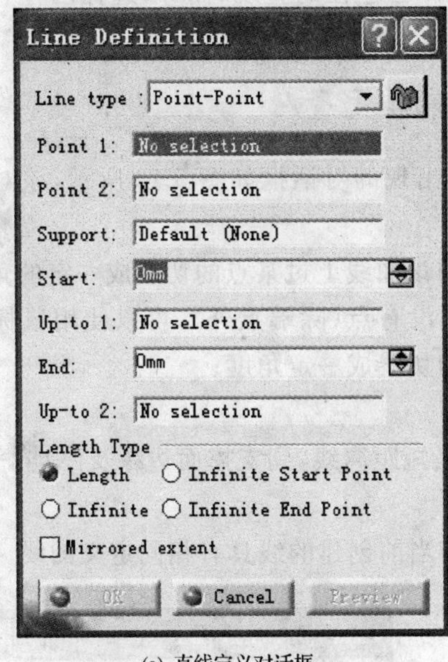

(a) 直线定义对话框

Point-Point
Point-Direction
Angle/Normal to curve
Tangent to curve
Normal to surface
Bisecting

(b) 直线的类型

图 5-11 直线定义对话框及直线类型

1. “Point-Point”(点-点)

使用“Point-Point ”(点-点)方法绘制直线,弹出的对话框如图 5-11(a)所示,该对话框中各项的含义如下:

【Point 1】选择一点作为直线的起点,也可以在文本编辑框单击鼠标右键,通过快捷菜单命令创建起点;

【Point 2】选择另一点作为直线的终点;

【Support】可以指定一个平面或曲面作为支撑面,绘制的直线将在该支撑面上;

【Start】从起点向外的距离;

【Up-to 1】从起点向外到某个限制停止;

【End】从终点向外的距离;

【Up-to 2】从终点向外到某个限制停止;

【Length】直线的长度为定长;

【Infinite Start Point】从开始点向外无限延伸;

【Infinite End Point】从终点向外无限延伸;

【Infinite】直线以两个端点向外无限延伸;

【Mirrored extent】在端点两侧对称延伸。

2. “Point-Direction”(点-方向)

使用“Point-Direction”(点-方向)方法绘制直线，弹出的对话框如图 5-12 所示，该对话框中不同于图 5-11(a)的各项含义如下：

【Point】选择一点作为直线的起点；

【Direction】创建直线的方向向量，可以选择已存在的直线、面等，选择已存直线则绘制直线与已存直线平行，还可以创建新向量。

3. “Angle/Normal to curve”(与曲线成角度或垂直)

使用与曲线成角度或垂直方法绘制直线，出现的对话框如图 5-13 所示，该对话框中主要项的含义如下：

【Curve】选择一条曲线，所绘制的直线是与该曲线上过某点的切线成一定的角度；

【Point】在曲线上选择一个点，如果曲线上没有点(除端点外)，可以使用鼠标右键快捷菜单创建点，绘制的直线过该点，并于该点的切线成一定角度；

【Angle】输入角度值；

【Geometry on support】在支撑面上创建最短距离线，到支撑面边缘及停止；

【Normal to Curve】与曲线呈 90°角；

【Repeat object after OK】重复创建更多与当前创建的线具有相同定义的线。

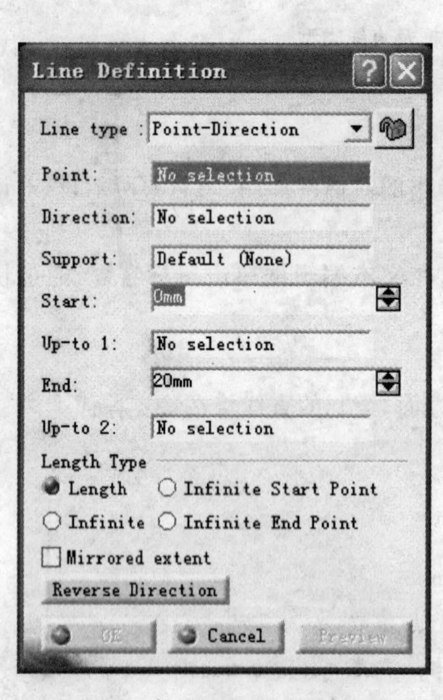

图 5-12 点-方向绘制直线对话框

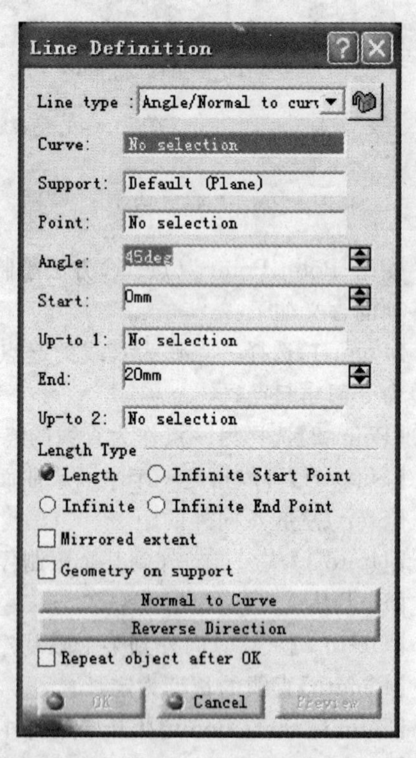

图 5-13 与曲线成角度或垂直绘制直线对话框

4. "Tangent to curve"(曲线的切线)

使用"Tangent to curve"(曲线的切线)方法绘制直线，弹出如图 5-14 的对话框，该对话框中主要项的含义如下：

【Curve】选择一条曲线，绘制一条直线与该曲线相切；

【Element 2】可以选择曲线上的一点或另外一条曲线，如果选择曲线上的一点，则绘制的切线过此点；如果选择另外一条曲线，则绘制出两条曲线的公切线；

【Type】相切的类型有【Mono-Tangent】和【Bitangent】，选择的元素为点时是"Mono-Tangent"，为曲线时则是 Bitangent；

【Next Solution】在出现多个解时通过使用此工具按钮得到所需的解。

5. "Normal to surface"(曲面的法线)

使用"Normal to surface"(曲面的法线)方法绘制直线，弹出如图 5-15 的对话框，该对话框中主要项的含义如下：

【Surface】选择一个曲面，绘制的直线是过该曲面某点的法线；

【Point】选择一个曲面上或曲面外的点，过此点形成一个垂直于曲面的向量。

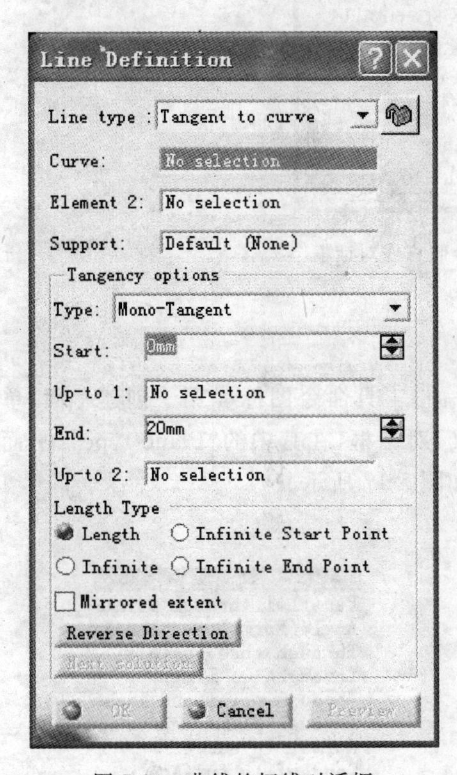

图 5-14 曲线的切线对话框

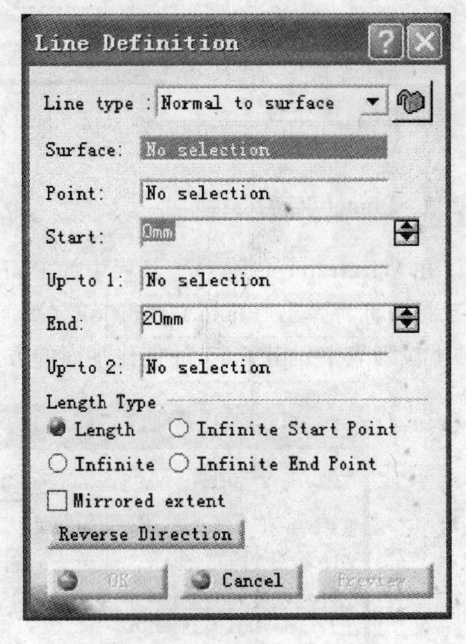

图 5-15 曲面的法线对话框

6. Bisecting (角平分线)

使用 Bisecting (角平分线)方法绘制直线，弹出如图 5-16 的对话框，该对话框中主要项的含义如下：

【Line 1】选择一条直线；

【Line 2】选择一条直线，所选的两条直线需要有一个交点；

【Next solution】有时会出现多个解，可以直接在几何体中选择一个（以红色显示），或使用此按钮。

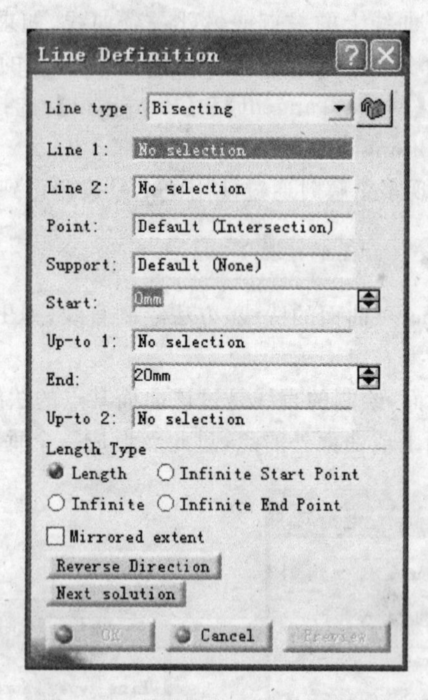

图 5-16　角平分线绘制直线对话框

5.2.3　Plane(平面)

在 Wireframe（线架）工具栏中的 Plane（平面）工具命令图标用于创建平面，单击该工具图标将弹出“Plane Definition”（平面定义）对话框，在其中的“Plane type”（平面类型）下拉列表中列出了 11 种创建平面的方式，如图 5-17 所示。

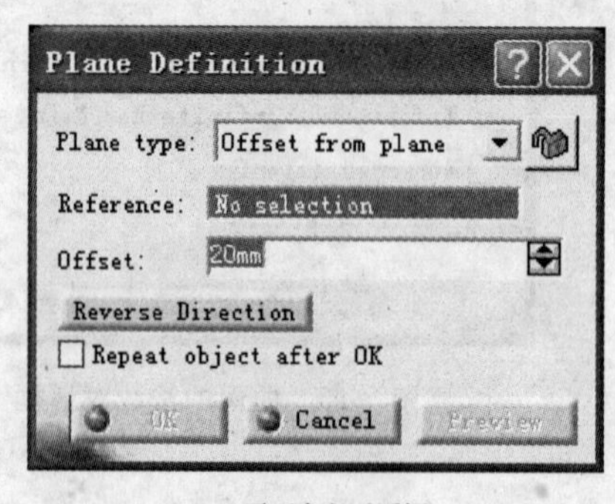

(a) 平面定义对话框

Offset from plane
Parallel through point
Angle/Normal to plane
Through three points
Through two lines
Through point and line
Through planar curve
Normal to curve
Tangent to surface
Equation
Mean through points

(b) 平面的类型

图 5-17　平面定义对话框及平面的类型

1. “Offset from plane”(偏移平面)

使用“Offset from plane”(偏移平面)方法创建平面,弹出如图 5-17(a)所示的对话框,该对话框中主要项的含义如下:

【Reference】选择一个参考平面,此平面可以是 xy、yz、zx 三个基准面或实体上的某一表面等;

【Offset】平面偏移的距离值;

【Reverse direction】相反的方向或通过单击几何图形中的箭头改变方向;

【Repeat object after OK】用于创建更多的偏移平面。

2. “Parallel through point”(平行某面且通过一点)

使用“Parallel through point”(平行某面且通过一点)方法创建平面,弹出如图 5-18 所示的对话框,该对话框中主要项的含义如下:

【Point】选择一个不在参考平面上的点。

3. “Angle/Normal to plane”(与平面垂直或倾斜)

使用“Angle/Normal to plane”(与平面垂直或倾斜)方法创建平面,弹出如图 5-19 所示的对话框,该对话框中主要项的含义如下:

【Rotation axis】选择一直线作为参考平面的旋转轴,也可以是实体的边线等;

【Angle】参考平面绕轴线的旋转角度;

【Normal to plane】与参考平面垂直;

【Project rotation axis on reference plane】将旋转轴线投射到参考平面上,则所见的新平面不在轴线上。

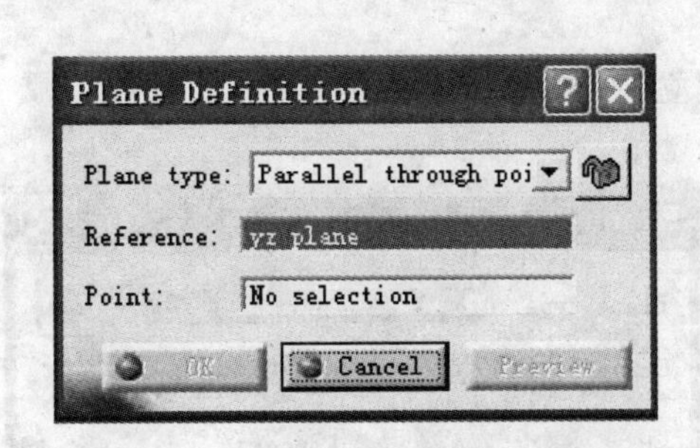

图 5-18 平行某面且通过一点对话框

图 5-19 与平面垂直或倾斜对话框

4. “Through three points”(三点成面)

使用“Through three points”(三点成面)方法创建平面,弹出如图 5-20 所示的对话框,该对话框中主要项的含义如下:

在【Point 1】、【Point 2】、【Point 3】中填入三个相异点，单击 OK 按钮即可，拖动三点，新平面会随之移动。注意：三点不能共线。

5. “Through two lines”(两线成面)

使用“Through two lines”(两线成面)方法创建平面，弹出如图 5-21 所示的对话框，该对话框中主要项的含义如下：

【Line 1】、【Line 2】选择两条直线填入对话框。如果这两条直线不处于同一个平面内，则第二条直线的向量将被移动到第一条直线的位置以定义平面的第二方向。

【Forbid non coplanar lines】选中此项，指定两条直线必须处于同一个平面内。

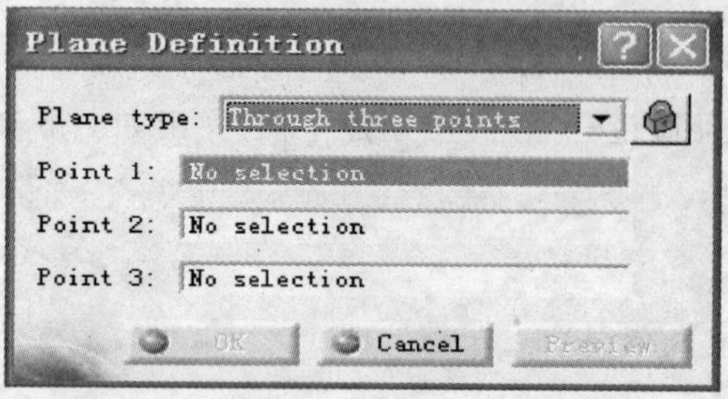

图 5-20 通过三点创建平面对话框

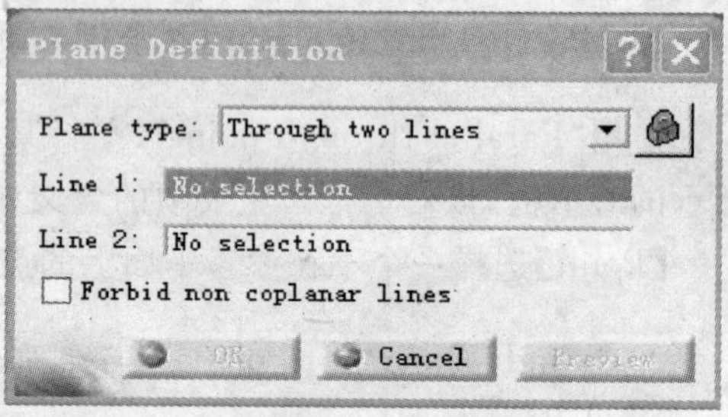

图 5-21 通过两条直线创建平面对话框

6. “Through point and line ”(点和直线成面)

使用“Through point and line ”(点和直线成面)方法创建平面，弹出如图 5-22 所示的对话框，该对话框中主要项的含义如下：

【Point】、【Line】选择一个点和一条直线填入对话框。注意：点不能在直线上。

7. “Through planar curve”(通过平面曲线)

使用“Through planar curve”(通过平面曲线)方法创建平面，弹出如图 5-23 所示的对话框，该对话框中主要项的含义如下：

【Curve】选择一条平面曲线填入对话框，建立一个包含此曲线的平面。

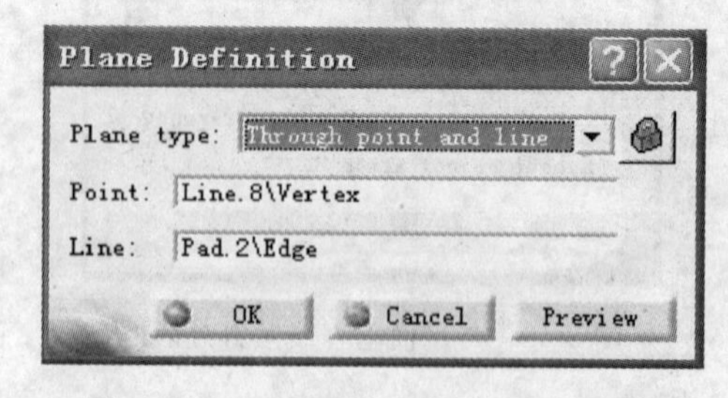

图 5-22 通过点与直线创建平面对话框

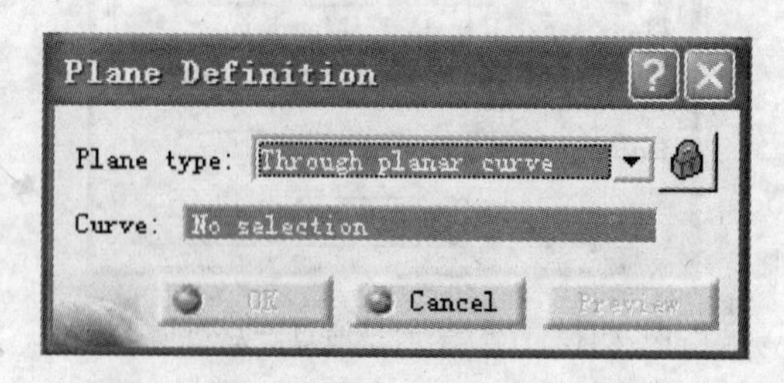

图 5-23 通过平面曲线创建平面对话框

8. “Normal to curve ”(与曲线垂直)

使用“Normal to curve ”(与曲线垂直)方法创建平面，弹出如图 5-24 所示的对话框，该对话框中主要项的含义如下：

【Curve】选择一条曲线填入；

【Point】缺省情况下是该曲线的中点，可以使用鼠标右键快捷菜单创建新点，所创建的平面通过该点，并且该点的切线为所创建平面的法线。

9. “Tangent to surface ”(与曲面相切)

使用“Tangent to surface ”(与曲面相切)方法创建平面，弹出如图 5-25 所示的对话框，该对话框中主要项的含义如下：

【Surface】选择一个曲面填入，所建平面与该曲面相切；

【Point】选择一个曲面上或曲面外的点，所建平面通过该点。

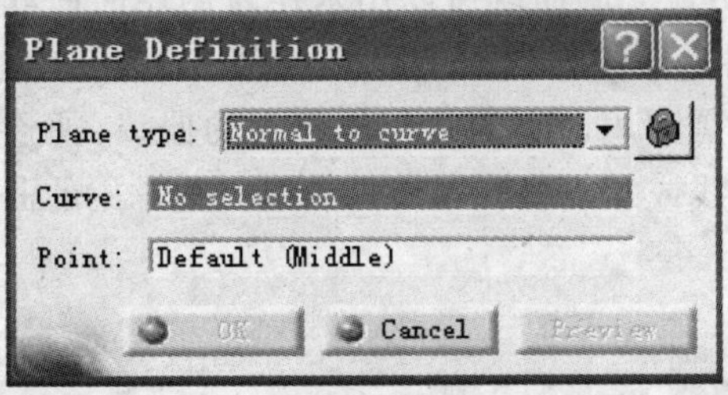

图 5-24　与曲线垂直创建平面对话框

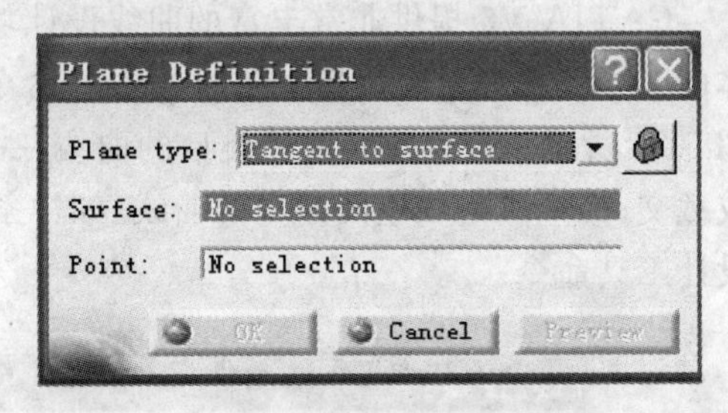

图 5-25　与曲面相切创建平面对话框

10. Equation (方程式成面)

Equation(方程式成面)方法是使用平面方程式 $Ax+By+Cz=D$ 创建平面，弹出如图 5-26所示的对话框，该对话框中主要项的含义如下：

【A】、【B】、【C】、【D】填入平面方程式 $Ax+By+Cz=D$ 中的 x、y、z 系数和常数项；

【Point】选择一点，使该平面通过此点；

【Normal to compass】定位平面，使其与指南针方向垂直；

【Parallel to screen】使平面与屏幕当前视图平行。

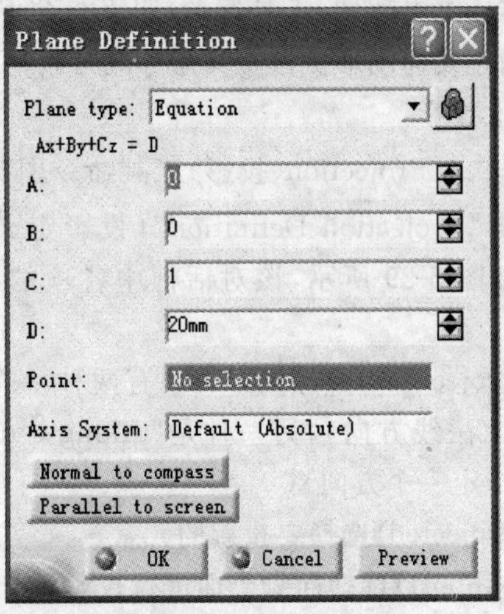

图 5-26　通过方程式创建平面对话框

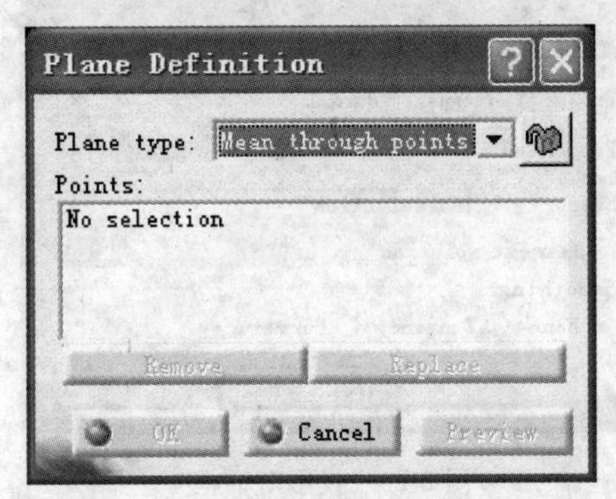

图 5-27　通过多点平均面创建平面对话框

11. “Mean through points ”(多点平均面)

“Mean through points ”(多点平均面)方法是通过若干点取其平均来创建平面，弹出如图 5-27 所示的对话框，该对话框中主要项的含义如下：

【Points】在该文本框选择若干个相异点；

【Remove】可以移去选中的点(文本框内蓝色覆盖)；

【Replace】使用另一个点替换选中点(文本框内蓝色覆盖)。

5.3 曲线设计

CATIA V5 提供非常丰富的曲线设计功能，建立的曲线可以用来作为创建曲面或实体的引导线或参考线。建立曲线的工具命令图标集中在 Wireframe(线架)工具栏中，如图 5-28 所示。可以建立两种类型的曲线：一类是利用已有的几何体建立的曲线，如投影或截交；另一类是在空间建立的曲线，如样条曲线或螺旋线。本节只介绍一些常用的曲线设计工具命令。

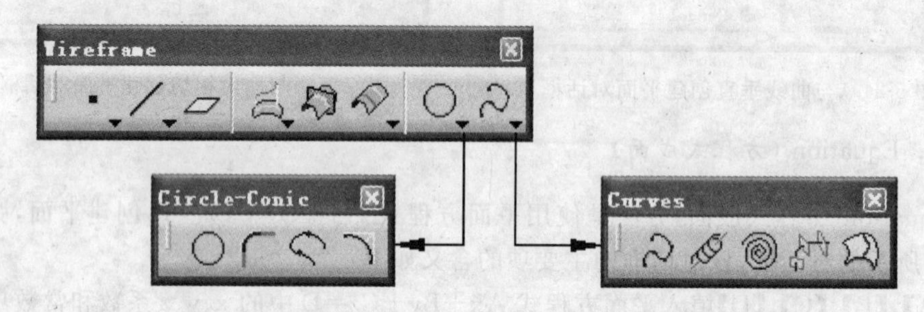

图 5-28　Wireframe(线架)工具栏

5.3.1　Projection(投影)

Projection(投影)工具命令图标位于 Wireframe(线架)工具栏上，如图 5-28 所示，它是通过将一个或多个元素投影到支持面上来创建几何图形。该工具命令既可以把空间的点向曲线或曲面上投影，也可以将曲线向曲面上投影。

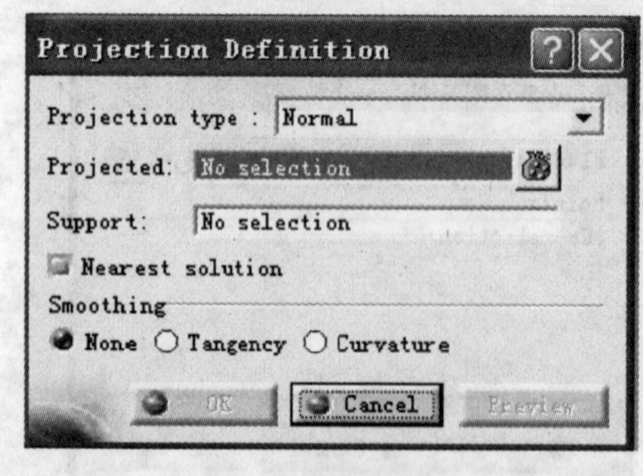

图 5-29　投影对话框

在单击 Projection(投影)工具命令图标后，弹出“Projection Definition”(投影定义)对话框，如图 5-29 所示，该对话框中各项的含义如下：

【Projection type】投影类型有两种，一种是 normal (法线方向)，另一种是“Along a direction”(指定一个方向)；

【Projected】选择要投影的元素；

【Support】选择向哪个面进行投影；

【Nearest solution】当有多个可能的投影时，可以选中此选项以保留最近的投影；

【Smoothing】投影曲线的光顺程度，有三种选择：None（无）、Tangent（相切连续）、Curvature（曲率连续）。如果选择“Tangency（切线）”或“Curvature（曲率）”光顺类型，则还可以选择【3D smoothing】，并在【Deviation】文本框中键入光顺偏差值。

5.3.2 Intersection(截交)

Intersection(截交)工具命令可以求两条线的交点、线与面的交点、曲面与曲面的交线、曲面与实体的截交线或截断面等。

在 Wireframe(线架)工具栏中单击 Intersection(相交)工具命令图标后，弹出“Intersection definition”(截交)对话框，如图 5-30 所示，该对话框中各项的含义如下：

【First Element】选择第一个元素；

【Extend linear supports for intersection】线性延伸第一个元素；

【Second Element】选择第二个元素；

【Curves Intersection with Common Area】、【Result】线线相交的结果可以选择为 Curve（曲线）或 Points(点)；

【Surface-Part Intersection】、【Result】面体相交的结果可以选择为 Contour（轮廓线）或 Surface（曲面）；

【Extrapolation intersection on first element】在第一个选择元素上延长相交元素；

【Intersection non coplanar line segment】表示不共面的线也可以求交。

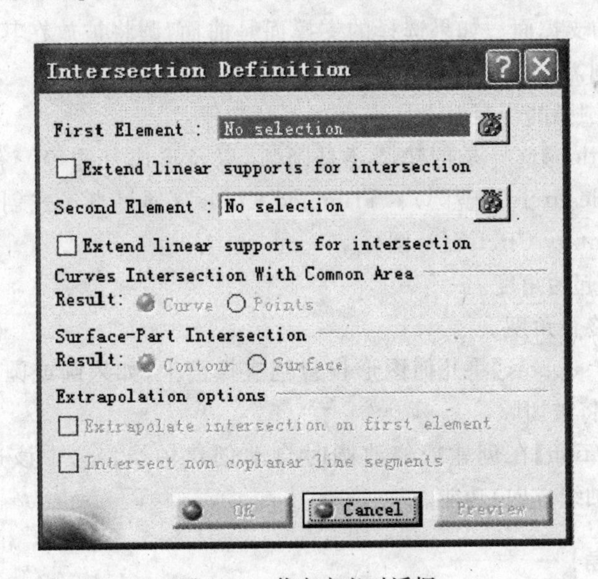

图 5-30 截交定义对话框

5.3.3 Circle(圆)

Circle(圆)命令用于创建圆或圆弧。单击 Wireframe（线架）工具栏中的 Circle(圆)工具命令图标后，弹出“Circle Definition”(圆定义)对话框，如图 5-31 所示，其中的

“Circle type”(圆类型)有 9 种:“Center and radius ”(圆心和半径)、“Center and point ”(圆心和点)、“Two points and radius ”(两个点和半径)、“Three points ”(三点)、“Center and axis” (圆心和轴线)、“Bitangent and radius ”(双切线和半径)、“Bitangent and point”(双切线和点)、Tritangent (三切线)和“Center and tangent”(圆心和切线)等。下面介绍用“Center and radius ”(圆心和半径)创建圆或圆弧的方法,其余几种方法读者自行练习。

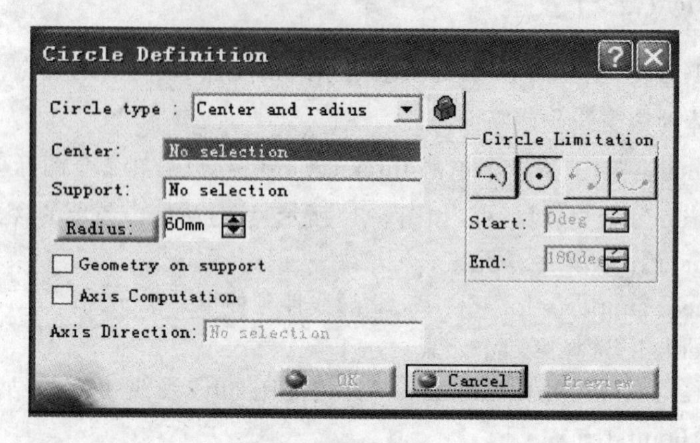

图 5-31 圆定义对话框

使用“Center and radius ”(圆心和半径)方法创建圆或圆弧时的圆定义对话框中各项的含义如下。

【Center】选择一个点作为圆心,或者在文本框使用右键快捷菜单创建圆心点。

【Support】圆的支撑面。如果选择的支撑面是曲面,圆将被放在其切平面上;若要将圆投影到曲面上,则需选中对话框下面的“Geometry on support”。

【Radius】圆或圆弧的半径。

【Circle Limitation】选择是创建圆还是圆弧,以及形成补圆等。有四种选择:“Part Arc”(圆弧)、“Whole circle”(整圆)、“Trimmed Circle”(通过点形式创建圆弧或圆,裁剪到点)、“Complementary Circle”(补圆)。

【Start】圆弧的起始角度。

【End】圆弧的终止角度。

【Geometry on support】将几何图形投射到支撑面上,如果圆或圆弧超出了支撑面,则支撑面外的部分将被切除。

【Axis computation】在创建或修改圆时自动创建轴线。选中该选项后,就启用了【Axis Direction】(轴线方向)功能。

5.3.4 Corner(圆角)

Corner(圆角)命令用于在空间曲线、直线以及点等几何元素上建立平面或者空间的过渡圆角。单击 Wireframe (线架)工具栏中的 Corner(圆角)工具命令图标,弹出“Corner Definition”(圆角定义)对话框,如图 5-32 所示,该对话框中各项的含义如下:

【Corner Type】曲线圆角的类型,有两种:一种是“Corner on Support”(在支撑面上的圆角);另一种是“3D corner”(在空间生成三维的圆角过渡);

【Corner On Vertex】可以选择在曲线的转折处进行圆角，Element 2 功能禁用；

【Element 1】选择一个元素；

【Trim element1】裁剪第一个元素；

【Element 2】选择另外一个元素；

【Trim element 2】裁剪第二个元素；

【Support】选择支撑面；

【Radius】输入合适的圆角半径，否则无解；

【Next solution】有时会出现多个解，可以直接在几何体中选择一个(以红色显示)，或使用此按钮。

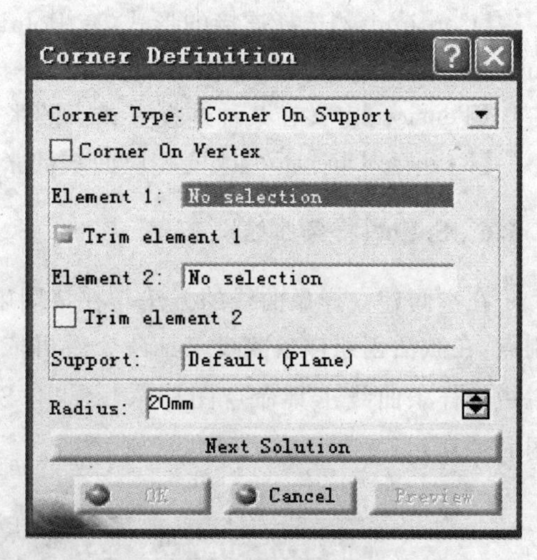

图 5-32　圆角定义对话框

5.3.5 "Connect Curve"(桥接曲线)

桥接曲线命令是用一条曲线将两条直线或者曲线以某种连续形式连接起来。单击 Wireframe (线架)工具栏中的"Connect Curve"(桥接曲线)工具命令图标，弹出"Connect Curve Definition"(桥接曲线定义)对话框，如图 5-33 所示，该对话框中主要项的含义如下：

【Connect type】连接的类型，有 Normal(正常)和"Base curve"(基曲线)两种；

【Point】选择曲线上的桥接点；

【Curve】选择要连接的曲线；

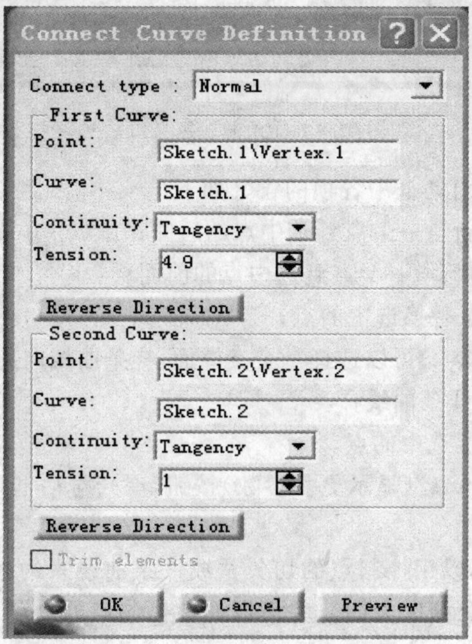

图 5-33　桥接曲线定义对话框

【Continuity】选择连接的形式，有 Point（点连续）、Tangency（斜率连续）以及 Curvature（曲率连续）等三种连接形式；

【Tension】定义在某种连接方式下的张力情况；

【Reverse Direction】改变相应曲线的张力方向。

5.3.6 Spline(样条曲线)

在空间建立样条曲线的方法与在草图中建立样条曲线类似，只是要求先创建若干控制点，在激活创建样条曲线工具命令后再依次选择控制点。单击 Wireframe（线架）工具栏中的样条曲线工具命令图标，弹出“Spline Definition”（样条曲线定义）对话框，如图5-34 所示。

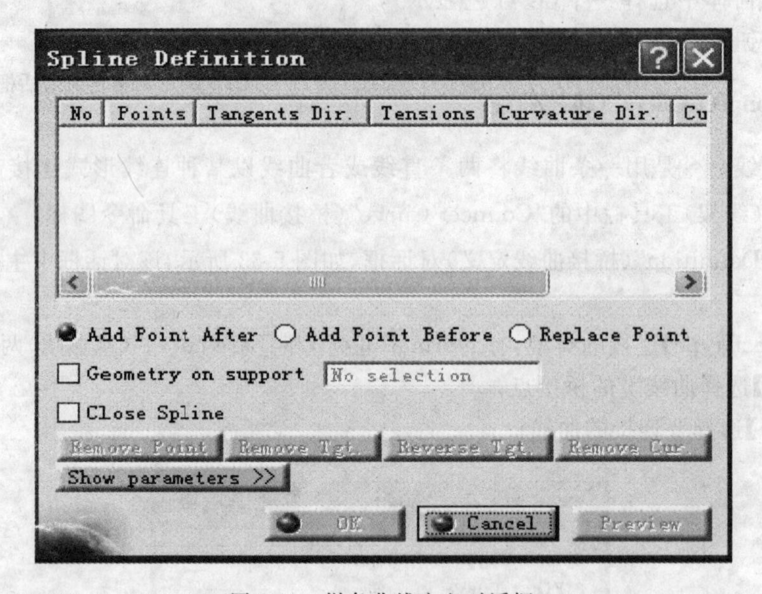

图 5-34　样条曲线定义对话框

“Spline Definition”对话框中各项的含义如下：

【Add Point After】新增一个点到选中点的后面；

【Add Point Before】新增一个点到选中点的前面；

【Replace Point】新点替换选中的点；

【Geometry on Support】可以选择一个支撑面，样条曲线向此面投影可能才有解；

【Close Spline】封闭样条曲线；

【Remove Point】移走选中的点。

单击“Show parameters”（显示更多参数）按钮，展开对话框，可以定义更多的控制参数，如图 5-35 所示。

在展开对话框中，可以用控制点的切矢量或一条曲线来约束【Tangent Dir】（切矢量方向）或【Curvature Dir】（曲率方向），并可以调整控制点处的【Tangent Tension】（张力）或【Curvature Radius】（曲率半径）。

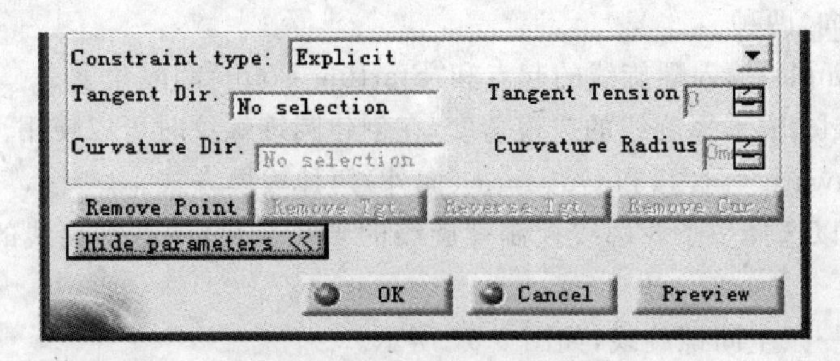

图 5-35　样条曲线展开对话框

5.3.7　Helix(空间螺旋线)

使用 Helix(空间螺旋线)命令可以在空间建立一条螺旋线,所建立的螺旋线可以是等螺距或变螺距的,其外廓可以是圆柱、圆锥或曲线等,在创建弹簧、螺纹时经常作为导向线使用。该命令是通过起点、轴线、节距和高度等参数建立螺旋线的。

单击 Wireframe (线架)工具栏中的空间螺旋线工具命令图标,弹出“Helix Curve Definition”(空间螺旋线定义)对话框,如图 5-36 所示。

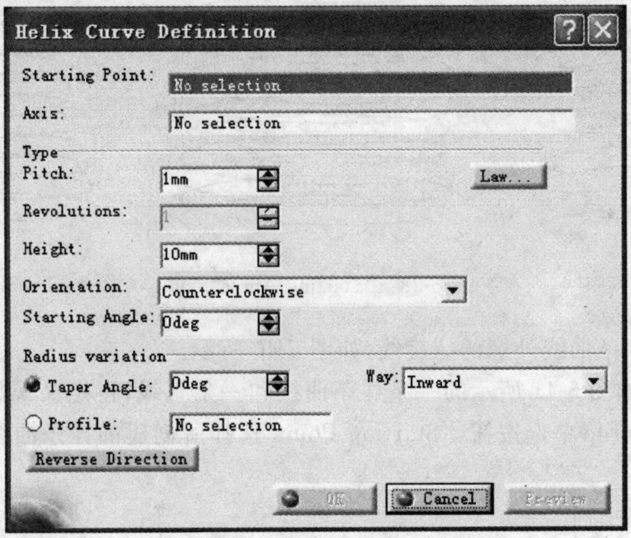

图 5-36　空间螺旋线定义对话框

“Helix Curve Definition”(空间螺旋线定义)对话框中各项的含义如下:

【Starting Point】选择螺旋线的起点。

【Axis】选择 X、Y、Z 轴,H、V 轴或直线作为螺旋线的轴线。

【Pitch】设置螺旋线的节距。单击 Law 按钮,可以设置螺旋线节距的变化规律,有 Constant(常数)和“S type”(节距三次方变化规律)。

【Revolution】使用节距三次方变化规律时启用,输入节数。

【Height】输入螺旋线的高度。

【Orientation】设置螺旋线的旋转方向,有 Counterclockwise (逆时针方向)和 Clockwise（顺时针方向）两种。

【Starting Angle】输入螺旋线的起点和“Starting Point”间隔角度。

【Taper Angle】输入螺旋线的拔模角度，在创建圆锥螺纹时可以使用。

【Way】有 Inward（向内）和 Outward（向外）两种拔模方式。

【Profile】可以选择一条轮廓线控制螺旋线的半径变化，注意螺旋线的起点在选择的轮廓线上。

例 1　创建一条空间螺旋线，如图 5-37 所示。

定义螺旋线的参数如下：创建一个点作为“Starting Point”，Axis 选择 V 轴，Pitch＝8，Height＝110，Orientation 选择 Counterclockwise，“Starting Angle”＝0，“Taper Angle”＝0。

如果改变如图 5-37 所示螺旋线的参数，使“Starting Angle”＝90 时，所创建的螺旋线如图 5-38 所示。

如果改变如图 5-37 所示螺旋线的参数，使“Taper Angle”＝10 时，所创建的螺旋线如图 5-39 所示。

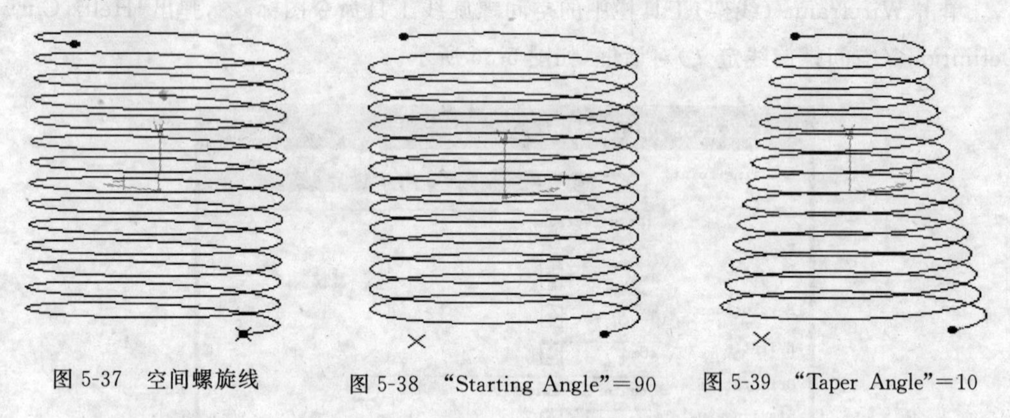

图 5-37　空间螺旋线　　图 5-38　“Starting Angle”＝90　　图 5-39　“Taper Angle”＝10

例 2　创建一条曲线外廓的螺旋线，如图 5-40 所示。

先创建得到如图 5-41 所示的一条样条曲线和一条直线，再定义螺旋线的参数：选择对话框底部的 Profile 单选按钮，“Starting Point”选择所创建的样条曲线的端点，Axis 选

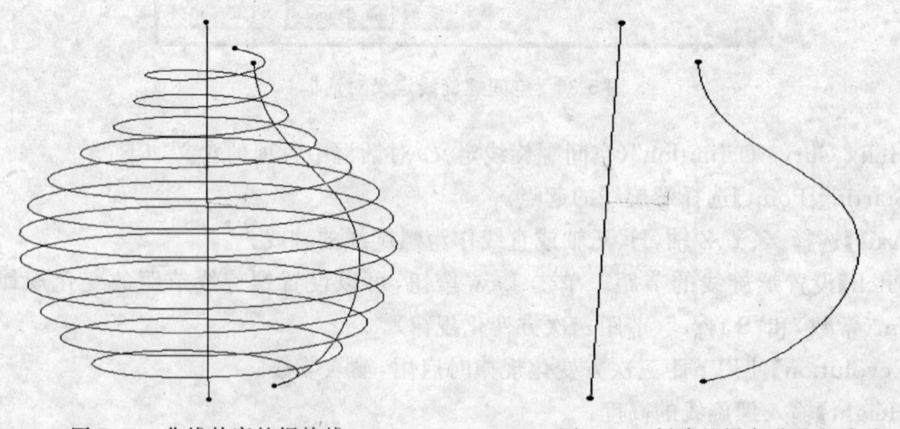

图 5-40　曲线外廓的螺旋线　　图 5-41　创建的样条曲线与直线

择所创建的直线，Pitch＝8，Height＝110，Orientation 选择 Counterclockwise，“Starting Angle”＝0，“Taper Angle”＝0，结果得到如图 5-40 所示的螺旋线。

5.3.8 Spine(脊线)

脊线是建立一条垂直于一系列平面或平面曲线的曲线。脊线在扫掠曲面、放样曲面中有广泛的用途。单击 Spine（脊线）工具命令图标，弹出“Spine Curve Definition”（脊线定义）对话框，如图 5-42 所示。

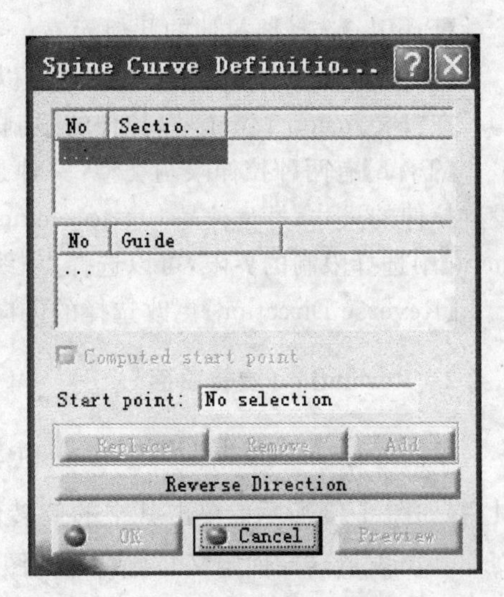

图 5-42　脊线对话框

脊线定义对话框中各项的含义如下：

【Section/Plane】选择一系列平面；

【Guide】选择一系列引导线即曲线；

【Start point】可以选择脊线的起始点；

【Replace】代替选中的面或线；

【Remove】移走选中的线或面；

【Add】增加面或线；

【Reverse Direction】更改脊线的方向。

可以在选中的平面或引导线上单击鼠标右键，弹出快捷菜单，可以执行 Replace、Remove、Add、Add after、Add before 等操作。

5.4　曲面设计

创成式曲面设计工作台提供了多种曲面造型功能，包括 Extrude（拉伸曲面）、Revolve（旋转曲面）、Sphere（球面）、Cylinder（圆柱面）、Offset（偏置面）、Sweep（扫掠面）、Fill（填充曲面）、“Muti-section Surface”（多截面扫掠）、Blend（桥接曲面）等，这些工具命令图标都集中在 Surface 工具栏中，如图 5-43 所示。

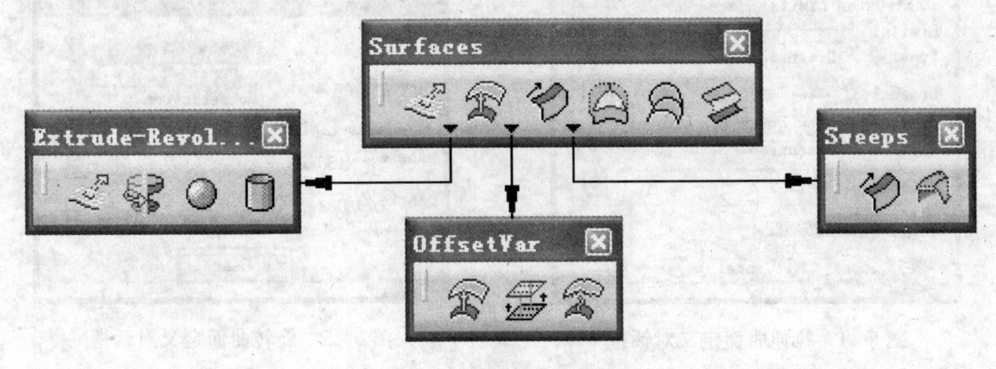

图 5-43　曲面设计工具栏

5.4.1 Extrude(拉伸曲面)

拉伸曲面可以将线拉伸成面,面拉伸成壳体。单击 Surfaces (曲面)工具栏中的 Extrude(拉伸)工具命令图标,弹出“Extrude Surface definition”(拉伸曲面定义)对话框,如图 5-44 所示,该对话框中各项的含义如下:

【Profile】选择要拉伸的几何元素;

【Direction】选择要拉伸的方向,可以选择直线、平面等。

在“Extrusion Limits ”(拉伸的限制)区:

【Type】有两种拉伸限制类型:一种是 Dimension (尺寸)限制,需要在【Dimension】中设置拉伸的尺寸;另一种是“up to element ”(直到某个元素)的限制,需要在【up to element】中选择限制的界限,可以选择点、线、面、体等;

【Reverse Direction】更改选择的方向。

5.4.2 Revolution(旋转曲面)

单击 Surfaces 工具栏中 Extrude 工具命令图标右下角的三角号,会出现子工具栏,如图 5-43 所示。单击其中的旋转曲面工具命令图标,弹出“Revolution Surface Definition”(旋转曲面定义)对话框,如图 5-45 所示,该对话框中各项的含义如下:

【Profile】选择要旋转的几何元素;

【Revolution axis】选择旋转轴(如果轮廓线草图中包含有轴线,系统将自动将其选作为旋转轴);

【Angle 1】设置起始角度值;

【Angle 2】设置终端角度值。

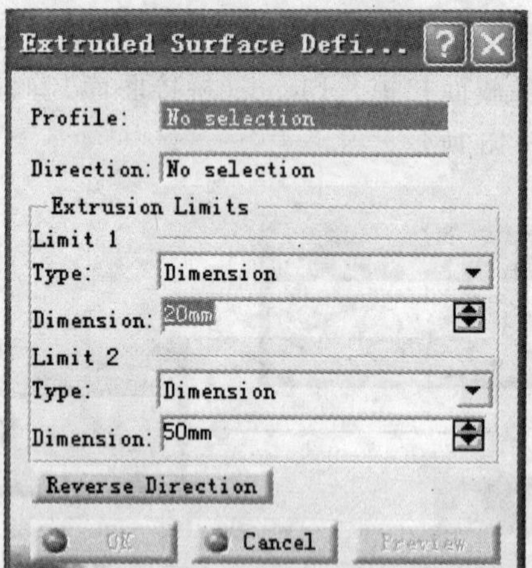

图 5-44　拉伸曲面定义对话框

图 5-45　旋转曲面定义对话框

5.4.3 Sphere(球面)

单击如图 5-43 所示 Surfaces 工具栏中的 Sphere(球面)工具命令图标,弹出

"Sphere Surface Definition"(球面定义)对话框,如图 5-46 所示,该对话框中各项的含义如下:

【Center】选择球面的中心点;

【Sphere axis】该轴系决定经线和纬线的方向,因此也决定球面的方向,使用默认的轴系;

【Sphere radius】设置球面的半径。

"Sphere Limitations"(球面限制)有两种:第一种是通过角度形成球面;第二种是全球面,纬线角度值和经线角度值随即被禁用。

【Parallel Start Angle】设置纬线开始角度值;

【Parallel End Angle】设置纬线终止角度值;

【Meridian Start Angle】设置经线开始角度值;

【Meridian End Angle】设置经线终止角度值。

纬线角度值限制在-90°~90°,经线角度值限制在-360°~360°。

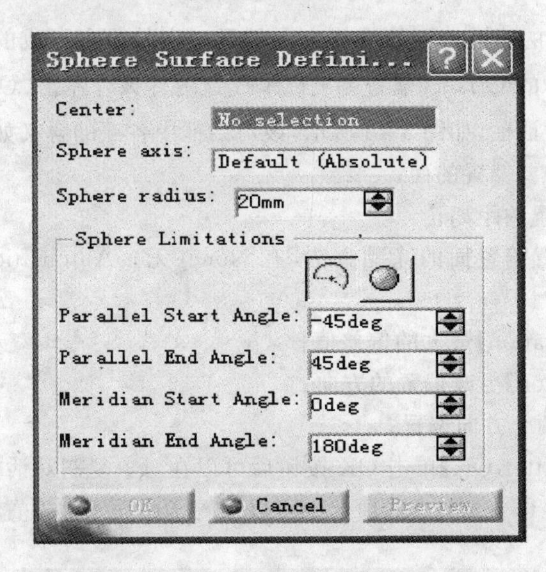

图 5-46 球面定义对话框

5.4.4 Cylinder(圆柱面)

单击如图 5-43 所示 Surfaces 工具栏中的 Cylinder(圆柱面)工具命令图标,弹出"Cylinder Surface Definition"(圆柱面定义)对话框,如图 5-47 所示,是以空间一点和一个方向来定义圆柱面的。该对话框中各项的含义如下:

【Point】选择一个点作为圆柱的中心点;

【Direction】选择要拉伸的方向;

【Radius】设置圆柱的半径;

【Length 1】设置圆柱在一个方向上的拉伸长度;

【Length 2】设置圆柱拉伸在另一方向的长度;

【Reverse Direction】更改选择的方向。

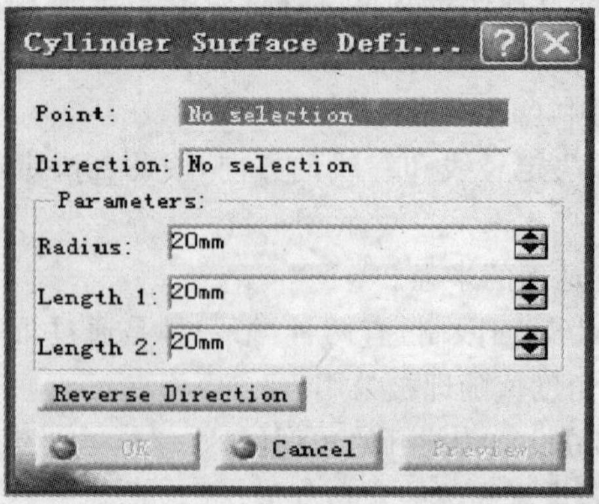

图 5-47 圆柱面定义对话框

5.4.5 Offset(偏置面)

偏置面是将已有的面沿着面的法线方向偏置一定的距离形成的。单击如图 5-43 所示 Surfaces 工具栏中的 Offset(偏置面)工具命令图标，弹出“Offset Surface Definition”(偏置面定义)对话框，如图 5-48 所示，该对话框中各项的含义如下：

【Surface】选择需要偏置的面；

【Offset】设置偏置的距离；

【Smoothing】设置偏置面的光顺方法，有 None(无)、Automatic(自动)、Manual(手工)三种；

【Maximum Deviation】最大的偏差值；

【Reverse Direction】更改偏置的方向；

【Both sides】向两个方向偏置；

【Repeat object after OK】单击 OK 按钮后可以在对象复制对话框创建多个偏置面。

在“Sub-Element to remove”选项卡中可以设置子曲面不被偏置。

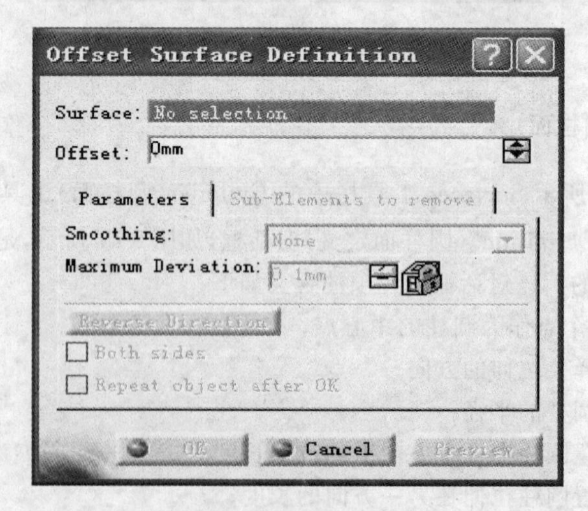

图 5-48 偏置面定义对话框

5.4.6 Swept(扫掠面)

扫掠曲面是将一个轮廓沿着引导线生成的曲面。轮廓又称为截面线。单击如图 5-43所示 Surfaces 工具栏中的 Swept(扫掠面)工具命令图标，弹出“Swept Surface Definition”(扫掠面定义)对话框，如图 5-49 所示。

“Profile Type”(截面线类型)有：Explicit (精确扫掠)、Line (直纹面)、Circle (圆弧扫掠)以及 Conic (圆锥曲线)等四种类型，每种又有各自的子类型。下面仅介绍第一种截面线类型 Explicit，其余三种由读者自行练习。

采用 Explicit(精确扫掠)是系统默认的扫掠方式，“Swept Surface Definition”(扫掠面定义)对话框中各项的含义如下：

【Subtype】精确扫掠子类型共有三种：“With reference surface”(参考面)、“With two guide curves”(用两条引导线)和“With pulling direction”(用拉伸方向)。选择不同的子类型对应有不同的对话框选项，这里也只介绍选择“With reference surface”时对话框中主要项的含义。

【Profile】选择一条曲线作为截面线。

图 5-49 扫掠面定义对话框

【Guide curve】选择一条曲线作为引导线。

【Surface】选择一个面或者使用缺省状态，此面用于控制截面线在扫掠过程中的位置。如果选择一个曲面，则引导线位于该曲面上。

【Angle】设置一个角度值。

【Projection of the guide curve as spine】投射引导线作为脊线，该功能只有使用拉伸方向“With pulling direction”和参考面“With reference surface”时所用的参考面为平面时才启用。

【Spine】选择一条线作为脊线，缺省情况脊线是第一条引导线。

【Relimiter 1】可以选择点或面作为扫掠的限制边界。

【Relimiter 2】可以选择点或面作为扫掠的另一限制边界。

【Angular correction】设置扫掠面与指定参考面之间的角度偏差范围，如果偏差大于设定值，将提示出错。

【Deviation from guides】设置扫掠面与引导线的距离偏差。

选择“Remove cutters on preview”项，每次预览时移走扭转区域。

【Position profile】定位轮廓线，选中此项。

【Show parameters】显示或设置轮廓线的坐标系位置。

5.4.7 Fill(填充面)

填充面是由一组曲线围成的封闭区域所形成的曲面。单击如图 5-43 所示 Surfaces 工具栏中的 Fill(填充面)工具命令图标，弹出“Fill Surface Definition”(填充面定义)对话框，如图 5-50 所示。

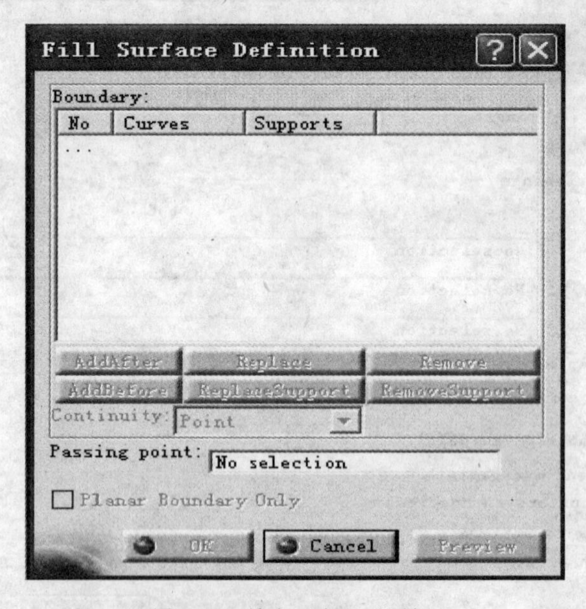

图 5-50 填充面定义对话框

“Fill Surface Definition”对话框中各项的含义如下：

【Boundary】依次选择边界曲线填入对话框的列表框中，所选的曲线必须要形成一个封闭的区域，可以选择边界线所在的曲面作为填充面的支撑面，可以选择封闭的草图元素作为边界；

【Add after】添加一个新的元素在列表框选中的元素之后；

【Replace】选择元素代替列表框中选中的元素；

【Remove】移走列表框中选中的元素；

【Add Before】添加一个新的元素在列表框选中的元素之前；

【Replace Support】代替列表框中选中的支撑面；

【Remove Support】移走列表框中选中的支撑面；

【Continuity】填充面与支撑面的连续关系有：点连续、相切连续和曲率连续；

【Passing point】选择一个点使填充面通过该点；

【Planar Boundary Only】选中此选项，列表框中的曲线要在同一个面上。

5.4.8 "Multi-section Surface"(多截面扫掠)

多截面扫掠是通过多个截面线扫掠生成曲面。

单击如图 5-43 所示 Surfaces 工具栏中的"Multi-section Surface"(多截面扫掠)工具命令图标，弹出"Multi-sections Surface Definition"(多截面扫掠定义)对话框，如图 5-51所示。

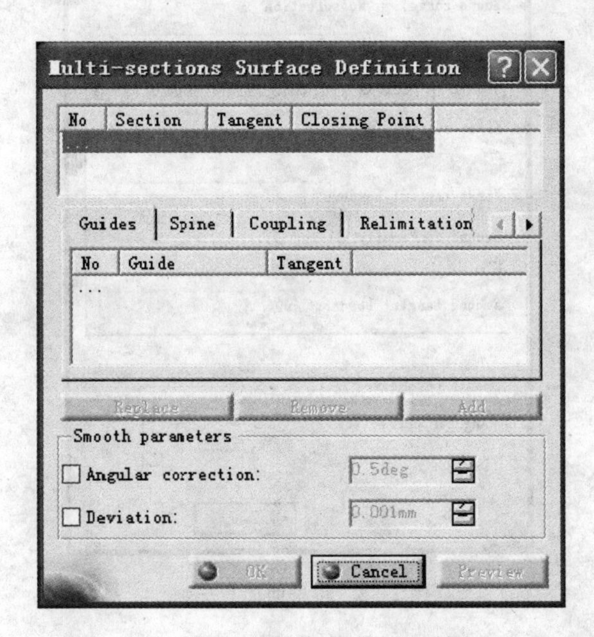

图 5-51　多截面扫掠定义对话框

该对话框中各项的含义如下：

依次选择多截面扫掠的截面线填入对话框上部的列表框中，对于封闭的曲线可以设置"Closing Point"(闭合点)，对于曲面的边界线可以设置与该曲面相切；

【Guides】可以设置引导线，填入下部的列表框中；

【Spine】可以选择脊柱线更好的构建图形；

【Coupling】引导线的耦合方式有四种：Ratio（比率）、Tangency（相切）、Tangency then curvature（相切然后曲率）以及 Vertices（顶点）耦合方式等；

【Relimitation】选择将多截面曲面仅限定在起始截面上或终截面上，同时限定在这两个截面上，或者不限定在这两个截面上。其下有“Relimited on Start Section”和“Relimited on End Section”两个选项。未选中任何一个选项时，扫掠曲面外插延伸到脊线边界；同时选中两个选项时，多截面曲面仅限定在相应的截面；未选中其中一个选项时，沿脊线扫掠多截面曲面。

5.4.9 Blend(桥接曲面)

桥接曲面是指在两个曲面或者曲线之间建立的一个曲面。单击如图 5-43 所示 Surfaces 工具栏中的 Blend(桥接曲面)工具命令图标，弹出“Blend definition”(桥接曲面定义)对话框，如图 5-52 所示。

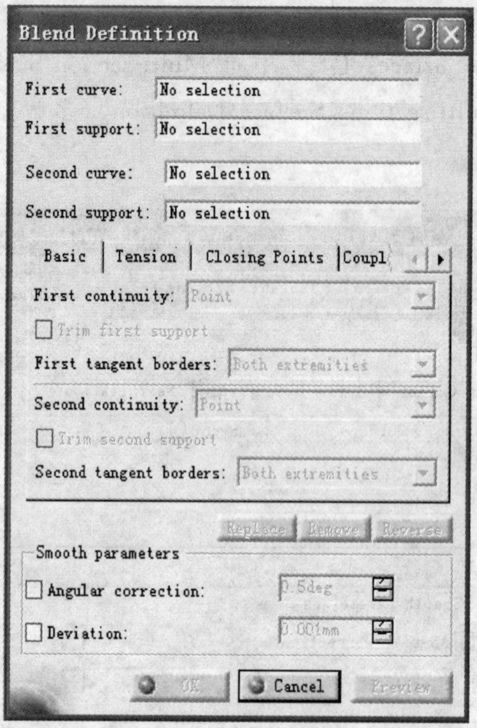

图 5-52　桥接曲面对话框

该对话框中各项的含义如下：

【First curve】选择第一条曲线。

【First support】选择第一条曲线所在的面。

【Second curve】选择第二条曲线。

【Second support】选择第二条曲线所在的面。

【First continuity】设置桥接曲面与第一个支撑面的连续情况，有点连续、相切连续和曲率连续。

【Trim first support】用桥接曲面裁剪第一个支撑面。

【First tangent borders】可以指定桥接曲面边界是否必须与支持面边界相切以及相切的位置。“Both extremities”(两个端点),表示在曲线的两个端点应用相切约束;None(无),忽略相切约束;“Start extremity”,仅在曲线的开始端点应用相切约束;“End extremity”,仅在曲线的结束端点应用相切约束。

【Second continuity】设置桥接曲面与第二个支撑面的连续情况,有点连续、相切连续和曲率连续。

【Trim second support】用桥接曲面裁剪第二个支撑面。

【Second tangent borders】指定桥接曲面边界是否必须与支持面边界相切以及相切的位置。

【Tension】调整桥接曲面的张力,从而改变桥接曲面的形状。

【Closing points】用于设置桥接曲线的闭合点,对封闭曲线启用。

【Coupling/spine】定义耦合类型。

5.5 编辑曲线与曲面

曲线、曲面编辑是指对已建立的曲线、曲面进行裁剪、连接、倒圆角等的操作,所使用的工具命令图标集中在如图 5-3 所示的 Operation(操作)工具栏里。本节只介绍一些常用的编辑工具。

5.5.1 Join(连接)

连接是将若干个曲面或者曲线连接成为单独的曲面或者曲线的操作。单击如图 5-3 所示 Operation 工具栏中的 Join(连接)工具命令图标,弹出“Join Definition”(连接定义)对话框,如图 5-53 所示。

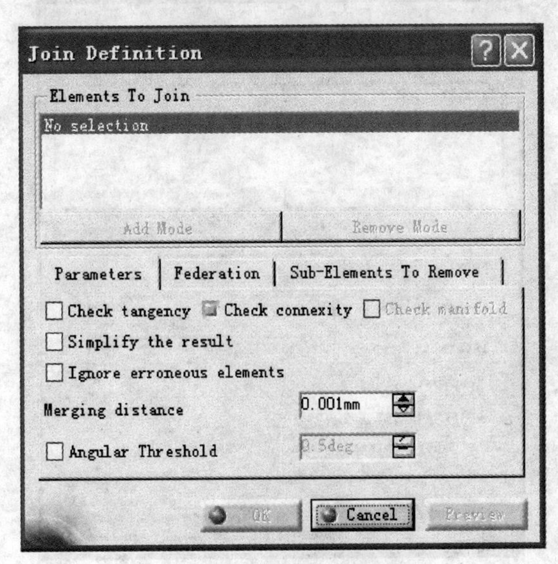

图 5-53 连接定义对话框

该对话框中各项的含义如下：

【Element To Join】选择要连接的曲面或曲线填入列表框中；

【Add Mode】单击列表中未列出的元素时，将此元素添加到列表中；

【Remove Mode】单击列表中已列出的元素时，将此元素从列表中移除；

【Check tangency】此项可确定要接合的元素是否相切；

【Check connexity】此项可确定要接合的元素是否连接；

【Check manifold】确定接合结果是否多样，仅用于曲线连接；

【Simplify the result】系统自动尽可能减少连接结果中的元素(面或边线)数量；

【Ignore erroneous elements】允许系统忽略不允许创建接合的曲面和边线；

【Merging distance】符合所设公差条件的两个元素被视为一个元素；

【Angular Threshold】选中此项并指定角度值，只连接小于此角度值的元素；

【Federation】重组构成接合曲面或曲线的几个元素；

【Sub-Element To Remove】移走子元素。

5.5.2 Split(分割)与Trim(修剪)

裁剪是利用点、线元素对线元素进行裁剪，使用线、面元素对面元素进行裁剪。裁剪包含了两种功能：一种是Split(分割)，使用一个元素对另外的元素进行裁剪；另一种是Trim(修剪)，两个同类元素之间相互进行裁剪。

1. Split(分割)

单击如图5-3所示Operation工具栏中的Split(分割)工具命令图标，弹出"Split Definition"(分割定义)对话框，如图5-54所示。

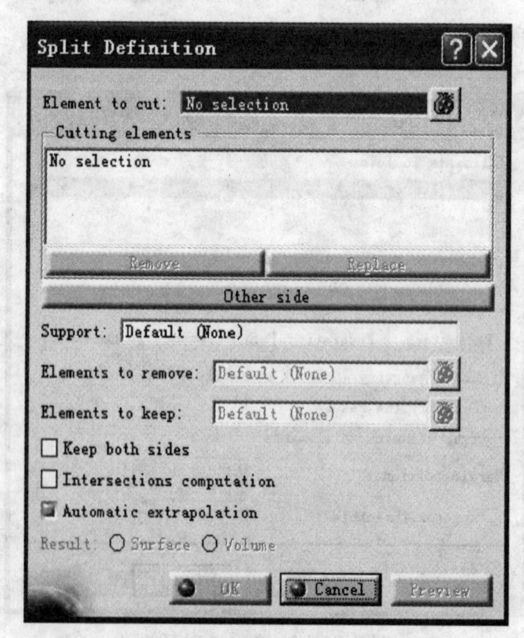

图5-54 分割定义对话框

该对话框中各项的含义如下：

【Element to cut】选择要分割的元素，可以使用工具命令图标选择多个要切除的元素；

【Cutting Elements】选择使用什么元素来分割，出现分割预览，可以选择多个切割工具；

【Remove】移走被选中的切割工具；

【Replace】代替选中的切割工具；

【Other side】选择切割工具另一侧被保留或移走；

【Element to remove】分割工具与被分割元素有多个交线，指定移除的部位；

【Element to keep】分割工具与被分割元素有多个交线，指定保留的部位；

【Keep both sides】选择此项，分割工具两边的元素都将保留；

【Intersection computation】此项可在执行分割操作时创建分割边界；

【Automatic extrapolation】自动延伸分割工具，使之能切割被分割元素。

2. Trim（修剪）

单击 Operation 工具栏中 Split 工具命令图标右下角的按钮，在子工具栏中单击 Trim（修剪）工具命令图标，弹出“Trim Definition”（修剪定义）对话框，如图 5-55 所示。

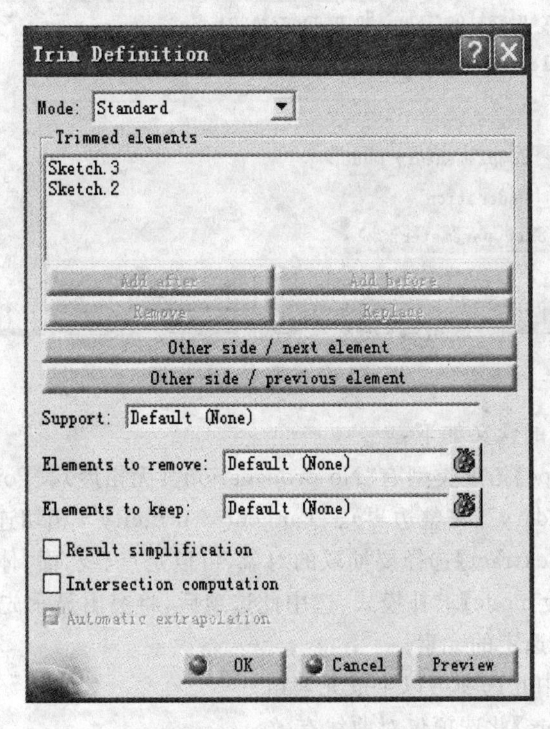

图 5-55 修剪定义对话框

该对话框中各项的含义如下：

Mode 修剪模式有两种：一种是 Standard（标准）；另一种是 Pieces（段），此模式仅可用于曲线，且被修剪曲线列表呈无序状。

【Trimmed element】选择要修剪的两个曲面或两个线框元素；

【Add after】添加某个元素在列表框选中的元素之后；

【Add before】加某个元素在列表框选中的元素之前；

【Remove】移走选中的元素；

【Replace】代替选中的元素；

【Other side/next element】选择需要的部位，可以用鼠标选取；

【Other side/previous element】选择需要的部位，可以用鼠标选取；

【Result simplification】使系统尽可能地自动减少修剪结果中面的数量；

【Intersection computation】在执行修剪操作时创建修剪边界。

5.5.3 Extract(抽取)

抽取元素是从几何体中抽取出需要的点、线、面等元素。单击 Operation(操作)工具栏中 Boundary（边界）工具命令图标右下角的按钮，在子工具栏中单击 Extract(抽取)工具命令图标，弹出"Extract Definition"(抽取定义)对话框，如图 5-56 所示。

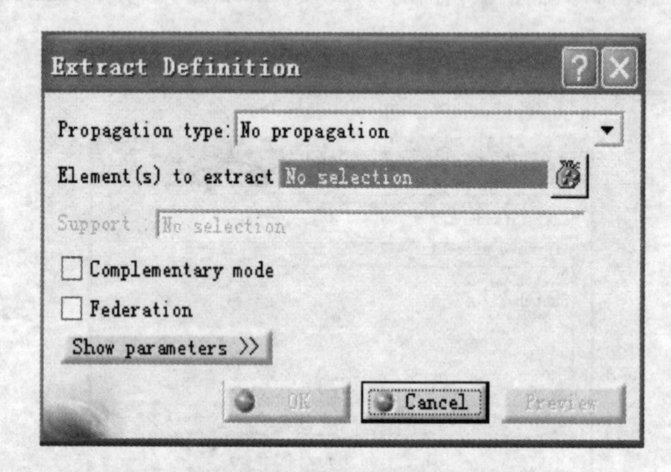

图 5-56　抽取定义对话框

该对话框中各项的含义如下：

【Propagation type】拓展类型有"No propagation"(无拓展)、"Point continuity"(点连续)、"Complete boundary"(完整边界)、"Tangent continuity"(相切连续)等四种类型；

【Element(s) to extract】选择要抽取的对象，可以是点、线、面、体等；

【Complementary mode】求补模式，选中此选项后，将突出显示先前未选定的元素，同时会取消选择已明确选定的元素；

【Federation】选中此选项可以生成元素组；

【Show parameters】此选项仅对曲线有效。

5.6 综合举例

复杂的机械零部件，单靠“Part Design”工作台往往不能完成设计，而是需要把零件设计与曲面设计二者结合起来进行所谓的混合设计，才能最终完成设计。

5.6.1 弹簧与螺纹设计

1. 弹簧设计

弹簧设计主要使用创成式曲面设计里的 Helix 功能和零件设计里的 Rib 功能。

(1) 进入创成式曲面设计模块，建立螺旋线的起点。单击 Wireframe 工具栏中 Point 工具命令图标，使用 Coordinates (坐标点)的方法，设置点的坐标为(40,30,10)。

(2) 建立螺旋线。单击空间螺旋线工具命令图标，弹出螺旋线定义对话框，设定其中的参数为：Axis 使用右键选择 Z 轴，Pitch 输入 8，Height 输入 100，Orientation 选择 Counterclockwise，“Starting Angle”输入 0，“Taper Angle”输入 0。单击 OK 按钮，生成一条螺旋线，如图 5-57 所示。

(3) 单击 Wireframe 工具栏中的 Plane 工具命令图标，创建一个参考平面。使用“Normal to curve”(曲线垂直)方法，其中的参数定义为：Curve 选择螺旋线，Point 选择第一步建立的点。

(4) 选择参考平面作为工作平面，进入草图，绘制一个半径为 3 的圆(圆的位置决定弹簧的位置)，退出草图。

(5) 进入零件设计工作台，选择“Sketched-based feature”工具栏中的 Rib 工具命令图标，参数定义为：Profile 选择建立的圆，“Center curve”选择螺旋线，其余对话框选择缺省即可。结果创建了一个基本弹簧，如图 5-58 所示。

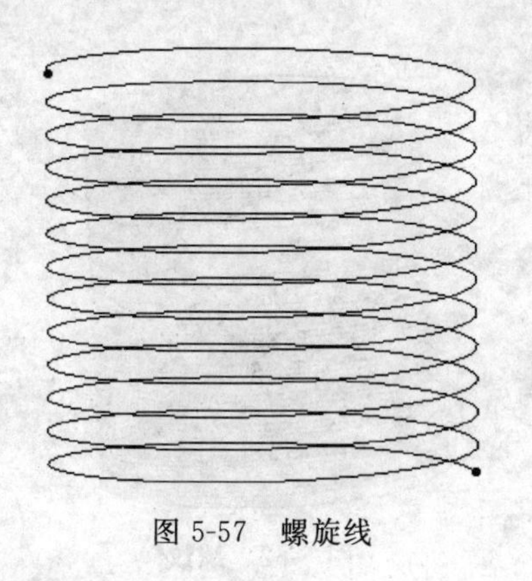

图 5-57 螺旋线

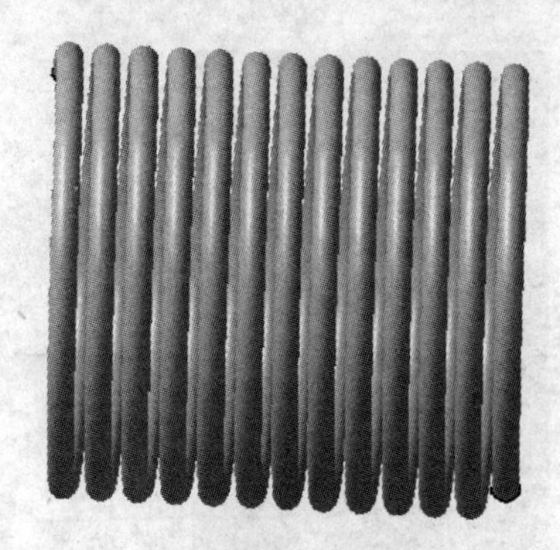

图 5-58 基本弹簧

2. 螺纹设计

螺纹设计主要使用创成式曲面设计里的 Helix 功能和零件设计里的 Slot 功能。

(1) 进入零件设计模块，选择 XY 平面作为草图工作平面，以坐标原点为圆心，绘制一个半径为 40 的圆，退出草绘器。

(2) 单击“Sketched-based feature”工具栏中的 Pad 工具命令图标，使用 Dimension 类型拉伸，“First limit”输入 90，“Second limit”输入 20，拉伸的对象选择上一步绘制的草图，单击 OK 按钮，生成一个圆柱，如图 5-59 所示。

(3) 进入创成式曲面设计模块，建立螺旋线的起点。单击 Wireframe 工具栏中的 Point 工具命令图标，使用 Coordinates 方法，例如，设置点的坐标为(45,40,−20)。

(4) 建立螺旋线。单击螺旋线工具图标，设定螺旋线定义对话框的参数：Axis 使用右键选择 Z 轴，Pitch 输入 8，Height 输入 110，Orientation 选择 Counterclockwise，“Starting Angle”输入 0，“Taper Angle”输入 0。结果如图 5-60 所示。

图 5-59 圆柱

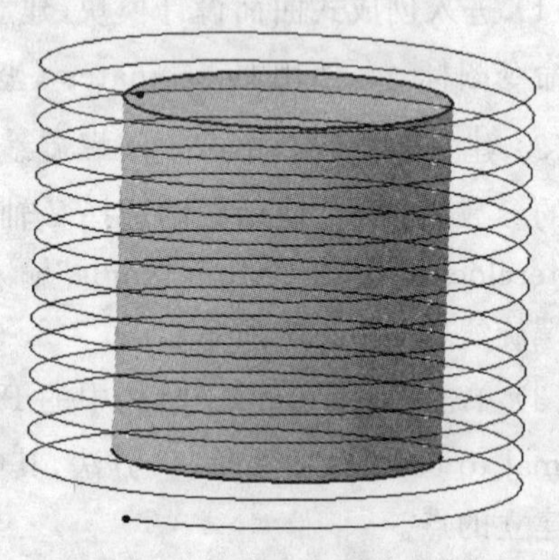

图 5-60 螺旋线

(5) 把 ZX 坐标平面作为草图工作面，建立如图 5-61 所示的螺纹牙形，退出草图。

(6) 进入零件设计工作台，使用“Sketched-based feature”工具栏中的 Slot 工具命令，设定如下参数：Profile 选择建立的牙形，“Center curve”选择螺旋线，其余参数选择缺省即可。结果在外圆柱表面上创建了一个螺纹，如图 5-62 所示。

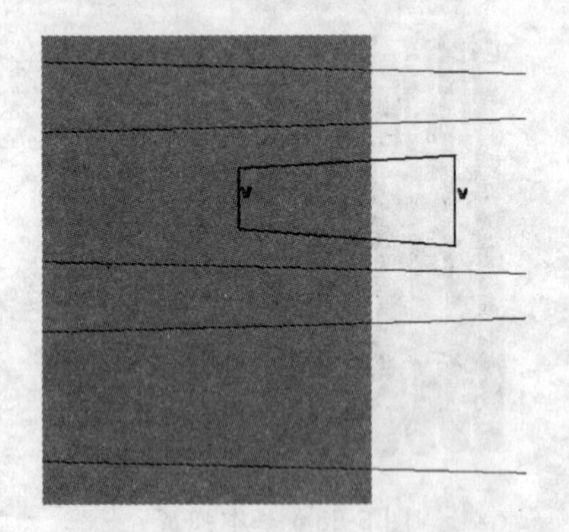

图 5-61 螺纹牙形(放大图)

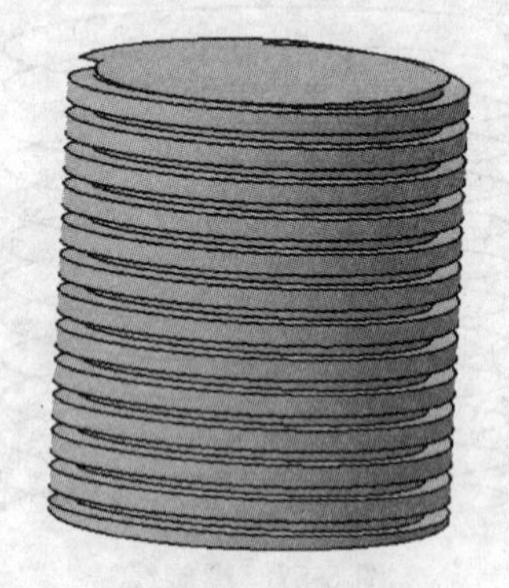

图 5-62 螺纹

5.6.2 棱锥设计

棱锥设计是通过创成式曲面设计建立棱锥面，然后在零件设计工作台填充实体。

(1) 首先进入创成式曲面设计，选择作为工作面，进入草绘器，绘制一个直径为

80mm 的圆，将此圆五等分，再使用 Profile 命令顺次连接五个点形成正五边形(正五棱锥的底面)，最后将圆转变为结构线——辅助圆，退出草绘器。

(2) 单击 Wireframe 工具栏中的 Plane 工具命令图标，创建一个平行于 XY 坐标平面的参考平面。使用"Offset from plane"方法，Reference 选择 XY 坐标平面，Offset 输入 60。

(3) 把创建的参考面作为工作平面，进入草绘器，在坐标原点创建一个点(棱锥的顶点)，退出草绘器，如图 5-63 所示。

(4) 双击 Wireframe 工具栏中的 Line 工具命令图标(重复执行该命令)，使用 Point-Point 方法，分别绘制棱锥顶点到底面正五边形顶点的连线，如图 5-64 所示。

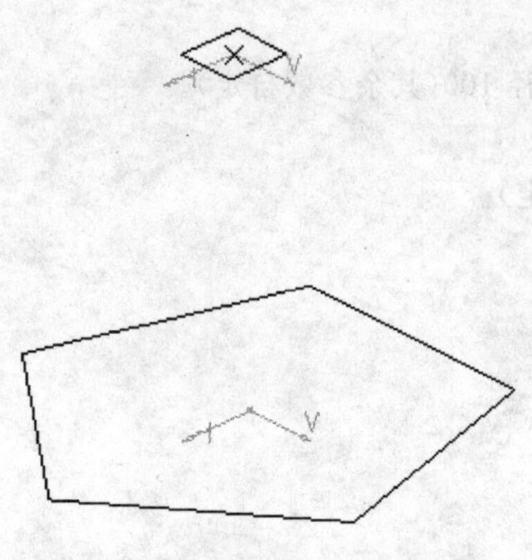

图 5-63　棱锥顶点与正五边形

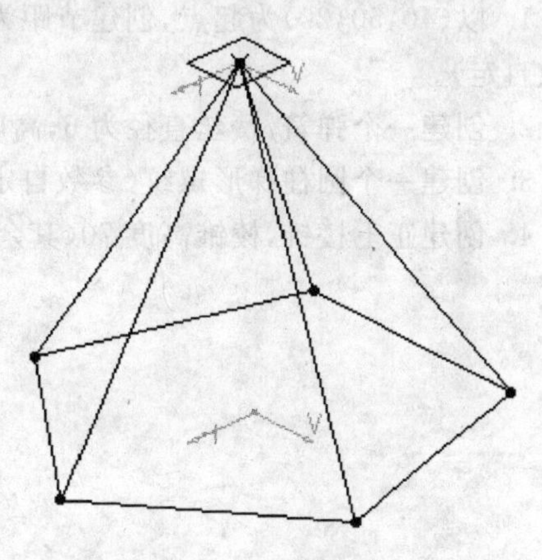

图 5-64　棱锥线架

(5) 单击 Operation 工具栏中的 Extract 工具命令图标，将正五边形抽取成独立的五条线，"Propagation type"选择"No propagation"，"Elements to extract"选择五边形的任一边，单击，选择其余四边进行抽取。

(6) 双击 Surface 工具栏中的 Fill(填充面)工具命令图标(重复执行该命令)，分别填充五棱锥的六个面，如图 5-65 所示。

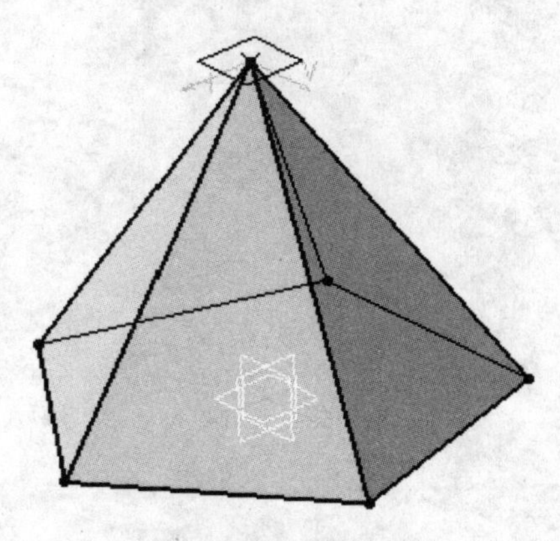

图 5-65　填充棱锥面

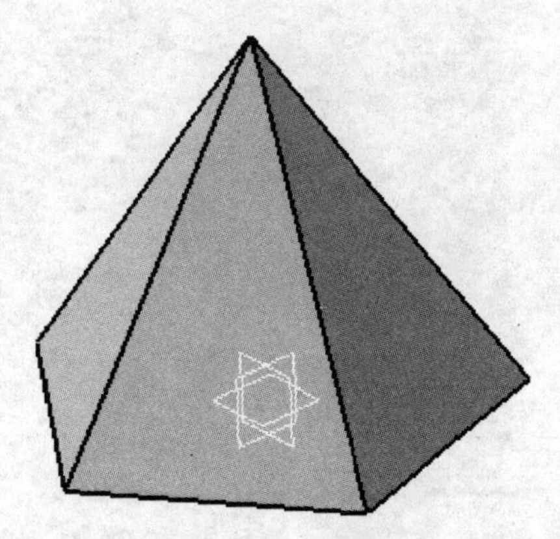

图 5-66　正五棱锥实体

(7) 单击 Operation 工具栏中的 Join(连接)工具命令图标，将六个表面连接成为一个整体 Join1。

(8) 进入零件设计工作台，单击“Surface-based feature”工具栏中的“Close surface”工具命令图标，“Object to close”选择 Join1。

(9) 隐藏特征历史树上 Join1 以前的特征，最终创建得到正五棱锥实体模型，如图 5-66所示。

5.7 上机练习

1. 以(40,50,20)为起点，创建节距为 10、高度为 120、拔模角度为 10 的螺旋线(其余参数自定)。

2. 创建一个弹簧，簧丝直径为 6，高度 80，外径 100(其余参数自定)。

3. 创建一个圆柱梯形螺纹(参数自定)。

4. 创建正七棱锥，棱锥高度 70(其余参数自定)。

第六章　装配设计

把设计完成的零件(Part)或部件(Component)按照一定的装配关系进行约束,从而构成数字虚拟产品(Product)。为便于设定约束,通常需要对零件或部件进行适当的移动或旋转。在"Assembly Design"(装配设计)工作台,不仅能将零部件按照约束关系装配成虚拟的产品,而且还可以对产品进行干涉检查。同时,在装配过程中还可以根据需要添加、设计新的零部件。如果某一零件被修改,执行 Update(更新)命令后即可自动完成对装配体的修改。

6.1　装配设计工作台简介

6.1.1　进入装配设计工作台

进入装配设计工作台,可以归纳为以下四种方法:

(1) 单击 Start(开始)下拉菜单→"Mechanical Design"(机械设计)→"Assembly Design"(装配设计)级联菜单项,如图 6-1 所示,进入装配设计工作台;

图 6-1　Start(开始)下拉菜单

(2) 单击 File(文件)下拉菜单→"New..."(新建)菜单项,出现 New 对话框,如图 6-2 所示,从中选择 Product,然后单击 OK 按钮,进入装配设计工作台;

(3) 单击 Workbench(工作台)图标,在事先定制的"Welcome to CATIA V5"开始对话框中选择"Assembly Design"工作台图标,如图 6-3 所示,即可进入装配设计工作台;

(4) 打开已有的 CATIA V5 装配设计文件,也可进入装配设计工作台。

如果单击 Tools 下拉菜单→Options...菜单项,在弹出的 Options 对话框中定制 General 分支中的"User Interface Style"(用户界面风格)为 P3,则打开的装配设计工作台用户界面如图 6-4 所示,其中的特征历史树变为可调整宽窄的单独显示区。

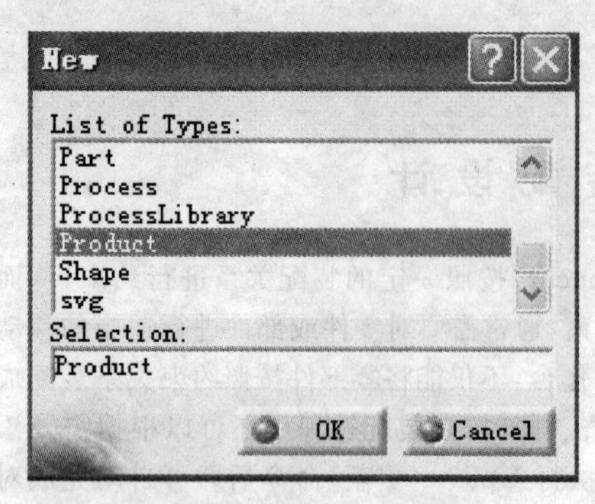

图 6-2 New(新建)对话框

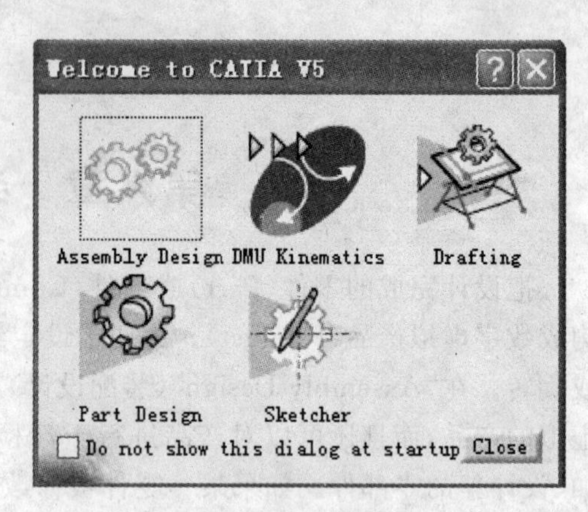

图 6-3 开始对话框

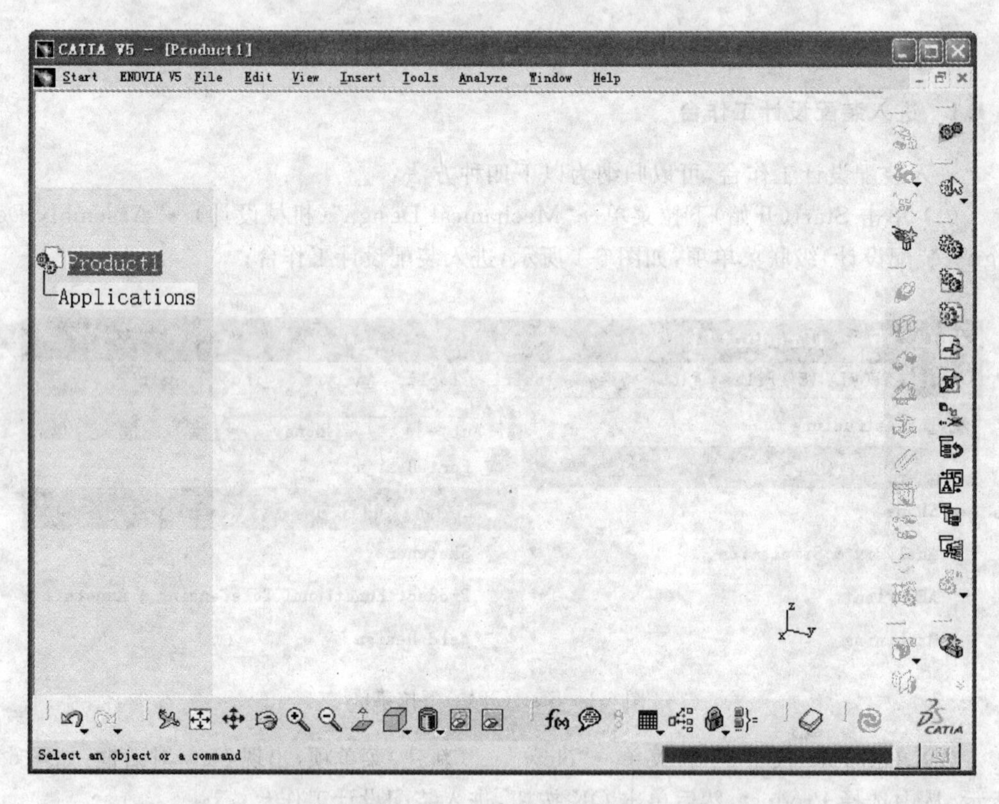

图 6-4 “CATIA P3 V5R17”装配设计工作台用户界面

6.1.2 系统参数设置

(1) 单击 Tools (工具)下拉菜单→Options... (选项)菜单项,弹出 Options 对话框,单击该对话框左侧树上的 Infrastructure(基础结构)→“Product Structure”(产品结构)分支,进行如下两项设置:

① 在“Cache Management”(高速缓存管理)选项卡中,“Work with the cache system”(使用高速缓存系统)选项的默认状态为不选,这样可以访问或修改每个零件及其特

征，系统具有全功能。如果选中该选项，则只加载显示数据，加载和更新速度加快，但不能编辑修改零件及其特征。更改该选项需要重新启动 CATIA 才能生效。

② 在“Product Structure”（产品结构）选项卡中不选“Manual Input”（手动输入）选项。

(2) 选择 Options 对话框左侧树上的 Infrastructure（基础结构）→“Part Infrastructure”（零件基础结构）分支，在 General（常规）选项卡中选中“Keep link with selected Object”（保持与选中对象之间的相关性）选项。

6.2 产品结构工具

进入装配设计工作台后，需要利用“Product Structure Tools”（产品结构工具）工具栏中的工具命令为产品添加或替换零部件，如图 6-5 所示。

图 6-5 “Product Structure Tools”（产品结构工具）工具栏

6.2.1 插入已有部件

(1) 选择结构树最顶端的根节点 Product1。如果连续建立多个装配设计文件，结构树根节点的产品名称会自动按顺序命名为：Product2，Product3，…。

(2) 单击“Existing Component”（已有部件）工具命令图标，或选择下拉菜单 Insert（插入）→“Existing Components”（已有部件）命令，出现“File Selection”（文件选择）对话框，如图 6-6 所示。

(3) 选择要插入的零部件（可多选），然后单击打开（Open）按钮，零部件随即添加到结构树中，并在工作界面显示插入的零部件，如图 6-7 所示。

在插入零部件时常常会出现如下情况：

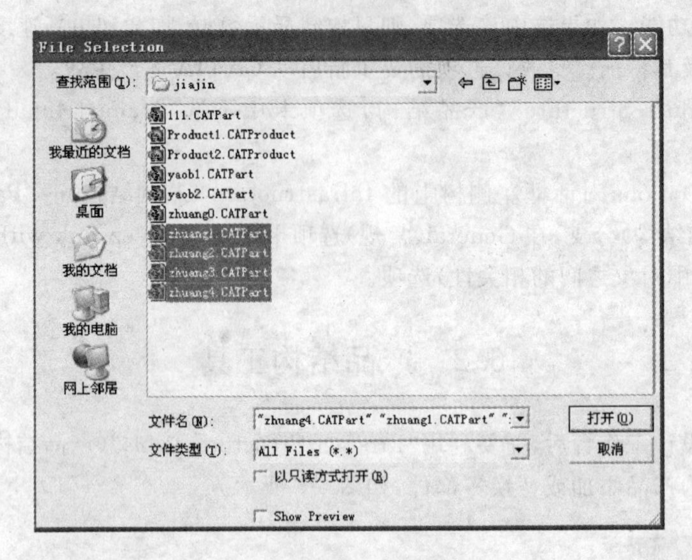

图 6-6　文件选择对话框

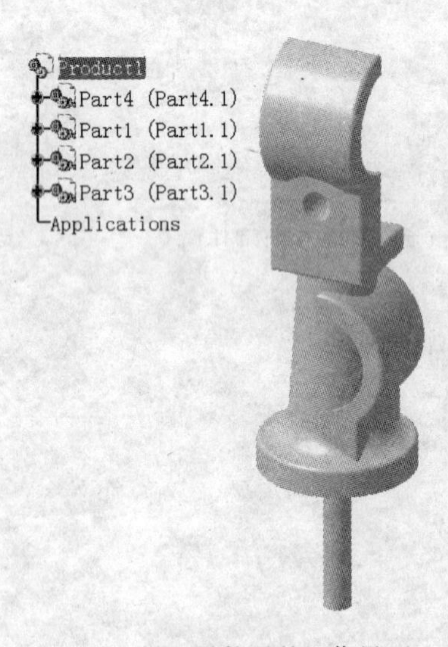

图 6-7　插入零件后的工作界面

(1) 由于用户在设计零件时一般是以坐标原点为参照点，所以，在插入这些零件后，也都是以坐标原点为参照点进行空间分布，这样会导致所插入的零部件重叠在一起的现象。如果在创建零件时能够按照零件在装配体中的整体坐标来进行设计就会避免此类现象的发生。

(2) 由于插入的零件编号(如 Part1，而不是文件名称)与装配体中已有零件的编号相同，会弹出“Part number conflicts”(零件编号冲突)对话框，如图 6-8 所示。单击对话框中的 Rename...(重命名)按钮，弹出“Part Number”(编号)对话框，如图 6-9 所示，在其中的“New Part Number”(新零件编号)文本编辑框中输入新的编号，然后单击 OK 按钮。如果单击“Automatic rename...”(自动重命名)按钮，系统自动将 Part1 改

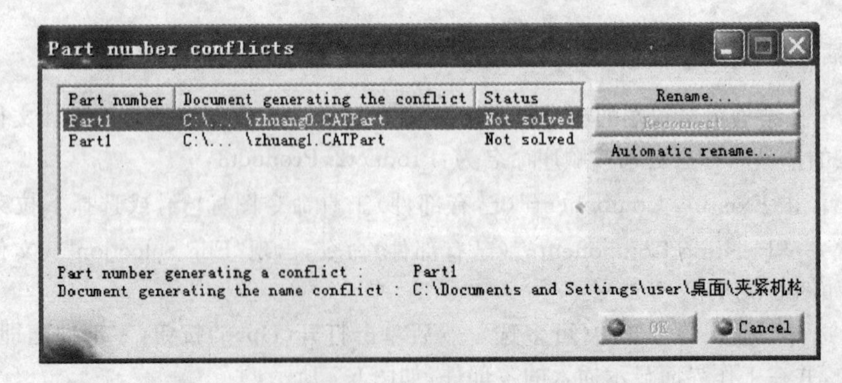

图 6-8　“Part number conflicts”(零件编号冲突)对话框

为 Part1.1 并显示在结构树中。将所有冲突的零件编号更改完成之后,单击“Part number conflicts”对话框中的 OK 按钮,零件才能被插入,重命名后的零件编号也显示在结构树中,如图 6-10 所示的历史树上的“luomu”。

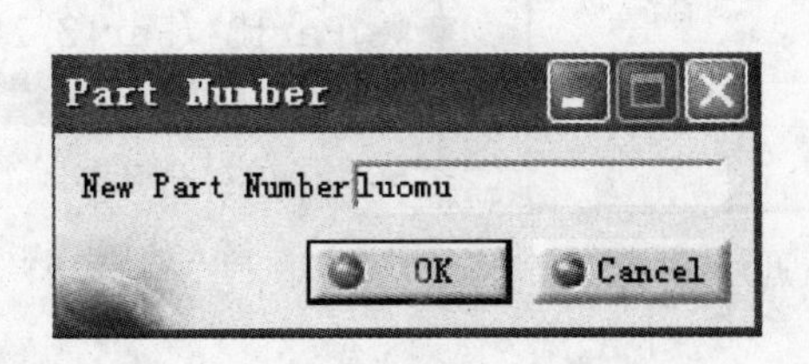

图 6-9 “Part Number”(编号)对话框

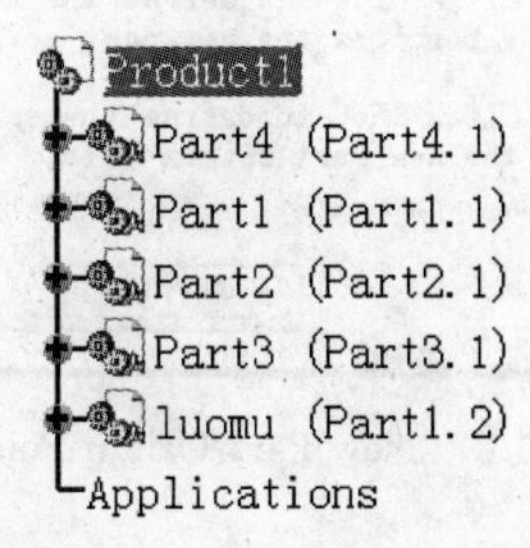

图 6-10 结构树

6.2.2 插入新部件和新产品

(1) 选择结构树中的产品,如 Product1。

(2) 单击 Component(部件)/Product(产品)工具命令图标 / ,或选择下拉菜单 Insert(插入)→“New Components”(新部件)/“New Product”(新产品)命令,在结构树中 Product1 下将插入一个新部件 Product2/新产品 Product3,如图 6-11、图 6-12 所示,在其下可以再插入其他部件和零件,其数据存储在独立的新文件中。

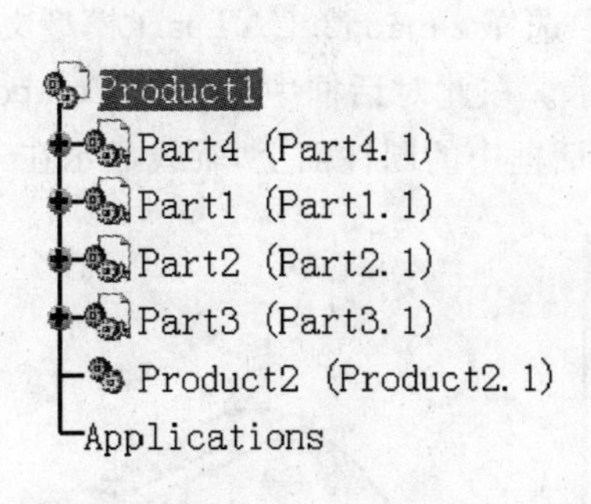

图 6-11 插入的新部件

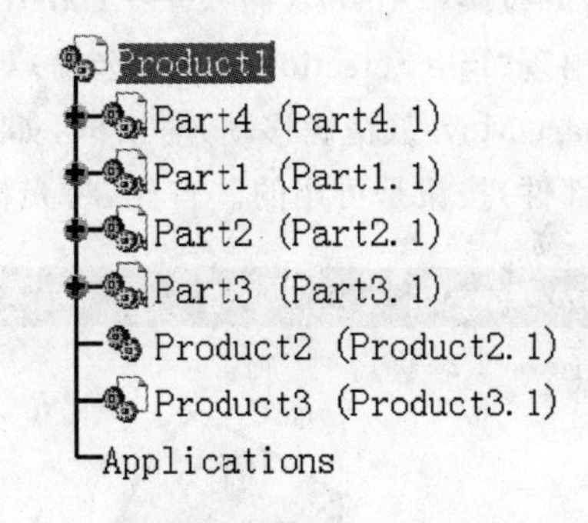

图 6-12 插入的新产品

6.2.3 添加和重命名新零件

(1) 选择结构树中的产品,如 Product1。

(2) 单击 Part(零件)工具命令图标 ,或选择下拉菜单 Insert(插入)→“New Part”(新零件)命令,出现“New Part: Origin Point”(新零件:原点)对话框,如图 6-13 所示,要求用户确定新零件的坐标原点:单击“是(Y)”按钮,把选择的点作为原点定位新零件;单击“否(N)”,将装配的原点作为零件的原点。通常情况下选择“否(N)”,之后在结构树中添加一新零件 Part5,如图 6-14 所示。双击该零件即可进入零件设计工作台创建该零件,这个零件的数据存储在独立的文件中。

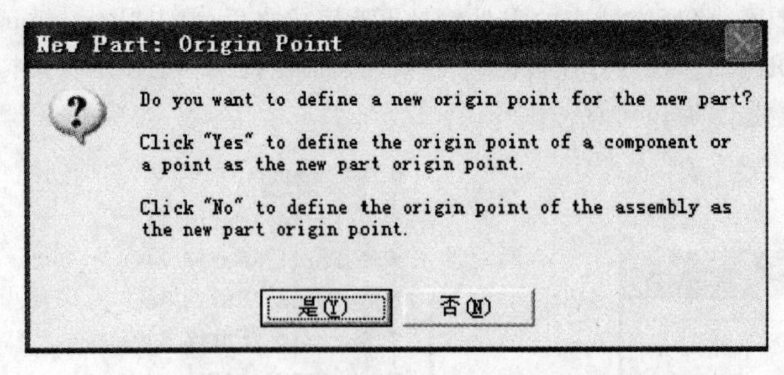

图 6-13 “New Part:Origin Point”(新零件:原点)对话框

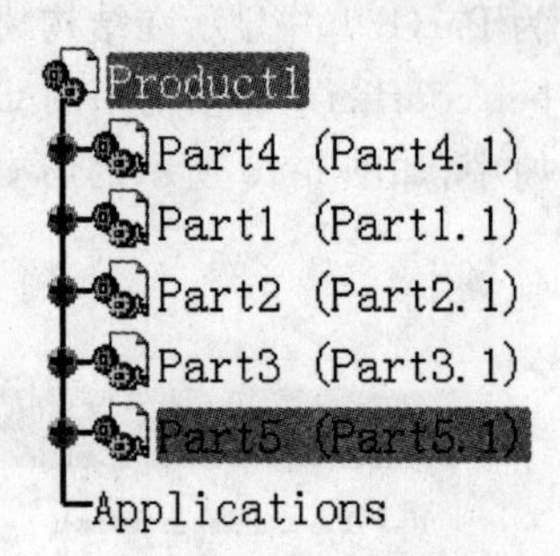

图 6-14 插入的新零件

6.2.4 通过定位插入现有部件

该命令是“Assembly Design”(装配设计)工作台的“Insert Existing Component”(插入已有部件)命令的增强功能,能够实现在插入部件的同时对其简单定位,并可以通过创建约束进行定位。如果插入部件时无几何图形需要定位,此功能与“Existing Component(插入现有部件)”命令和可视化的行为相同。

(1) 选择结构树中的 Product1;

(2) 插入已有零件 zhuang1. CATpart;

(3) 单击“Existing Component with Positioning”(定位现有部件)工具命令图标,或单击下拉菜单 Insert(插入)→“Existing Component with Positioning”(定位现有部件)命令,出现“File Selection”(文件选择)对话框,从中选择 zhuang2. CATpart 模型文件,出现“Smart Move”(精确移动)对话框,如图 6-15 所示。在此对话框中的“Fix Component”(固定部件)按钮是可用的。首先,将光标放在此对话框中的圆柱面上,轴线显示在工作界

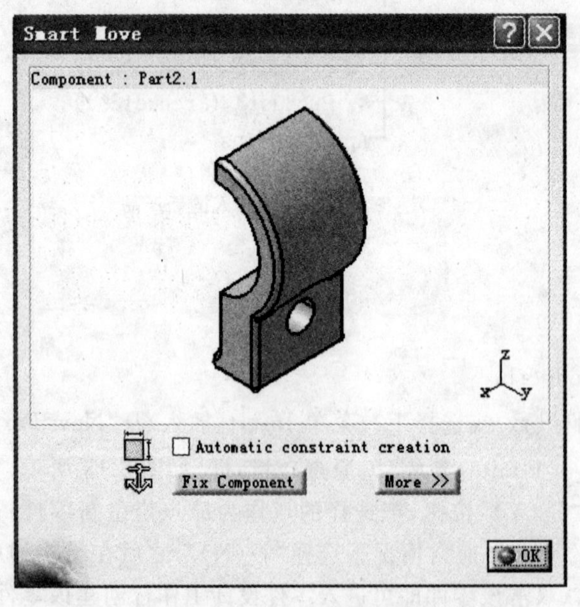

图 6-15 “Smart Move”(精确移动)对话框

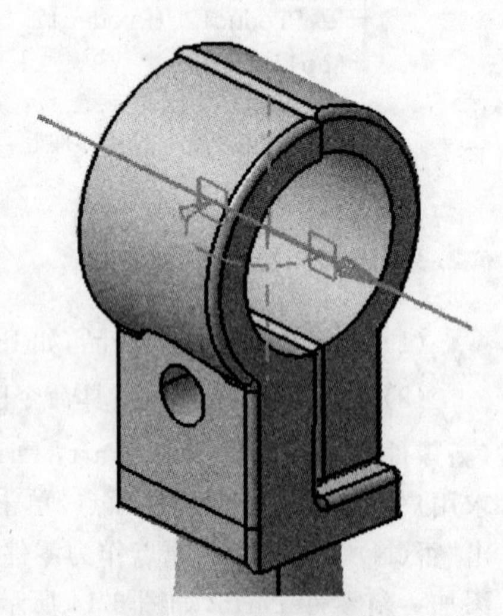

图 6-16 捕捉零件轴线

面中的零件上，单击鼠标左键选择零件的半圆柱轴线；其次，用同样的方式选择零件zhuang1. CATpart 的上部半圆柱轴线，如图 6-16 所示；最后，单击对话框中的 OK 按钮，零件 zhuang2. CATpart 按照同轴要求被插入到相应位置，如图 6-16 所示。

6.2.5 替换部件

该命令既可将一个部件替换为同系列的其他部件(例如，齿轮箱替换为另一齿轮箱)，也可将某一部件替换为与其完全不同的部件(例如，转向机替换为车轮)，具体操作步骤如下：

(1) 在结构树中选择要被替换的部件。

(2) 单击“Replace Component”(替换部件)工具命令图标，显示“File Selection”(文件选择)和 Browse (浏览)窗口，在“File Selection”窗口中选择替换文件，然后单击 Open (打开)，则 Browse (浏览)窗口消失，并出现“Impacts on Replace” (替换的影响)窗口。单击 Cancel(取消)按钮，中断 Replace(替换)操作；单击 OK 按钮，完成替换。

6.2.6 重新排序目录树

(1) 选择将要重新排序的产品，如 Product1。

(2) 单击“Graph Tree Reorder”(重新排序目录树)工具命令图标，出现“Graph Tree Reorder”(重新排序目录树)对话框，如图 6-17 所示。对话框中列出了组成 Product1 的部件，右侧的三个按钮用于重新排序这些部件。箭头向上的第一个按钮将选定的部件在列表中上移；箭头向下的第二个按钮将选定的部件在列表中下移；第三个按钮将两个选定的部件位置互换。单击 Apply (应用)按钮，可以预览结果；单击 OK 按钮，确认操作。

6.2.7 生成编号

(1) 选择结构树中的 Product1。

(2) 单击“Generate Numbering”(生成编号)工具命令图标，显示“Generate Numbering”对话框。有两种编号模式：Integer (整数)模式和 Letters (字母)模式，如图 6-18 所示。如果需要使用现有的编号给装配编号，可以通过选中相应的选项来 Keep(保留)或

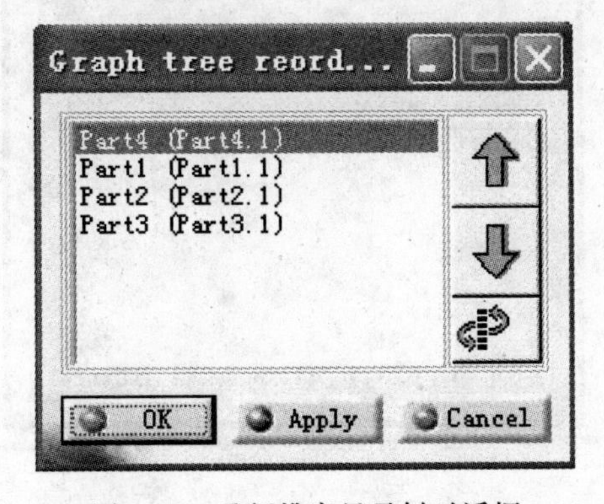

图 6-17 重新排序目录树对话框

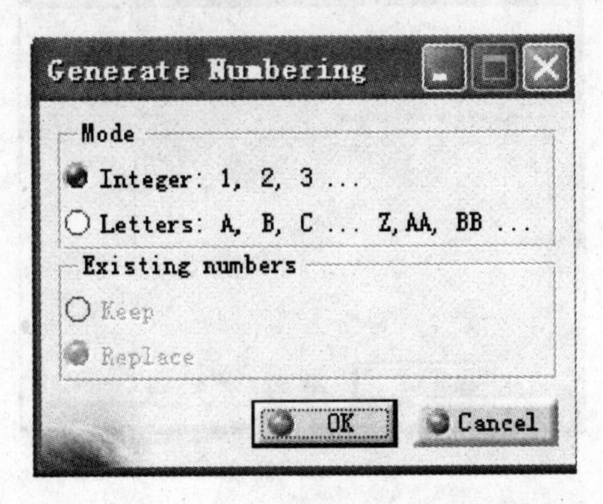

图 6-18 生成编号对话框

Replace(替换)这些编号。单击 OK 按钮完成操作。

可以通过 Properties (属性)命令显示的 Product (产品)选项卡中,或在“Listing Report”(列表报告)选项卡中以及“Bill of Material”(物料清单)的 Recapitulation (摘要)中查看这些编号。

6.2.8 选择性加载

选择性加载是将零部件的几何图形加载到系统内存中,它与前面加载部件功能的不同之处是其加载更精确、更具有选择性,并且还可选择是只将零件或部件加载到装配中,还是两者都加载。

只有停用下拉菜单 Tools (工具)→Options (选项)→General(常规)选项卡中的“Referenced documents”(参考文档)选项的“Load referenced documents”(加载参考文档)选项后,才可应用选择性加载。具体操作步骤如下:

(1) 必须取消下拉菜单 Tools (工具)→Options (选项)→General(常规)选项卡中的“Referenced documents”(参考文档)选项的“Load referenced documents”(加载参考文档)选择。

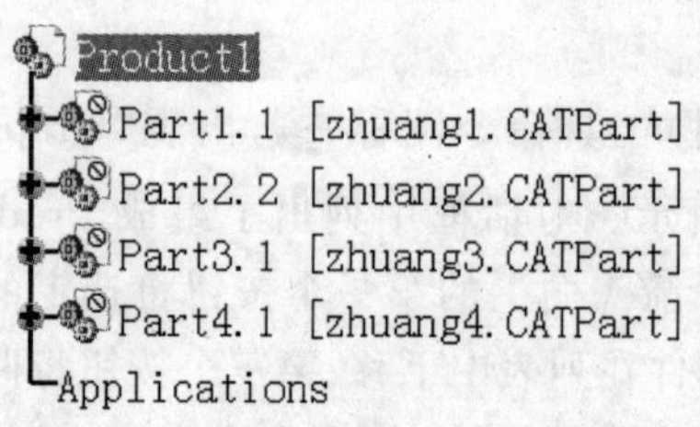

图 6-19 结构树中未加载文档

(2) 打开 Product1.CATProduct 文档,结构树中该文档图标的左下角出现链接符号,说明文档未被加载(图 6-19);如果在 CATPart 图标上出现斑马条纹符号,则表示没有找到文档的参考,部件的几何图形消失,未选中“Load referenced documents”(加载参考文档)选项时,几何图形不可见;然后,选择想要加载的元素。

例如,若要可视化 Part1.1,请选择此 CATPart 并单击“Selective Load”(选择性加载)工具命令图标,出现“Product Load Management”(产品加载管理)对话框,如图 6-20(a)所示,在此对话框中,单击“Selective Load”(选择性加载)符号,对话框中将显示选定部件的名称以及消息“Product1/Part1.1 will be loaded.”(将加载 Product1/

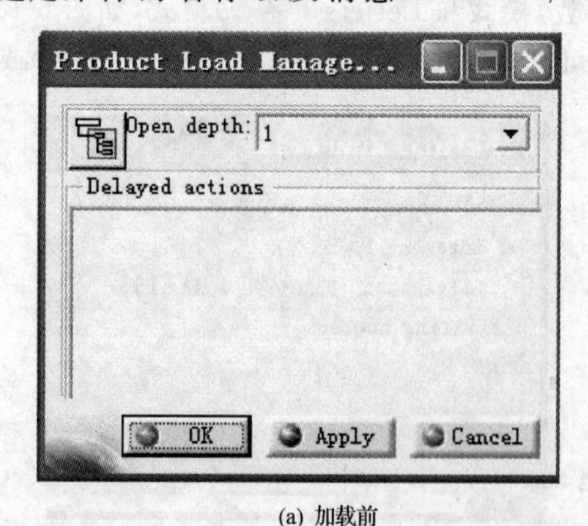

(a) 加载前

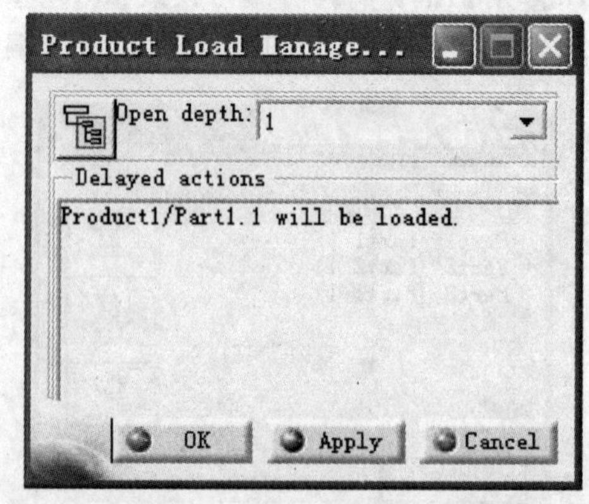

(b) 加载后

图 6-20 产品加载管理对话框

Part1.1),如图 6-20(b)所示。单击 OK 按钮,则已加载 Part1.1,它的 CATPart 符号重新显示在结构树中并且它的几何图形也显示出来。

6.2.9 多实例化

"Multi-Instantiation"(多实例化)命令可以对已插入的零部件进行多重复制,并可预先设置复制的数量及方向。对于在装配体中重复使用的零部件,可以使用此命令按需复制。

多实例化分为"Define Multi-Instantiation"(定义多实例化)和"Fast Multi-Instantiation"(快速多实例化)两个命令。"Multi-Instantiation"工具栏如图 6-21 所示。

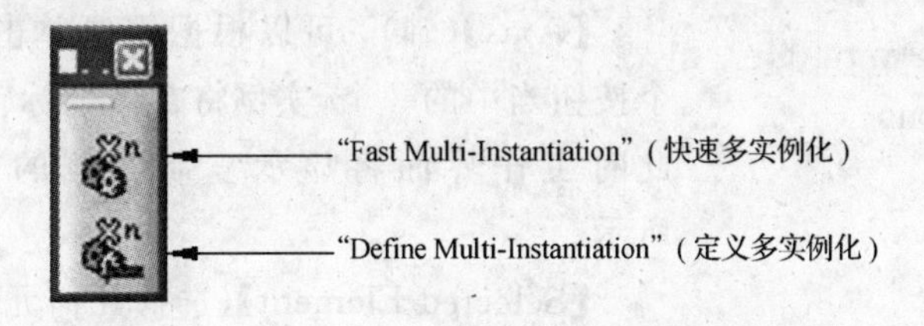

图 6-21 "Multi-Instantiation"(多实例化)工具栏

1. 定义多实例

(1) 选定要复制的零部件,如 Part4。

(2) 单击"Define Multi-Instantiation"(定义多实例化)工具命令图标,或单击下拉菜单 Insert(插入)→"Define Multi-Instantiation"命令,出现"Multi-Instantiation"对话框,如图 6-22 所示。也可通过快捷方式"Ctrl+E"调用此命令。

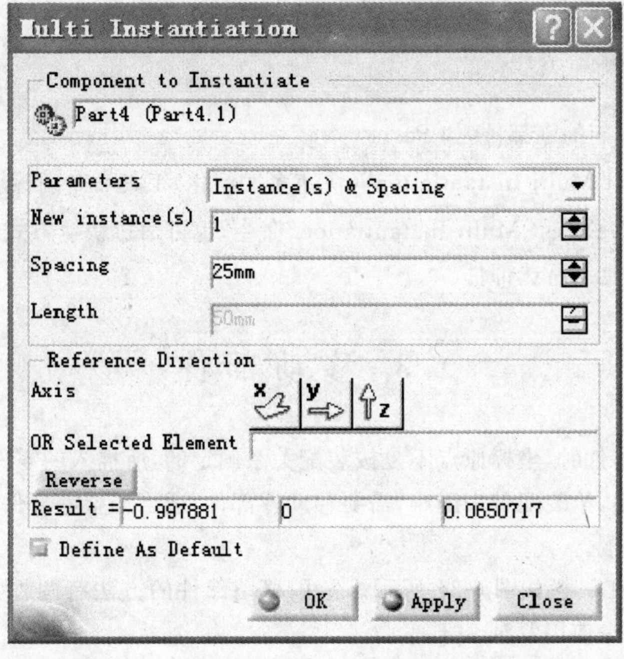

图 6-22 "Multi-Instantiation"(多实例化)对话框

(3) 对话框中各选项的含义如下：

① 【Parameters】(参数)选项有三种：

【Instances & Spacing】(实例和间距)，定义实例数和各实例之间的间距来生成实例，间距是指两生成实例间的距离。

【Instances & Length】(实例和长度)，定义实例数和实例分布长度来生成实例，生成的实例将在此长度上均匀分布。

【Spacing & Length】(间距和长度)，定义相邻实例间距和实例分布长度来生成实例，生成的实例将按照用户所定义的间距在分布长度上均匀分布。

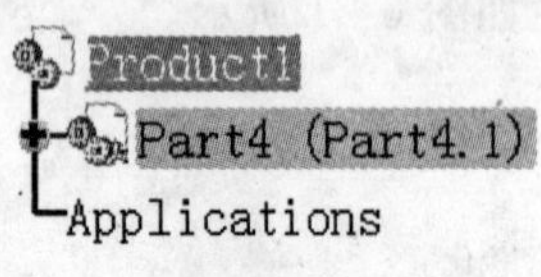

图 6-23　复制预览

② 【Reference Direction】(参考方向)

【Axis】(轴)，可以根据需要单击标有 X、Y、Z 的三个按钮当中的一个，实例将在该坐标轴方向上进行复制。此时工作界面将显示复制实例的预览图，如图 6-23 所示。

【Selected Element】(选择几何元素)，选择几何图形中的直线、轴线或边线作为复制方向。在这种情况下，这些元素的坐标显示在【Result】(结果)字段中。

【Reverse】(反转)，反转已经定义的复制方向。

③ 【Define as Default】(定义为默认)：把当前设置的参数作为默认参数。当该选项选中时，则该参数将被保存并在“Fast Multi-Instantiation”(快速多实例化)命令中重复使用。

(4) 单击 OK 按钮完成复制。如果单击 Apply(应用)按钮也执行此命令，但对话框不关闭，以便按需要任意多次重复此操作。

2. 快速多实例化

(1) 选定要复制的零部件，如 Part4。

(2) 单击“Fast Multi-Instantiation”(快速多实例化)工具命令图标，或单击下拉菜单 Insert (插入)”→“Fast Multi-Instantiation”命令，也可通过快捷方式“Ctrl＋D”调用此命令，系统将快速复制所选部件。

6.3 移动部件

由于在创建零件时，坐标原点不是按装配关系确定的，所插入的零件在装配设计工作界面中的位置重叠，给装配带来困难，需要移动零部件，适当调整零部件的位置，使之便于施加约束、利于装配。

Move(移动)工具栏如图 6-24 所示。常用移动部件的方法有两种，一种是使用操作部件命令，另一种是使用罗盘。

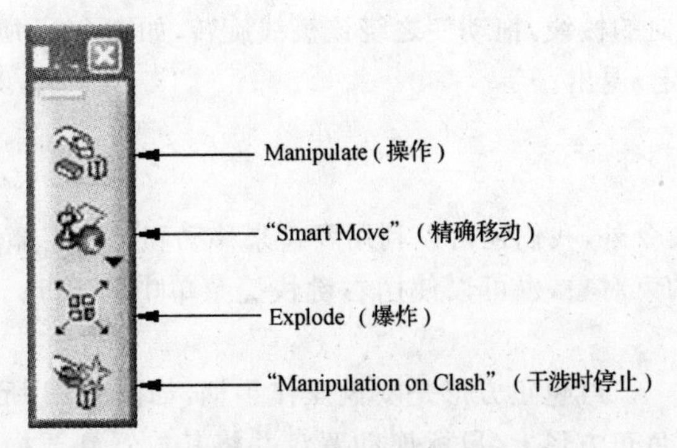

图 6-24　Move(移动)工具栏

6.3.1　操作部件

Manipulate(操作)命令允许用户使用鼠标徒手移动部件，具体操作方法如下：

(1) 单击 Manipulate (操作)工具命令图标，出现"Manipulation Parameters"(操作参数)对话框，如图 6-25 所示。

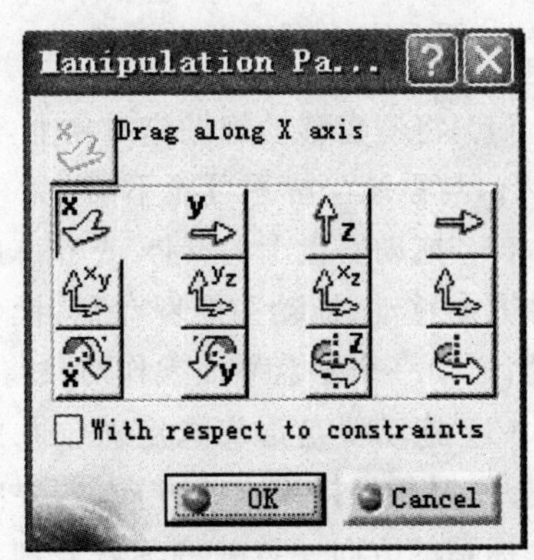

图 6-25　操作参数对话框

对话框中各选项含义如下：

、、和四个按钮分别表示零部件沿着 x、y、z 坐标轴和某一任意选定线的方向移动，选定线可以是棱线或轴线。

、、和四个按钮分别表示零部件在 xy、yz、xz 坐标面内和某一任意选定面内移动。

、、和四个按钮分别表示零部件绕着 x、y、z 坐标轴和某一任意选定轴旋转，选定轴可以是棱线或轴线。

选中"With respect to constraints"(遵循约束)选项后，不允许对已经施加了约束的部件进行违反约束要求的上述操作。

(2) 单击按钮，分别选择如图 6-7 所示产品中的 Part1、Part2 和 Part3 并拖动，从而将重合在一起的零件分开，使之处在便于添加约束的位置，如图 6-26 所示。

(3) 单击按钮，分别选择 Part3、Part4，拖动使之绕 y 轴旋转；再单击按钮，选择

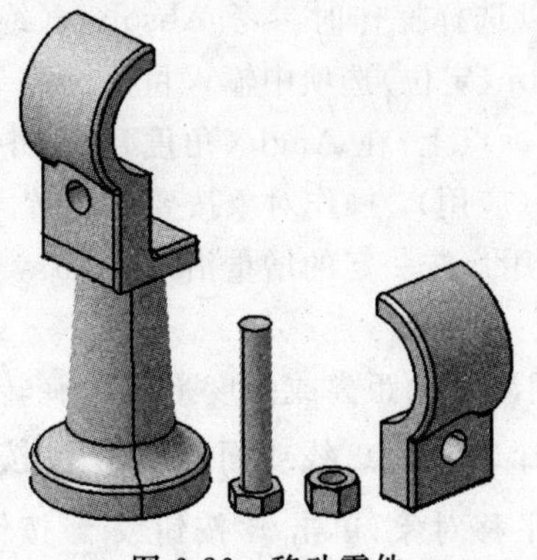

图 6-26　移动零件

图 6-27　旋转零件

Part2 上的一条垂直方向的棱线，拖动使之绕该棱线旋转，如图 6-27 所示。

(4) 单击 OK (确定)退出。

6.3.2 使用罗盘操作部件

除使用上述操作命令外，我们还可以利用罗盘来移动和旋转零部件，既可以使用鼠标和罗盘移动和旋转非约束对象，也可以使用右键快捷菜单中的 Edit... (编辑)选项移动和旋转非约束对象。

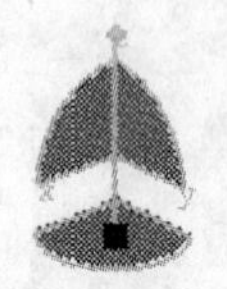

图 6-28 罗盘操作手柄

红色正方形是罗盘操作手柄，如图 6-28 所示。将光标放到红色正方形上，鼠标拖动罗盘并将其放置到要操作的对象上。还可以通过选择右键菜单中的“Snap automatically to selected object”(自动捕捉到选定的对象)选项，将罗盘自动捕捉到选定的对象。该选项被选定后，选择一个对象(在几何区域或结构树中)，罗盘就会自动捕捉到选定的对象，但操作完成后要记得取消该选项。

1. 用鼠标和罗盘操作对象

(1) 将罗盘移动到操作对象上，如图 6-29 所示。此时 X 轴是 w|x，Y 轴是 u|y，Z 轴是 v|z，与系统坐标系可能不同。

(2) 拖动罗盘上的 w|x 或 u|y 或 v|z，操作对象将沿该轴方向移动；拖动一个罗盘弧，操作对象将绕对应的轴转动；拖动一个罗盘平面操作对象将在该平面内移动。

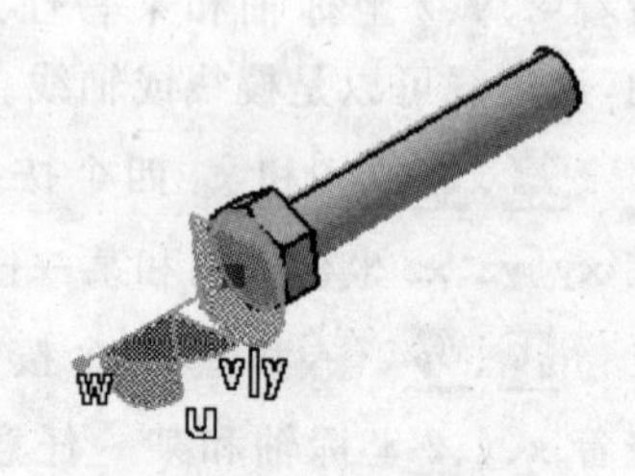

图 6-29 使用罗盘移动部件

(3) 拖动罗盘远离选定对象并释放它。罗盘与对象脱离开，但仍保持原来的方向，若要将罗盘重定位到与系统坐标系的方向一致并将其恢复到文档右上角的原始位置，可将罗盘拖放到右下角的系统坐标系上并释放它。也可以按住 Shift 键，然后拖放罗盘，释放鼠标左键后再释放 Shift 键即可。

2. 使用“Edit...”(编辑)选项操作对象

(1) 将罗盘拖放到对象上，在罗盘上单击右键，选择“Edit...”(编辑)选项，出现“Parameters for Compass Manipulation”(罗盘操作参数)对话框，如图 6-30 所示。

(2) 在对话框的 Coordinates(坐标)区域中，可以选择操作时参考 Absolute(绝对坐标)或“Active object”(当前装配的坐标系)；在 Position(定位)选项中输入目标位置 x、y、z 坐标，单击 Apply(应用)，操作对象的原点移动到目标点上；在 Angle(角度)选项中输入操作对象绕 X 轴、Y 轴、Z 轴旋转的角度，单击 Apply(应用)，操作对象按要求旋转。

(3) 在对话框的 Increments(增量)选项中，允许用户按一定的增量沿 w|x、u|y 和 v|z 轴平移罗盘，或绕 w|x、u|y 和 v|z 轴旋转罗盘。

(4) 在对话框的 Measures(测量)选项中，可以用测量的距离或角度平移或旋转操作对象，单击 Distance(距离)按钮，在工作界面选择两个对象(点、线或面)，单击按钮或按钮，操作对象按测量出的距离分别反向或正向平移对象；单击按钮或按钮，操作对象按测量出的角度旋转操作对象。可以通过单击[eraser icon]按钮来重置输入的增量。

(5) 单击 Close(关闭)按钮,完成操作。

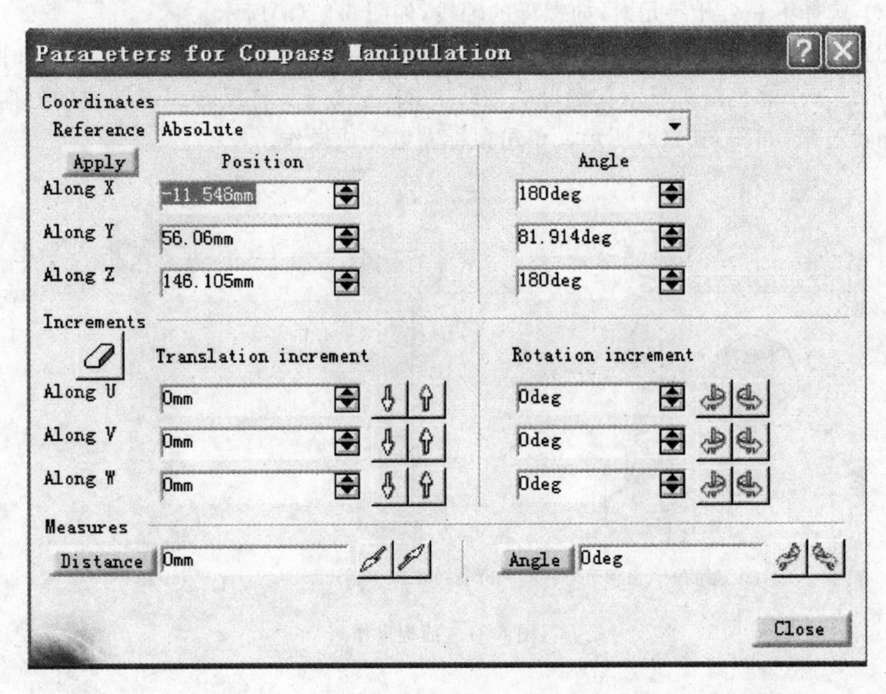

图 6-30 “Parameters for Compass Manipulation”(罗盘操作参数)对话框

6.3.3 装配捕捉

1. 捕捉部件

Snap (捕捉)命令可以快速平移或旋转部件。根据所选几何元素的先后顺序不同,将获得不同的捕捉结果,并且最先被选中的元素总是移动的元素。捕捉命令可以进行的操作及获得的结果见表 6-1。

表 6-1 捕捉命令可以进行的操作及获得的结果

第一个选定元素	第二个选定元素	捕捉结果
点	点	共点
点	直线	点移动到直线上
点	平面	点移动到平面上
直线	点	直线通过选择点
直线	直线	根据第二条直线重新定向第一条直线,两条直线共线
直线	平面	根据平面重新定向直线,且直线通过平面
平面	点	平面通过点
平面	直线	根据直线重新定向平面,且平面通过直线
平面	平面	根据第二个平面定向第一个平面,两平面共面

捕捉命令的操作步骤如下：

(1) 单击 Snap(捕捉)工具命令图标。

(2) 选择第一个几何元素，如螺母的轴线，如图 6-31(a)所示。

(3) 选择第二个几何元素，如螺栓的轴线，螺母移动到螺栓上，且两者同轴，如图 6-31(b)所示。一个绿色箭头显示在螺母的轴线上，单击该箭头将反转螺母轴线的方向，并将螺母翻转过来，如图 6-31(c)所示。单击鼠标左键完成操作。

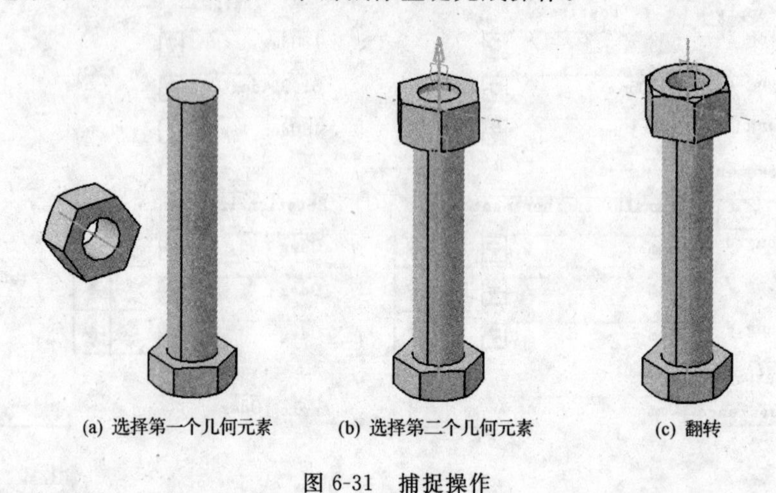

(a) 选择第一个几何元素　　(b) 选择第二个几何元素　　(c) 翻转

图 6-31　捕捉操作

2. 精确移动

(1) 单击“Smart Move”(精确移动)工具命令图标，出现“Smart Move”对话框，如图 6-32 (a)所示。单击 More 按钮，得到展开的“Smart Move”对话框，如图 6-32(b)所示。在该对话框的“Quick Constraint”(快速约束)列表中包含可以设置的约束，此列表以分级顺序显示这些约束，通过对话框右侧的两个箭头可改变约束优先顺序。选中“Automatic constraint creation”(自动约束创建)选项，应用程序按照约束列表中指定的优先顺序，创

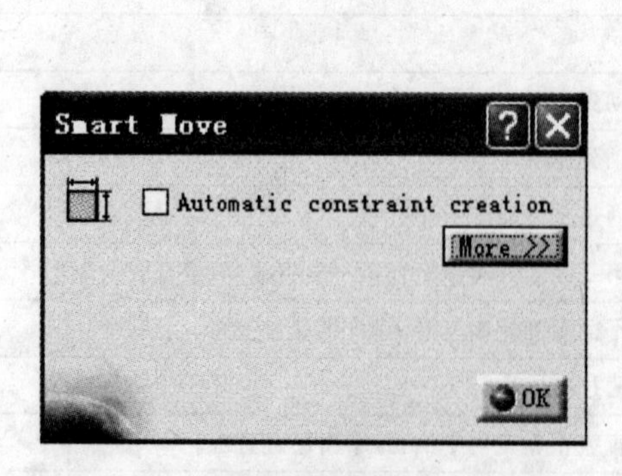

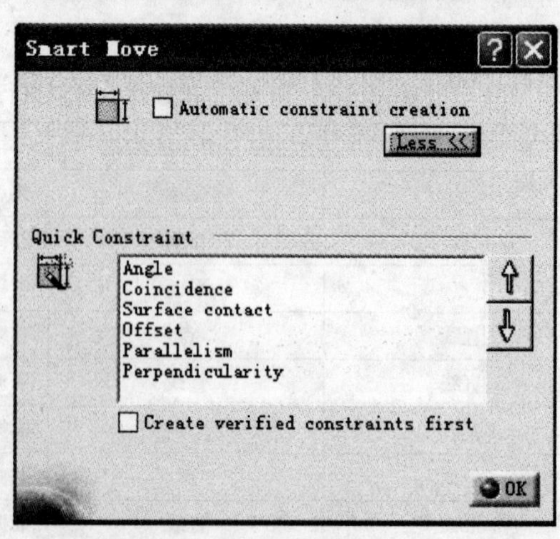

(a) 展开前的对话框　　(b) 展开后的对话框

图 6-32　“Smart Move”(精确移动)对话框

建第一可能的约束。

(2) 选择第一个部件的几何元素，再选择第二个部件的几何元素，精确移动的结果同 Snap (捕捉)的相应操作。也可以在选择第一个部件的几何元素后，将其拖放到第二个部件的几何元素上，应用程序将自动检测两几何元素之间可能存在的约束，并按照优先顺序创建约束。

(3) 单击 OK 按钮，完成精确移动。

6.3.4 分解受约束的装配

Explode(爆炸)命令用于分解装配体以查看它们的关系。具体操作步骤如下：

(1) 选择要分解的产品，如 Product 2。

(2) 单击 Explode 工具命令图标，出现 Explode 对话框，如图 6-33 所示。对话框中 Depth (深度)参数允许用户选择“All levels”(所有级别)选项，分解所有层级的装配，以及“First level”(第一级)分解第一层级的装配；Selection(选择)框内为要分解的装配；在 Type(类型)选项，定义分解类型中有三个选项供选取：3D、2D 和 Constrained (约束)。

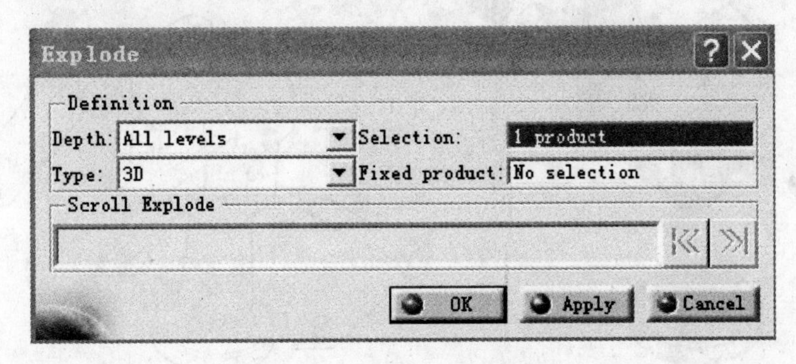

图 6-33　Explode (爆炸)对话框

(3) 单击 Apply(应用)按钮，出现“Information Box”(信息提示)对话框，提示可以使用 3D 罗盘在分解视图内移动产品，如图 6-34 所示，单击 OK 按钮，系统将产生夹紧装置的爆炸图，如图 6-35 所示。此时，Explode 对话框中的“Scroll Explode” (分解滚动条)选项栏中滑块和两个带箭头的按钮可用，利用该滑块可调整分解图中零件间的距离，其默认值为 1 也为最大值，可向左拉动滑块至某一位置，使分解图中零件间的距离变小。完成上述操作后，单击 OK 按钮，系统将弹出 Warning(警告)对话框，提示部件位置改变，如

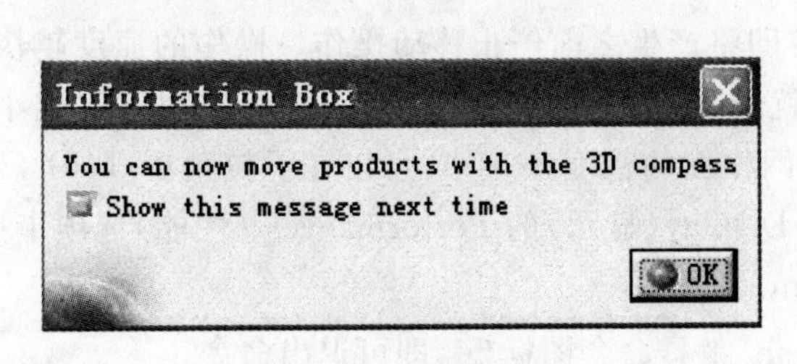

图 6-34　信息提示对话框

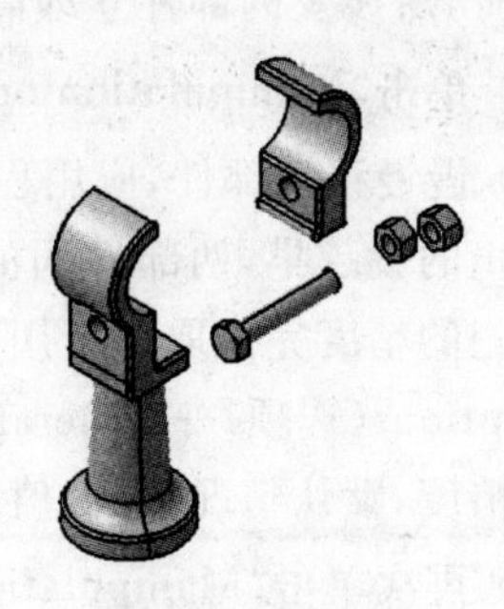

图 6-35　分解图

图 6-36 所示，单击“是”，完成爆炸操作。单击 Update(更新)工具命令图标，又可恢复到装配状态。由于自动生成的爆炸图只是将各零件分散，零件间装配关系不明显，因此，如果要生成装配关系的轴测图，还需利用 Manipulate (操作)命令或罗盘调整各零件间相对位置，更加清楚的表达零件间装配关系，如图 6-37 所示。还可以在工程图工作台中生成装配关系的轴测图，如图 6-38 所示。

图 6-36 Warning (警告)对话框

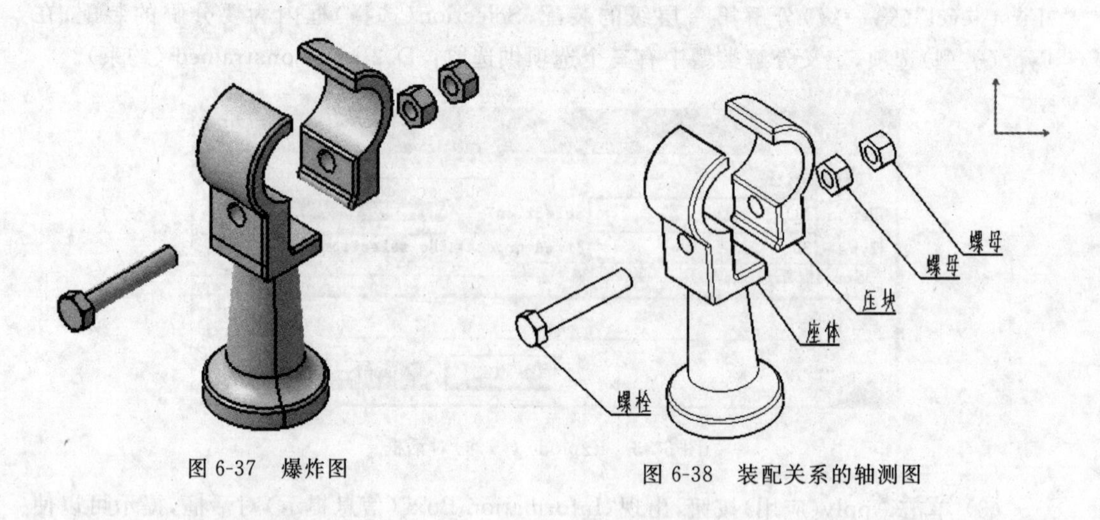

图 6-37 爆炸图

图 6-38 装配关系的轴测图

6.3.5 产生干涉时停止

装配体中的零部件之间有可能产生冲突，只有选中如图 6-25 所示“Manipulation parameters”(操作参数)对话框中的“With respect to constraints”(根据约束)选项时，再用操作命令移动部件时才能检测冲突。若用罗盘检测冲突，需按住 Shift 键移动部件，当发生冲突时，所涉及的部件立即高亮显示。具体操作步骤如下：

(1) 单击“Manipulation on Clash”(干涉时停止)工具命令图标。

(2) 慢慢移动部件，应用程序在冲突即将产生之前停止移动操作。操作的速度越快，操作停止的就越早，两部件间的间隔也就越大；操作的速度越慢，部件间的距离就越小。冲突检测的精度完全取决于用于对象上网格面的精度(SAG)，可以在下拉菜单 Tools(工具)→Options(选项)→General(常规)→Display(显示)的 Performances (性能)选项卡中设置此精度，默认情况下，此值为 0.2 mm。

(3) 再次单击“Manipulation on Clash”工具命令图标，即可退出命令。

6.4 设置零部件之间的约束

通过设置零部件之间的约束,可使它们按装配设计的要求正确定位。装配时只需指定两个部件之间的约束类型,系统将自动按指定的方式定位部件。通常,在约束部件后需要手动更新才能显示新的位置关系。本节主要介绍在装配设计时设置和使用的约束及其操作方式。约束工具栏如图 6-39 所示。

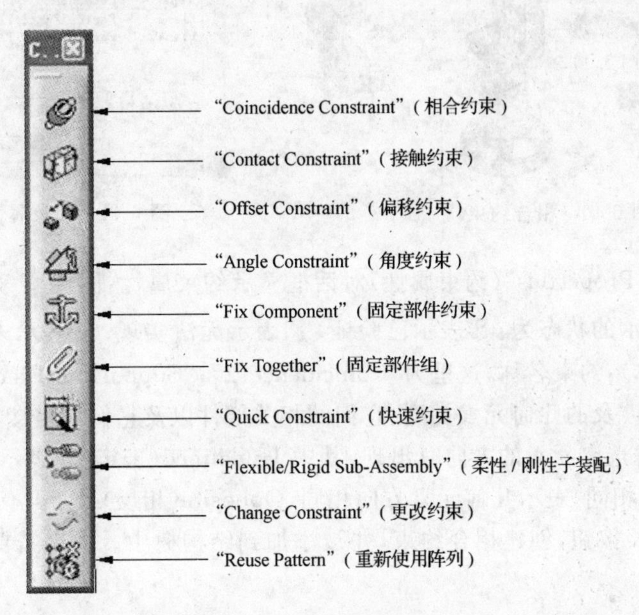

图 6-39 约束工具栏

6.4.1 相合约束

相合类型的约束用于对齐元素。根据选定元素可获得共点、共线或共面约束。表 6-2显示可选择用于相合约束的元素。

表 6-2 相合约束

	点	直线	平面	球面(中心)	圆柱面(轴)
点	可	可	可	可	可
直线	可	可	可	可	可
平面	可	可	可	可	可
球面(中心)	可	可	可	可	不可
圆柱面(轴)	可	可	可	不可	可

操作步骤如下:

(1) 单击"Coincidence Constraint"(相合约束)工具命令图标 。

(2) 分别选择要约束的元素,如支座上部的平面和夹块上部平面。选定的面上出现绿色箭头,如图 6-40 所示。同时出现"Constraint Properties"(约束属性)对话框,如

图 6-41所示。只有当相合约束中考虑选定元素的方向时,才会出现绿色箭头,它们指示在装配更新期间如何设计选定元素。其中第一个选定元素上的箭头为参考箭头,它的方向不能修改。单击任何箭头可更改第二个选定元素上的箭头方向。

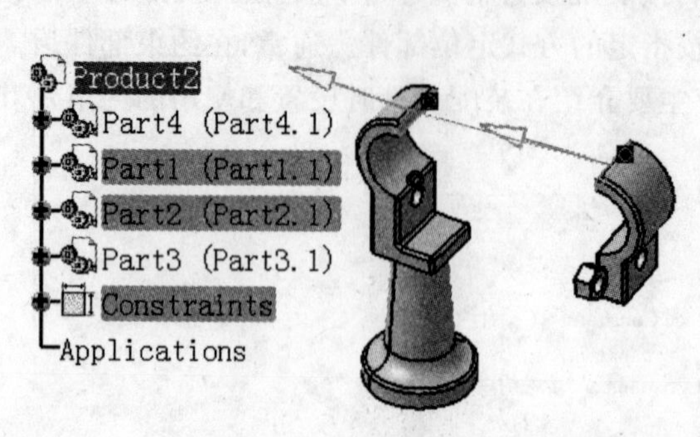

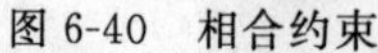
图 6-40　相合约束

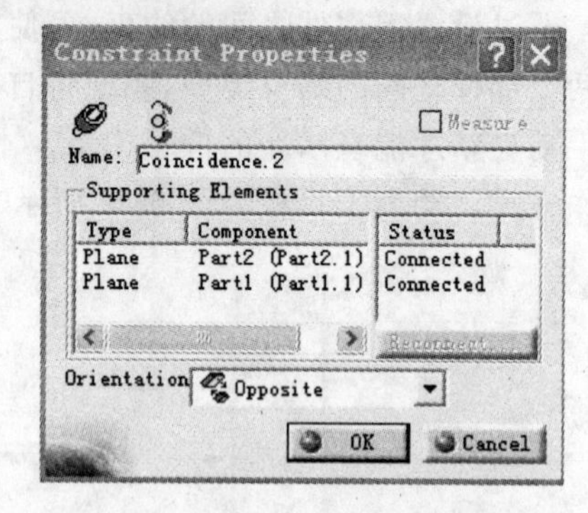

图 6-41　约束属性对话框

“Constraint Properties”(约束属性)对话框显示约束属性:图标为约束类型,由交通信号灯图标表示的状态为:表示已验证,表示无法实现,表示未更新,表示已断开;Name(名称):约束名称,这里为“Coincidence. 2”;“Supporting Elements”(支持面元素):显示约束中涉及的几何元素类型、它们的相关部件以及它们的连接状态;Orientation(方向):只在考虑选定元素的方向时出现,其中 Undefined(未定义)表示由应用程序计算最佳解法,Same(相同)表示几何元素方向相同,Opposite(相反)表示几何元素方向相反。

(3) 单击 OK 按钮,创建相合约束,并被添加到结构树中。如果需要观察结果,更新装配即可。

6.4.2　接触约束

接触约束可以在两个定向曲面间创建接触类型的约束。定向表示可以定义几何元素(如凸台的曲面)的内部面和外部面。两个曲面间的共同区域可以是平面(平面接触)、直线(直线接触)或点(点接触)。表 6-3 表示是否可以选择用于接触约束的元素。

表 6-3　可以选择用于接触约束的元素

	平面曲面	球 面	圆柱面	圆锥面	圆
平面曲面	可	可	可	否	否
球面	可	可(等半径)	否	可	可
圆柱面	可	否	可(等半径)	否	否
圆锥面	否	可	否	可	可
圆	否	可	否	可	否

接触约束的操作步骤如下:

(1) 单击“Contact Constraint”(接触约束)工具命令图标。

(2) 分别选择要约束的元素,如螺栓柱面和螺母孔柱面,出现“Constraint Properties”(约束属性)对话框,对话框内容与相合约束类似,只是 Orientation(方向)可选择 Internal

（内侧接触）或 External（外侧接触），如图 6-42 所示。

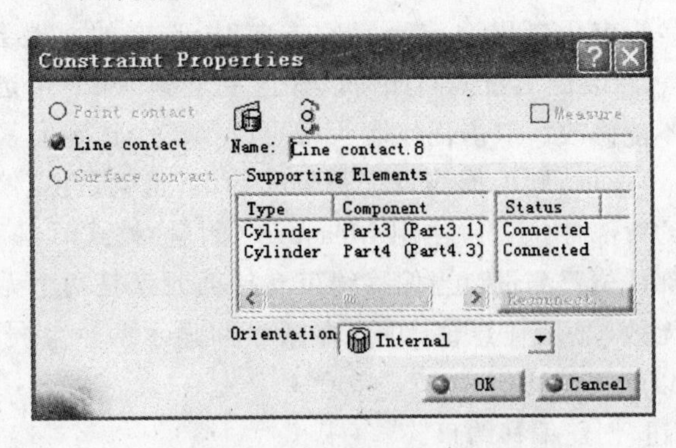

图 6-42　接触约束属性对话框

（3）几何区域中显示约束图形符号，表示已定义此约束，如图 6-43 所示。

（4）单击 OK 按钮，创建接触约束并被添加到结构树中。

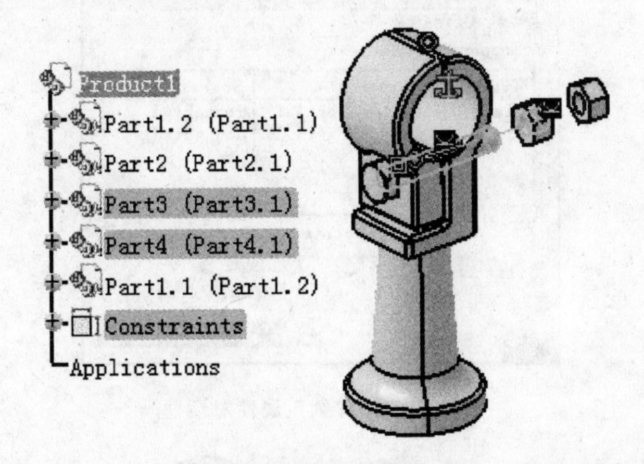

图 6-43　接触约束

6.4.3　偏移约束

偏移约束可以设置两部件几何元素间的距离，当定义平面元素间的偏移类型约束时，需要指定面的方向，偏移值通常显示在偏移约束旁边。表 6-4 表示可以选择用于设置偏移约束的元素。

表 6-4　可以选择用于设置偏移约束的元素

	点	直线	平面
点	可	可	可
直线	可	可	可
平面	可	可	可

偏移约束的操作步骤如下：

（1）单击“Offset Constraint”（偏移约束）工具命令图标。

(2) 选择要约束的两部件的元素，出现“Constraint Properties”（约束属性）对话框，如图 6-44 所示。当偏移约束中考虑选定元素的方向时，选定的面上会出现绿色箭头，如图 6-45 所示，它们指示在装配更新期间如何设计选定元素。第一个选定元素上的箭头为参考箭头，它的方向不能修改。双击任何箭头可更改第二个选定元素上的箭头方向。如果选中 Measure（测量）选项，则根据测量进行偏移约束，也就是说，偏移约束由部件位置定义，否则偏移约束约束部件位置。使用 Measure（测量）模式时，偏移值显示在指定此模式的括号中，并从部件位置测量。当偏移约束支持面元素是两个无法测量偏移值的不平行的平面时，约束无效，显示任意值，并且在括号间显示两个＃号“＃＃”。对话框中 Offset（偏移）框中可以输入偏移值。

(3) 单击 OK 按钮，创建偏移约束。

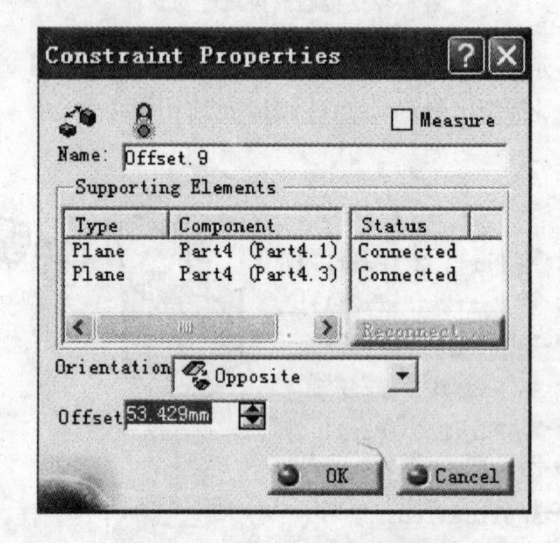

图 6-44　偏移约束属性对话框

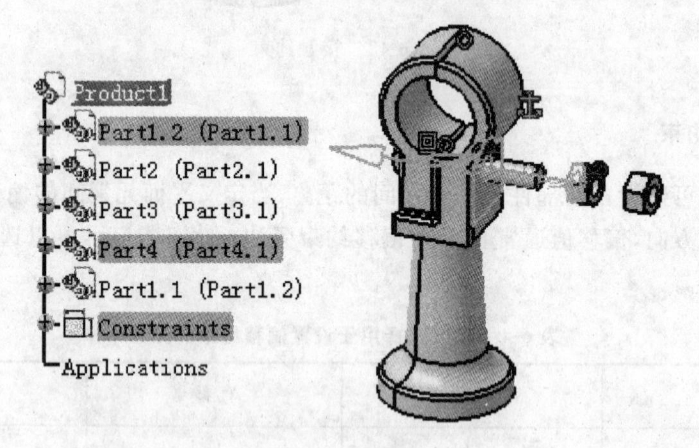

图 6-45　偏移约束

6.4.4 角度约束

“Angle Constraint”（角度约束）可以定义两部件几何元素间的角度约束。角度类型可分为平行、垂直和其他角度三个类别。定义平面元素间的角度约束时，需要指定面的方向。当设置平行度约束时，选定面上出现指定方向的绿色箭头。设置角度约束时，必须定义角度值。表 6-5 表示可以选择用于角度约束的元素。

表 6-5　可以选择用于角度约束的元素

	直线	平面	圆柱面(轴)	圆锥面(轴)
直线	可	可	可	可
平面	可	可	可	可
圆柱面(轴)	可	可	可	可
圆锥面(轴)	可	可	可	可

角度约束的操作步骤如下：

(1) 单击“Angle Constraint”(角度约束)工具命令图标。

(2) 分别选择要约束的两部件的几何元素，如图 6-46 所示，并出现“Constraint Properties”(约束属性)对话框，如图 6-47 所示，该对话框中包括选定约束的属性以及可用约束的列表。

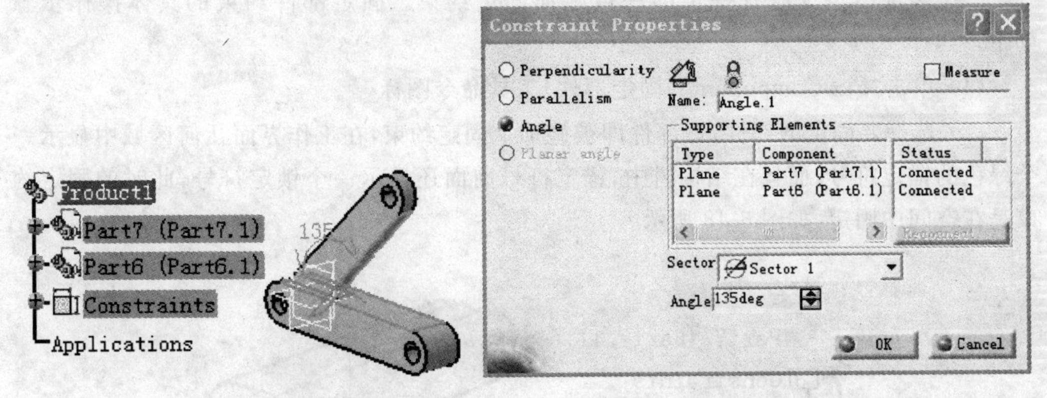

图 6-46　角度约束　　　　图 6-47　角度约束约束属性对话框

前两项为 Perpendicularity(垂直度)和 Parallelism(平行度)，其中 Parallelism 选项选中后需要定义面的方向，可以在 Orientation(方向)一栏中选择：Undefined(未定义)或 Same(相同)或 Opposite(相反)，当将 Same (相同)方向更改为 Opposite (相反)方向时，应用程序有时可能不是按操作者所需的方式定位零件，特别是当系统约束不充分时；第三项为 Angle(角度)，在此自动选择该项；需在 Angle(角度)一栏中输入角度值，Sector(象限)选项只有当选择的两个几何图形的方向可以定义时，列表才出现(不包括直线或边线)，该选项控制角度约束中的角度值在工作界面中的显示值，共有四种表示法，具体显示值见表 6-6；第四项为“Planar angle”(平面角度)，选择一个轴，此轴必须同时属于两个平面。

(3) 单击 OK 按钮，创建得到角度约束。

表 6-6 角度值在工作界面中的显示值

象限 1	Sector1	直接测量或输入的角度
象限 2	Sector2	测量或输入的角度 + 180°
象限 3	Sector3	180° ——测量或输入的角度
象限 4	Sector4	360° ——测量或输入的角

6.4.5 固定部件约束

“Fix Component”(固定部件)命令用于固定选定部件的位置,防止此部件在更新操作期间从其父级上移开。固定的部件可以作为其他约束的参考。固定部件的方法有两种:一种是根据装配的几何原点固定部件的位置,称为“在空间中固定”,这种固定方法在移动部件后再执行更新命令,部件会返回到原位;另一种是根据其他部件固定部件的位置,称为“相对固定”,这样的固定方法在部件移动后即使更新也不会再回到原位。

一个装配中至少应有一个部件被施加固定约束。固定部件约束的具体操作步骤如下:

(1) 单击“Fix Component”(固定部件)工具命令图标。

(2) 选择要固定的部件,该部件即被施加上固定约束,在工作界面几何区域中显示一个绿色的锚定符号,而且在结构树中,锚定符号前面还显示一个锁定符号,此时的固定约束是在空间中固定,如图 6-48 所示。

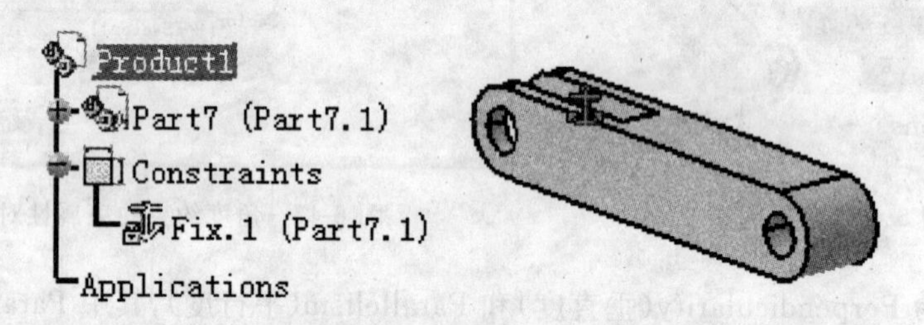

图 6-48 固定部件约束

(3) 双击刚刚创建的固定部件约束符号,出现“Constraint Definition”(约束定义)对话框,如图 6-49(a)所示。

(4) 单击该对话框中的 More 按钮,展开对话框,如图 6-49(b)所示。

(5) 取消选中对话框左侧的“Fix in space”(在空间中固定)选项,结构树中不再显示锁定符号,表示仅根据其他部件来定位此部件。此时的固定部件约束由“Fix in space”(在空间中固定)变为相对固定。

(6) 单击 OK 按钮,为部件施加了固定约束。

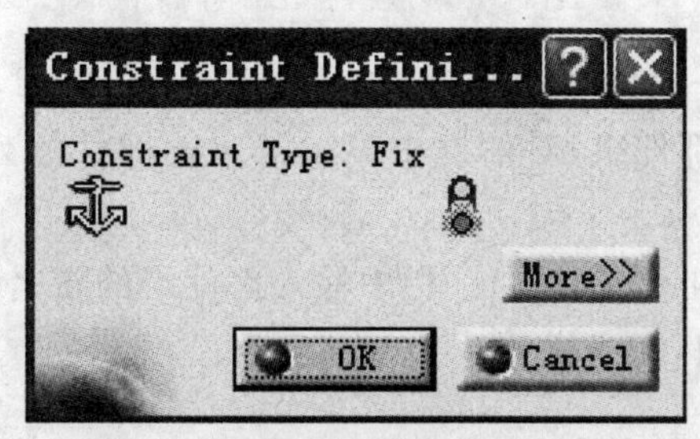

(a) 直接打开的对话框

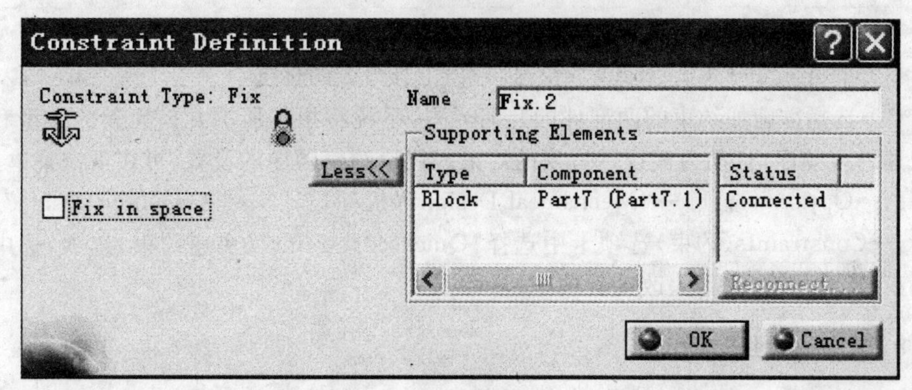

(b) 展开的对话框

图 6-49 约束定义对话框

6.4.6 固定部件组约束

"Fix Together"(固定部件组)命令用于将选定的元素组合在一起。可以固定任意多个部件,但这些部件必须属于活动部件。可以在属于一组固联部件的部件之间设置约束。在一个部件和一组连接部件之间设置约束时,整组部件都受约束影响。

固定部件组的具体操作步骤如下:

(1) 单击"Fix Together"(固定部件组)工具命令图标,出现"Fix Together"对话

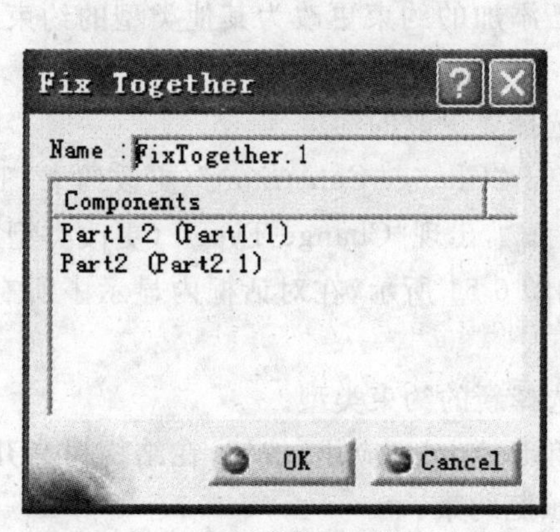

(a) 固定部件组对话框

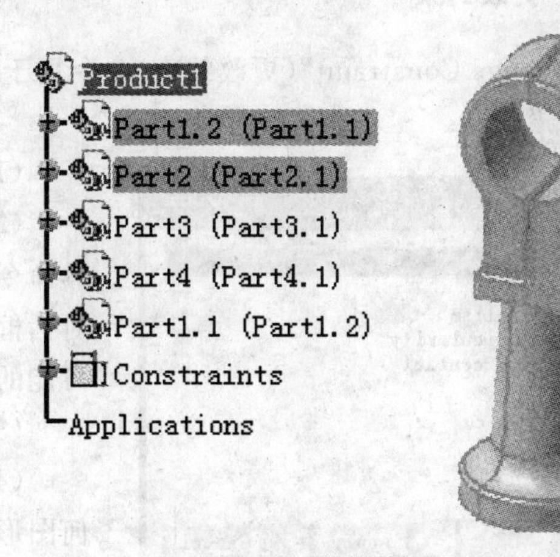

(b) 选择欲固定的部件

图 6-50 固定部件组

框，如图 6-50(a)所示。

(2) 选择要组成一组的所有部件，如 Part1.2 和 Part2，如图 6-50(b)所示，同时，在“Fix Together”(固定部件组)对话框中显示了所选部件的列表。要从列表中移除部件，只需单击该部件即可。

(3) 在对话框的 Name(名称)一栏中输入部件组的新名称。

(4) 单击 OK 按钮，完成操作。

6.4.7 快速约束

“Quick Constraint”(快速约束)的操作步骤如下：

(1) 单击“Quick Constraint”(快速约束)工具命令图标。

(2) 选择欲施加约束的两部件的几何元素，系统将根据所选几何元素的类型和设置的快速约束顺序，自动为其设置适当的约束。快速约束顺序的设置，可在下拉菜单 Tools(工具)→Options(选项)→“Mechanical Design”(机械设计)→“Assembly Design”(装配设计)→Constraints(约束)选项卡中选择“Quick constraint”(快速约束)选项，选中其中的约束，并利用上、下箭头改变其顺序。

6.4.8 柔性/刚性子装配

CATIA V5 系统将装配插入的一些子装配产品部件看作是一个刚体，不允许对部件内的零件单独操作，只能整组部件一起移动。“Flexible/Rigid Sub-Assembly”(柔性/刚性子装配)命令可以解决这个问题。操作步骤如下：

(1) 单击“Flexible/Rigid Sub-Assembly”(柔性/刚性子装配)工具命令图标。

(2) 选择要设为活动件的子装配产品部件，该产品部件在结构树上对应图标左上角的小轮将变为紫色，表明已变为柔性子装配，可对该部件内的零件进行操作了。

(3) 欲将柔性子装配重新变为刚体，在选取该部件后再单击一次“Flexible/Rigid Sub-Assembly”(柔性/刚性子装配)工具命令图标即可。

6.4.9 更改约束

“Change Constraint”(更改约束)命令用于将已添加的约束更改为其他类型的约束。操作步骤如下：

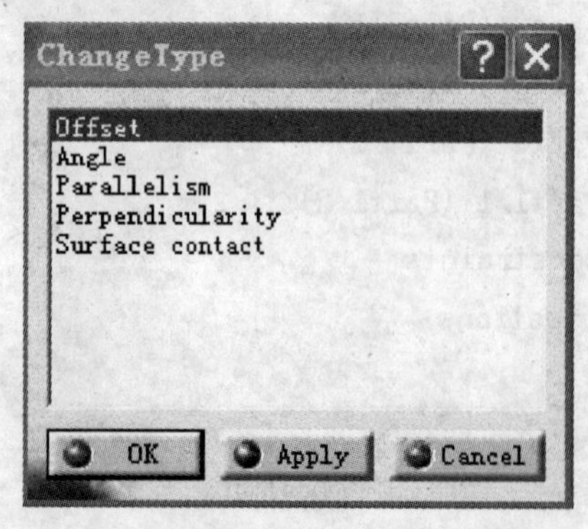

图 6-51 更改约束类型对话框

(1) 选择要更改的约束。

(2) 单击“Change Constraint”(更改约束)工具命令图标，出现“Change Type”(更改类型)对话框，如图 6-51 所示，在对话框内显示了所有可能的约束。

(3) 选择新的约束类型。

(4) 单击 Apply(应用)按钮，在结构树和几何图形中预览约束。

(5) 单击 OK 按钮，确认操作。

6.4.10 重用阵列样式

“Reuse Pattern”(重用阵列)命令用于在装配时重用零件设计中的阵列样式来复制零部件。具体操作步骤如下：

(1) 先将要装配的零件端盖和螺钉按装配要求进行约束,如图 6-52 所示。

(2) 在结构树中或几何图形中选择矩形阵列,如“CircPattern. 1 ”,再按住 Ctrl 键并选择要重复的部件,即 Part6,如图 6-53 所示。

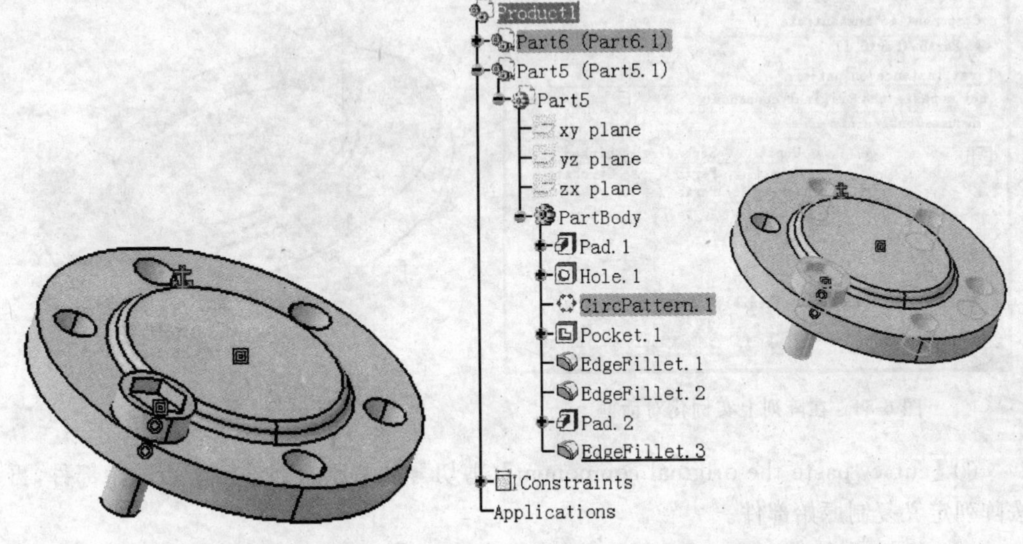

图 6-52　已约束的端盖和螺钉　　　　图 6-53　选择矩形阵列和部件

(3) 单击“Reuse Pattern”(重新使用阵列)工具命令图标,出现“Instantiation on a pattern”(在阵列上实例化)对话框,如图 6-54 所示,同时在工作界面显示本次复制的预览,如图 6-55 所示。对话框中 Pattern 选项中显示阵列名称“CircPattern. 1”、要创建的 Instance(s)(实例数)和要重复的“In Component”(部件)名称“Part5(Part5. 1)”等。

(4) 选中“Keep link with the pattern”(保持与阵列的链接)复选框,以保证复制的部件与被引用的阵列保持链接关系。一旦阵列的定义被修改后,复制的部件也将随之改变。

(5) 如果选中“pattern′s definition”(阵列的定义)复选框,则只复制部件,不引用约束。如果选中“generated constraints”(生成约束) 复选框,则在复制的同时引用原部件的约束,这时“Reuse Constraints”(重新使用约束)列表中显示为部件检测到的约束,并列出所有原始约束供用户选择,用户可以定义在实例化部件时是否复制一个或多个原始约束。

(6) 在“First instance on pattern”选择框中通过三种选项可以设置部件的三种复制方式：

①【re-use the original component】(重用原始部件)：保留原始部件,但仍保留在树中的相同位置。其余对象在树上依次复制。

②【create a new instance】(创建新实例)：保留原始部件,在原位置再创建一个新实例。

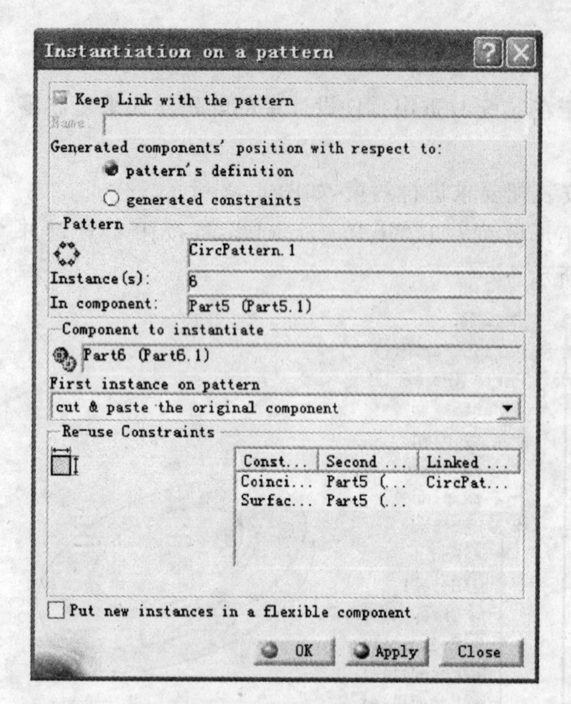

图 6-54　在阵列上实例化对话框

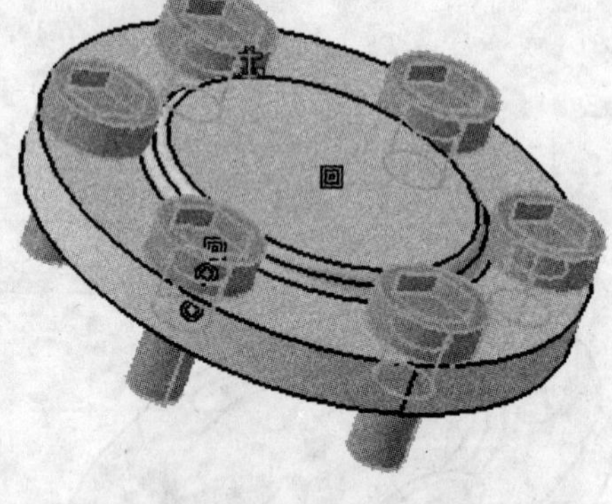

图 6-55　复制预览

③【cut & paste the original component】(剪切与粘贴原始部件)：剪切原始部件，再按阵列定义复制原始部件。

(7) “Put new instances in a flexible component”(在柔性部件中放入新实例)复选框如果处于选中状态，新插入的部件都会放到一个新部件下面。

图 6-56(a)为没有选中“Put new instances in a flexible component”(在柔性部件中放入新实例)复选框时的结果；图 6-56(b)为选中“Put new instances in a flexible component”复选框时的结果。从结构树上可以看出，后者所插入的部件(Part6)都放在了一个新部件(Gathered Part6 on circPattern.1)下。

(8) 单击 OK 按钮，阵列复制螺钉。

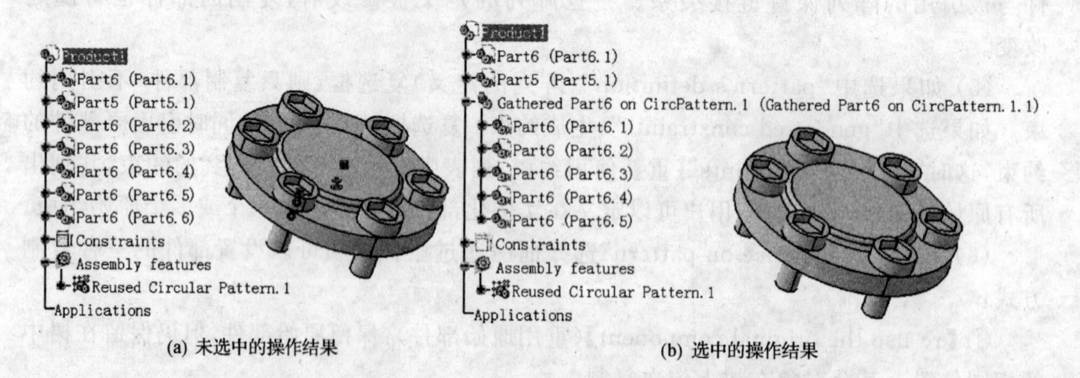

图 6-56　是否选择“在柔性部件中放入新实例”的两种操作结果

6.5 分析装配

6.5.1 干涉分析

"Compute Clash"(干涉分析)既可以计算、分析两部件间是否存在干涉,又可以计算两者之间的间隙是否符合要求。

干涉分析的具体操作步骤如下:

(1) 选择结构树中的一个部件,如 Part6.1。

(2) 选择下拉菜单 Analyze(分析)→"Compute Clash"(干涉分析)命令,出现"Clash Detection"(干涉检测)对话框,其中显示了刚刚选择要分析的第一个部件。按住 Ctrl 键的同时选择另一个部件,如 Part5.1,该部件也出现在对话框中,如图 6-57(a)所示。

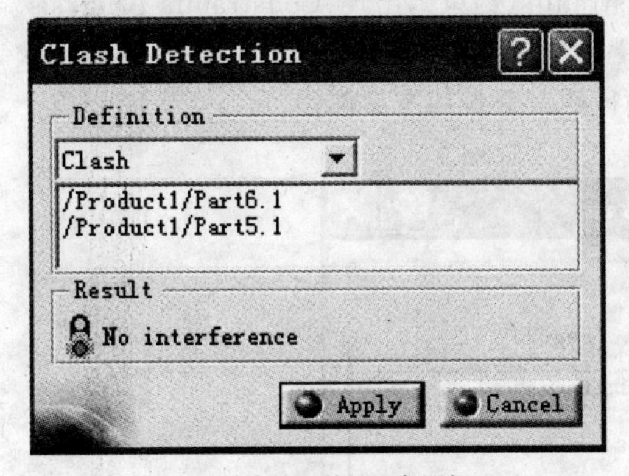

(a) 干涉检测对话框(没有干涉)

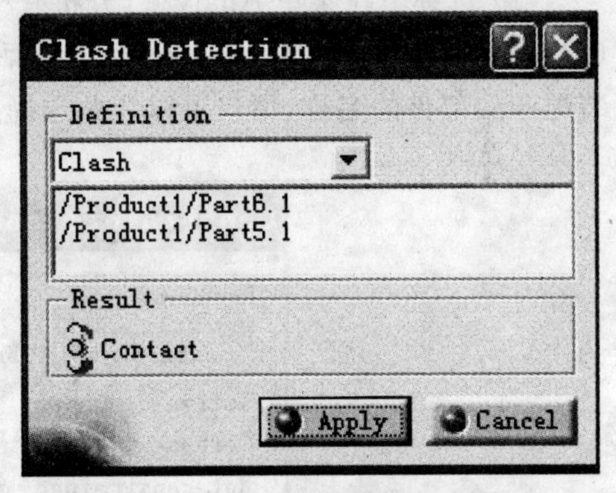

(b) 干涉检测对话框(接触)

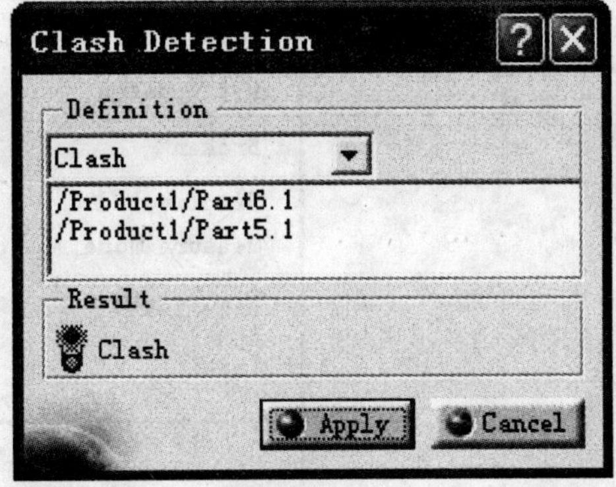

(c) 干涉检测对话框(干涉)

图 6-57　干涉检测对话框

(3) 在"Clash Detection"对话框的 Definition(定义)下拉列表中有两个选项:一个是 Clash(干涉)选项,用于干涉分析;另一个是 Clearance(间隙)选项,用于计算间隙。选择 Clash(干涉)选项,单击 Apply 按钮,如果 Result(结果)区的图标显示为绿色并有"No interference"(没有干涉)字样,如图 6-57(a)所示,表示未检测到干涉;如果图标为闪烁的黄色并有 Contact(接触)字样,表示检测到接触,如图 6-57(b)所示;如果图标闪烁为红色并有 Clash(干涉)字样,表示检测到干涉,此时会在几何体上用红色表示干涉部位,如图 6-57(c)所示。

(4) 如果在"Clash Detection"对话框的 Definition(定义)下拉列表中选择了 Clearance(间隙)选项,则会在该选项右侧显示一个字段,用以输入间隙值,单击 Apply 按钮后,在 Result(结果)区会显示红绿灯图标和 Clash(干涉)字样。如果图标显示为闪烁红色并有 Clash(干涉)字样,表示检测到干涉;如果图标显示为闪烁黄色并有 Contact(接触)字样,表示检测到接触或间隙不足;如果图标显示为绿色并有"No interference"(没有干涉)字样,表示没有干涉。

6.5.2 约束分析

约束分析用于分析装配约束的状态。具体操作步骤如下:

(1) 选择下拉菜单 Analyze (分析)→Constraints(约束),出现"Constraints Analysis"(约束分析)对话框,如图 6-58 所示。对话框最上方的下拉列表中包含产品部件中所有次装配产品部件的名称,用户可以在此选择要进行约束分析的产品部件。

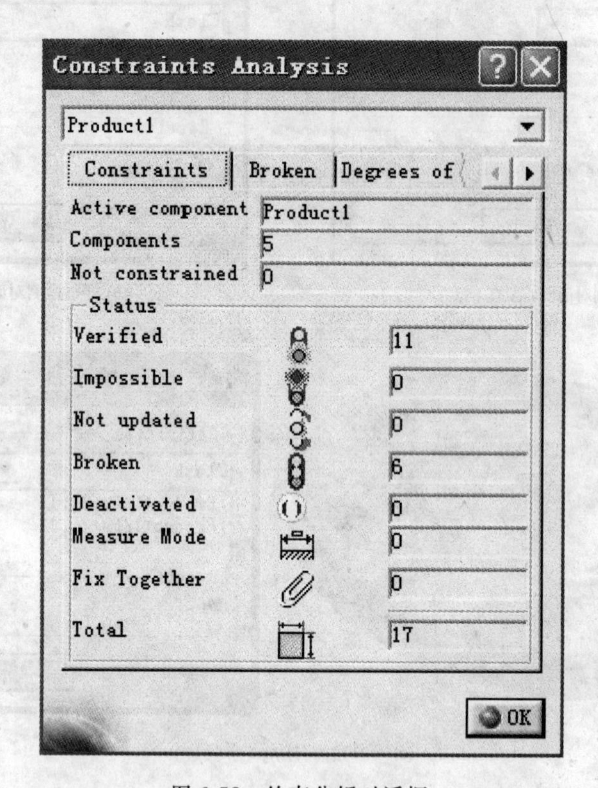

图 6-58 约束分析对话框

(2) Constraints (约束)选项卡中显示选定部件的约束状态。

①【Active Component】(活动部件)显示活动部件的名称。

②【Components】(部件)显示活动部件中包含的子部件的数量。

③【Not constrained】(未约束)显示活动部件中未约束的子部件的数量。

④【Status】(状态)显示约束的状态:

a.【Verified】(已验证)显示已验证的约束数量。

b.【Impossible】(无法实现)显示无法实现的约束数量。“无法实现”是指几何图形与约束不兼容。例如,两个不同直径的圆柱面之间无法实现接触约束,因而在结构树中的此约束类型图标上显示黄色的无解符号。

c.【Not updated】(未更新)显示未更新的约束数量,在结构树中的此约束类型图标上显示未更新符号。

d.【Broken】(已断开)显示已断开的约束数量。定义这些约束的某个参考元素丢失,例如,可能已被删除。在结构树中的此约束类型图标上显示黄色的无解符号。

e.【Deactivated】(已停用)显示被停用的约束的数量。在结构树中显示停用符号,此符号位于约束类型图标之前。

f.【Measure Mode】(测量模式)显示测量模式下的约束数量。

g.【Fix Together】(固定部件组)显示固定部件组操作的数量。

h.【Total】(总数)显示活动部件的约束总数。

(3) Broken (已断开)选项卡:显示已断开的约束名称。

(4) Deactivated (已停用)选项卡:显示已停用的约束名称。

(5) 如果存在“无法实现”、“未更新”和“测量模式”等约束状态,可能会显示更多的选项卡;如果给定部件的所有约束均有效,还将显示“Degrees of freedom”(自由度)选项卡,该选项卡显示受约束影响的部件和各部件保留的自由度数量。

(6) 单击 OK 按钮,完成约束分析。

6.6 创建注解标注

在进行产品装配设计时,为便于交流,有时需要标注一些注解,用以说明对产品的一些技术要求。Annotation(注解)工具栏如图 6-59 所示。

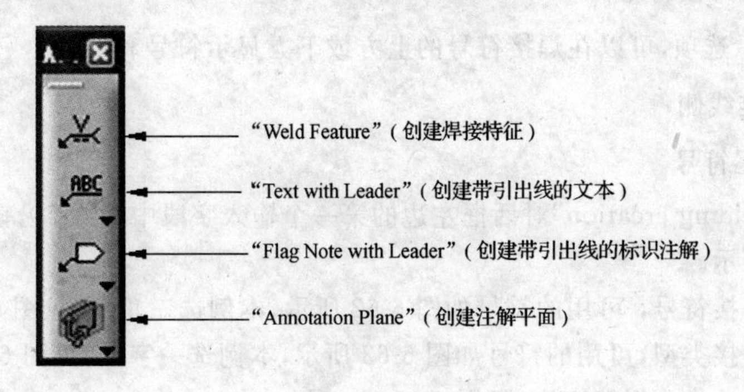

图 6-59 Annotation(注解)工具栏

6.6.1 创建焊接特征

(1) 单击“Weld Feature”(焊接特征)工具命令图标。

(2) 选择“taban”和“leiban”两零件之间的边线,如图 6-60 所示,出现“Welding crea-

tion"(创建焊接)对话框,如图 6-61 所示。

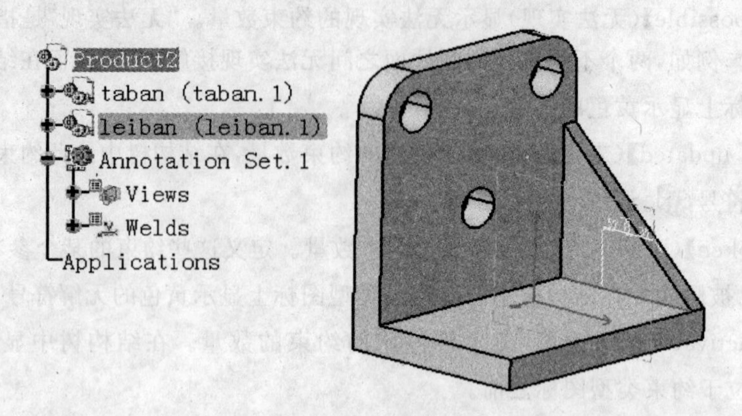

图 6-60 选择焊缝

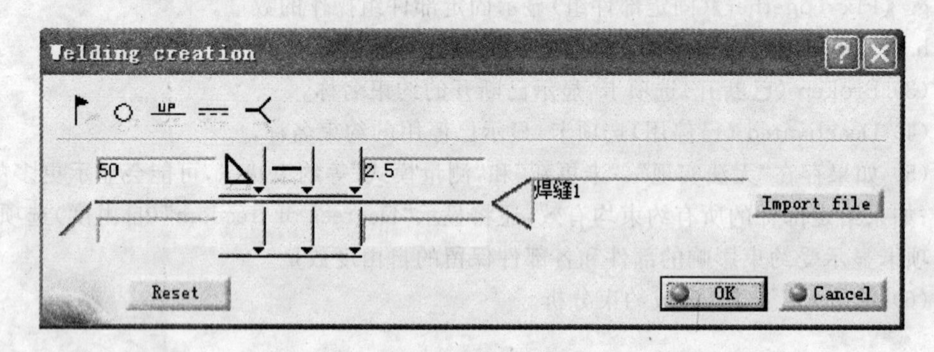

图 6-61 "Welding creation"(创建焊接)对话框

(3) "Welding creation"对话框左上角五个图标的含义如下:

① ▸:现场焊接符号;

② ○:周围焊接符号;

③ UP:显示选项,可以在焊接符号的上方或下方显示符号和值;

④ ═:基准线侧;

⑤ ≺:焊尾符号。

(4) 在"Welding creation"对话框左边的第一个输入字段中输入 50,该值代表焊接长度,如图 6-60 所示。

(5) 设置焊接符号,可用的符号如图 6-62 所示,本例选三角形,见图 6-61。

(6) 设置焊接类型,可用的符号如图 6-63 所示,本例选一字型,见图 6-61。

(7) 输入 2.5 作为焊缝高度,见图 6-61。

(8) 在 Reference (参考)字段中输入"焊缝 1",此字段是为用户自己的规格或代码保留的。还可以单击"Import file"(导入文件)按钮导入文件,其内容将显示在几何图形中。

(9) 单击 OK 按钮,随即在几何图形中创建焊接标注,如图 6-64 所示。

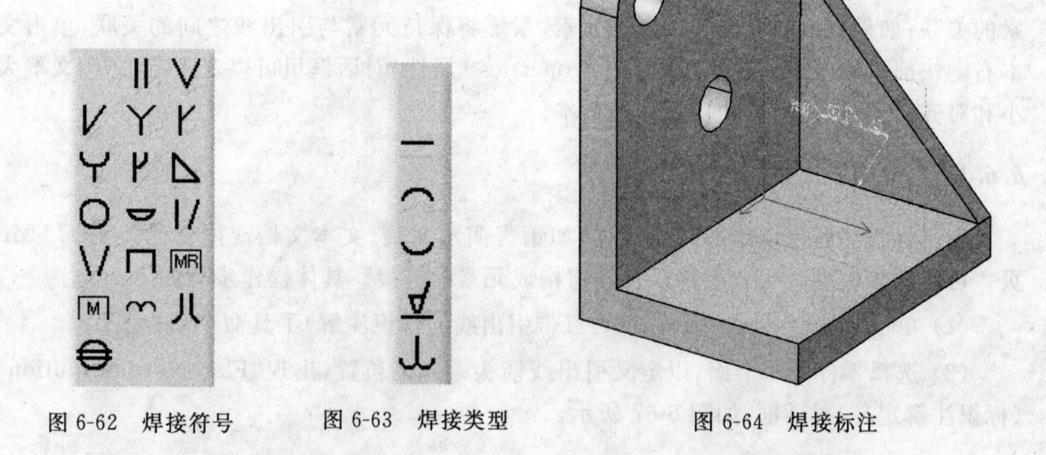

图 6-62　焊接符号　　　图 6-63　焊接类型　　　图 6-64　焊接标注

6.6.2　创建带引出线的文本

(1) 单击“Text with Leader”(带引出线的文本)工具命令图标。

(2) 选择一个面,出现“Text Editor”(文本编辑器)对话框,然后在对话框中输入文本,如“注意！装配时此面朝前。”,如图 6-65 所示。

图 6-65　“Text Editor”(文本编辑器)对话框

(3) 单击 OK 按钮,结束文本创建。也可以单击几何区域内的任意位置,几何图形中出现文本,并将文本(标识为 Text. xxx)添加到结构树中,如图 6-66 所示。

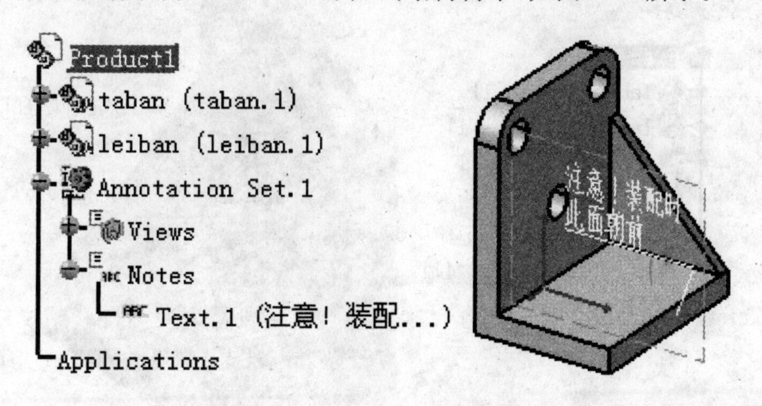

图 6-66　创建带引出线的文本

引出线与所选择的元素相关联。如果移动了文本或元素，引出线将拉伸以保持与元素的关联；如果更改与引出线关联的元素，系统将保持元素与引出线之间的关联；单击文本右键快捷菜单中的属性菜单项，在 Properties（属性）对话框里可以定义定位点、文本大小和对齐；还可以使用拖动功能移动文本。

6.6.3 创建带引出线的标识注解

使用标识注解可以添加文档链接，如销售演示文稿、文本文档或内部网上的 HTML 页。可以添加模型、产品、零件以及任何构成元素的链接。具体操作步骤如下：

(1) 单击“Flag Note with Leader”（带引出线的标识注解）工具命令图标。

(2) 选择零件的一个面，以定义引出线箭头端点的位置，出现“Flag Note Definition”（标识注解定义）对话框，如图 6-67 所示。

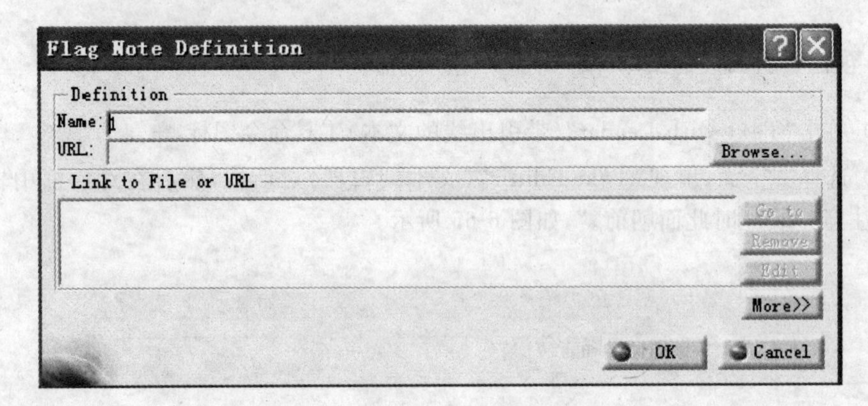

图 6-67 “Flag Note Definition”（标识注解定义）对话框

(3) 在对话框中的 Name（名称）字段中可以输入标识注解的名称（首次使用该命令时的缺省名称为“1”），单击 Browse...（浏览）按钮，指定与 URL 字段中的标识注解关联的一个或多个链接。在“Link to File or URL”（文件或 URL 链接）列表中显示链接列表。

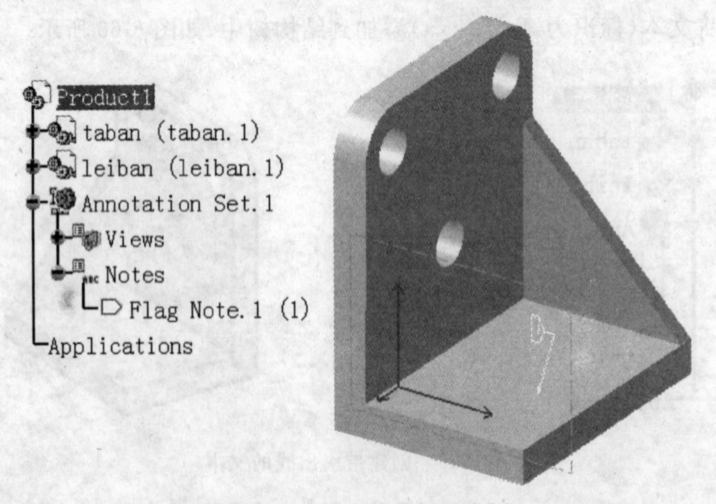

图 6-68 带引出线的标识注解

链接列表右侧有三个按钮，选中链接后可用，其功用及操作如下：

① 选择链接并单击“Go to”(转到)按钮，可以激活该链接。

② 选择链接并单击“Remove”(移除)按钮，可以移除该链接。

③ 选择链接并单击“Edit”(编辑)按钮，可以编辑该链接。

(4) 单击 OK 按钮，结束标识注解的创建。也可以单击几何区域内的任意位置，在几何图形中出现标识注解。如图 6-68 所示。

如果要对已有的标识注解进行编辑，只需双击结构树中的“Flag Note. 1”，在弹出的“Flag Note Definition”对话框中进行相应的修改。

6.7 综合举例

下面通过千斤顶的装配操作来说明装配设计的一般操作步骤：

(1) 启动 CATIA V5 软件并进入“Assembly Design”装配设计工作台。

(2) 选择结构树中的 Product2，单击“Existing Component”(已有部件)工具命令图标，在弹出的“File Selection”(文件选择)对话框中选择零件 dz. CATPart，然后单击 Open 按钮，在产品中添加 dz. CATPart 零件。

(3) 使用 Fix(固定)工具命令固定 dz. CATPart，如图 6-69 所示。

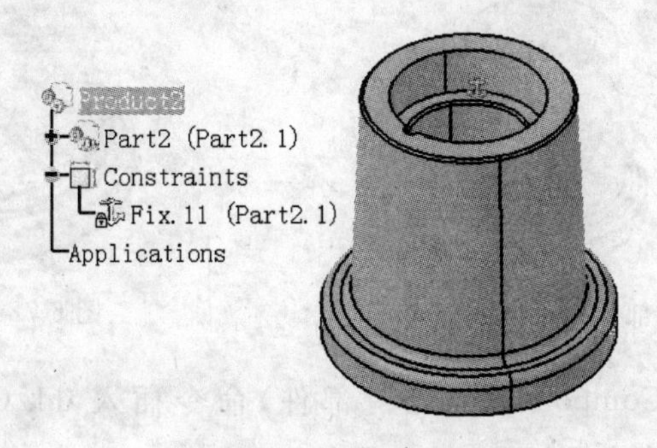

图 6-69　固定部件

(4) 选择结构树中的 Product2，单击“Existing Component with Positioning”(定位现有部件)工具命令图标，在弹出的“File Selection”对话框中选择插入 lt. CATPart (Part3)，并在随后弹出的“Smart Move”(精确移动)对话框中选择“Automatic constraint creation”(自动约束创建)选项，选择“Quick Constraint”(快速约束)框内的 Coincidence 选项，并将 Coincidence 排在第一位。依次选择 lt 的上端面和 dz 的上端面，根据对话框中约束类型的优先顺序，系统为这两个端面添加相合约束，使二者处于同一平面内；然后分别单击两零件的外表面，选择两轴线，添加相合约束，使得两轴同轴；选择两零件上的小半圆柱面，添加相合约束；最后，单击 OK 按钮，一次完成插入和约束两种操作，如图 6-70 所示，提高了装配速度。

(5) 下面使用“Existing Component”(已有部件) 命令插入零件 lxg. CATPart (Part1)，如图 6-71 所示；然后单击“Coincidence Constraint”(相合约束)工具命令图标，选择 lxg 和 dz 的轴线，添加相合约束，使得两轴同轴；再单击“Contact Constraint”

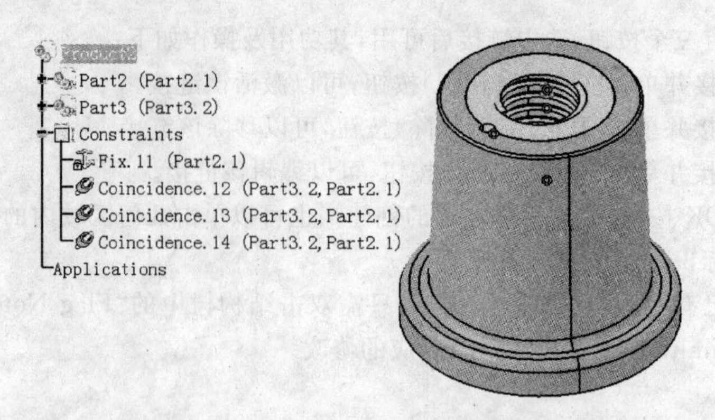

图 6-70　利用定位现有部件命令插入部件

(接触约束)工具命令图标，选择 lxg 带孔的圆柱部分下端面和 dz 的上端面，添加接触约束，使得所选面接触；最后，单击更新工具命令图标更新设计，如图 6-72 所示。

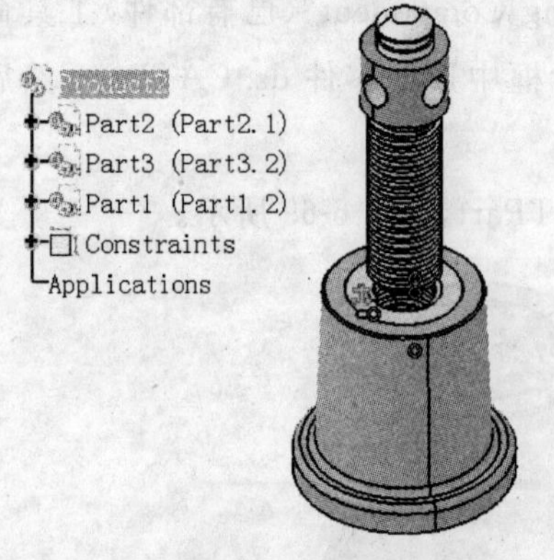

图 6-71　用插入已有部件命令插入部件

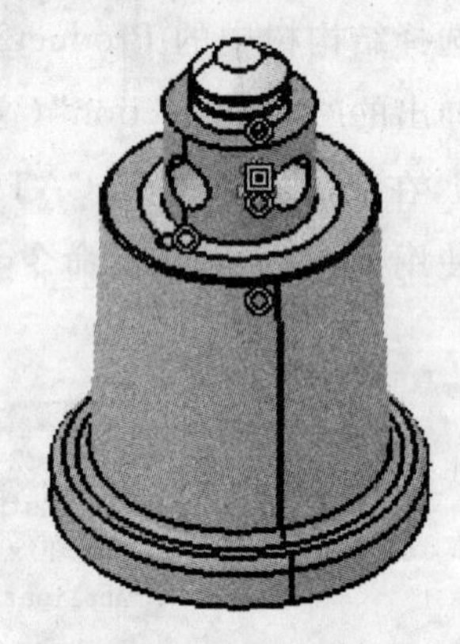

图 6-72　添加约束

(6) 用“Existing Component”(已有部件)命令插入 dd.CATPart(Part4)，单击 Manipulate(操作)工具命令图标，在弹出的“Manipulation Parameters”对话框中选择按钮，使 dd 沿着 Z 轴方向上移一段距离，以便于添加约束时选择元素，如图 6-73 所示。

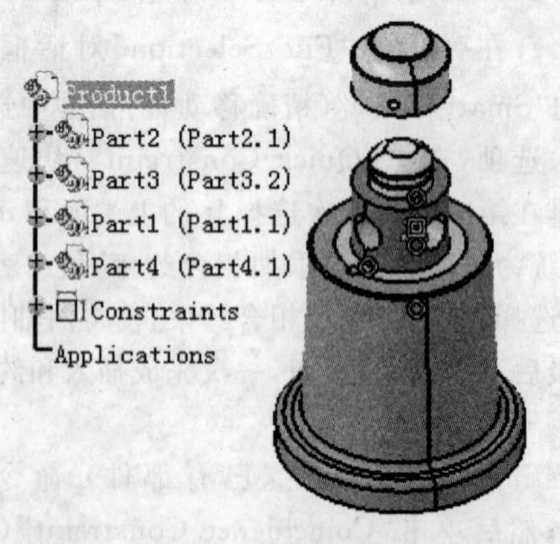

图 6-73　插入 dd.CATPart(Part4)

(7) 单击“Contact Constraint”(接触约束)工具命令图标，分别选择 lxg 和 dd 的球面，添加接触约束，使得 lxg 上部球面和 dd 内部球面接触；单击“Angle Constraint”(角度约束)工具命令图标，选择 lxg 水平圆柱孔轴线和 dd 水平螺孔轴线，在“Constraint Properties”(约束属性)对话框中的 Angle(角度)框中输入角度值 180，单击 OK 按钮，添加角度约束，使得两轴线平行，如图 6-74 所示；最后，单击更新工具命令图标更新装配。

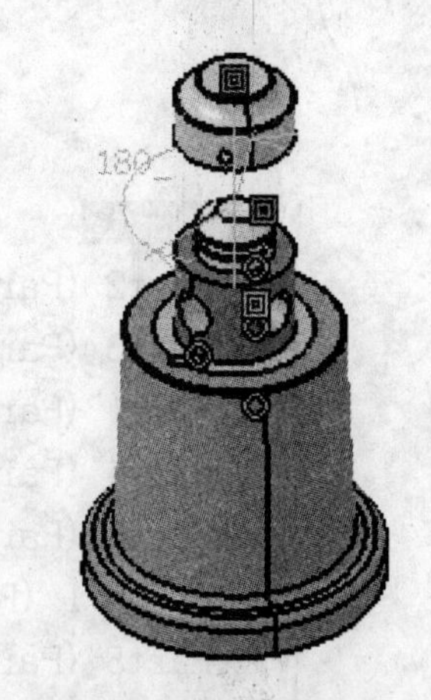

图 6-74　约束后未更新状态

(8) 用“Existing Component with Positioning”(定位现有部件)命令插入零件 luoding2. CATPart(Part6)，同时添加 luoding2 轴线与 dd 螺孔轴线的相合约束。

(9) 在结构树上选择 Part4(即 dd)，再单击隐藏工具命令图标将其隐藏，然后单击 Constraint(偏移约束)工具命令图标，选择 lxg 的环槽底的圆柱面轴线和 luoding2 的小端端面，在 Offset 字段内输入 18.5，单击 OK 按钮，添加偏移约束，如图 6-75 所示。最后，将隐藏的 dd 显示出来，然后更新。

(10) 用“Existing Component with Positioning”(定位现有部件)命令插入零件 luoding1. CATPart(Part6. 1)，对轴线和 dz 上平面上的小半圆柱轴线添加相合约束，对 luoding1 带长槽的端面和 dz 上端面也添加相合约束，如图 6-76 所示。

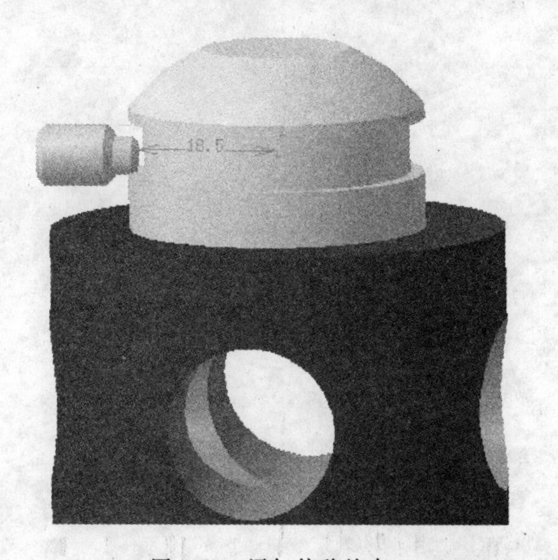

图 6-75　添加偏移约束

图 6-76　装配 luoding1. CATPart

(11) 插入零件 jg. CATPart(Part6)，选择 lxg 上部圆柱孔轴线和 jg 轴线，添加相合约束。

(12) 更新装配，完成整个装配操作，结果如图 6-77 所示。

(13) 装配完成以后，还可以对每个零件进行干涉检查等操作(略)。

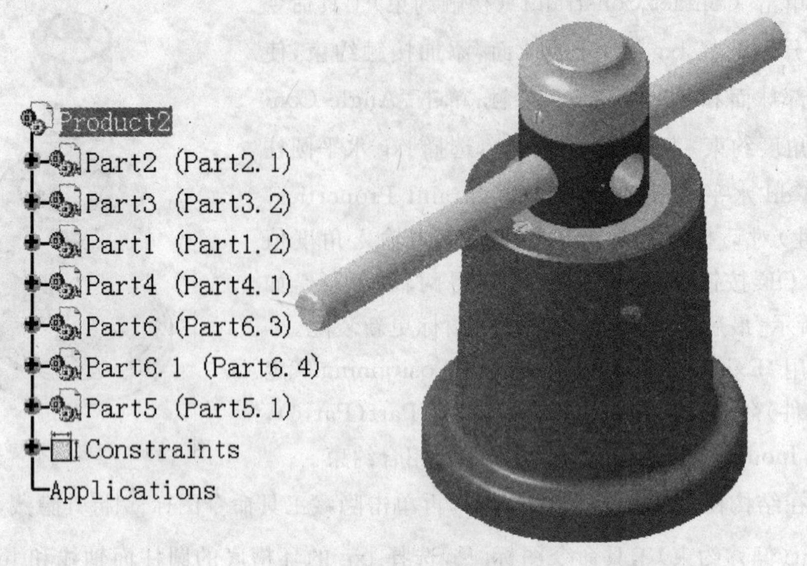

图 6-77 完成装配的千斤顶

6.8 上机练习

1. 简述装配设计的一般步骤。如何进行干涉分析？
2. 装配中出现编号冲突时如何解决？
3. 如何设置快速多实例化的参数？

第七章　工程图设计

CATIA V5 工程图工作台提供两种制图方法："Interactive Drafting"(交互式制图)和"Generative Drafting"(创成式制图)。

交互式制图类似于 AutoCAD 设计绘图，是通过人与计算机之间的交互操作激活相应的绘图、编辑命令来绘制二维工程图，视图中的图线要逐条绘制，线型要人为设定，尺寸只能半自动标注，视图之间的投影关系更要借助一些辅助手段来保证。使用这种方式绘图，仅仅是设计师把在自己大脑中构思的实体依照一定的表达方案用计算机来实现，计算机只是起到一种替代传统图版、丁字尺和绘图仪器的作用，计算机绘图软件只是被动地接受设计师的指令完成绘图，所以，绘制图形的对与错，只有设计师根据自己的判断确定，图形与实体之间没有数据关联性，视图之间也没有关联性。如果要进行设计更改，则需逐个视图、逐条图线地进行修改。这种制图方法绘图和修改的程序烦琐，设计效率低，容易出错。

而创成式制图则是一种前所未有的先进制图方法，是一种在三维设计理念下由三维实体模型创建生成与之相关联的二维工程图的方法。显然，用这种方法创建二维工程图的先决条件是先要创建得到机件的三维实体模型。在创建工程图时，一旦选定投影方向即可由系统自动产生主视图，再通过投影制图命令创建得到其他所需的视图，而且在此基础上可以继续创建所需的剖视图、断面图以及局部放大图等。使用该法创建工程图，其投影视图都是由系统根据三维实体模型自动创建得到的，甚至可以自动标注尺寸，设计者所要做的工作只是根据机件的形状和结构确定合理的表达方案。可见，这种制图方法操作简单，便于修改，效率高，出错率低。

以上所介绍的两种制图方法，虽然都是生成二维工程图，但是两者在工程图二维表达上却有着本质的区别。

首先，创成式制图所生成的工程图中的设计信息是三维实体模型的一个映射，改变三维实体模型的尺寸，不但影响三维模型的大小和形状，而且也影响工程图中对应的尺寸、大小和形状；相反，改变工程图中的尺寸，不但影响工程图的大小和形状，而且也影响三维实体模型对应的尺寸、大小和形状。在零件造型中，增加或删除特征，都会自动反映到对应的装配设计和工程图纸上。这就是零件设计、装配设计和工程图纸之间的全相关，也是产品设计上质的飞跃。而传统方法绘制的工程图，无论是手工仪器绘制的，还是上述交互式计算机辅助设计绘制的，仅仅是设计师头脑中的产品在平面图纸上的一个表达或记录，所有的设计源泉都是设计师头脑中构思的模型，显然，在这种情况下的设计，无论是头脑中的模型出错还是模型的表达出现了问题，在工程图纸上都不好分辨，这无疑大大增加了查找错误的难度。

其次，创成式制图与交互式制图的方法有很大的差别。利用创成式制图方法创建工程图，用户几乎无需考虑投影变换、曲面相贯、隐藏线、轴测图、明细表等工程制图中颇为复杂的问题，计算机能自动化地、智能化地、快速地按照用户指令完成这些费时费力的工作。但是，对于一个新的设计来讲，所有的工作不可能完全地自动化，计算机生成的工程图在二维表达方面尚有许多不符合设计规范的问题。要得到合格的工程图样，尚需人工干预，要求人们用交互式制图方法按规定画法的要求对图样进行修改。只有把两种制图方式联合起来使用才能完成设计。

本章主要介绍创成式制图方法，包括创建表达机件的各种视图、剖视图、断面图、局部放大图以及轴测图等，同时介绍视图修改、尺寸标注、公差标注、表面粗糙度标注以及文本注写的一般方法。

7.1 工程图工作台介绍

7.1.1 进入工程图工作台

用创成式制图方法创建工程图，需要先完成零件或装配设计，然后由三维实体模型创建所需的二维工程图，这样的工程图与三维模型之间保持数据全相关，修改一方的数据都将引起另一方设计的变更。所以，创成式制图要求先打开产品或零件的实体模型文件，再转入工程图工作台创建工程图。

进入工程图工作台常使用如下三种方法：

方法一　单击 Start（开始）下拉菜单→“Mechanical Design”（机械设计）→Drafting（工程图）级联菜单项，如图 7-1 所示。

方法二　单击 Workbench（工作台）图标，在事先定制的“Welcome to CATIA V5”开始对话框中选择“Drafting”（工程图）工作台图标，如图 7-2 所示。

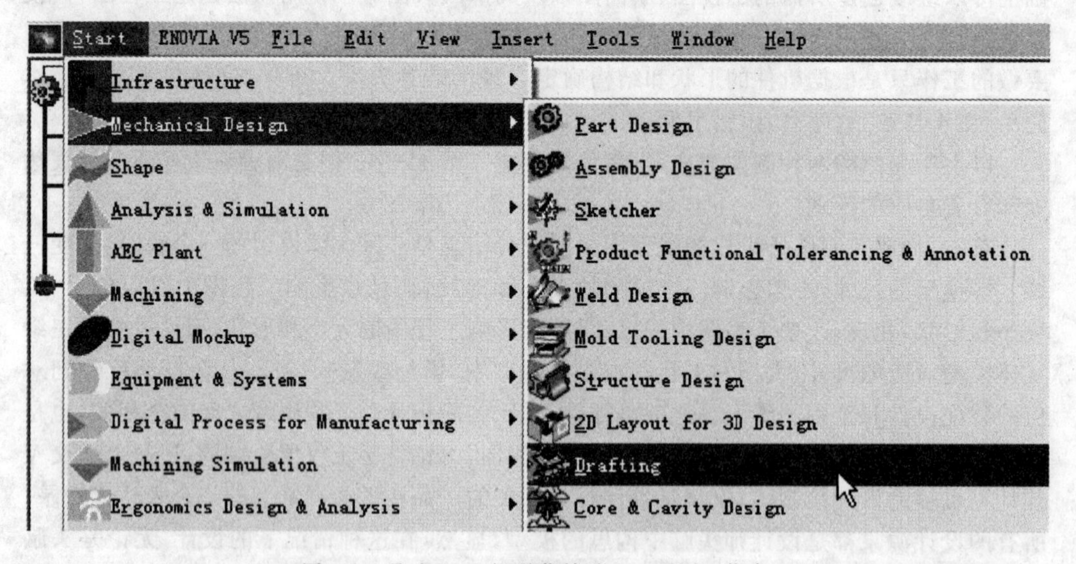

图 7-1　通过 Start 级联菜单进入工程图工作台

使用以上两种方法进入工程图工作台之前，都会先弹出一个“New Drawing Creation”（新建工程图）对话框，从中选择某一自动布局形式，如图 7-3 所示，再单击 OK 按钮，即可进入工程图工作台。

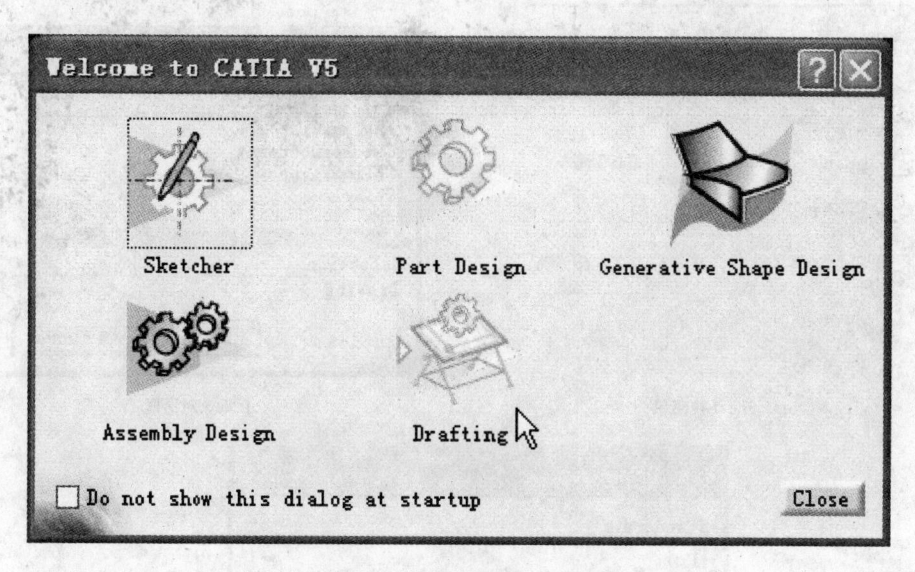

图 7-2　通过开始对话框进入工程图工作台

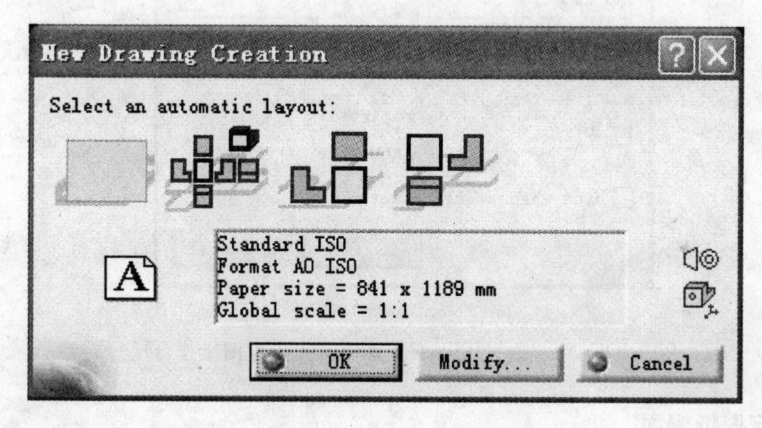

图 7-3　“New Drawing Creation”对话框

选择　，在进入工程图工作台后将打开一页空白图纸；

选择　，在进入工程图工作台后，自动创建全部 6 个基本视图外加 1 个轴测图；

选择　，在进入工程图工作台后，自动创建主视图、仰视图和右视图等三视图；

选择　，在进入工程图工作台后，自动创建主视图、俯视图和左视图等三视图。

方法三　选择 File(文件)下拉菜单→New...(新建文件)菜单项，在弹出的 New 对话框中选择 Drawing(工程图)，单击 OK 按钮后接着会弹出“New Drawing”(新建工程图)对话框，如图 7-4 所示，从中选择要求的 Standard(制图标准)和“Sheet Style”(图纸幅面)，再单击 OK 按钮，即可进入工程图工作台。

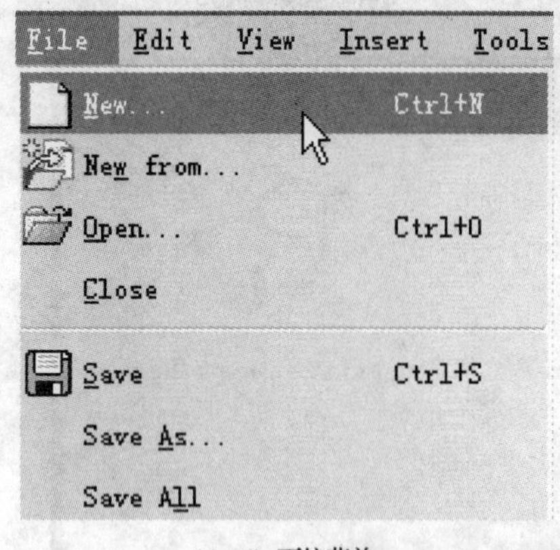

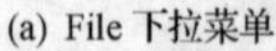
(a) File 下拉菜单

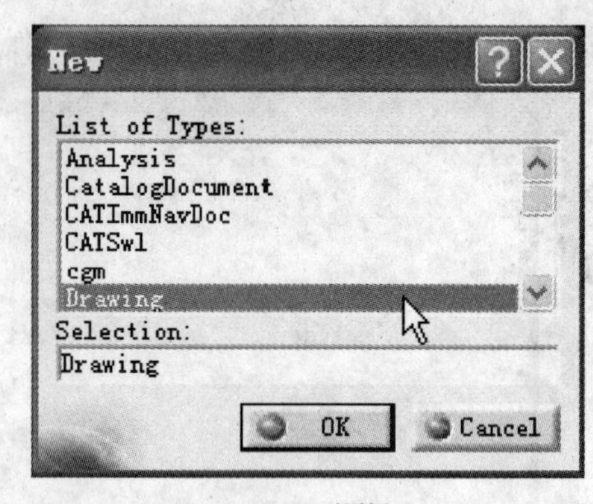

(b) New 对话框

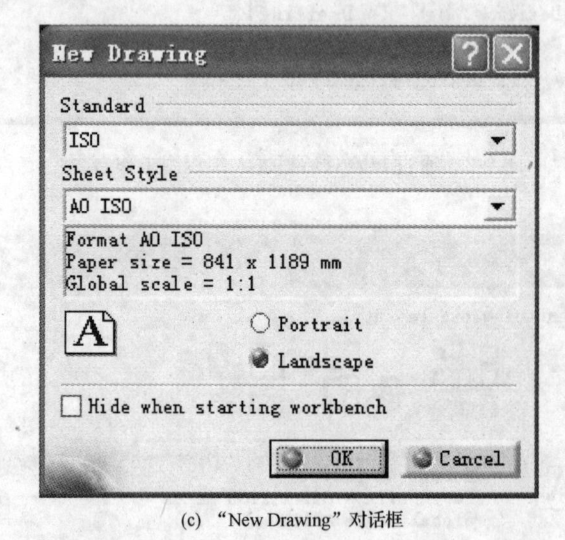

(c) “New Drawing” 对话框

图 7-4　通过 File 下拉菜单进入工程图工作台

7.1.2　选定图纸幅面

在进入工程图工作台的过程中，允许定义图纸幅面。例如，在用上述前两种方法进入工程图工作台时，单击“New Drawing Creation”(新建工程图)对话框中的 Modify... 按钮(如图 7-3 所示)，将弹出与第三种方法进入工程图工作台时相同的“New Drawing”(新建工程图)对话框(如图 7-4(c)所示)，在该对话框中可以定义所需的图纸幅面。

在进入工程图工作台之后，根据工程图表达需要随时都可以重新定义图纸幅面，具体操作方法是：单击 File(文件)下拉菜单→“Page Setup...”(页面设置)→“Page Setup”对话框，如图 7-5 所示，在该对话框中可以做如下选择：

(1) Standard(制图标准)：从下拉列表中选择相应的制图标准，如 ISO(国际标准)、ANSI(美国标准)、JIS(日本标准)等。由于我国现行国家标准(GB)多等效采用国际标准，所以应该选择 ISO。

(2) “Sheet Style”(图纸幅面)：从下拉列表中选择所需的图纸幅面代号，这些代号与所选的制图标准相对应，如果选择 ISO，则对应有“A0 ISO”、“A1 ISO”、“A2 ISO”、“A3

ISO”和“A4 ISO”等图纸幅面供选择。

(3) 图纸方向：Portrait(纵向图纸)，Landscape(横向图纸)。

最后，单击页面设置对话框中的 OK 按钮，完成对已有图纸幅面的修改。

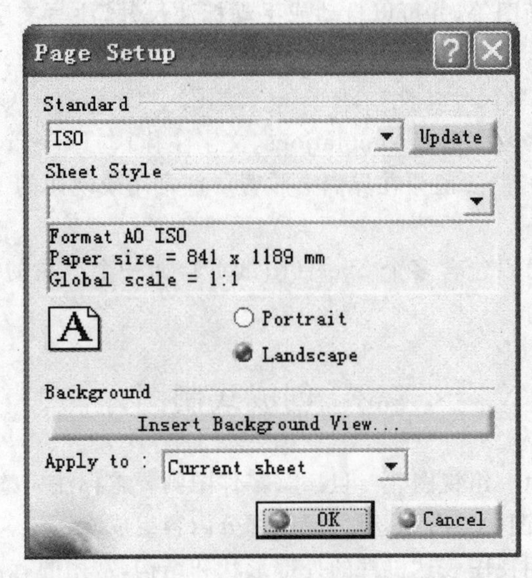

图 7-5 “Page Setup”(页面设置)对话框

7.1.3 用户界面

进入工程图工作台后，系统会自动建立一个工程图文件，默认的文件名是“DrawingX. CATDrawing”(X=1, 2, 3, …)，同时自动建立一个图纸页 Sheet1，在该图纸页上

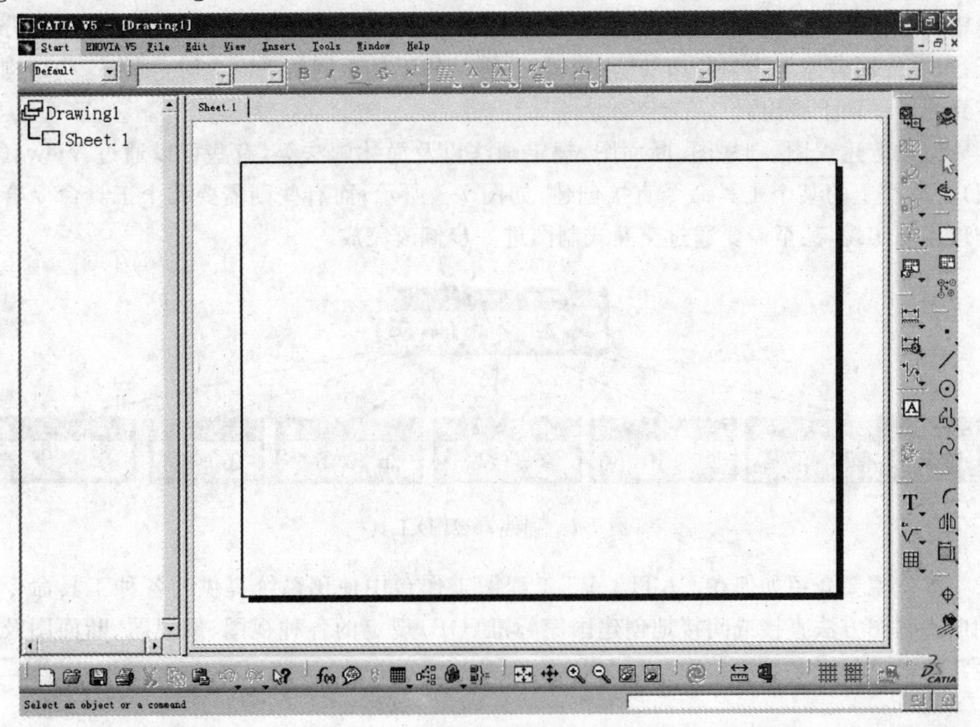

图 7-6 工程图工作台用户界面

可以建立各种视图，以表达机件的形状、结构以及尺寸大小等，如图 7-6 所示。

工程图工作台显示的是一个二维工作界面，左边窗口显示一个树状图，记录工程图中的图纸页及在图纸页中创建的各种视图；右边大窗口是图纸页的工作区，在该区可以创建各种视图、剖视图、断面图等，并可以自动或手动标注尺寸，注写文字等；窗口周边则是工具栏。在工程图工作台中有较多的工具栏，如 Views（视图）、Dimensioning（尺寸标注）、“Dimension Properties”（尺寸特性）、Drawing（绘图）、“Geometry Creation”（绘制图形）、“Geometry Modify”（修改图形）、Annotations（文字注释）、“Text Properties”（文字特性）、“Dress-up”（视图修饰）等，一般只在界面上放置一些常用或现用的工具栏，其他的则可以隐藏起来。

一个工程图文件可以包含多个 Sheet（图纸页），如一个产品的装配图及其相关的所有零件图。

7.2 创成式制图

工程图样通常是由一组视图、一组尺寸（零件图则要求标注完整尺寸）、技术要求以及标题栏和明细栏（零件图中只有标题栏）等四部分内容组成。

工程图样中常使用视图表达机件的外部形状和结构，常用的有：基本视图、向视图、局部视图和斜视图等；使用剖视图表达机件的内部形状和结构，常用的有：全剖视图、半剖视图和局部视图，另外还有阶梯剖视图、旋转剖视图、斜剖视图等；使用断面图表达机件某些部位的断面形状和结构，常用的有移出断面和重合断面两种断面图；还有一些其他规定画法，如局部放大图、断裂视图等；在零件结构表达上还有许多简化画法，如对于机件的肋、轮辐及薄壁等进行纵向剖切时，这些结构都不画剖面符号，而用粗实线将它与邻接部分分开；当零件回转体上均匀分布的肋、轮辐、孔等结构不处于剖切平面上时，可将这些结构旋转到剖切平面上画出。

创建上述视图、剖视图、断面图、规定画法以及简化画法等，有些可以通过 Views（视图）工具栏上的某个工具命令直接创建，如图 7-7 所示；而有些则需要几个工具命令合成处理才能实现，甚至需要通过交互式制图进一步修改完成。

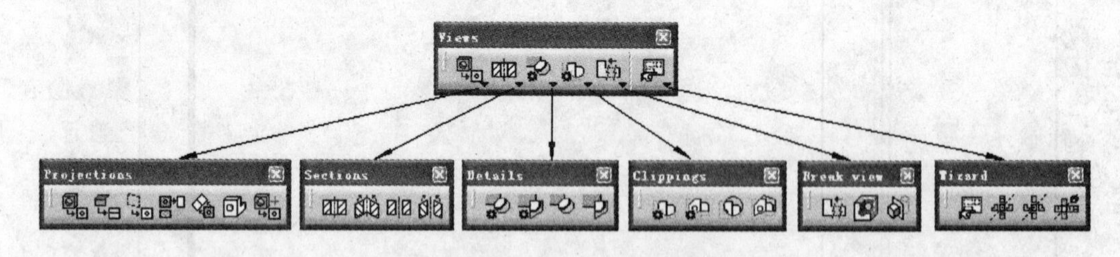

图 7-7 Views（视图）工具栏

本节主要介绍如何在 CATIA V5 工程图工作台中使用系统提供的各种工具命令以创成式制图方法直接或间接地创建国家标准（GB）规定的各种视图、剖视图、断面图及其他几种常见的规定画法。

7.2.1 创建视图

利用 Projections(投影)子工具栏上的工具命令,如图 7-7 所示,可以创建基本视图、向视图、斜视图以及轴测图等。创建局部视图的工具命令图标位于 Clippings(裁切)子工具栏上。

1. 创建主视图

创成式制图方法要求在创建二维工程图之前先创建三维实体模型,而且在进入工程图工作台后,要求首先创建主视图,在此基础上才能创建其他的视图、剖视图、断面图等。所以,创建主视图是进行工程图设计时的首要工作。

创建主视图的操作方法如下:

(1) 打开如图 7-8 所示零件模型文件(见随书光盘第七章模型文件 01RegularViews)。

(2) 进入工程图工作台。

(3) 单击 Views(视图)工具栏→Projections(投影)子工具栏→"Front View"(主视图)工具命令图标。

(4) 单击 Window(窗口)下拉菜单中的 01RegularViews. CATPart,如图 7-9 所示,转入零件设计工作台。

图 7-8 零件实体模型

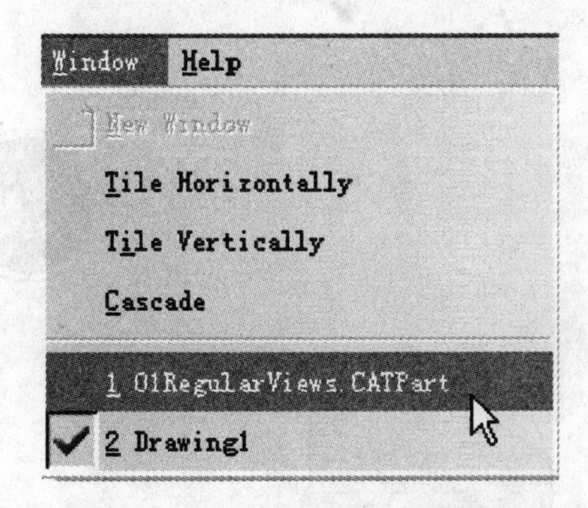

图 7-9 Window(窗口)下拉菜单

(5) 选择主视图投影平面。当光标移至零件实体上的某一个平面上时,在窗口的右下角会显示投影预览,如图 7-10 所示。一旦选择把某一平面作为主视图投影平面后,系统将自动返回到工程图工作台。

(6) 显示主视图预览,同时在图纸页窗口右上角显示一个调整圆盘,调整至满意方位后单击圆盘中心按钮或图纸页空白处,即自动创建得到该实体模型对应的主视图,如图 7-11 所示。

创建得到主视图后,将在工程图工作台左侧树状图 Sheet. 1(图纸 1)下新添加一个"Front View"(主视图)。此时的主视图在图纸上的布局未必最合适,当把鼠标移至主视图的虚线边框时,光标变为手形,可以通过拖动其边框线把主视图移到图纸上的任意位置。

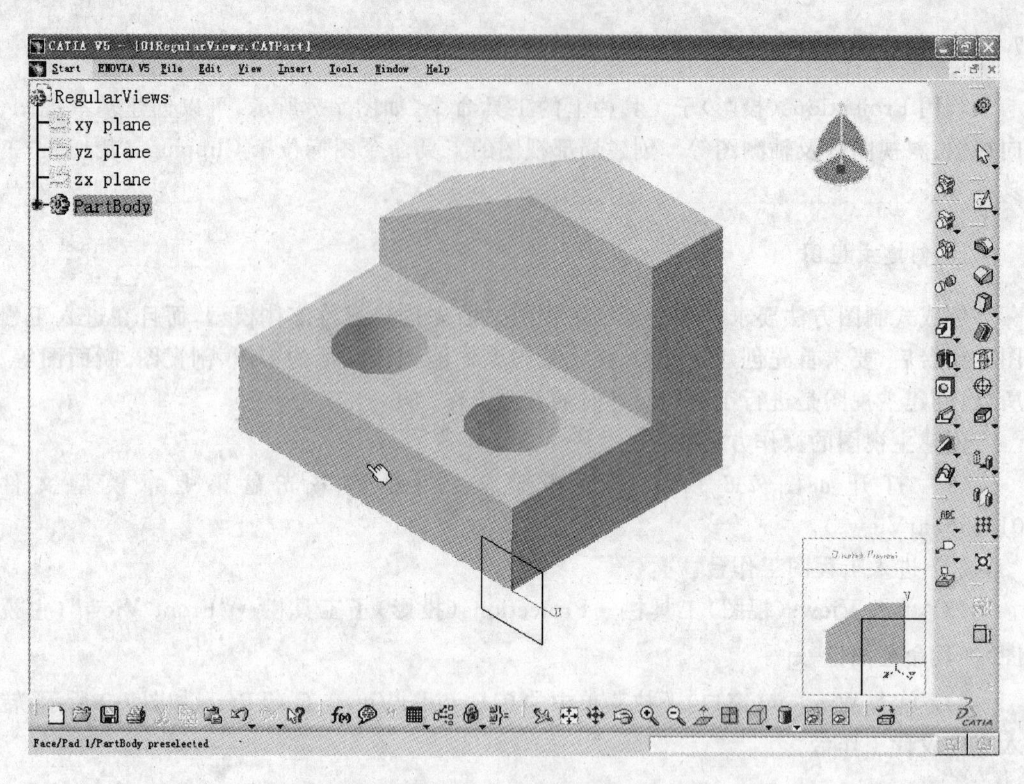

图 7-10 在零件工作台指定主视图投影平面

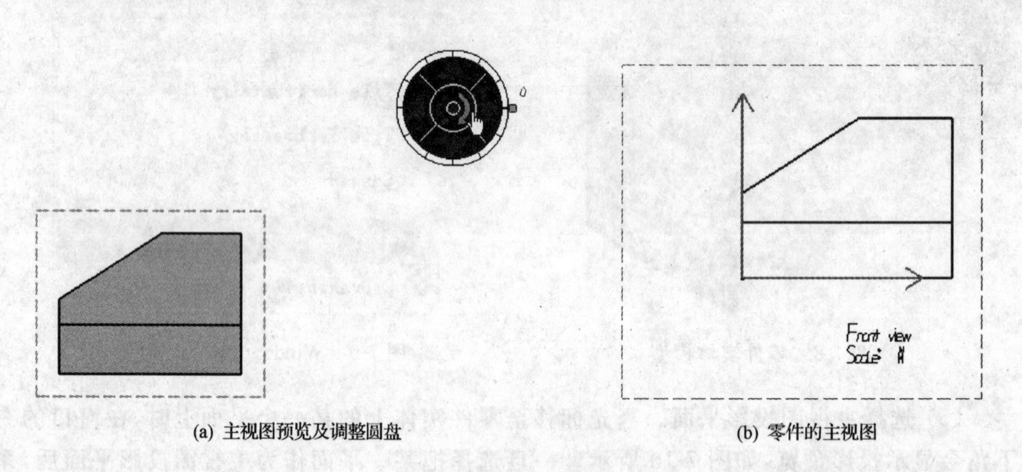

(a) 主视图预览及调整圆盘　　(b) 零件的主视图

图 7-11 创建主视图

对图 7-11(b)所示主视图进行分析,不难发现该图中缺少很多视图表达中应绘制的图线,如实体中孔的中心线和轮廓线。若要显示这些图线,可以通过修改该视图的属性来实现,方法如下:把鼠标移至主视图的虚线边框附近,当光标变为手形时单击右键,打开快捷菜单中的 Properties(特性)对话框,可在 View 选项卡中修改主视图的一些特性,如是否显示"View Frame"(视图的虚线边框),是否显示视图中的诸如"Hidden Lines"(虚线)、Axis(轴线)、"Center Lines"(中心线)、Thread(螺纹)等修饰特征。

2. 创建其余几个基本视图

基本视图是物体向基本投影面投射所得的视图，按国家标准规定共有包括主视图在内的 6 个基本视图，另外 5 个基本视图是：俯视图、左视图、右视图、仰视图和后视图等。主视图是六个基本视图中唯一不可缺少的最重要的一个视图。

在 CATIA V5 中，只有创建得到主视图以后才可以在此基础上创建俯视图、左视图、右视图、仰视图等 4 个基本视图，操作方法如下：

(1) 单击 Views(视图)工具栏→Projections(投影)子工具栏→“Projection View”(投影视图)工具命令图标。

(2) 移动光标至主视图上、下、左、右的某一位置时，将随光标显示一个虚拟的视图预览，光标相对主视图的方位不同，投影方向则不同，所显示的虚拟基本视图也不同。

(3) 当得到要求投影方向上的虚拟投影后，将其移动至适当位置，单击鼠标左键，系统将自动创建得到所需的某一基本视图。

按上述方法创建基本视图，以主视图为参照可以得到分布在其上、下、左、右四个不同方位上的四个基本视图：仰视图、俯视图、右视图和左视图。注意：主视图的视图边框线为橘红色，以其为参照所创建得到的投影视图边框线则为蓝色。

如何创建后视图？从系统设计角度看，以创建得到的俯视图、左视图、右视图、仰视图等 4 个基本视图的任意一个为参照，激活它们中的任意一个，用“Projection View”工具命令都可以继续创建不同投影方向的视图，当然也包括后视图。但是，按照国家标准规定，6 个基本视图按标准位置配置时，后视图应该位于左视图的正右侧。所以，为获得符合国家标准(GB)规定的后视图，只能以左视图为参照，激活该视图(双击其边框线使其由蓝色变为橘红色)，然后通过创建投影视图的方法生成后视图。

如图 7-12 所示是按上述方法创建得到的按标准位置配置的 6 个基本视图。

3. 创建向视图

向视图是可以自由配置的基本视图。采用向视图可以合理布局视图、节省图幅面积。

在 CATIA V5 中没有直接创建向视图的工具命令，而是把按标准位置配置的某一基本视图通过移位得到向视图。所以，在创建向视图之前需先创建得到相应投影方向上的某一基本视图。而且，创建向视图的关键是使某一基本视图脱离与主视图之间的标准位置配置关系，具体的操作方法如下：

(1) 移动光标至将要移位的某一基本视图虚线边框上，直至光标变为手形；

(2) 单击鼠标右键，弹出快捷菜单，选择菜单项“View Positioning”(视图移位)的下一级联菜单中的相应菜单命令，通过四种不同的移位方式——“Set Relative Position”(向量杆移位)、“Position Independently of Reference View”(自由移位)、Superpose(重合移位)、“Align Views Using Elements”(对齐移位)等，如图 7-13 所示，将某一基本视图通过移位得到向视图。

将图 7-12 所示 6 个基本视图中的右视图和仰视图移位到其他位置得到两个向视图，实现更紧凑的视图布局，如图 7-14 所示。注意：此处未考虑向视图的标注。

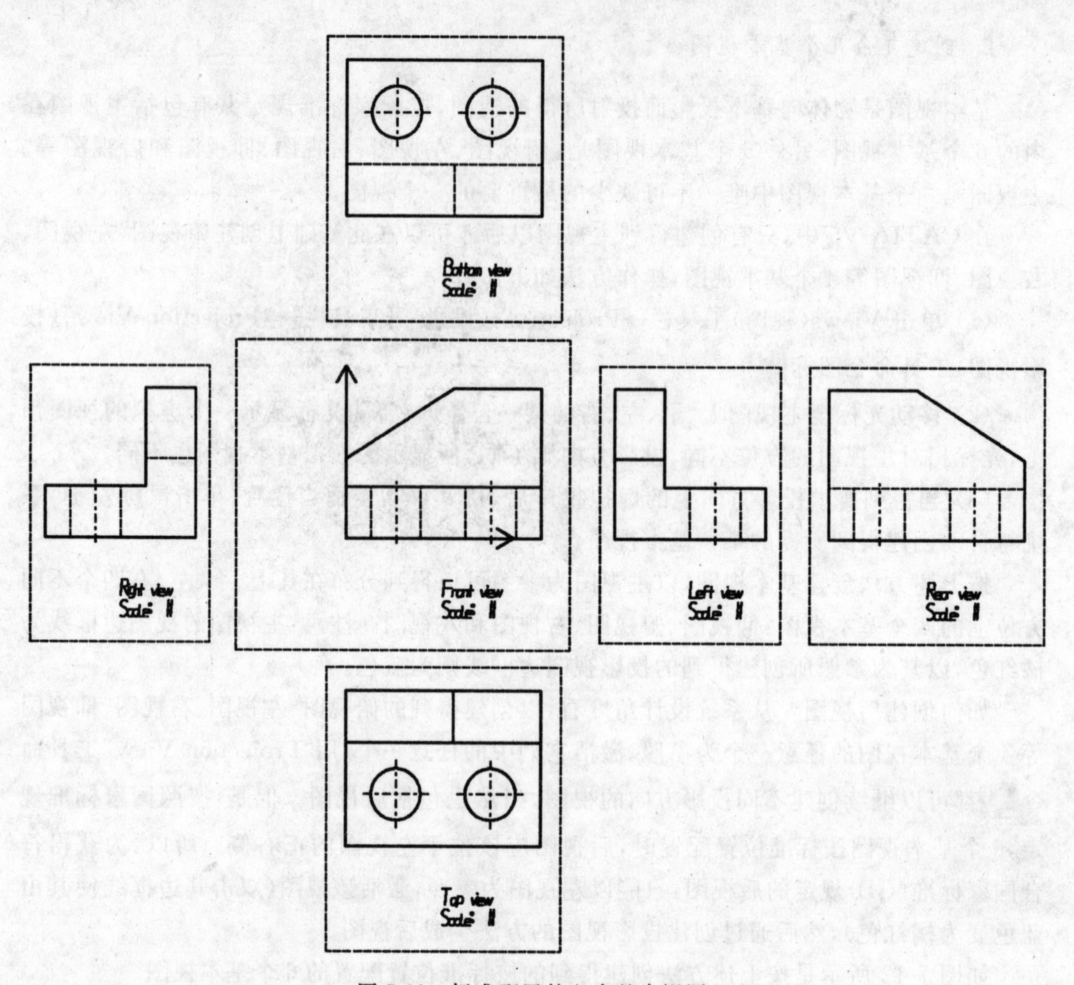

图 7-12　标准配置的六个基本视图

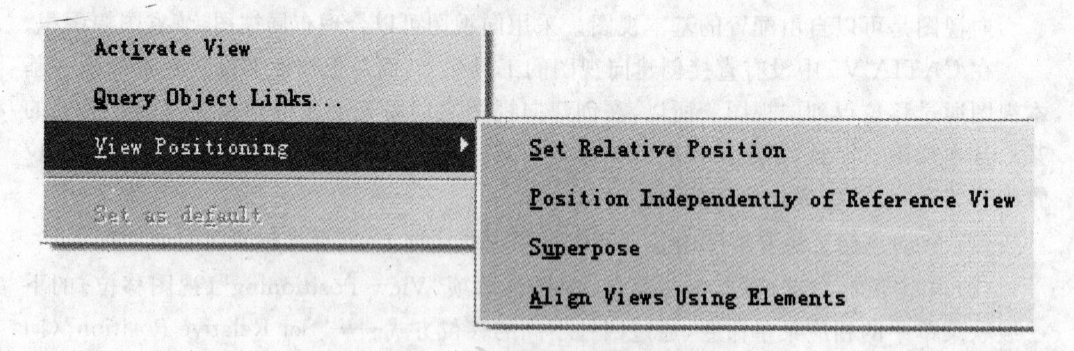

图 7-13　基本视图的右键快捷菜单

如果要使向视图恢复到其对应基本视图的标准配置位置，可以在该向视图的右键快捷菜单中通过单击“View Positioning”→“Position According to Reference View”（恢复移位）级联菜单项来实现复位，如图 7-15 所示。

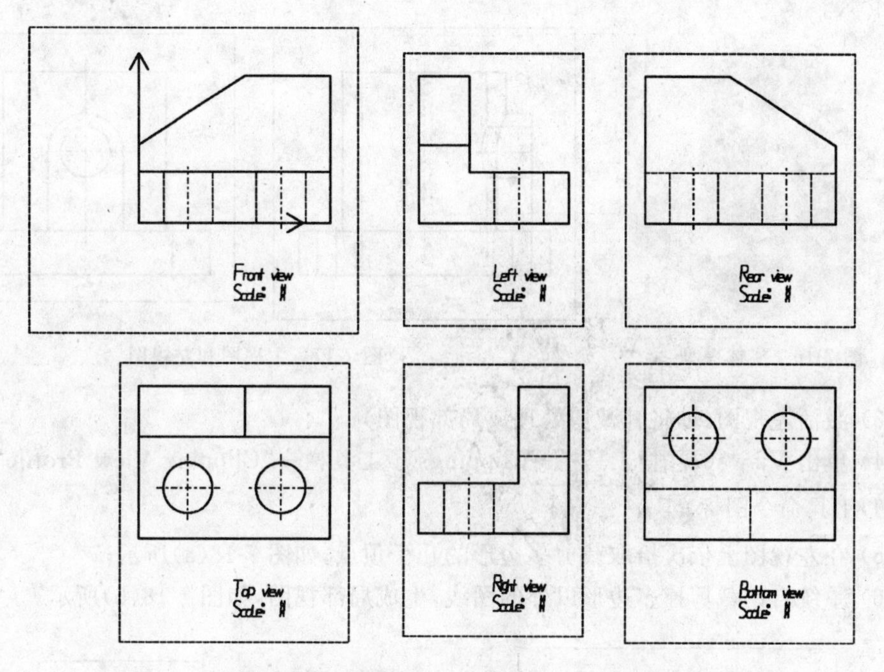

图 7-14 将右视图和仰视图转变为向视图(未考虑向视图的标注)

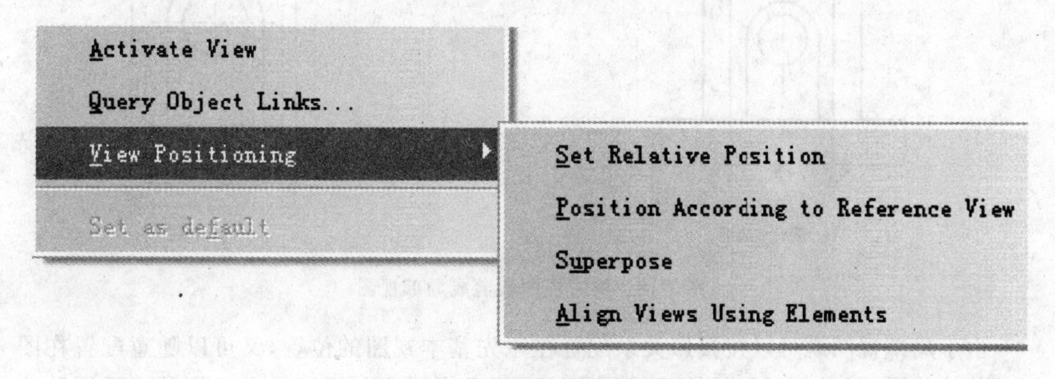

图 7-15 向视图的右键快捷菜单

4. 创建局部视图

局部视图是把机件某一部分向基本投影面投射所得的视图。在 CATIA V5 中也没有直接创建局部视图的工具命令，而是使用如图 7-7 所示 Clippings(裁剪)子工具栏上的工具命令裁剪某一基本视图得到局部视图。所以，在创建局部视图之前也应先创建得到相应投影方向上的某一基本视图。

在使用裁剪工具命令处理基本视图时，既可以用圆也可以用多边形将需要表达的局部圈起，裁剪结果将保留圈内的图线而将圈外的修剪掉。

创建局部视图的操作方法如下：

(1) 打开如图 7-16 所示零件模型文件(见随书光盘第七章模型文件 02LocalView)；

(2) 进入工程图工作台，依次创建主视图和左视图，如图 7-17 所示；

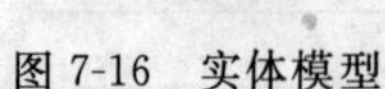

图 7-16 实体模型

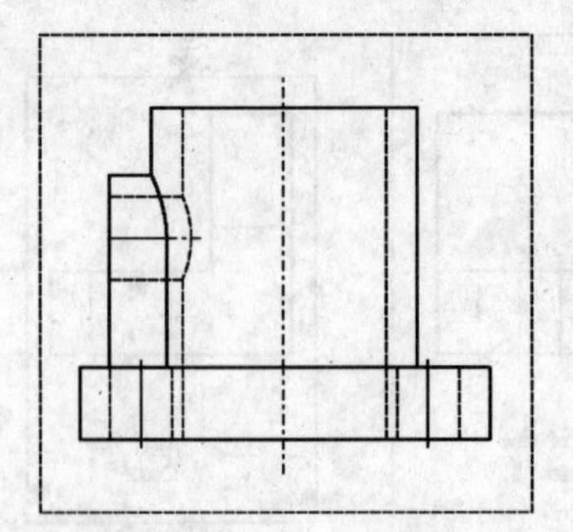

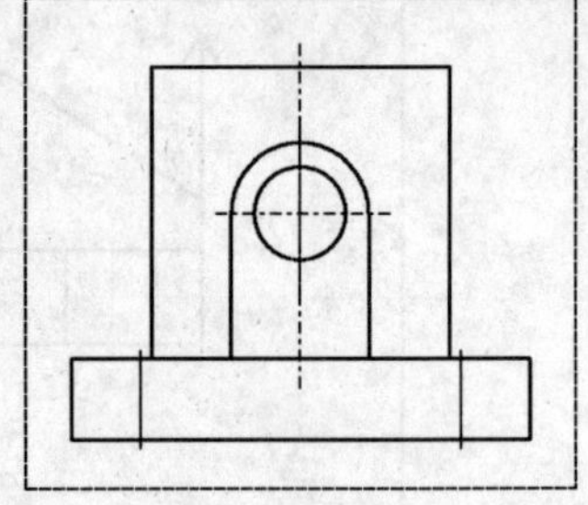

图 7-17 主视图和左视图

(3) 激活左视图(欲将其裁剪处理成局部视图);

(4) 单击 Views(视图)工具栏→Clippings 子工具栏→“Clipping View Profile”(多边形裁切)工具命令图标;

(5) 在左视图上依次拾取裁剪多边形的几个顶点,如图 7-18(a)所示;

(6) 系统自动裁剪掉多边形以外的图线,生成局部视图,如图 7-18(b)所示。

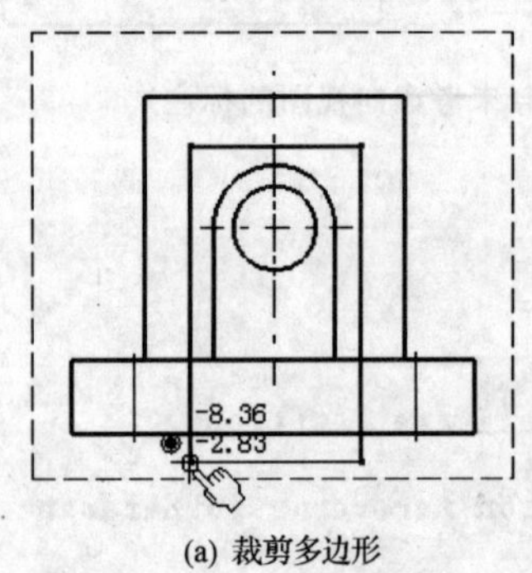

(a) 裁剪多边形

(b) 局部视图

图 7-18 将左视图裁剪成局部视图

由于局部视图既可以按投影关系配置在原先基本视图的位置,又可以随意配置在图纸的其他位置,所以,在创建得到局部视图后,可以按创建向视图的方法将基本视图移位到合适的位置。可见,创建局部视图实际上是将创建基本视图、裁剪视图及创建向视图等三个操作综合处理的一个结果。

5. 创建斜视图

斜视图是物体向不平行于基本投影面的平面投射所得的视图,用于表达机件倾斜部分外表面的形状。

创建斜视图的操作方法如下:

(1) 打开如图 7-19 所示零件模型文件(见随书光盘第七章模型文件 03InclinedView);

(2) 进入工程图工作台,创建主视图,如图 7-20 所示;

(3) 单击 Views(视图)工具栏→Projections(投影)子工具栏→“Auxiliary View”(斜视图)工具命令图标;

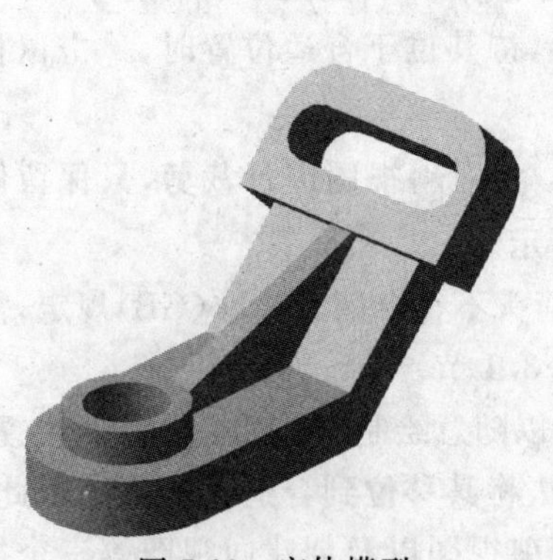

图 7-19　实体模型

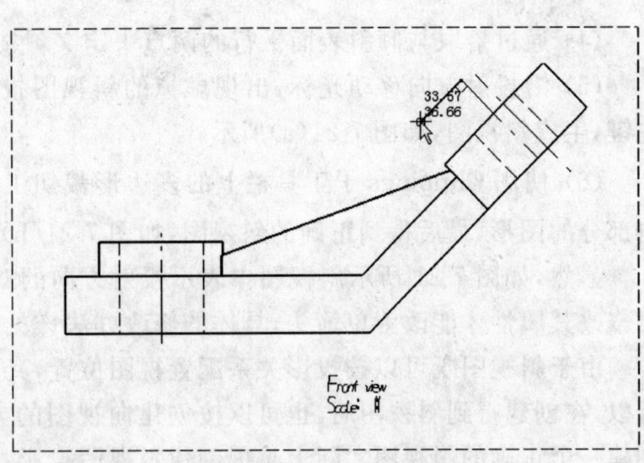

图 7-20　创建主视图及定义斜视图投影面

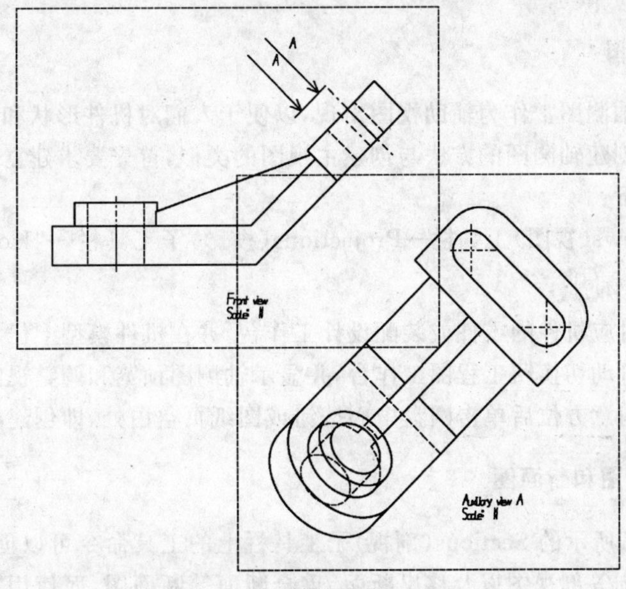

(a) 斜视图投影

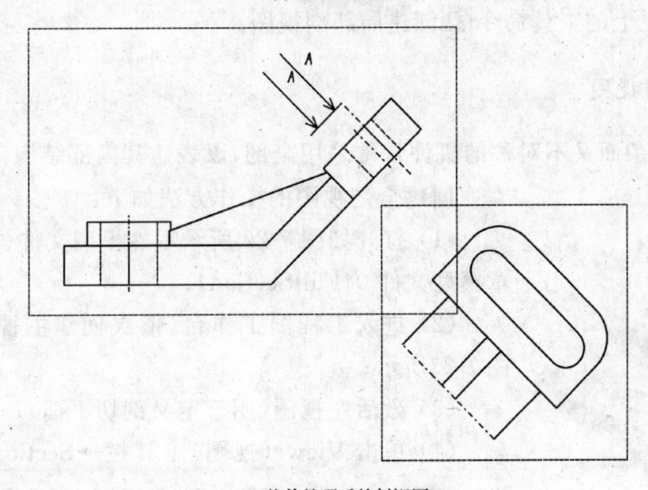

(b) 裁剪处理后的斜视图

图 7-21　创建斜视图(未考虑斜视图标注)

(4) 通过拾取与倾斜表面平行的两点来定义斜视图的投影面，如图 7-20 所示；

(5) 沿投射方向移动光标，出现虚拟的斜视图投影，待其位于合适位置时，单击鼠标左键，生成斜视图，如图 7-21(a)所示；

(6) 使用 Clippings 子工具栏上的多边形裁切工具对斜视图进行裁剪，只保留倾斜部分的图形，最后得到正确的斜视图，如图 7-21(b)所示。

显然，如图 7-21 所示斜视图中表示投射方向的双箭头不符合国家标准(GB)规定，需要修改其属性才能改为单箭头，具体的修改办法详见 7.3.1 节。

由于斜视图既可以按投影关系配置视图位置，又可以随意绘制在图纸上的其他位置，所以，在创建得到斜视图后，也可以按创建向视图的方法将其移位到合适的位置。因此，创建一个正确的斜视图实际上是把创建斜视图投影、裁剪视图以及创建向视图等三个操作联合起来进行综合处理的一个结果。

6. 创建轴测图

工程图中的轴测图常作为辅助视图出现，以便于人们对机件形状和结构的直观理解。

在工程图中创建轴测图的方法与创建主视图的类似，首先要求建立机件的实体模型。具体操作方法如下：

(1) 单击 Views(视图)工具栏→Projections(投影)子工具栏→"Isometric View"(轴测图)工具命令图标；

(2) 切换到对应机件的零件或装配设计工作台，并在机件模型上任意点单击鼠标；

(3) 系统将自动切换回工程图工作台，并显示轴测图预览和调整视圆盘；

(4) 调整至满意方位后单击圆盘中心按钮或图纸页空白处，即创建得到轴测图。

7.2.2 创建剖视图和断面图

使用如图 7-7 所示的 Sections(剖视)子工具栏上的工具命令可以创建全剖、半剖、阶梯剖、斜剖、旋转剖等剖视图以及移出断面、重合断面等断面图，而使用"Break View"(打断视图)子工具栏上的工具命令创建局部剖视图。

1. 创建全剖视图

对于内形复杂而又不对称的机件常常采用全剖，以表达其内部结构。

图 7-22 全剖实体模型

创建全剖视图的操作方法如下：

(1) 打开如图 7-22 所示零件模型文件(见随书光盘第七章模型文件 04FullSection)；

(2) 进入工程图工作台，依次创建主视图和左视图，如图 7-23所示；

(3) 激活左视图(用于定义剖切平面)；

(4) 单击 Views(视图)工具栏→Sections(剖视)子工具栏→"Offset Section View"(剖视图)工具命令图标；

(5) 通过拾取左视图之外的两个点(第一点 S，第二点

E)来定义一个剖切平面，如图 7-23 所示，注意：在拾取第二点时双击鼠标以结束拾取；

(6) 向左移动光标，随之出现沿移动方向(即自前向后)投射的虚拟投影，移至合适位置时单击鼠标左键，生成全剖视图，如图 7-24 所示。

按国家标准(GB)规定，这种情况下的全剖视图可以完全省去标注，所以需删除或隐藏主视图、视图名称及剖切符号，更改剖面线的属性——倾斜角度(Angle)及间距(Pitch)，调整视图间距，最终得到如图 7-25 所示的全剖视图。

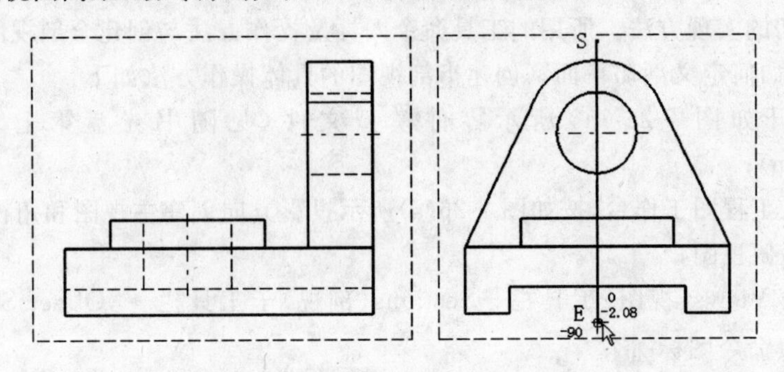

图 7-23 主视图和左视图(在左视图上定义剖切位置)

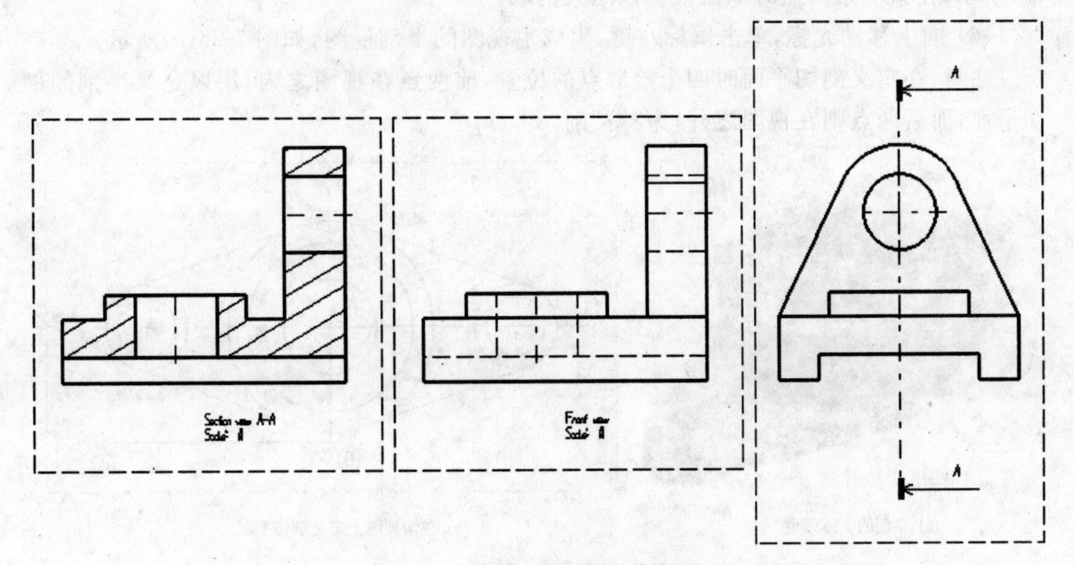

图 7-24 创建主视图的全剖视图

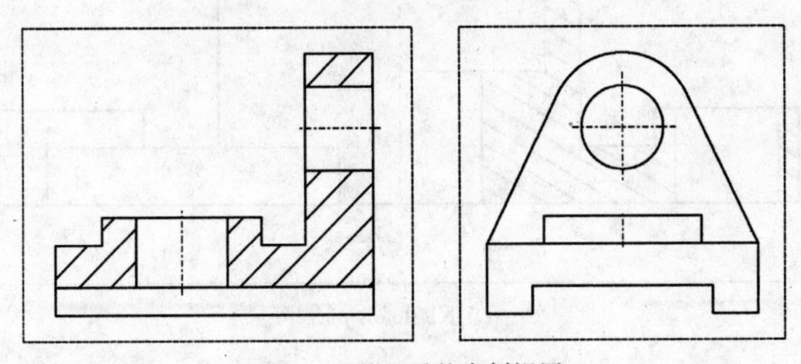

图 7-25 处理后的全剖视图

要更改剖面线的属性，需将鼠标移至剖面线上，单击右键快捷菜单中的 Properties（属性）菜单项，在弹出的 Properties 对话框的 Pattern 选项卡中修改 Angle 和 Pitch 值。

2. 创建半剖视图

对于兼顾内外结构形状表达且具有对称结构的机件常常考虑采用半剖。

CATIA V5 中没有直接创建半剖视图的工具命令，本书提出一种用两个平行的剖切平面进行剖切的实现方法。所用的工具命令图标及操作方法与创建全剖视图的几乎完全一样，关键是如何定义剖切平面。创建半剖视图的具体操作方法如下：

(1) 打开如图 7-26(a)所示零件模型文件(见随书光盘第七章模型文件 05HalfSection)；

(2) 进入工程图工作台，按如图 7-26(a)所示投影方向创建主视图和俯视图；

(3) 激活俯视图；

(4) 单击 Views(视图)工具栏→Sections(剖视)子工具栏→“Offset Section View”(剖视图)工具命令图标；

(5) 在俯视图上依次拾取①、②、③及④等四个点来定义剖切平面的位置，如图 7-26(b)所示，在拾取第四点时双击鼠标以结束拾取；

(6) 向上移动光标，单击鼠标左键，生成主视图的半剖视图，如图 7-26(c)所示。

注意：在定义剖切平面时四个拾取点的位置，前两点在视图之内，用以定义半剖的剖切平面，而后两点则在视图之外，为“空”剖。

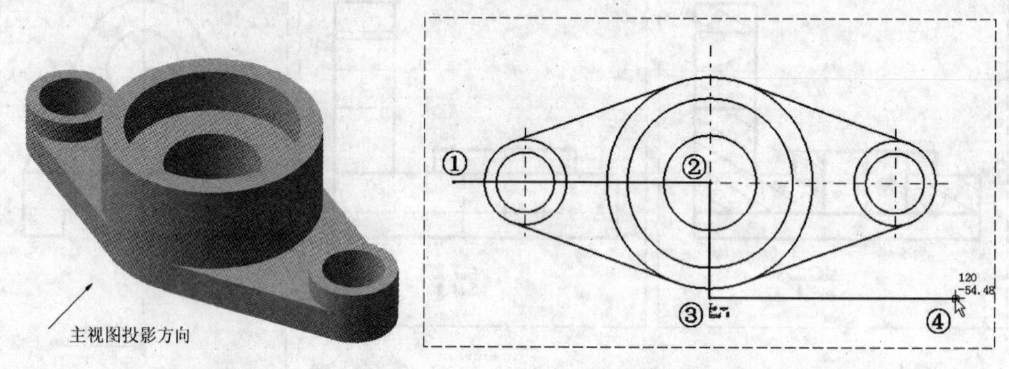

(a) 半剖的实体模型　　(b) 在俯视图上定义剖切平面

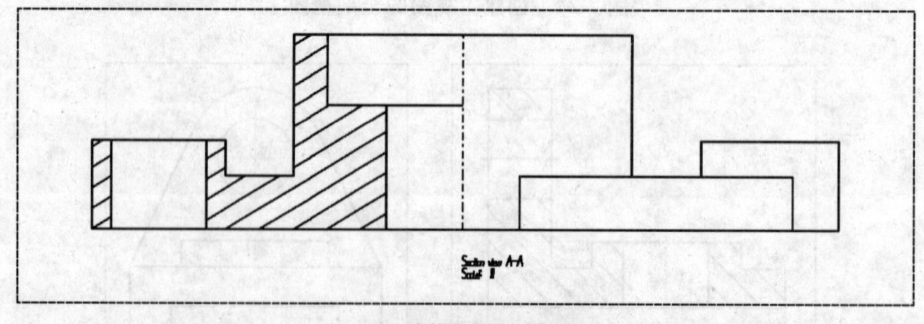

(c) 直接生成的半剖视图

图 7-26　创建半剖视图

隐藏或删除半剖视图上不必要的文字(如视图名称)和图线(如过渡线),更改剖面线的属性——倾斜角度(Angle)及间距(Pitch),最终得到如图 7-27 所示的半剖视图。

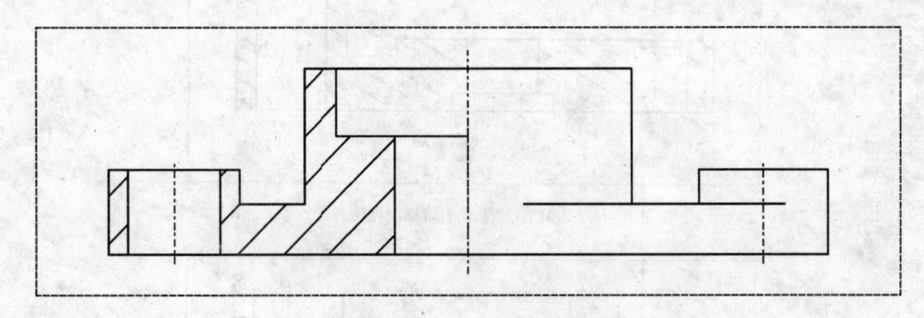

图 7-27 处理后的半剖视图

3. 创建阶梯剖视图

阶梯剖是用几个相互平行的剖切平面剖切机件的方法。对于内部结构(如孔、槽等)中心线排列在两个或多个相互平行平面内的机件常常考虑采用阶梯剖。

创建阶梯剖所用的工具命令图标及操作方法与创建全剖的几乎完全一样,区别仅在于如何定义剖切平面,具体的操作方法如下:

(1) 打开如图 7-28 所示零件模型文件(见随书光盘第七章模型文件 06OffsetSection);

(2) 进入工程图工作台,按如图 7-28 所示投影方向创建主视图和俯视图;

(3) 激活俯视图;

(4) 单击 Views(视图)工具栏→Sections(剖视)子工具栏→“Offset Section View”(剖视图)工具命令图标;

(5) 依次拾取俯视图上①、②、③及④四个点来定义剖切平面的位置,如图 7-29 所示(注意:在拾取最后一点时双击鼠标,以结束拾取);

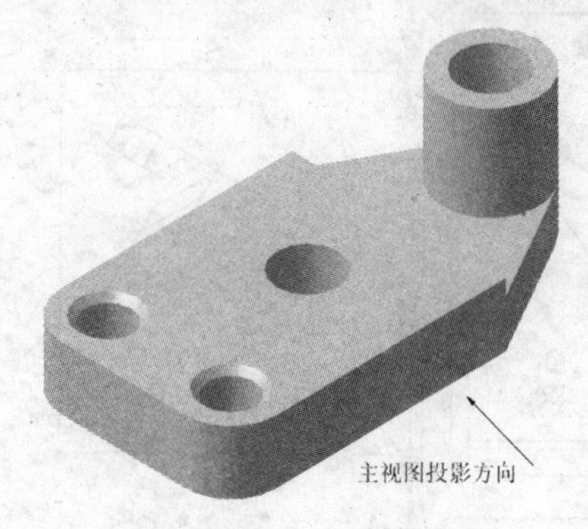

图 7-28 阶梯剖实体模型

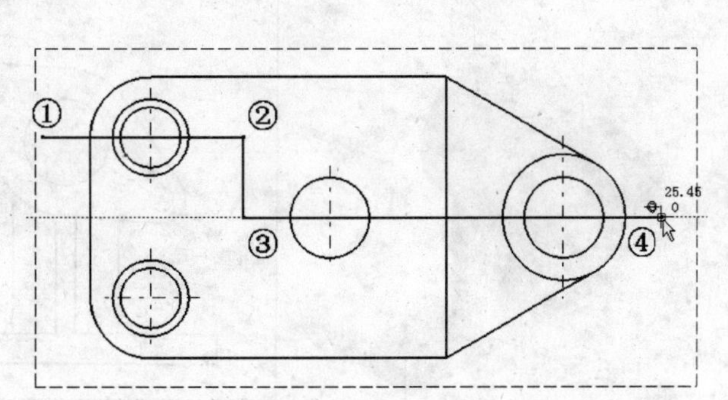

图 7-29 在俯视图上定义剖切平面

(6) 向上移动光标,单击鼠标左键,生成主视图的阶梯剖,如图 7-30(a)所示。

删除或隐藏阶梯剖视图上不必要的图线,将视图名称移至视图上方中间位置,并更改剖面线的属性,最终得到如图 7-30(b)所示的阶梯剖视图。

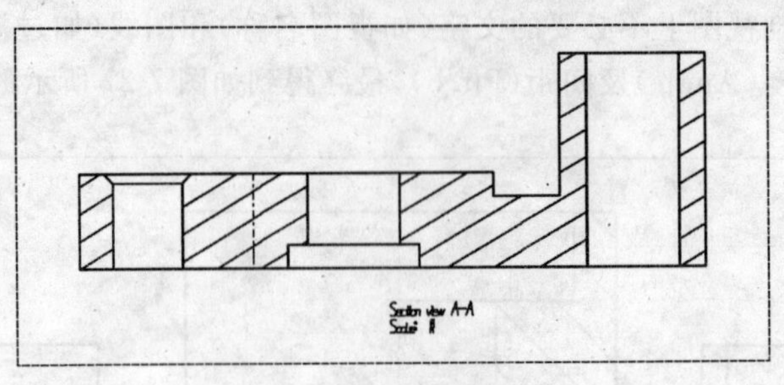

(a) 直接生成的阶梯剖视图

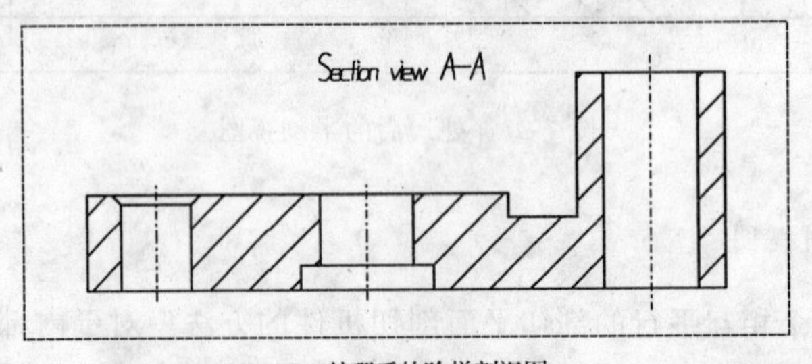

(b) 处理后的阶梯剖视图

图 7-30　创建阶梯剖视图

4. 创建斜剖视图

斜剖用于表达机件倾斜部分的内部结构和形状。创建斜剖视图所用的工具命令图标及操作方法与创建全剖视图的几乎完全一样，区别也在于如何定义剖切平面，具体的操作方法如下：打开如图 7-31 所示零件模型文件（见随书光盘第七章模型文件 07InclinedSection）；进入工程图工作台，创建主视图；单击“Offset Section View”（剖视图）工具命令图标，过机件倾斜部分三个孔的中心定义剖切平面，并向左上方向移动光标，即生成斜剖视图，如图 7-32 所示。

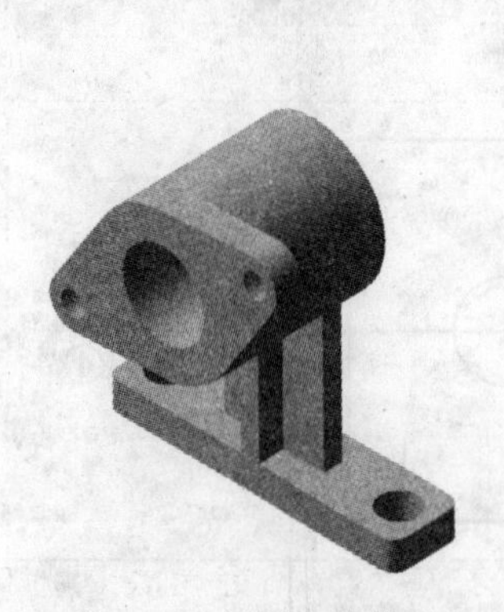

图 7-31　斜剖实体模型

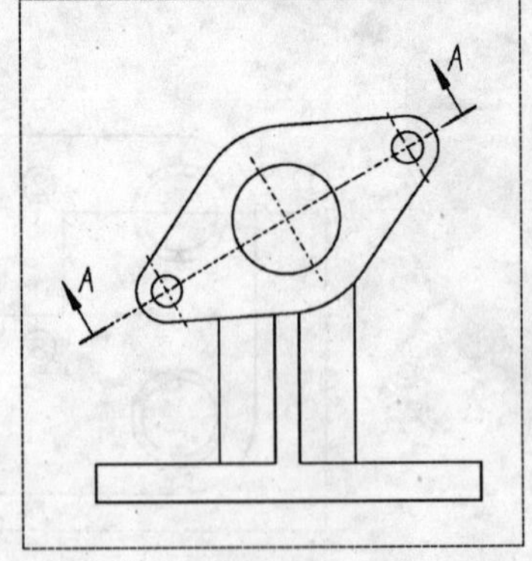

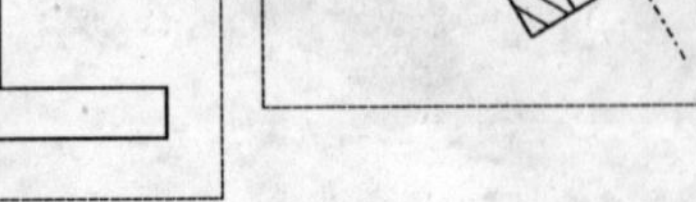

图 7-32　创建斜剖视图

5. 创建旋转剖视图

旋转剖是用两个相交的剖切平面剖切机件的方法。

创建旋转剖的操作方法如下：

(1) 打开如图 7-33 所示零件模型文件(见随书光盘第七章模型文件 08AlignedSection)。

(2) 进入工程图工作台，创建主视图，如图 7-34 所示。

(3) 单击 Views(视图)工具栏→Sections(剖视)子工具栏→"Aligned Section View"(旋转剖)工具命令图标。

(4) 依次拾取主视图上①、②及③三个点来定义两个相交的剖切平面，如图 7-34 所示，注意：在拾取第三点时双击鼠标以结束拾取。

(5) 向右移动光标至适当位置，单击鼠标左键，生成旋转剖视图，如图 7-34 所示。

图 7-33　旋转剖实体模型

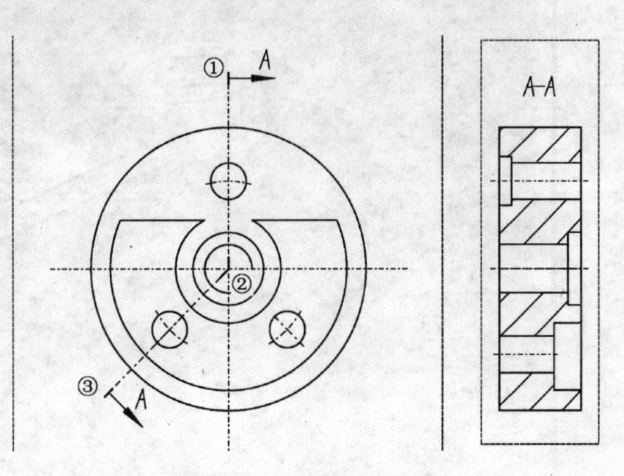

图 7-34　创建旋转剖视图

6. 创建局部剖视图

局部剖视图是在原有视图基础上对机件进行局部剖切以表达该部位内部结构形状的一种剖视图。

创建局部剖视图的工具命令图标不在 Sections 子工具栏上，而是位于"Break View"子工具栏上。

创建局部剖视图的操作方法如下：

(1) 打开如图 7-35(a)所示零件模型文件(见随书光盘第七章模型文件 09LocalSection)。

(2) 进入工程图工作台，创建主视图，如图 7-35(b)所示。

(3) 单击 Views(视图)工具栏→"Break View"子工具栏→"Breakout View"(局部剖视图)工具命令图标。

(4) 在主视图上拾取几个点(本例拾取五个点)形成封闭多边形，来确定局部剖切的范围，如图 7-35(b)所示。

(5) 弹出三维观察窗口，可以通过拖动剖切面来确定剖切位置，如图 7-35(c)所示。如果选择窗口左下的 Animate(活动)复选框，则当光标移至某个视图处时，三维预览视图将自动翻转到视图的投影方位。

(a) 实体模型

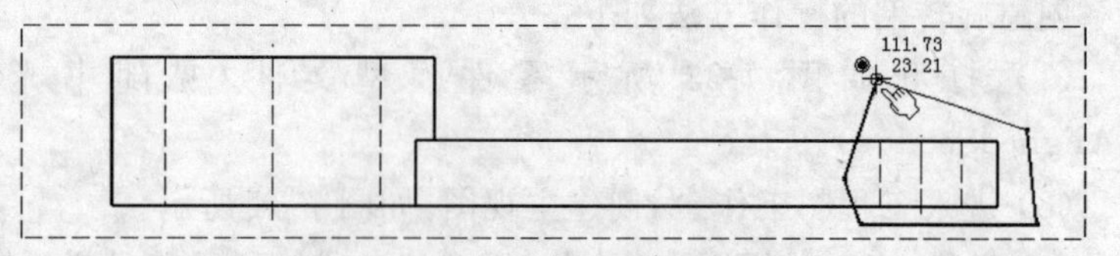

(b) 主视图及由多边形确定的剖切范围

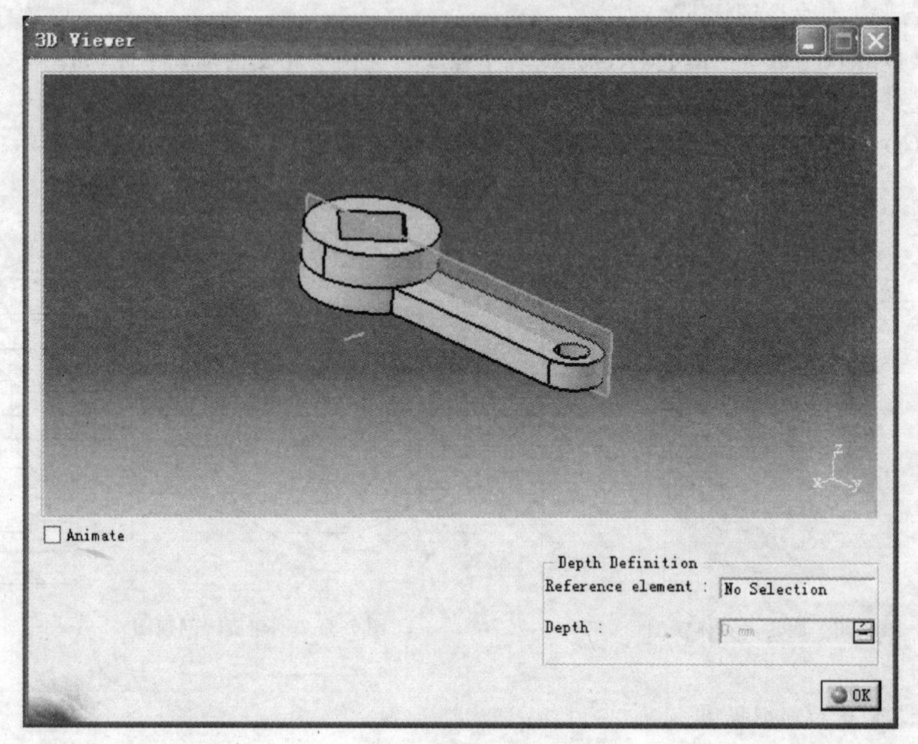

(c) 可视化调整剖切面的位置

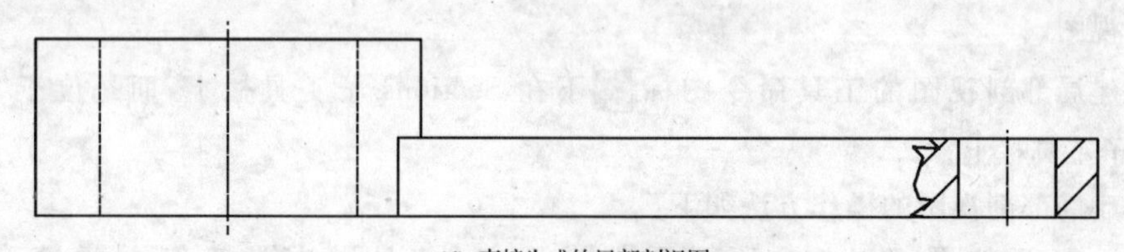

(d) 直接生成的局部剖视图

图 7-35　创建局部剖视图

(6) 单击对话框右下角的 OK 按钮，生成局部剖视图，如图 7-35(d)所示。

(7) 重复步骤(3)～(6)，剖切机件左端方孔，并在右键快捷菜单中修改折线及剖面线的属性，最终得到如图 7-36 所示的局部剖视图。

7. 创建移出断面

移出断面用来表达机件某部分截断面的结构形状，通常绘制在视图之外。

创建移出断面的操作方法如下：

图 7-36 局部剖视图

(1) 打开如图 7-37 所示零件模型文件(见随书光盘第七章模型文件 10RemovedSection)。

(2) 进入工程图工作台,创建主视图,并在右键快捷菜单中修改主视图属性,添加“Center Line”(中心线)、Axis(轴线)及 Thread(螺纹)等修饰,如图 7-38 所示。

(3) 单击 Views(视图)工具栏→Sections(剖视)子工具栏→“Offset Section Cut”(移出断面)工具命令图标。

(4) 依次拾取主视图上①、②两点来定义剖切平面的位置,如图 7-38 所示。

(5) 向右移动光标至适当位置,单击鼠标左键,生成移出断面,如图 7-39 所示。

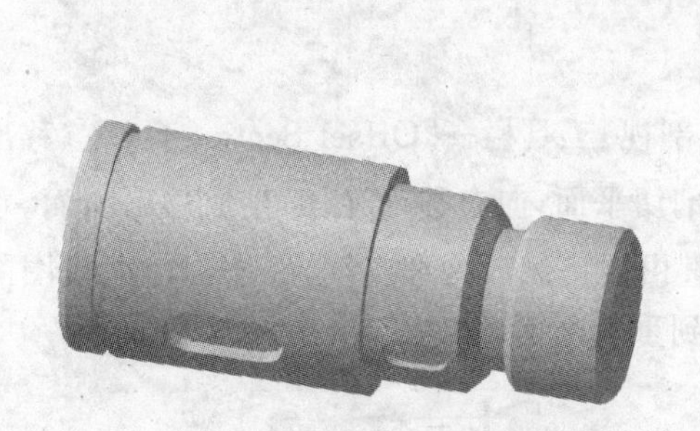

图 7-37 移出断面实体模型

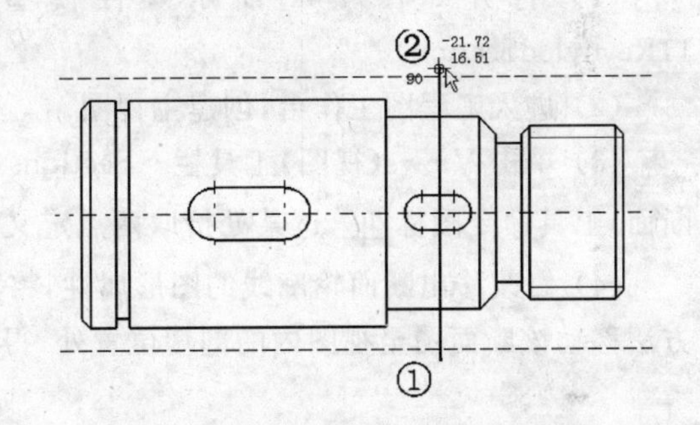

图 7-38 创建主视图并定义剖切位置

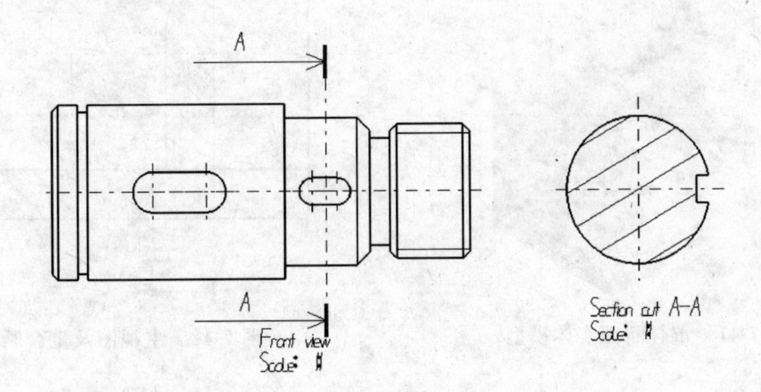

图 7-39 直接创建所得移出断面

由图 7-39 可见,直接创建所得移出断面的标注和剖面线均不符合国家标准(GB)规定,对其属性进行修改,最终得到如图 7-40 所示的断面图。

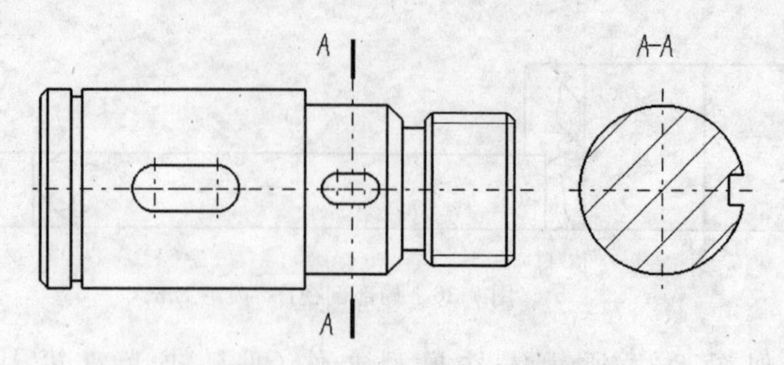

图 7-40 修改后的移出断面

8. 创建重合断面

重合断面用来表达机件某部分截断面的结构形状，通常绘制在视图之内。

在 CATIA V5 中没有直接创建重合断面的工具命令，但可以先创建得到移出断面，并对其断面轮廓线进行修改，最后再将断面图移至视图内的剖切位置处而得到重合断面。

创建重合断面的具体操作方法如下：

(1) 打开如图 7-41 所示零件模型文件（见随书光盘第七章模型文件 11RevovledSection）。

(2) 进入工程图工作台，创建主视图。

(3) 单击 Views（视图）工具栏→Sections（剖视）工具栏→"Offset Section Cut"（移出断面）工具命令图标，过某处拾取两点定义剖切平面，向右移动光标，生成移出断面。

(4) 修改移出断面轮廓线的图形属性，将其由粗实线改为细实线，并按创建向视图的方法移动该断面图至视图内的剖切位置处，得到重合断面，如图 7-42 所示。

图 7-41 重合断面实体模型

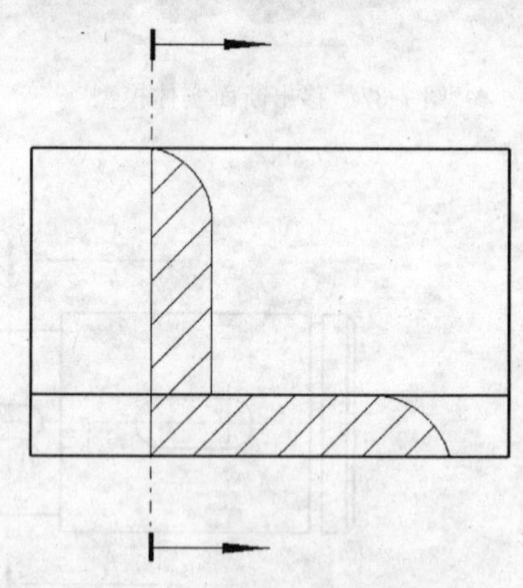

图 7-42 主视图及重合断面

7.2.3 创建其他规定画法的视图

本节介绍两种工程图画法——局部放大图和断开视图。

1. 局部放大图

局部放大图适用于把机件视图上某些表达不清楚或不便于标注尺寸的细节用放大比例画出时使用。

在 CATIA V5 中,需要放大绘制的局部既可以用圆也可以用多边形圈出,在此只介绍圆引出方法。仍以如图 7-37 所示的实体为例,在创建得到主视图及移出断面后,进一步介绍创建该机件左端环形槽的局部放大图,具体操作方法如下:

(1) 确认主视图处于激活状态,单击 Views(视图)工具栏→Details(局部放大图)子工具栏→“Detail View”(圆圈出的局部放大图)工具命令图标。

(2) 在欲放大的环形槽部位拾取一点作为圈出圆的圆心,拖动鼠标至适当位置单击左键,得到一个大小合适的引出圆 B,如图 7-43 所示。

(3) 移动光标时显示被圈部分的局部放大图预览,至适当位置时单击鼠标,得到局部放大图,如图 7-43 所示。

默认的放大比例是“2∶1”。当需要改变放大比例时,在该局部放大图的右键快捷菜单中激活 Properties(属性)菜单项命令,通过修改属性对话框中的比例值来实现。

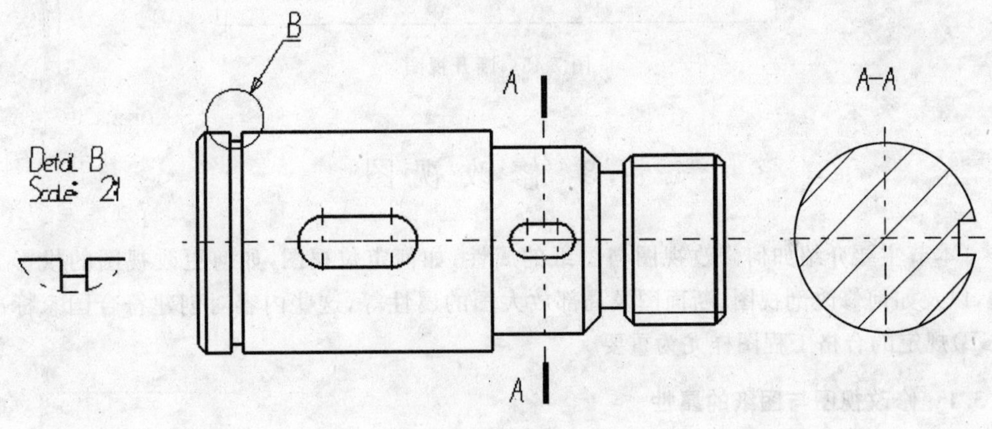

图 7-43 局部放大图

2. 断开视图

对于较长且沿长度方向形状一致或按一定规律变化的机件,如轴、型材、连杆等,常采用将视图中间的一部分截断并删除,余下两部分靠近绘制,即所谓的“断开”画法,这样可以有效节省图幅面积。

下面仍以如图 7-35(a)所示的实体为例,在创建得到主视图后,进一步介绍如何创建该机件的断开视图,具体的操作方法如下:

(1) 确认主视图处于激活状态,单击 Views(视图)工具栏→“Break View”子工具栏→“Broken View”(断开视图)工具命令图标。

(2) 在欲截断的第一个截面处的视图内拾取一点,再在视图外拾取另外一点,由此确定第一个截面的位置,此时显示代表该截面的一条绿色线。

(3) 再在欲截断的第二个截面处的视图内拾取一点，以确定第二个截面的位置，此时显示代表第二个截面的另一条绿色线，如图 7-44 所示。

(4) 在图纸页的任意位置单击鼠标，位于两条绿色线之间的视图将被删除，剩下两部分靠近画出，生成断开视图，如图 7-45 所示。

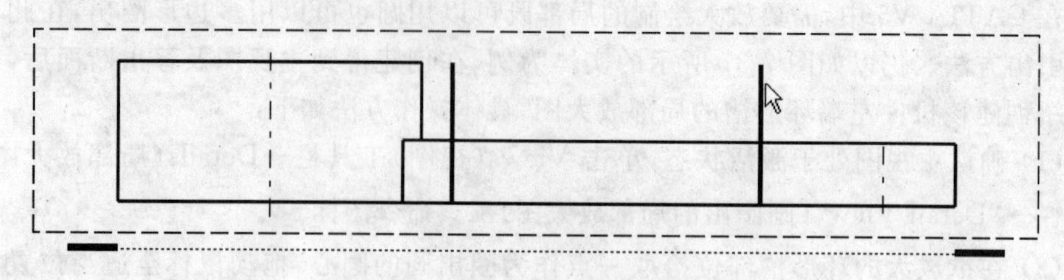

图 7-44　定义两个截断面的位置

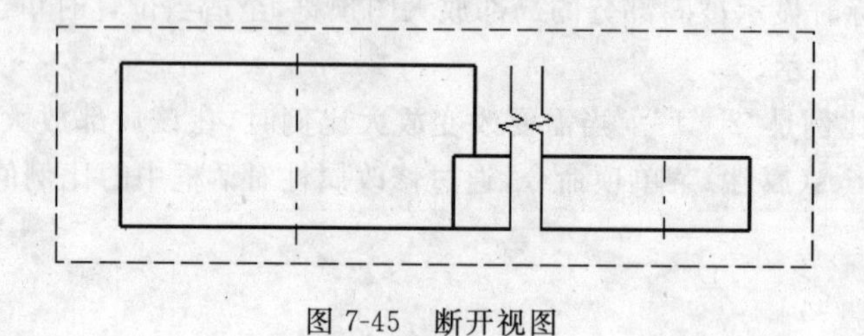

图 7-45　断开视图

7.3　修改视图

本节主要介绍如何修改视图与图纸的属性，如何定位视图，如何更改视图的投影方向，以及如何修改剖视图、断面图及局部放大图的属性等，这些内容对创建符合国家标准(GB)规定的合格工程图样尤为重要。

7.3.1　修改视图与图纸的属性

1. 修改视图的属性

在创建得到视图后，往往需要对其显示、比例及修饰等属性进行修改，可以按如下方法进行操作：

(1) 在视图的边框线上或者树状图对应视图名称上单击右键，出现快捷菜单。

(2) 单击快捷菜单中的 Properties(属性)菜单项命令，弹出 Properties(视图属性)对话框，如图 7-46 所示。

(3) 在 View(视图)选项卡中可以修改如下属性：

① “Display View Frame”：显示视图的边框；

② “Lock View”：锁定视图；

③ “Visual Clipping”：视图可见性修剪，一旦选中该复选框，在相应视图中将出现一个可供调整大小的矩形窗口，只显示位于窗口内的图线；

④ “Scale and Orientation”：视图显示的比例和倾斜角度；

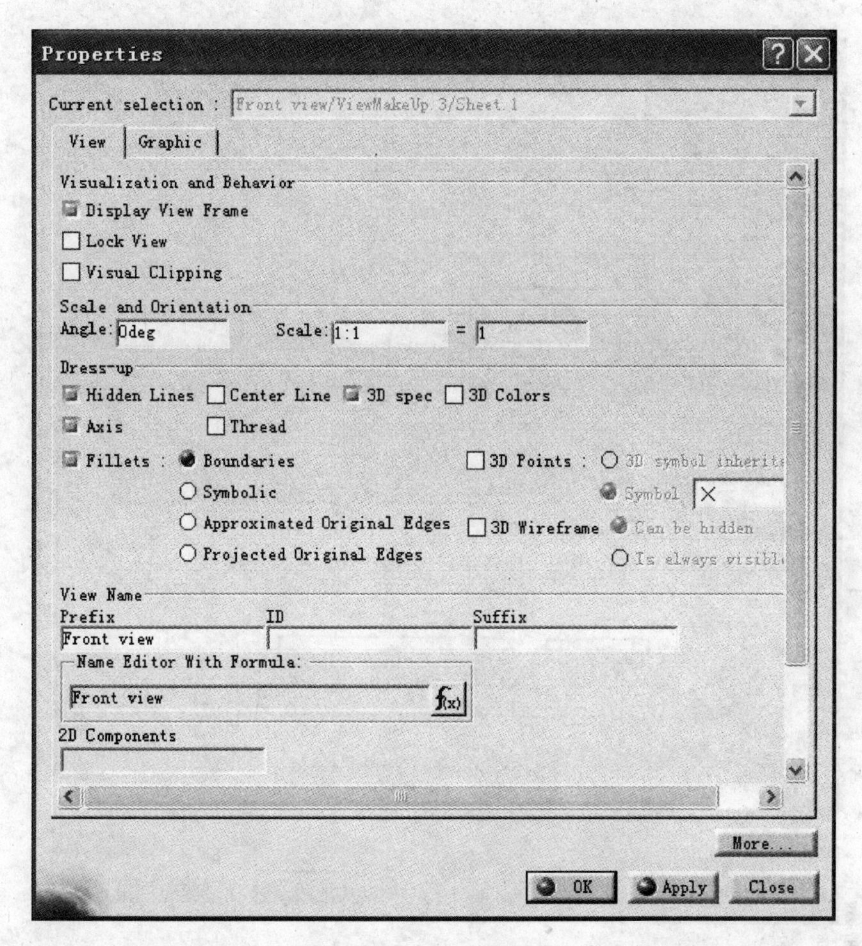

图 7-46　视图属性对话框

⑤ Dress-Up:是否显视图的修饰,包括“Hidden Lines”(隐藏线)、“Center Line”(中心线)、Axis(轴线)、Thread(螺纹)及 Fillets(圆角)等;

⑥ “View Name”:定义视图名称的显示内容;

⑦ “Generation Mode”:视图的生成模式,包括“Exact view”(精确)、CGR(CATIA 图形表现文件)、Approximate(近似)及 Raster(光栅)等四种。

2. 修改图纸的属性

在界面左侧树状图的图纸名称(默认格式为 Sheet. x)上单击右键,出现快捷菜单,单击其中的 Properties(属性)菜单项命令,弹出 Properties(图纸属性)对话框,如图 7-47 所示。

在图 7-47 的对话框中可以修改图纸的如下属性:

① Name:图纸的名称。

② Scale:绘图比例。

③ Format:图纸幅面。选择 Display(显示)复选框,会显示幅面。

④ “Projection Method”:投影法,“First angle standard”表示第一角投影法,“Third

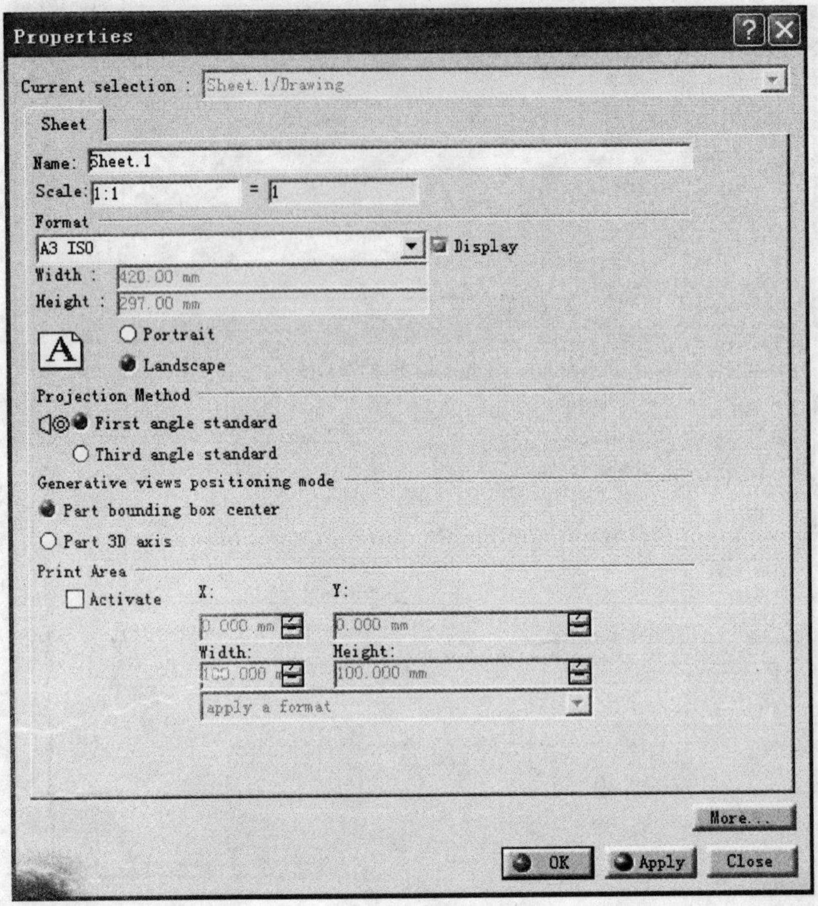

图 7-47　图纸属性对话框

angle standard"表示第三角投影法。

⑤ "Generative views positioning mode"：视图的放置方式，单选"Part bounding box center"表示按零件边框中心对齐，"Part 3D axis"表示按零件三维坐标系对齐。

⑥ "Print Area"：打印区域。

3. 修改视图标记的属性

在 CATIA 中把表示斜视图辅助投影面位置的图线及投影箭头，或者表示剖视图及断面图中的剖切符号及投影箭头，以及局部放大图上表示被放大局部的圆圈等，统称为 Callout(标记)。在这些标记上(此处以剖视图/断面图标记为例)单击右键，出现快捷菜单，选择其中的 Properties(属性)菜单项命令，将弹出 Properties(标记属性)对话框，如图 7-48所示。标记不同，其属性对话框中 Callout 选项卡下方预览窗口中的显示内容也不一样。

在图 7-48 的标记属性对话框中包含四个区域的内容：

(1) "Auxiliary/Section views"(斜视图/剖视图及断面图)。

①  ：代表四种不同的剖切符号样式，按国家标准(GB)规定，剖

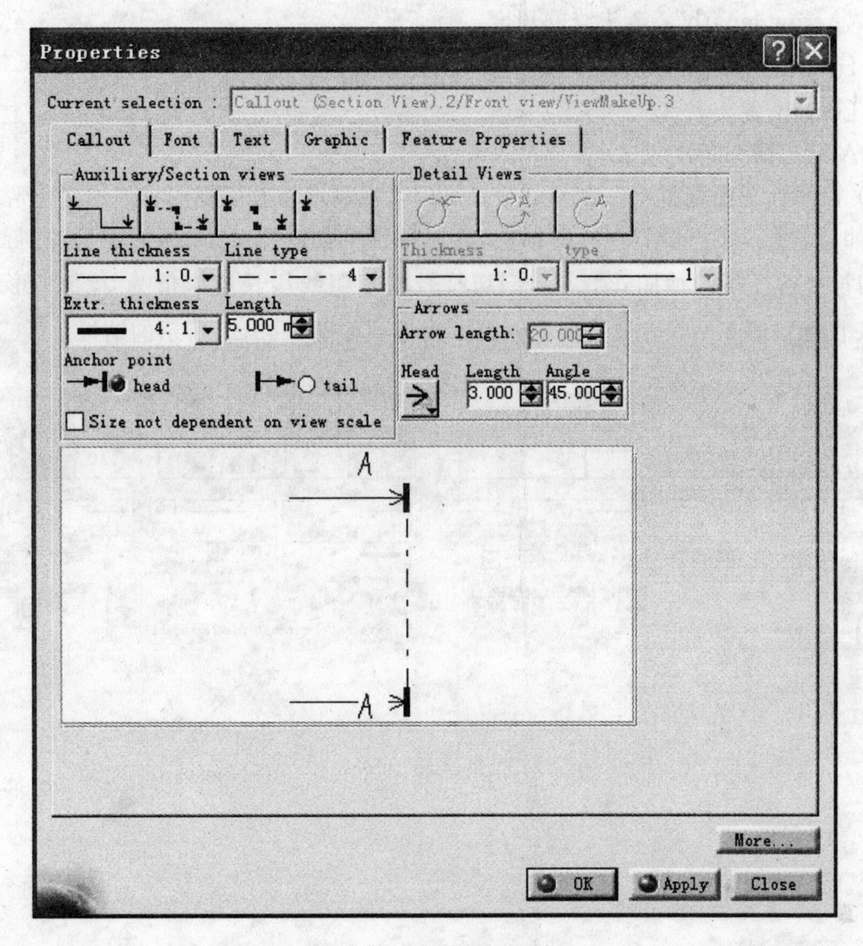

图 7-48　标记属性对话框

视图及断面图采用第二或第三种样式，而斜视图采用第四种样式；

② “Line thickness”：连接线的线宽，默认值 0.13mm；

③ “Line type”：连接线的线型，默认“点画线”；

④ “Extr. Thickness”：代表剖切符号的短粗线段的线宽，默认值 1mm；

⑤ Length：代表剖切符号的短粗线段的长度，默认值 5mm；

⑥ “Anchor point”：投影箭头定位锚点，默认指向剖切面 head，国家标准(GB)采用离开剖切面 tail；

⑦ “Size not dependent on view scale”：选择时表示剖切符号的大小不随视图比例的变化而变化。

(2) “Detail Views”(局部放大图)。

① ：表示局部引出的三种形式；

② Thickness：圆圈的线宽；

③ Type：圆圈的线型。

(3) Arrows(箭头)：

① “Arrow length”：箭头线的长度。

② Head：箭头形式，有 等四种形式。

③ Length：箭头长度。

④ Angle：箭头角度。

（4）视图标记预览窗口。在预览窗口可以直观显示修改后视图标记的变化情况。

例如，如图 7-21 所示斜视图的标记，其属性预览如图 7-49(a)所示，对其进行部分修改，剖切符号选择第四种样式 ，剖切符号的短粗线段长度取值为 0，箭头形式采用 ，箭头长度取值 5mm，箭头角度取值 20°，则得到如图 7-49(b)所示的结果。

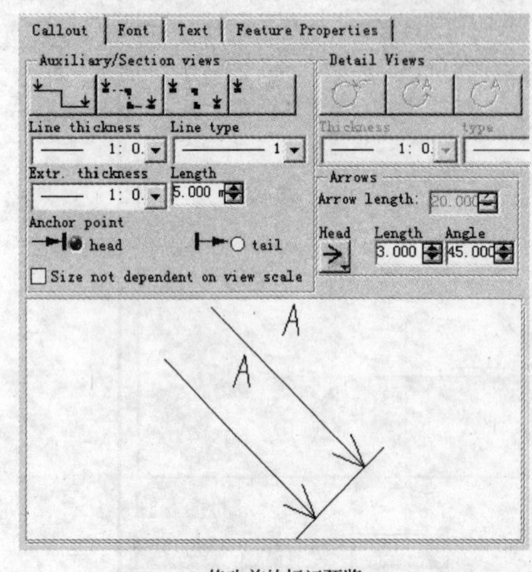

(a) 修改前的标记预览　　(b) 修改后的标记预览

图 7-49　修改斜视图的标记属性

7.3.2　修改视图的布局

由创成式制图方法创建的视图与主视图之间是按基本视图标准配置布局的，相互间保持着对齐关系。在设计制图时，往往要对视图进行重新布局，将向视图、局部视图、斜视图、斜剖视图等移位到合理的位置。视图移位的方法详细归纳为以下几种：

1. 调整视图的相对位置

在要调整位置的视图边框上单击右键，在弹出的快捷菜单中单击“View Positioning”（定位视图）→“Set Relative Position”（设置相对位置）级联菜单项，将出现可供调整视图相对位置的向量杆，如图 7-50 所示。

当把光标置于杆上并沿杆拖动鼠标时，可以伸缩向量杆并使视图沿着杆方向平移；当拖动向量杆伸入视图一端的绿色圆端点时，可以使视图绕着向量杆另一端的黑色方块点旋转平移；当单击向量杆的黑色方块点时，红色十字叉线会在黑色方块内闪动，此时选择另一个要定位相对位置的视图边框，黑色端点自动对齐到目标视图中心，视图也随之平移到一个新的位置。当视图移位到合适位置时，在任意位置单击鼠标，向量杆将消失，此时拖动该视图边框可以自由移动其位置。

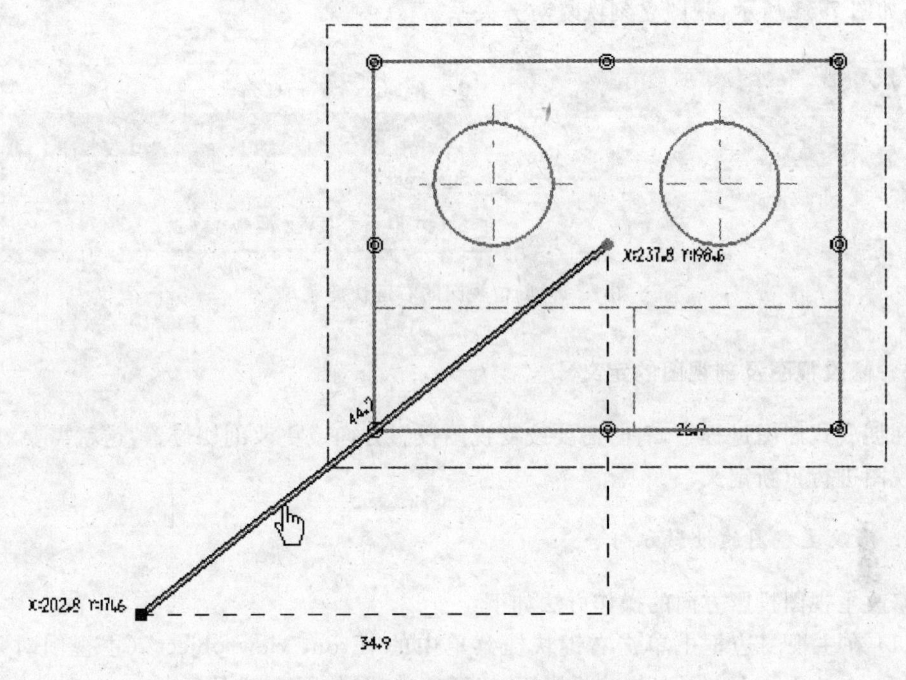

图 7-50　调整视图相对位置的向量杆

2. 改变视图的对齐关系

如果在视图边框上单击右键快捷菜单中的“View Positioning(定位视图)”→“Position Independently of Reference View”(不与参照视图对齐)级联菜单项，视图将与参照视图脱离对齐关系，此时可以将视图移动到图纸页的任意位置。

3. 叠放视图

如果在视图边框上单击右键快捷菜单中的“View Positioning(定位视图)”→“Superpose”(叠放)级联菜单项，再选择要叠放到的目标视图，两个视图将叠放到一起。此时可以将视图移动到图纸页的任意位置。

4. 按图形元素对齐视图

如果在视图边框上单击右键快捷菜单中的“View Positioning(定位视图)”→“Align Views Using Elements”(按元素对齐视图)级联菜单项，先选择要移位视图中的一条图线，再选择另一视图中的一条图线，该视图将通过对齐两条线来实现对齐移位。此时可以将视图拖动到图纸页的任意位置。

5. 归位视图

以上四种情况下的任意一个被移位而与参照视图脱离了对齐关系的视图，都可以重新被归位到原先对齐状态。在欲归位视图的边框上单击右键快捷菜单中的“View Positioning(定位视图)"→"Position According to Reference View"(与参照视图对齐)级联菜单项,如图 7-51 所示,视图立刻恢复对齐关系。

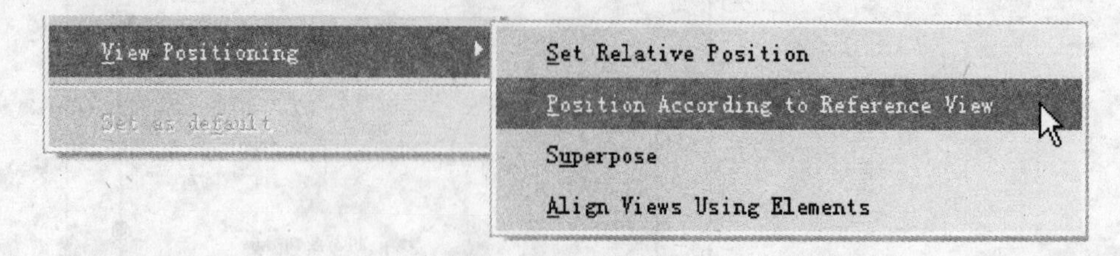

图 7-51 归位视图的右键快捷菜单

7.3.3 修改视图及剖视图的定义

在创成式制图过程中,有时需要改变视图投影方向或更改剖切位置,这就需要对视图或剖视图进行重新定义。

1. 修改主视图的投影方向

修改主视图投影方向的操作方法如下:

(1) 在主视图边框上单击右键快捷菜单中的"Front view object"(主视图对象)→"Modify Projection Plane"(修改投影面)级联菜单项,如图 7-52 所示;

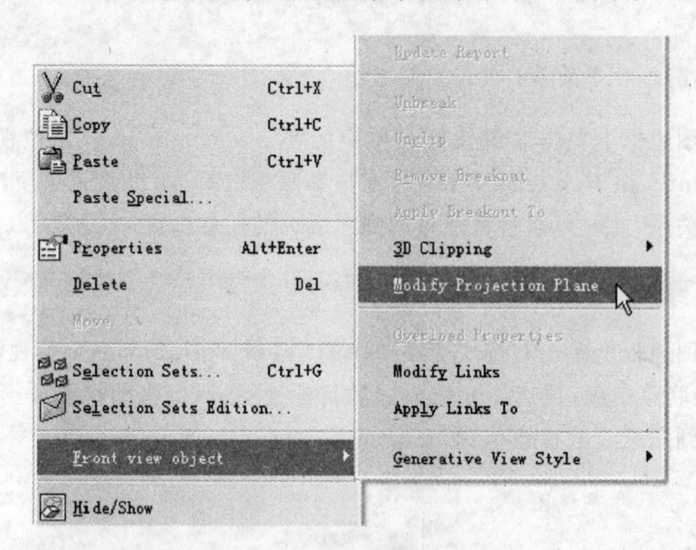

图 7-52 主视图右键快捷菜单

(2) 切换至相应的零件或装配设计工作台,重新选择投影面;

(3) 系统自动返回到工程图工作台,得到新的主视图预览,通过调整圆盘摆正视图,单击鼠标左键,完成主视图投影方向的修改;

(4) 单击 Update(更新)工具栏上的"Update current sheet(更新当前图纸)"工具命令图标或选择 Edit(编辑)下拉菜单中的 Update current sheet 菜单项,其他投影视图随之得以更新。

2. 修改斜视图的定义

修改斜视图的定义，即修改斜视图的投影平面及投影方向，具体操作方法如下：

(1) 在斜视图标记符号上双击鼠标左键，或者在标记符号右键快捷菜单中单击"Callout (Auxiliary View). 1 object"(斜视图标记对象)→Definition...(定义)，系统将转入轮廓编辑工作台，其界面如图 7-53 所示。

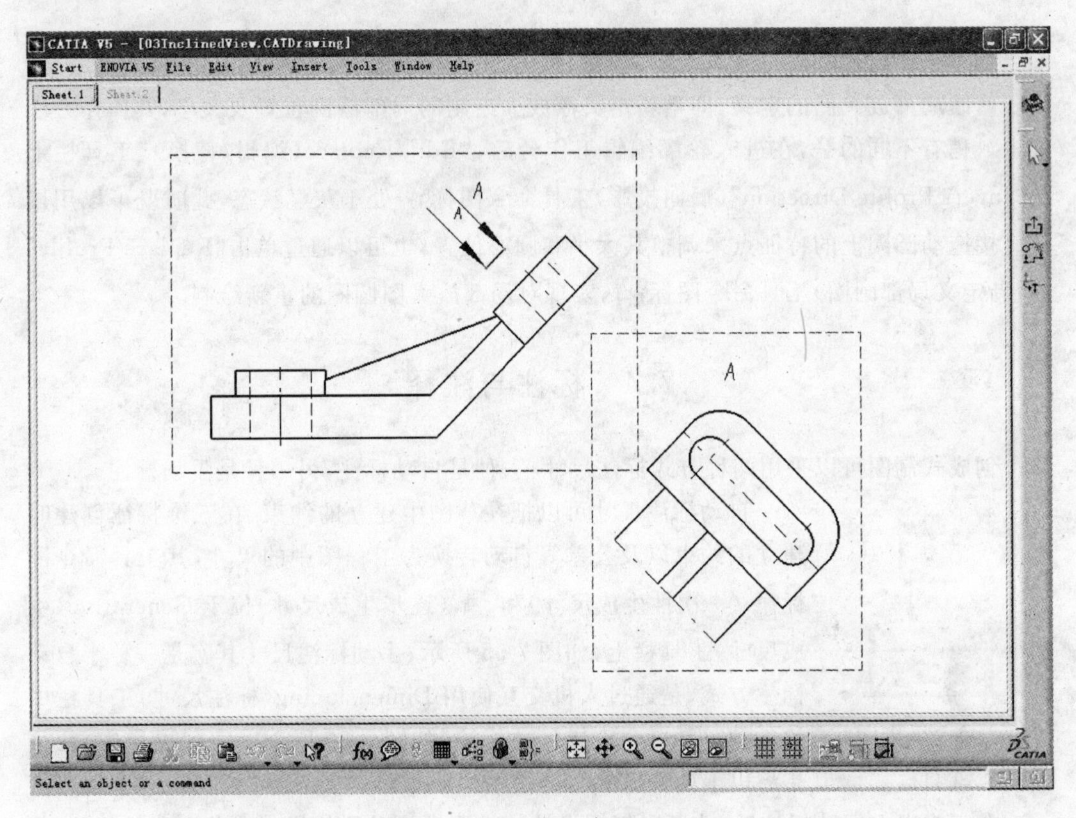

图 7-53　轮廓编辑工作台界面

(2) 单击"Edit/Replace"(编辑/替换)工具栏上的命令图标，如图 7-54 所示，实现对斜视图投影面的重新定义或者改变投影方向。

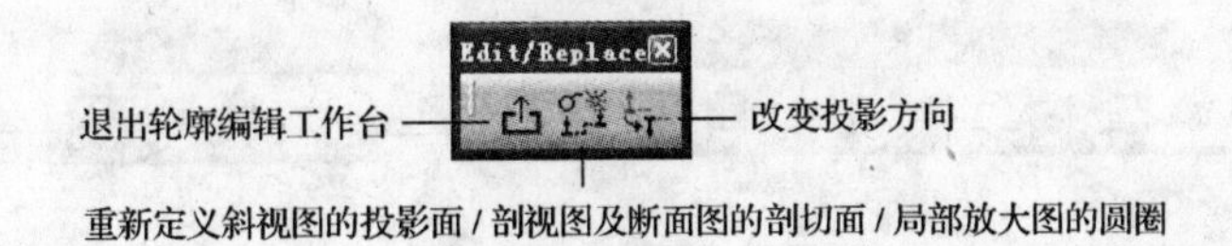

图 7-54　"Edit/Replace"工具栏

(3) 单击退出轮廓编辑工作台工具图标，系统返回到工程图工作台，自动完成斜视图的修改更新。

3. 修改剖视图及断面图的定义

修改剖视图及断面图的定义，即重新定义剖切位置及投影方向，其操作方法同上。在进入轮廓编辑工作台后，通过单击“Edit/Replace(编辑/替换)”工具栏上的“Replace Profile”(重新定义剖切平面)工具命令图标，实现对剖视图或断面图剖切面位置的重新定义；单击“Invert Profile Direction”(反向投影)工具命令图标，实现改变投影方向。

4. 修改局部放大图的定义

修改局部放大图的定义，即重新定义欲放大绘制的局部圆圈位置及大小，其操作方法同上。稍有不同的是，在进入轮廓编辑工作台后，“Edit/Replace(编辑/替换)”工具栏上的“Invert Profile Direction”(反向投影)工具命令图标处于灰显状态，此时既可以用鼠标直接拖动圆圈上的特征点来调整其大小和圆心位置，也可以通过单击“Replace Profile”(重新定义局部圆圈)工具命令图标，实现对局部放大图圆圈的重新绘制。

7.4 标注与注释

创成式制图可以采用两种方式标注尺寸：一种是自动标注，另一种是手动标注。

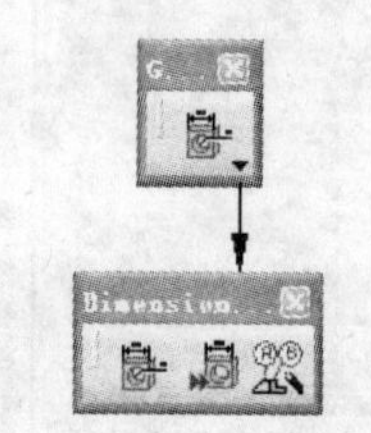

图 7-55 Generation 工具栏

自动标注尺寸可以把在草图中建立的约束、在三维特征创建时建立的约束以及公差等自动转换为工程图中的尺寸，其工具命令图标(一次性生成尺寸)和(逐步生成尺寸)位于 Generation(生成尺寸)工具栏上，如图 7-55 所示；手动标注尺寸其实是一种半自动标注方式，是通过人机交互使用 Dimensioning(标注尺寸)工具栏中的各种工具命令完成尺寸标注，如图 7-56 所示。实际操作中，往往是将以上两种方式结合使用。

在完成以上尺寸标注后，才可以根据设计技术要求为其添加尺寸公差和形位公差。

本节主要介绍标注尺寸的方法，同时介绍尺寸公差、形位公差、表面粗糙度的标注及文本注释等。

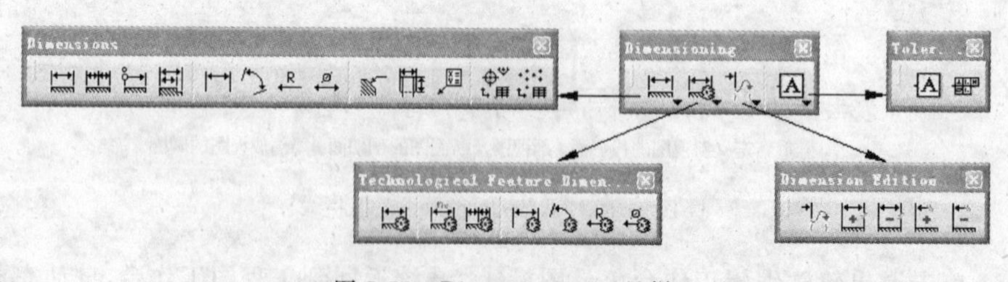

图 7-56 Dimensioning 工具栏

7.4.1 标注尺寸

1. 自动标注尺寸

自动标注尺寸的工具命令图标有两个："Generate Dimensions"(一次性生成尺寸) 和"Generate Dimensions Step by Step"(逐步生成尺寸)，前者可以一次性地生成全部的尺寸，而后者则是逐个地生成尺寸。

在自动标注尺寸时，可以使用尺寸过滤器确定标注尺寸的类型。这需要事先在 Option(选项)对话框中设置，如图 7-57 所示。具体的设置方法为：

(1) 单击 Tools(工具)下拉菜单→Options...(选项)菜单项。

(2) 在弹出的选项对话框中展开"Mechanical Design"(机械设计)目录树节点，选择 Drafting(工程图)。

(3) 在 Generation(生成)选项卡中的"Dimension generation"区，单选"Filters before generation"(尺寸过滤器)复选框。

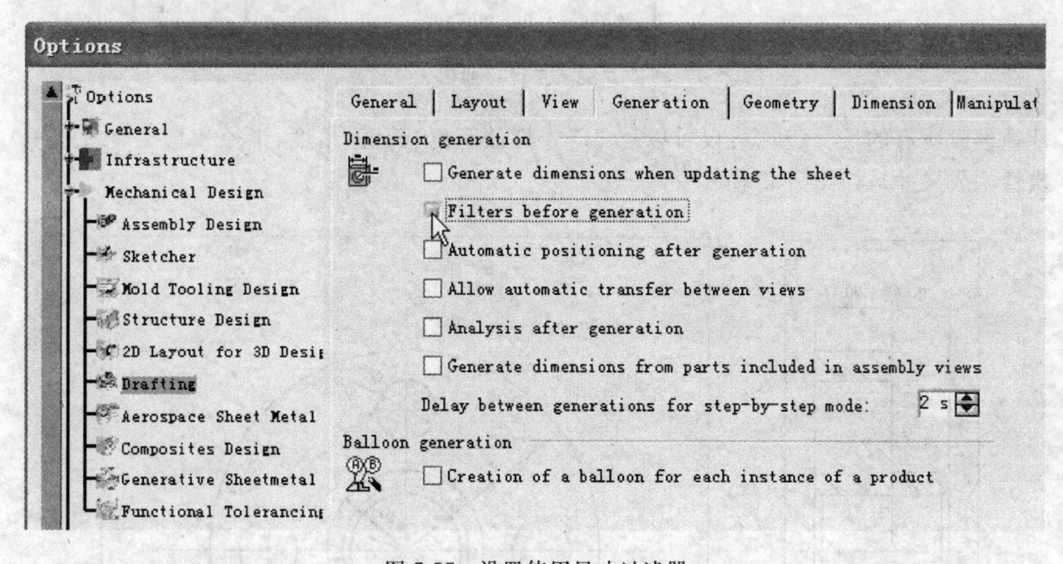

图 7-57 设置使用尺寸过滤器

设置好尺寸过滤器后，无论使用哪种自动标注尺寸的工具命令，在单击命令图标后都将首先弹出"Dimension Generation Filters"(尺寸生成过滤器)对话框，如图 7-58 所示，在该对话框中显示可用于尺寸生成的参数和过滤器，列出要生成尺寸的元素，并为每个列出的元素指定约束数目。下面对该对话框中 Option(选项)区的选项做特别解释：

① "... associated with un-represented elements"：根据与未在工程图中表达出来的元素(即在工程图可能包含的各个视图中不可见的元素)关联的约束生成尺寸。在这种情况下，生成的尺寸将显示为不与工程图中的任何元素相关联。

② "... with design tolerances"：根据包含设计公差的约束生成尺寸，并将约束公差应用到相应生成的尺寸中。

如果使用"Generate Dimensions"(一次性生成尺寸)工具命令标注尺寸，将会一次

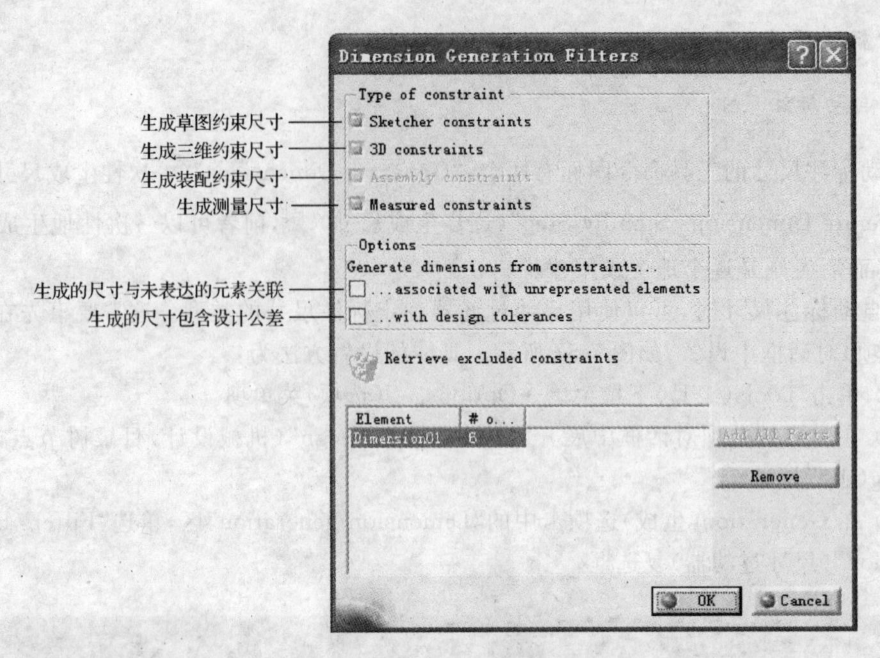

图 7-58　尺寸过滤器

性地生成所有的尺寸(注意:仅可以从 3D 零件的距离、长度、角度、半径和直径等约束一次性生成尺寸),如图 7-59 所示。

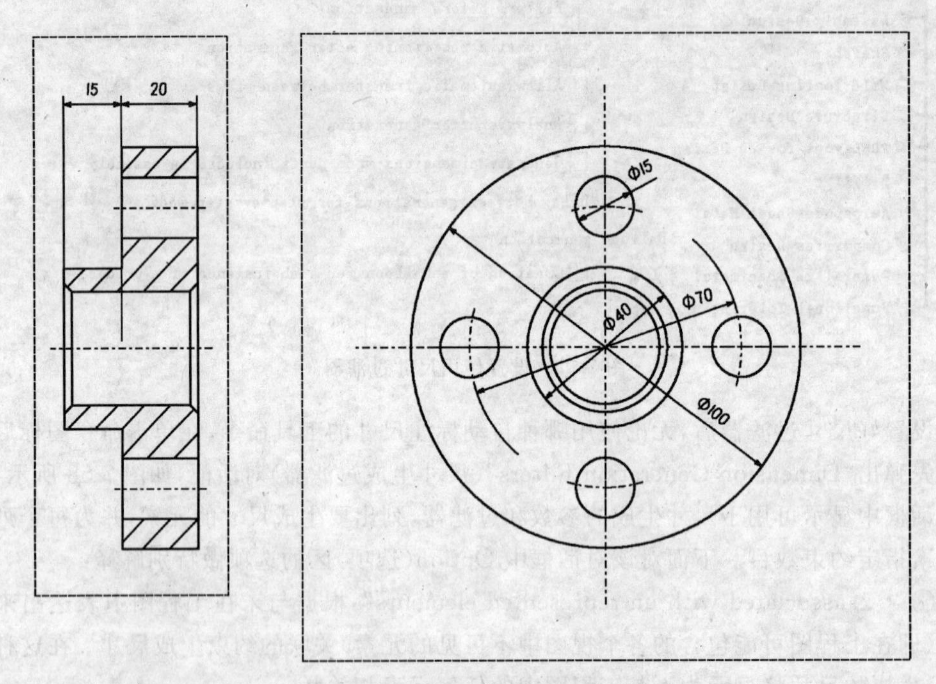

图 7-59　一次性标注尺寸示例

如果使用"Generate Dimensions Step by Step"(逐步生成尺寸)工具命令生成尺寸,将会显示"Step by Step Generation"(逐步生成)对话框,如图 7-60 所示,直到全部尺寸都生成后，该对话框才消失。该方式的优点是在标注过程中可以人工干预，决定尺寸取舍和尺寸标注的位置。

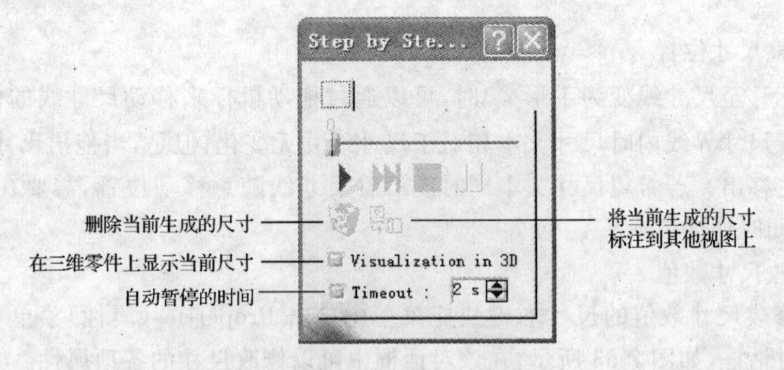

图 7-60　逐步生成对话框

自动生成的尺寸标注在位置上往往不能满足用户的要求，可以通过拖动的方法重新布置尺寸线的位置，如果在拖动的同时按住 Shift 键，则还可以调整尺寸数字的位置。

2. 手动标注尺寸

CATIA V5 提供了丰富的尺寸标注命令，主要位于 Dimensioning（标注尺寸）工具栏中的 Dimensions（尺寸）子工具栏中，各个工具命令图标及其意义如图 7-61 所示。使用这些工具命令可以标注线性尺寸、连续尺寸、累积尺寸、基线尺寸、长度/距离尺寸、角度尺寸、半径尺寸、直径尺寸、倒角尺寸、螺纹尺寸、点坐标尺寸、孔尺寸表、点坐标表等。

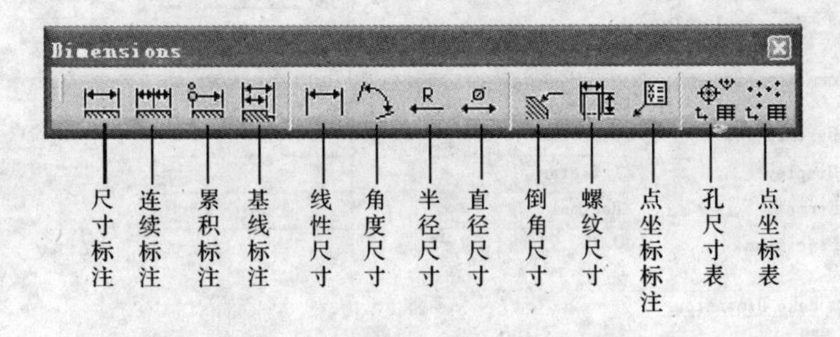

图 7-61　尺寸工具栏中各命令图标意义

标注尺寸的方法是：先单击 Dimensions（尺寸）子工具栏中所需工具命令图标，再选择视图中标注的对象，最后移动鼠标至合适位置后单击鼠标左键确认，完成标注。选择的对象可以是一个，也可以是两个。

值得注意的是，在单击某一尺寸标注工具命令图标后，通常会显示一个“Tools Palette”（工具板），该工具板显示内容随所选命令图标的不同而不同，用于实现不同的标注形式，如图 7-62 所示。

图 7-62　尺寸标注工具板

标注尺寸的方法与草图设计中建立尺寸约束的方法类似，这里不再赘述。

3. 编辑尺寸标注

1）调整尺寸位置

当光标移至尺寸线变为手形时，可以通过拖动鼠标来移动尺寸线的位置。注意：当光标位于尺寸界线内时尺寸文本相对于尺寸线并无变化；但是，当拖出尺寸界线后尺寸文本才随之移出。若希望尺寸文本同时能沿着尺寸线随意移动位置，需要在按住键盘上 Shift 键的同时拖动鼠标。

2）修改尺寸数值

在要修改尺寸数值的尺寸右键快捷菜单中单击 Properties（属性）菜单项命令，弹出尺寸属性对话框，如图 7-63 所示，在该对话框中可以修改尺寸的各项属性。

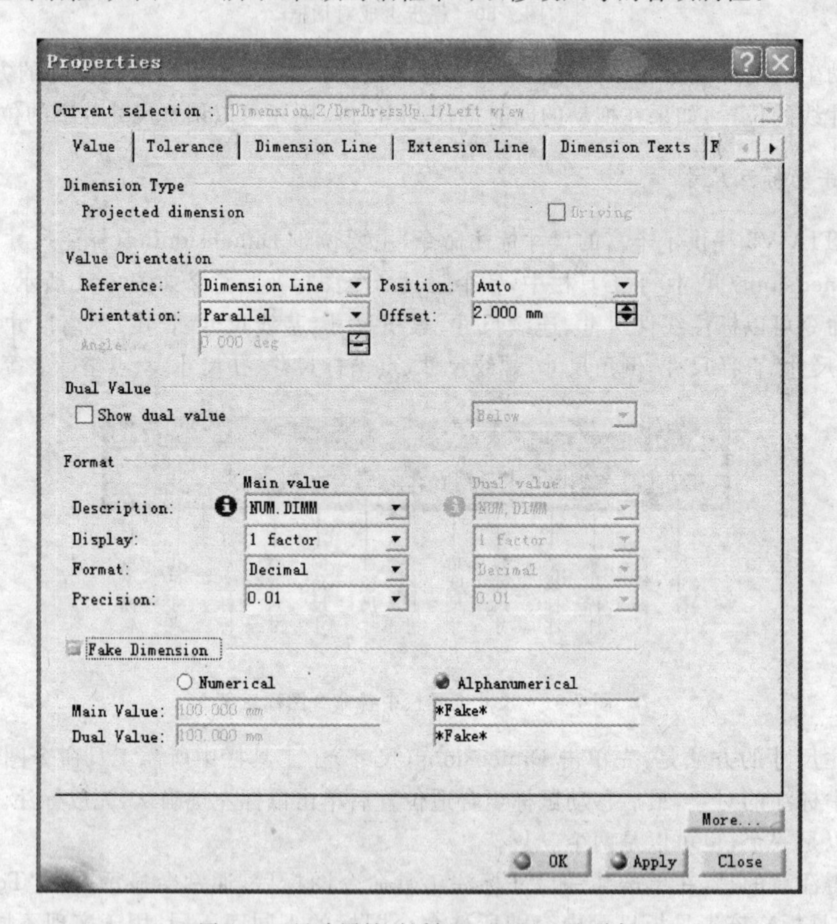

图 7-63 尺寸属性对话框——Value 选项卡

当要使用替代尺寸时，在尺寸属性对话框中的 Value（尺寸数值）选项卡中选择左下部的“Fake Dimension”（替代尺寸）复选框，允许输入替代尺寸。单选 Numerical，输入数字型尺寸数值；单选 Alphanumerical，输入数字与字母混合型尺寸数值。

3）为基本尺寸添加前缀和后缀

在需要添加前缀和后缀尺寸的右键快捷菜单中单击 Properties（属性）菜单项命令，

弹出尺寸属性对话框，选择其中的“Dimension Texts”（尺寸文本）选项卡，如图 7-64(a)所示。

在尺寸文本选项卡中，单击右下角黑色三角形，出现如图 7-64(b)所示的“Insert Symbol”（插入符号），可以从中选择相应的符号插入到“Main Value”（基本尺寸）之前（或者之后）。

同时，可以在“Main Value”的前、后位置添加必要的前、后缀，在其上、下位置添加其他要求的文字。

如果有双值尺寸且需要添加前后缀，则应该在“Dual Value”（双值尺寸）之前、后添加文字。

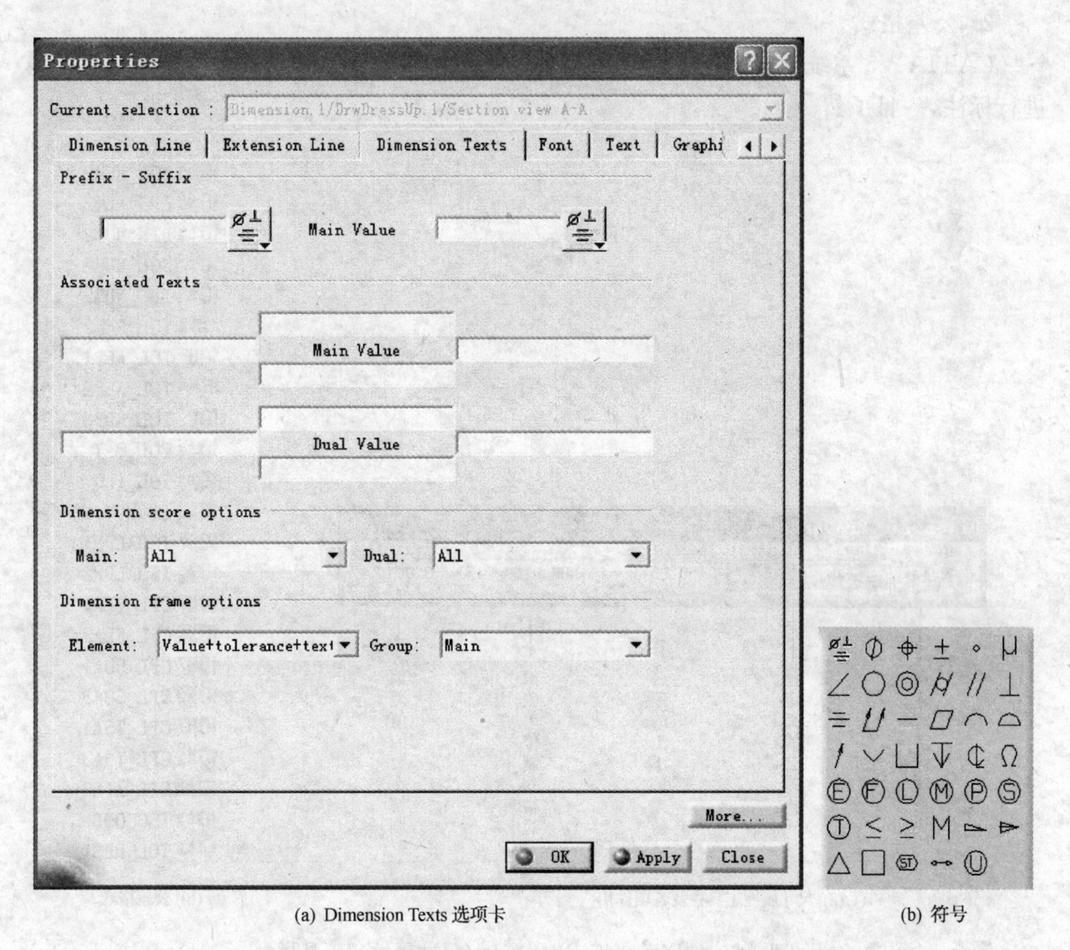

(a) Dimension Texts 选项卡　　(b) 符号

图 7-64　尺寸属性对话框——“Dimension Texts”选项卡

7.4.2　标注尺寸公差

在 CATIA V5 工程图工作台有如下两种标注尺寸公差的方法：一种是在“Dimension Properties”（尺寸属性）工具栏中为尺寸添加公差；另一种是通过单击尺寸右键快捷菜单中的 Properties（属性）菜单项命令，在弹出的尺寸属性对话框中为尺寸添加公差。

1. 尺寸属性工具栏

单击欲标注尺寸公差的尺寸后，“Dimension Properties”(尺寸属性)工具栏中的各工具选项被激活，如图 7-65(a)所示。按要求对该工具栏上的五个项目进行逐项定义，公差将同步显示在尺寸上，满意后在图纸页上单击确认，完成公差标注。如果需要对已标注尺寸公差进行编辑，只需双击该尺寸，即可在“Dimension Properties”(尺寸属性)工具栏对相应选项进行修改。

1) 尺寸文字标注形式

有 4 种文字标注形式供选择：。

2) 公差格式

CATIA V5 系统预定义了 23 种公差格式，如图 7-65(b)所示。欲使用哪种公差格式进行标注，一目了然。

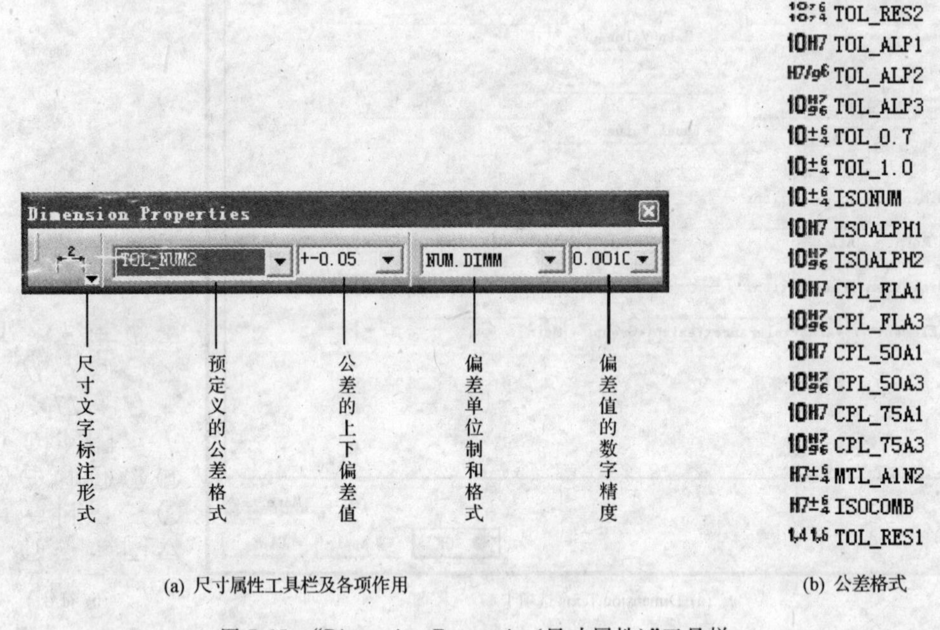

(a) 尺寸属性工具栏及各项作用

(b) 公差格式

图 7-65 “Dimension Properties(尺寸属性)”工具栏

3) 上、下偏差值

输入的上、下偏差值之间需用斜杠(/)分开，例如，上偏差为＋0.039，下偏差为－0.025，则需键入 0.039/－0.025；若要输入±0.012，则需键入 0.012/－0.012。

4) 偏差值的单位制及格式

在如图 7-65(a)所示尺寸属性工具栏“偏差单位制和格式”下拉列表中可以选择系统预定义的格式。

5）偏差值的单位精度

在如图 7-65(a)所示尺寸属性工具栏“偏差值的数字精度”下拉列表中可以选择所需的精度，一般要求精确到小数点后三位，即 0.001mm。

2. 尺寸属性对话框

在需要标注尺寸公差的尺寸右键快捷菜单中单击 Properties(属性)菜单项命令，弹出尺寸属性对话框，选择其中的 Tolerance(公差)选项卡，如图 7-66 所示。先在该对话框“Main Value”(基本尺寸)下拉列表中选择相应的公差格式，再在“Upper Value”(上偏差值)和“Lower Value”(下偏差值)两个文本输入框中分别键入上、下偏差值，最后单击 OK 按钮，完成尺寸公差的标注。

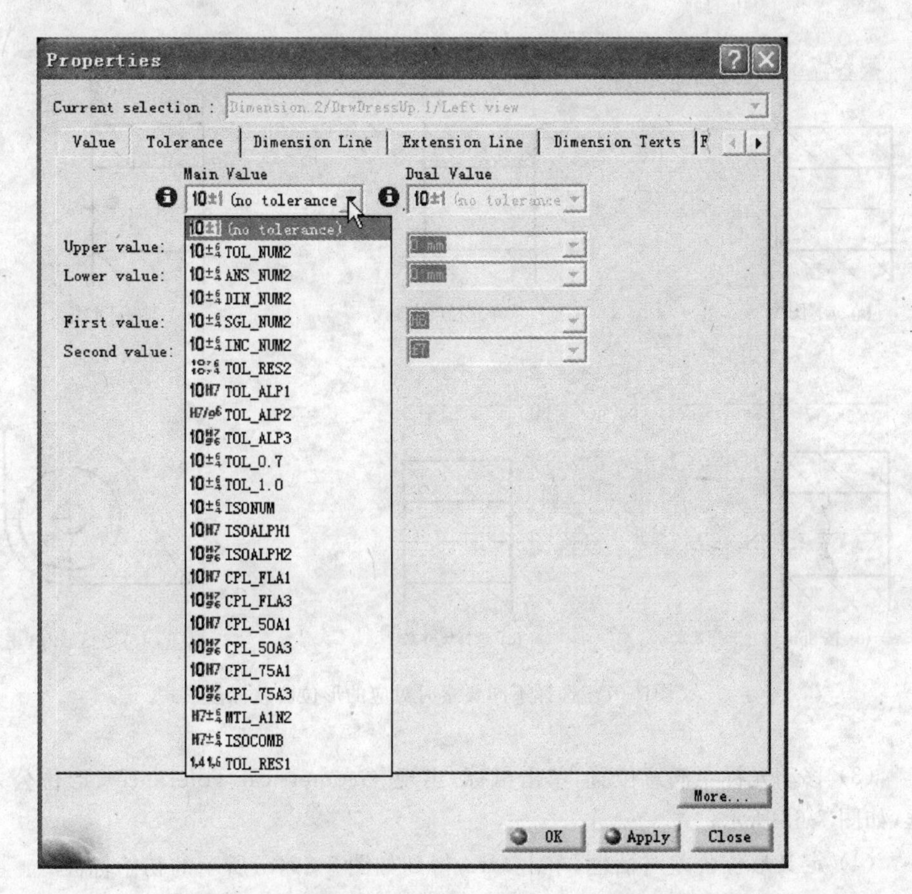

图 7-66　尺寸属性对话框——“Tolerance”选项卡

7.4.3　标注形位公差

标注形位公差的工具命令图标位于 Dimensioning(标注尺寸)工具栏中的 Tolerancing(公差标注)子工具栏上，如图 7-56 所示。

1. 标注形位公差

标注形位公差的操作方法如下：

(1) 单击 Dimensioning(标注尺寸)工具栏→Tolerancing(标注公差)子工具栏→“Geometric Tolerance”(形位公差)工具命令图标；

(2) 选择要标注形位公差的一个要素(几何图线或尺寸)，或在视图中某一区域内单击，以确定形位公差的定位点，随后出现一个形位公差预览框格，当拖动鼠标时在定位点与预览框格之间出现一条可弹性伸缩的指引线，随所选择的要素不同其标注形式也有所不同，如图 7-67 所示；

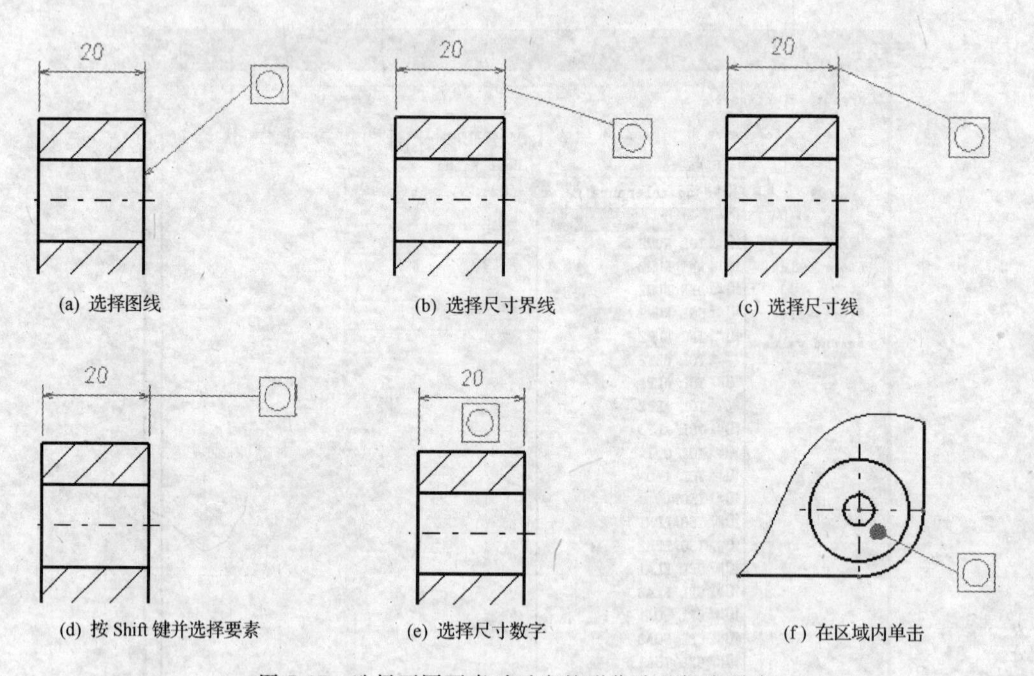

(a) 选择图线　(b) 选择尺寸界线　(c) 选择尺寸线

(d) 按 Shift 键并选择要素　(e) 选择尺寸数字　(f) 在区域内单击

图 7-67　选择不同要素时对应的形位公差标注形式

(3) 移动光标至满意位置，单击鼠标，出现“Geometrical Tolerance (形位公差)”对话框，如图 7-68 所示；

(4) 定义形位公差对话框，单击 OK，得到如图 7-69(a)所示的初始标注；

(5) 通过拖动鼠标调整指引线的位置、长度以及形位公差框格的位置；

(6) 单击指引线，在其起始点黄色菱形操作器右键快捷菜单中选择“Symbol Shape”(符号形状)→ Filled Arrow (实心箭头)，为指引线添加箭头，最终标注效果如图 7-69(b)所示。

要修改形位公差标注，只需在已有标注上双击鼠标，即可在弹出的对话框中对其参数进行重新定义。

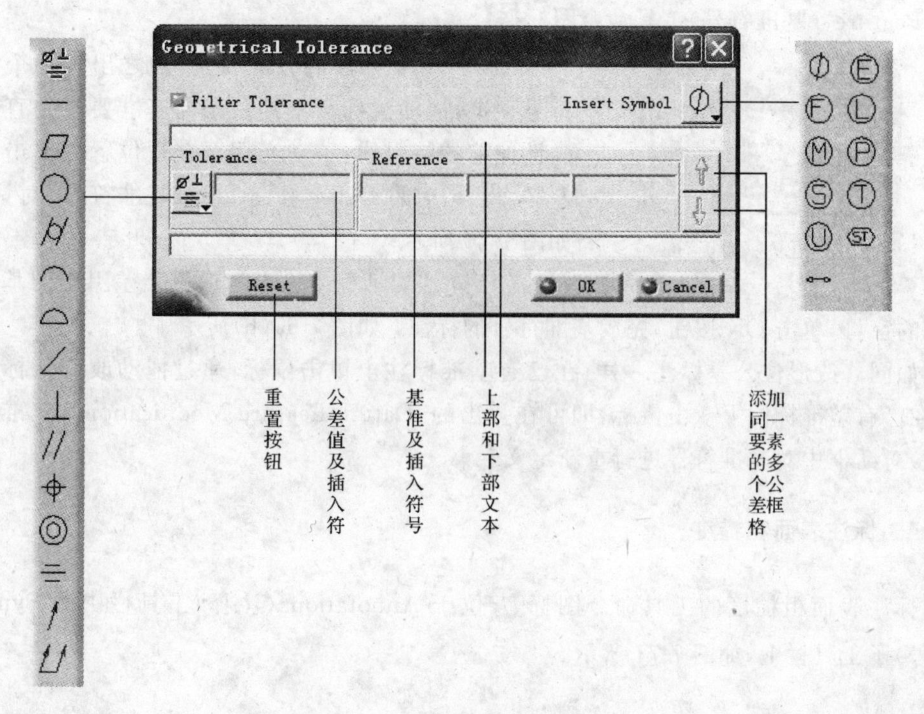

图 7-68　形位公差对话框

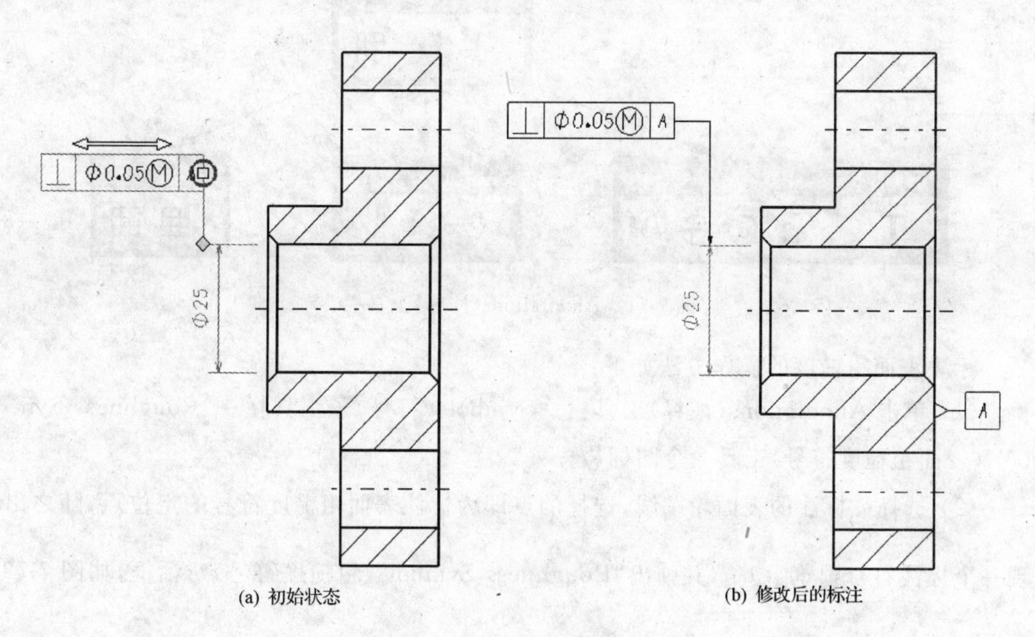

(a) 初始状态　　(b) 修改后的标注

图 7-69　形位公差标注

2. 标注基准符号

标注基准符号的操作方法如下：

(1) 单击 Dimensioning(标注尺寸)工具栏→Tolerancing(标注公差)子工具栏→“Da-

tum Feature”(基准符号)工具命令图标 A ；

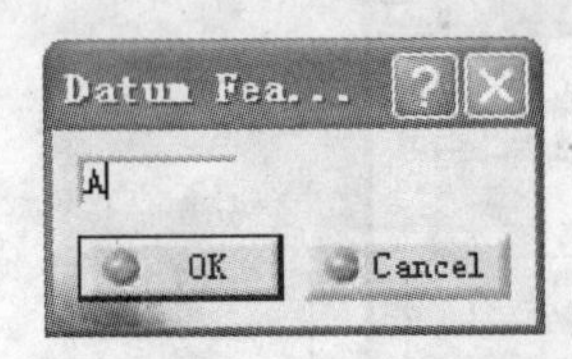

图 7-70　基准符号对话框

(2) 选择要标注的基准要素，随之出现一个基准符号预览，拖动鼠标会看到一条与基准要素垂直的可弹性伸缩的指引线，移动光标至合适位置后单击鼠标左键，将会出现“Datum Feature”(基准符号)对话框，如图 7-70 所示；

(3) 在该对话框中输入与形位公差引用的基准相一致的字母，单击 OK 按钮，完成基准符号的标注，如图 7-69(b)所示。

如同修改形位公差标注一样，在已有基准标注上单击鼠标，通过拖动改变其标注位置；在已有基准标注上双击鼠标，即可在弹出的“Datum Feature Modification”(基准符号修改)对话框中对基准符号进行重新定义。

7.4.4　标注表面粗糙度

标注表面粗糙度的工具命令图标位于 Annotations(注释)工具栏中的 Symbols(符号)子工具栏上，如图 7-71 所示。

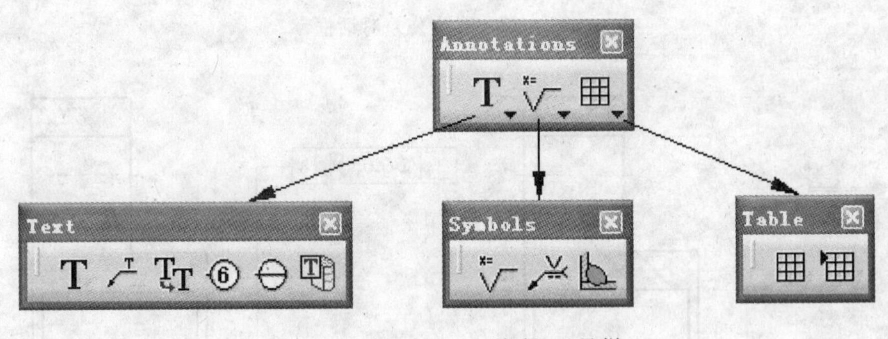

图 7-71　Annotations(注释)工具栏

标注表面粗糙度的操作方法如下：

(1) 单击 Annotations(注释)工具栏→Symbols(符号)子工具栏→“Roughness Symbol”(表面粗糙度符号)工具命令图标；

(2) 选择欲标注的表面轮廓线，选择的点即为标注表面粗糙度符号的定位点，随之出现一个标注符号预览，并弹出“Roughness Symbol”(粗糙度符号)对话框，如图 7-72 所示；

(3) 在该对话框各个字段中键入设计给定的参数值，预览将同步显示标注效果，如图 7-73 所示，满意后单击 OK 按钮，完成标注。

拖动已有的表面粗糙度符号，可以改变其标注位置；在标注符号上双击鼠标，可在弹出的“Roughness Symbol”(粗糙度符号)对话框中对其参数进行重新定义。

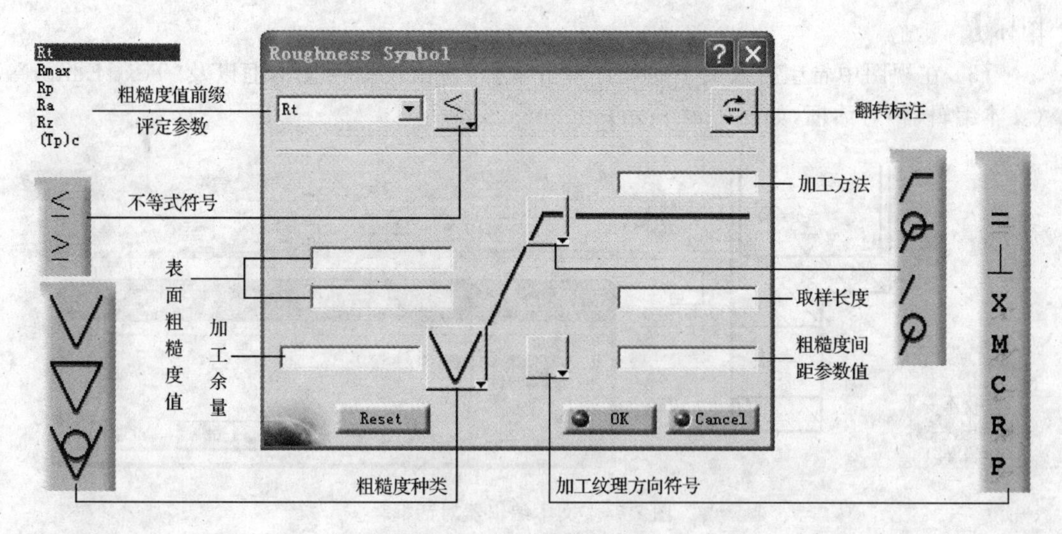

图 7-72 粗糙度符号对话框

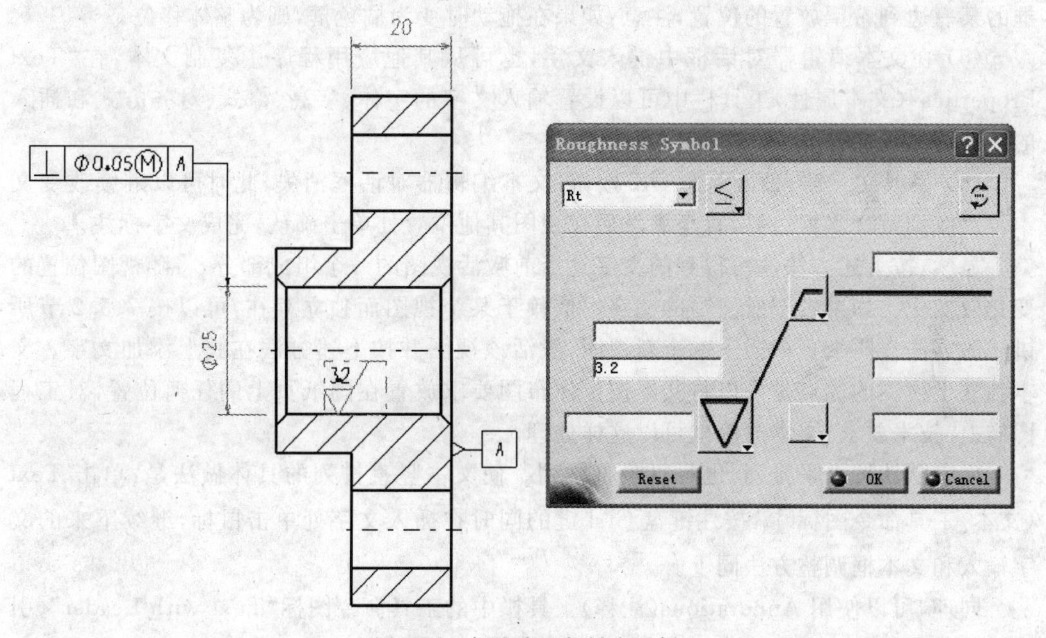

图 7-73 标注表面粗糙度示例

7.4.5 文字注释

文字注释的工具命令图标位于 Annotations(注释)工具栏中的 Text(文本)子工具栏上，如图 7-71 所示。

在视图上添加文字的具体操作方法如下：

(1) 激活要添加文字的视图；

(2) 单击 Annotations(注释)工具栏→Text(文本)子工具栏→Text(文本)工具命令

图标**T**；

(3) 在视图中希望插入文字的位置单击鼠标，将出现绿色文本框以及“Text Editor”(文本编辑器)对话框，如图 7-74 所示；

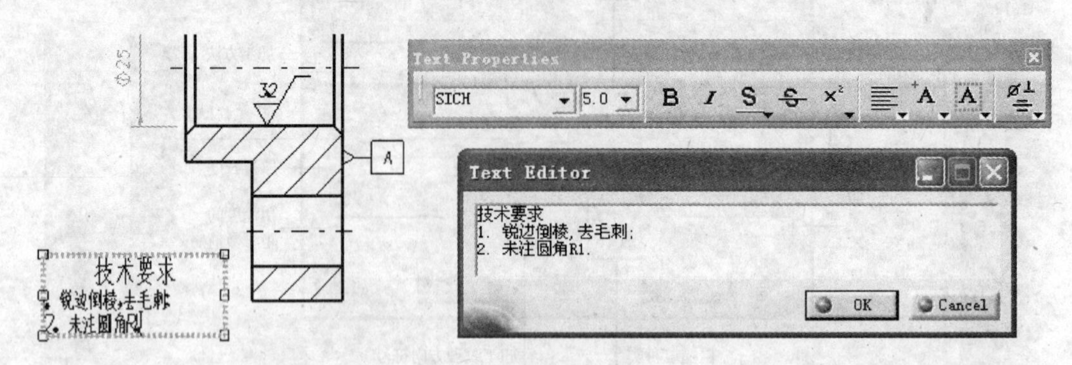

图 7-74　文本编辑器对话框

(4) 如果希望指定文本框的边界位置，在光标移近绿色文本框并变为手形时拖动该框的某一边到希望放置的位置，注意：如果在拖动时变为橘色框，则为整体移位；

(5) 在文本编辑器对话框中键入文字，也可从其他应用程序中复制文本，在“Text Properties”(文本属性)工具栏中可以设置输入文字的字体、字高、格式、对齐方式和插入的特殊符号等；

(6) 完成文字输入后，单击 OK 按钮，文本编辑器对话框消失，此时可以继续改变文本位置或调整文本框边界，直至满意后在视图其他位置处单击确认，完成文字标注。

显然，按上述方法注写得到的文字是当前激活视图的一个组成部分，将随视图位置的变化而变化。如果希望所注写的文字不依赖于某个视图而独立存在，可以按 7.5.2 节所讲述的方法在图纸页中插入一个新视图，激活该视图并按上述方法在其上添加文字。文本独立于视图的优点是可以将文本按整体布图要求放置在图纸页上的任何位置，对工程图样上“技术要求”文本段落就可以这样处理。

文字默认按水平排列，也可以竖直排列。使文本竖直排列的具体做法是：单击 Text(文本)工具命令图标**T**，按住键盘 Ctrl 键的同时在插入文字处单击鼠标，继续下来的文字输入和文本框调整方法同上。

同理，可以使用 Annotations(注释)工具栏中的工具命令图标“Text with Leader”(引线文字)标注引线文字，使用 Balloon(零件序号)⑥标注零件序号。

7.5　交互式制图

本节介绍一些交互式制图方法，主要包括如何添加新图纸页、创建新视图、绘制和编辑 2D 几何图形、创建修饰元素等。

7.5.1　添加新图纸页

一旦进入工程图工作台，系统即自动创建一个默认名为 Sheet.1 的图纸页，这对绘制一个零件工作图已经够了，但对一个包含多个零件的产品来说显然是不够的。CATIA 的一个工程图文件（*.CATDrawing）可以包含多个图纸页，在不同的图纸页上可以绘制不同零件或组件的图样，一个产品的所有相关图样都可以集中在一个工程图文件中。

添加新图纸页的操作方法如下：

(1) 进入工程图工作台，系统自动创建一个名称为 Sheet.1 的图纸页；

(2) 单击 Drawing（绘图）工具栏→Sheets（图纸）子工具栏→“New Sheet”（新图纸页）工具命令图标□；

(3) 添加了一个新图纸页，名称为 Sheet.2，如图 7-75 所示；

(4) 重复步骤(2)，将会按顺序添加一系列图纸页 Sheet.x，其中 x=2,3,4,…。

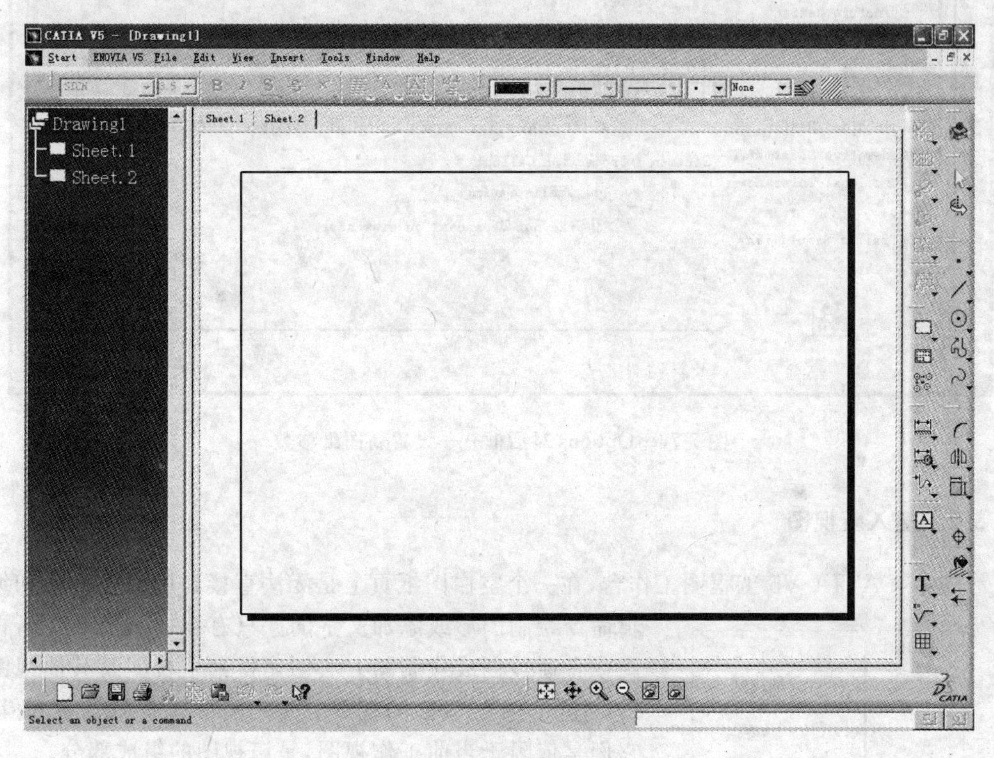

图 7-75 添加新图纸页

如果希望添加的新图纸页继承已有图纸的背景图，即图框和标题栏，就需要对系统参数进行必要的设置，方法如下：单击 Tools（工具）下拉菜单中的 Options...（选项）菜单项，在弹出的 Options 对话框中选择“Mechanical Design”（机械设计）→Drafting（制图）中的 Layout（布局）选项卡，如图 7-76 所示。在该对话框“New Sheet”（新图纸页）区中，如果选择“Copy background view”（复制背景图）复选框，则其下的两个“Source sheet”（来源图纸页）单选项将被激活，默认情况下单选项“Fist sheet”（第一个图纸页）被作为复制背景图的来源图纸页，如果希望从其他图纸页中复制不同的背景图，则可以选择第二个单选项“Other drawing”（其他图样）。

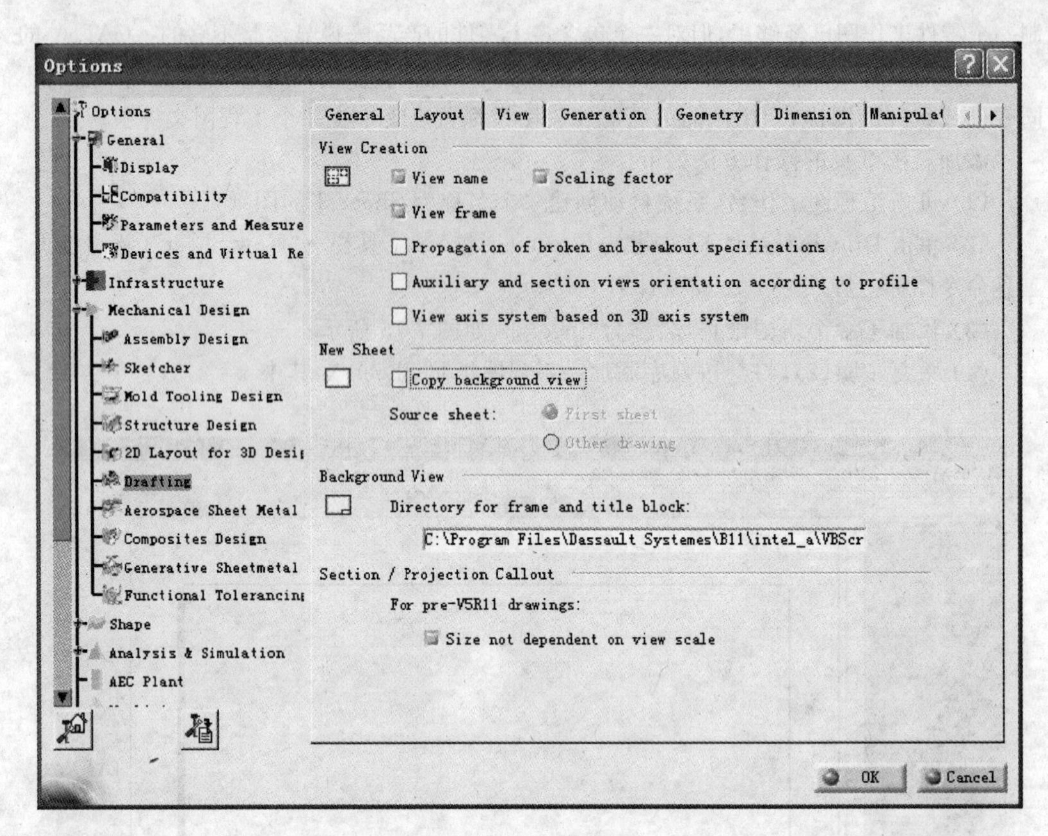

图 7-76　Options 对话框——设置新图纸参数

7.5.2　插入新视图

进入 CATIA V5 工程图工作台，在一个空白图纸页上是无法直接利用交互绘图和编辑命令绘制图形或添加文字的。只有在插入了一个新视图或者通过创成式制图方法创建得到主视图及其他视图后，才可以在被激活的视图上绘制图形或添加文字，而且它们是依附于当前工作视图，是该视图的组成部分。

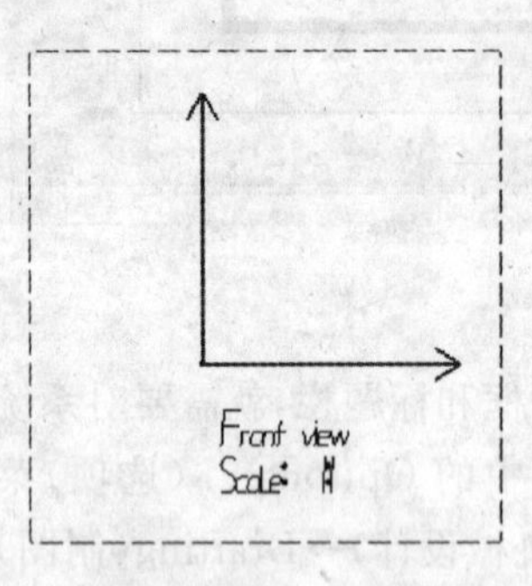

图 7-77　插入的新视图

在图纸页上插入新视图的操作方法是：单击 Drawing（绘图）工具栏→“New View”（新视图）工具命令图标，然后在图纸页上选择一点作为新视图的插入点，即完成新视图的插入，其默认的视图名称为“Front view”（主视图），如图 7-77 所示。

7.5.3　绘制和编辑 2D 几何图形

2D 几何图形的绘制和编辑命令完全按照 Sketcher 工作台工作，这些命令的用法在第二章已有详尽讲述，在此不再赘述。绘制 2D 几何图形的工具图标集中在“Geometry Creation”（创建几何图形）工具栏中，如图 7-78 所示；而编辑工具图标则集中在“Geometry Modification”(编辑几何图形)工具栏中,如图 7-79 所示。

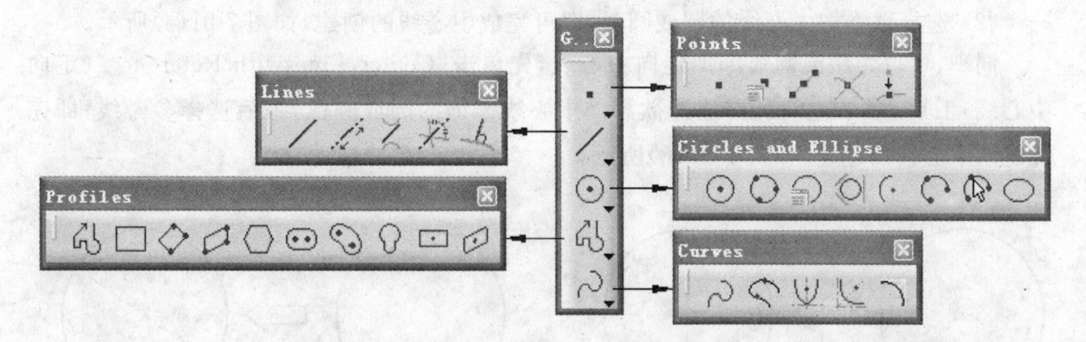

图 7-78　创建几何图形工具栏及其子工具栏

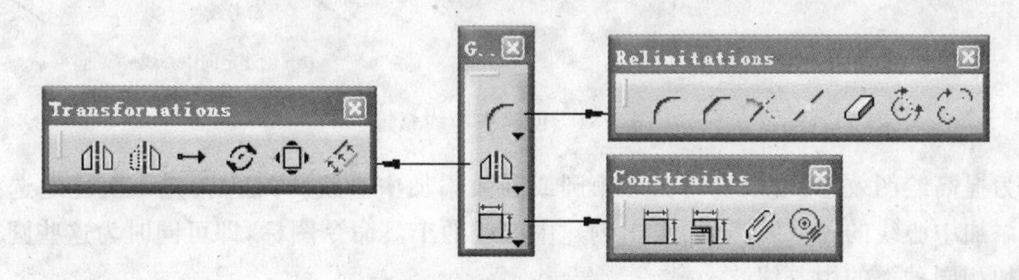

图 7-79　编辑几何图形工具栏及其子工具栏

7.5.4　创建修饰元素

创建修饰元素的工具命令图标位于“Dress-up”(修饰)工具栏中,用于在现有 2D 元素上创建中心线、螺纹、轴线、剖面线、箭头等视图修饰元素,该工具栏及其子工具栏上的工具命令图标及其意义如图 7-80 所示。

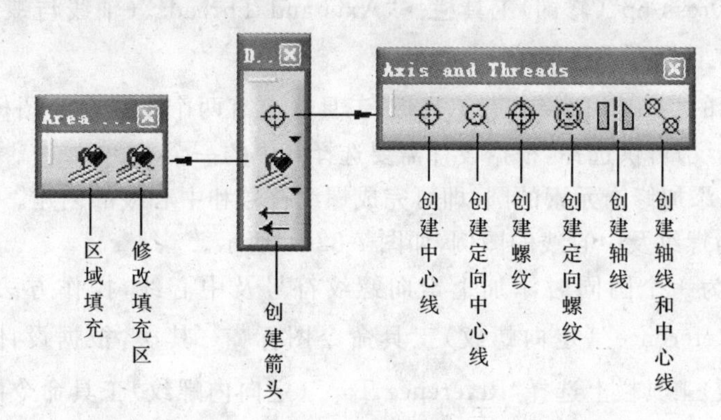

图 7-80　“Dress-up”(修饰)工具栏及其子工具栏

1. 创建中心线

为一个圆或圆弧添加中心线的操作方法如下:

(1) 单击“Dress-up”(修饰)工具栏→“Axis and Threads”(轴线与螺纹)子工具栏→

"Center Line"(中心线)工具命令图标。

(2) 选择欲添加中心线的圆或圆弧,即可完成中心线的创建,如图 7-81(a)所示。

同理,可以为圆或圆弧添加定向中心线,先单击"Center Line with Reference"(定向中心线)工具命令图标,再选择欲添加中心线修饰的圆或圆弧,最后选择参考线,即完成定向中心线的创建,如图 7-81(b)所示。

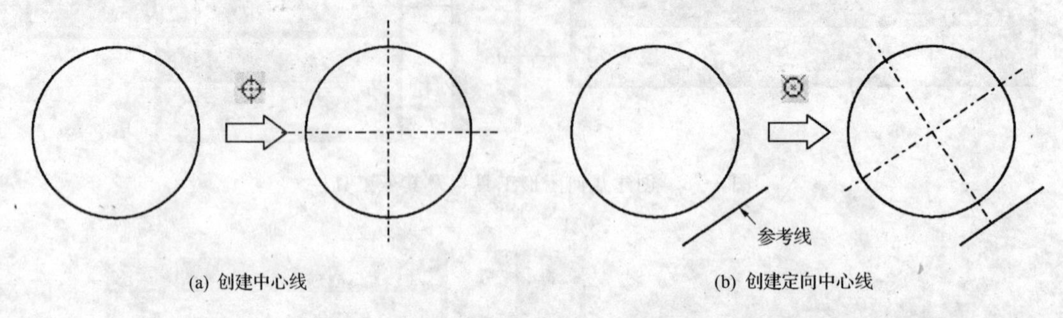

图 7-81　创建中心线修饰

为提高绘图效率,可以同时为多个圆或圆弧添加中心线,方法是:先一次性地选择多个欲添加中心线的圆或圆弧,再单击创建中心线的工具命令图标,即可同时为这些圆或圆弧添加相同种类的中心线。

如果要改变所添加中心线的长度,选择中心线并拖动其任一端点的手柄,可以同步改变两条中心线的长度;如果在按下 Ctrl 键的同时拖动手柄,则只能改变单条中心线的长度。

2. 创建螺纹符号

为一个圆同时添加螺纹符号和中心线的操作方法如下:

(1) 单击"Dress-up"(修饰)工具栏→"Axis and Threads"(轴线与螺纹)子工具栏→Thread(螺纹)工具命令图标。

(2) 在显示的"Tools Palette"(工具板)工具栏上有两个工具命令图标 Tap(内螺纹)和 Thread(外螺纹)可供选择,根据设计需要选择其中的一个。

(3) 选择要添加修饰元素的圆,即可完成螺纹符号和中心线的创建。

为圆添加内螺纹及中心线的图例,如图 7-82(a)所示。

同理,可以为一个圆同时添加上定向螺纹符号及中心线,操作方法为:首先,单击"Thread with Reference"(定向螺纹)工具命令图标;其次,根据设计需要在"Tools Palette"(工具板)工具栏上选择"Reference Tap"(定向内螺纹)工具命令图标或"Reference Thread"(定向外螺纹)工具命令图标;最后,选择欲添加修饰元素的圆,即可完成定向螺纹符号和中心线的创建。

为一个圆添加定向外螺纹及中心线的图例,如图 7-82(b)所示。

为提高绘图效率,可以同时为多个圆添加螺纹修饰,方法是:先一次性地选择多个欲添加螺纹修饰的圆,再单击创建螺纹符号的工具命令图标,即可同时为这些圆添加相同种类的螺纹修饰。

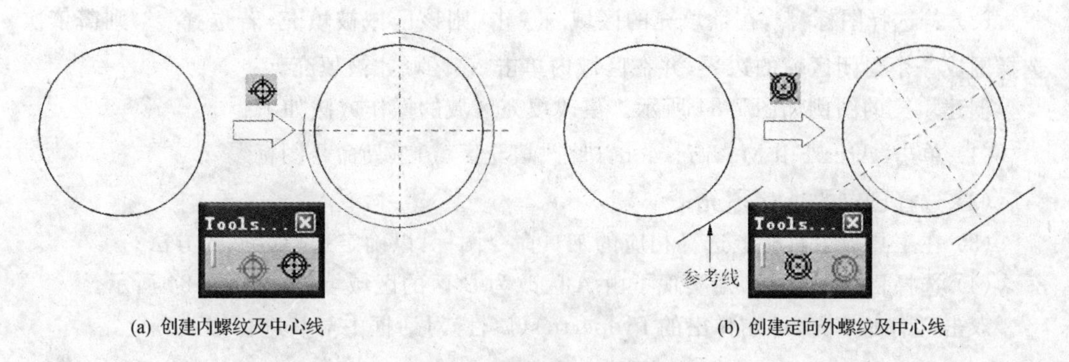

(a) 创建内螺纹及中心线　(b) 创建定向外螺纹及中心线

图 7-82　创建螺纹修饰

3. 创建轴线与中心线

创建轴线的操作方法如下：

(1) 单击“Dress-up”(修饰)工具栏→“Axis and Threads”(轴线与螺纹)子工具栏→“Axis Line”(轴线)工具命令图标。

(2) 选择第一条直线。

(3) 选择第二条直线，即可在这两条线之间创建一条轴线，如图 7-83(a)所示。

同时创建轴线与中心线的操作方法如下：

(1) 单击“Dress-up”(修饰)工具栏→“Axis and Threads”(轴线与螺纹)子工具栏→“Axis Line and Center Line”(轴线与中心线)工具命令图标。

(2) 选择第一条圆形轮廓线。

(3) 选择第二条圆形轮廓线，即可完成轴线和中心线的创建，如图 7-83(b)所示。

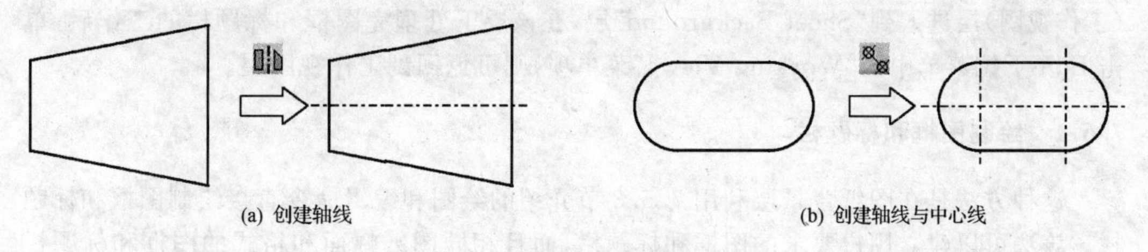
(a) 创建轴线　(b) 创建轴线与中心线

图 7-83　创建轴线与中心线修饰

4. 创建区域填充

区域填充多用于创建剖视图中的剖面线。创建区域填充的操作方法如下：

(1) 单击“Dress-up”(修饰)工具栏→“Area Fill Creation”(创建区域填充)工具命令图标。

(2) 在显示的“Tools Palette”(工具板)工具栏上有两个确定填充区域的工具命令图标“Automatic Detection”(自动检测)和“Profile Selection”(轮廓选择)可供选择，选择其中的一个。

(3) 若选择图标，在欲填充的区域内单击，则该区域被填充；若选择，则需依次选择围成一个封闭区域的边界，并在区域内单击，该区域才被填充。

创建填充的图例如图 7-84 所示。更改填充区域的操作方法如下：

(1) 单击"Area Fill Modification"(修改填充区域)工具命令图标；

(2) 选择已有的 A 区填充；

(3) 在工具板工具栏上选择相应的工具命令图标，以确定选择区域的方法；

(4) 选择目标 B 区域，则实现了由 A 区改为 B 区的区域填充，如图 7-84 所示。

双击已有的填充，可在弹出的 Properties(属性)对话框中对其进行修改。

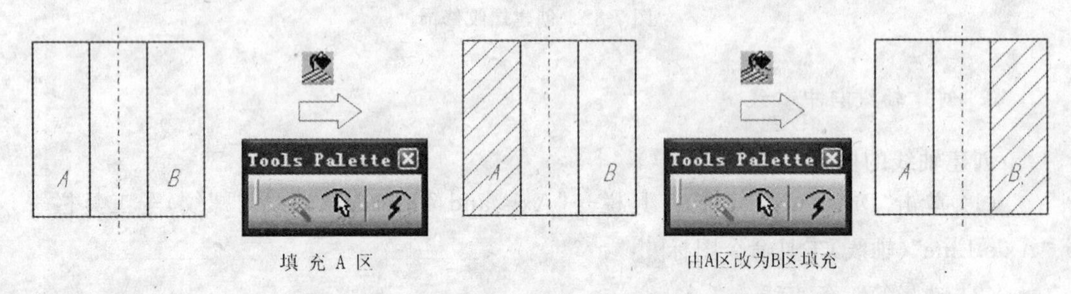

图 7-84 创建区域填充

7.6 创建图框和标题栏

为了便于工程图样的管理和重用，在 CATIA V5 工程图工作台插入或绘制图框和标题栏的工作通常都是在"Sheet Background"(图纸背景)图层中完成的。

单击 Edit(编辑)下拉菜单中的"Sheet Background"菜单项，可由"Working Views"(工作视图)层进入到"Sheet Background"层，在该层下处理完图框和标题栏的工作后，单击 Edit 下拉菜单中的"Working Views"菜单项，则可返回到工作视图层。

7.6.1 绘制图框和标题栏

这种方法是在图纸背景层利用 7.5.3 节介绍的绘图和编辑命令直接绘制图框和标题栏。该法可以建立用户要求的图框和标题栏，而且相同图纸幅面和格式的图框和标题栏通常只需绘制一次便可以为后续图纸所重用。如图 7-85 所示的图框和标题栏是笔者按国家标准(GB)要求直接绘制的 A3 规格的标准图样。

7.6.2 插入图框和标题栏

CATIA V5 系统提供了有限几个图框和标题栏的样板文件，可以在工程图设计过程中的任意时段插入使用，插入图框和标题栏的操作方法如下：

(1) 进入图纸背景层。

(2) 单击 Drawing 工具栏中的"Frame Creation"(创建图框)工具命令图标，弹出"Insert Frame and Title Block"(插入图框和标题栏)对话框，如图 7-86 所示。

(3) 在该对话框中选择已有的样式，如 Drawing_Titleblock_Sample1，在右侧Preview

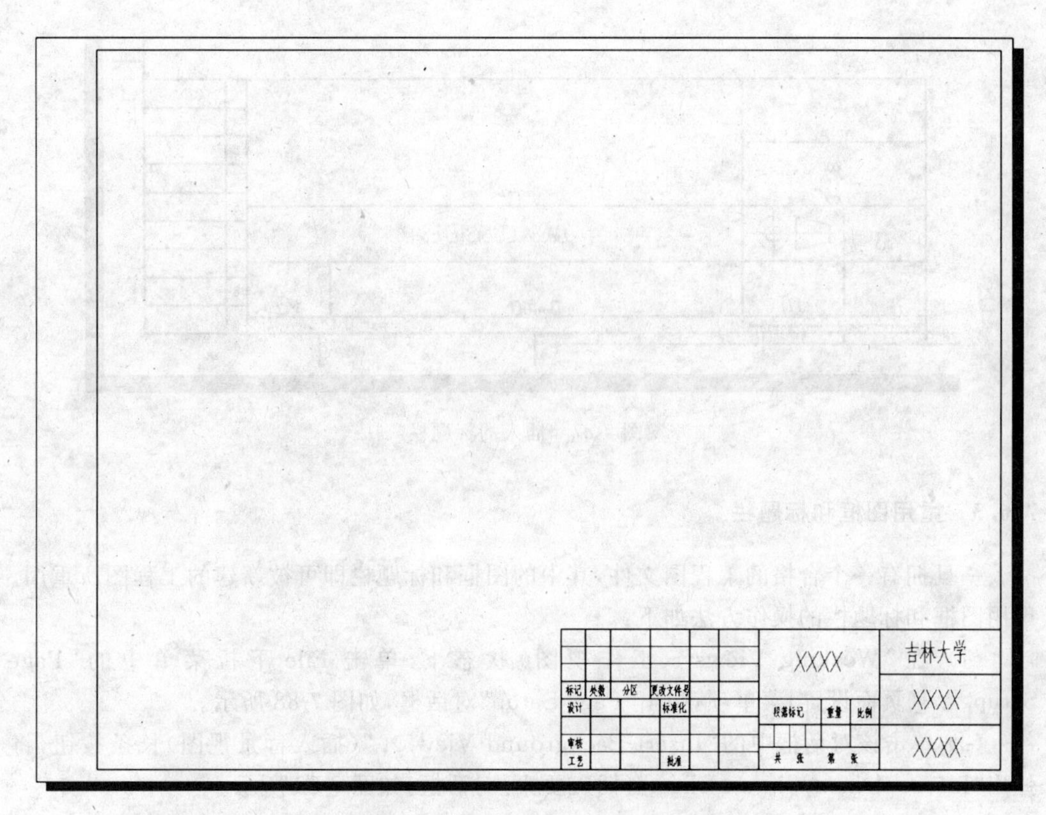

图 7-85　直接绘制的图框和标题栏

区显示该样式的预览，并在 Action(操作)列表中选择要执行的操作，如 Creation(创建)。

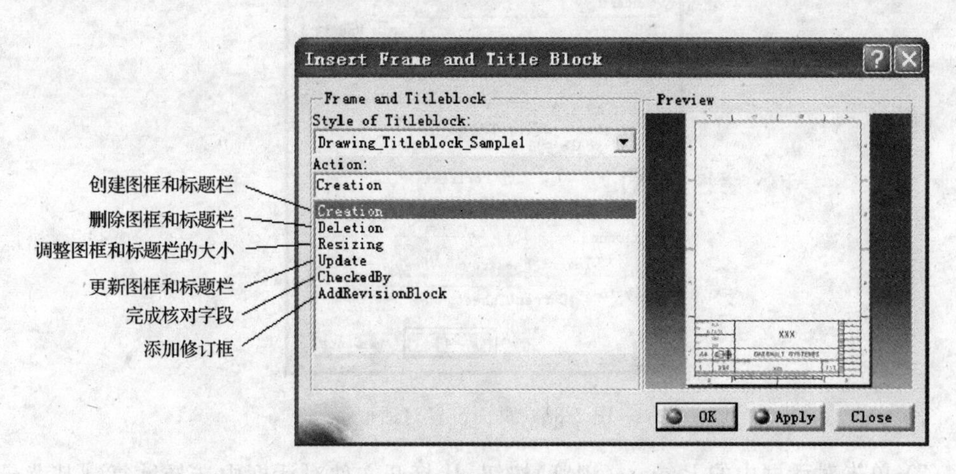

图 7-86　“插入图框和标题栏”对话框

(4) 单击 OK 按钮，即可插入选择的图框和标题栏，如图 7-87 所示。

显然，所插入的标题栏不符合国家标准(GB)规定，往往需要在此基础上进行修改才能得到要求的标题栏格式。

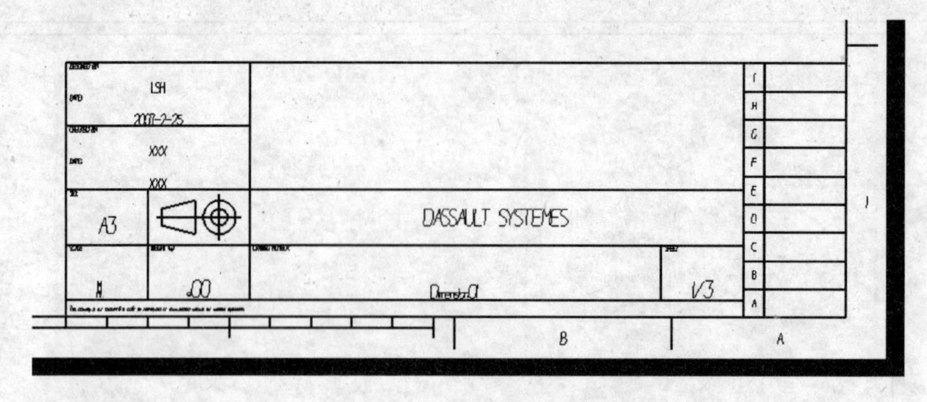

图 7-87 插入的标题栏

7.6.3 重用图框和标题栏

一旦拥有一个合格的工程图文件，其中的图框和标题栏即可被新建的工程图所重用。重用图框和标题栏的操作方法如下：

(1) 在"Working Views"(工作视图)状态下，单击 File 下拉菜单中的"Page Setup..."(页面设置)菜单项，弹出"Page Setup"对话框，如图 7-88 所示。

(2) 单击该对话框中的"Insert Background View..."(插入背景视图)长条按钮，将弹出"Insert elements into a sheet"(插入要素)对话框，如图 7-89 所示。

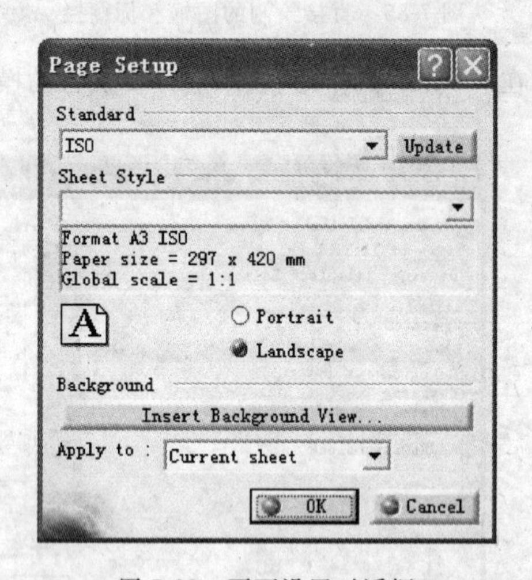

图 7-88 页面设置对话框

(3) 单击对话框中的 Brower(浏览)按钮，从打开文件对话框中选择欲复制其背景视图的工程图文件，并单击 Open 按钮。

(4) 在对话框中可以看到要插入的背景视图预览，如图 7-89 所示，单击 Insert(插入)按钮，返回到页面设置对话框，接着单击 OK 按钮，即完成图框和标题栏的插入。

(5) 进入"Sheet Background"层，对所插入标题栏中的文字信息进行必要的修改，最终完成重用图框和标题栏的工作。

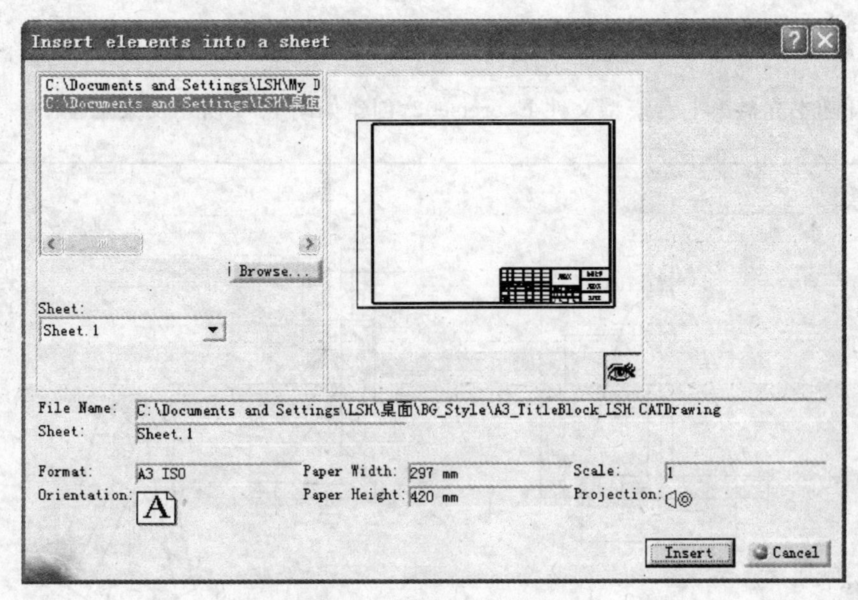

图 7-89　插入要素对话框

7.7　上机练习

7.7.1　练习一

打开随书光盘第七章模型文件 Exercise01，创建如图 7-90 所示底座工程图。

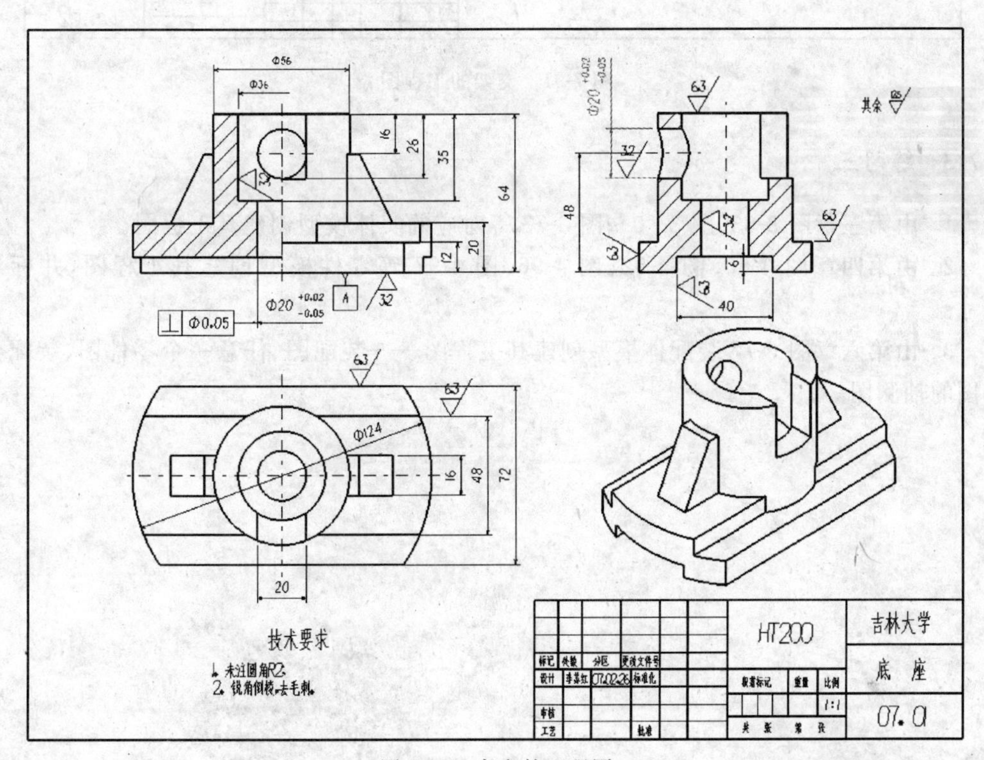

图 7-90　底座的工程图

7.7.2 练习二

打开随书光盘第七章模型文件 Exercise02,创建如图 7-91 所示支架工程图。

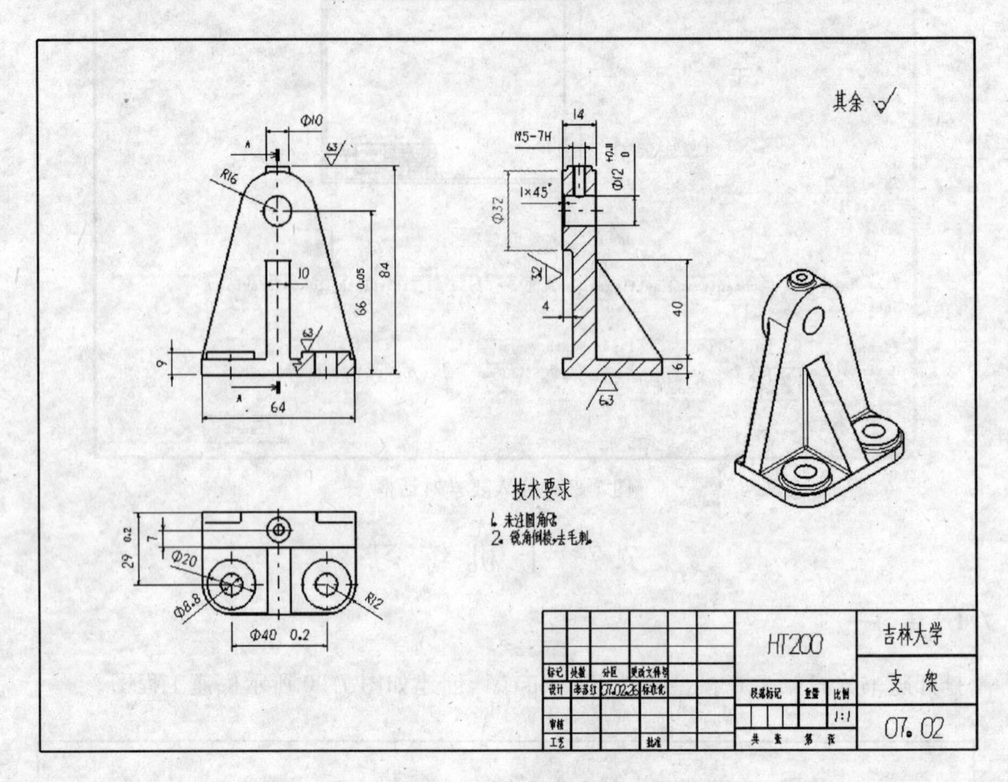

图 7-91 支架的工程图

7.7.3 练习三

1. 由第三章图 3-63、图 3-70～图 3-73 等对应的实体模型创建其工程图。

2. 由第四章图 4-80、图 4-92、图 4-96、图 4-97 等零件模型创建其工程图,并标注尺寸。

3. 由第六章图 6-77 装配体模型创建其工程图——装配图、任意一个零件图、装配分解图的轴测图等。

参 考 文 献

陈伯雄. 2000. 三维设计是CAD技术应用的必然趋势. 计算机辅助设计与制造，(8)：11～13

丁仁亮. 2007. CATIA V5 基础教程. 北京：机械工业出版社

李佳. 2002. 计算机辅助设计与制造(CAD/CAM). 天津：天津大学出版社

李苏红. 2007. 基于实体模型的工程图样数字化设计的研究(学位论文). 长春：吉林大学

李苏红，潘志刚. 2003. 基于 CATIA 的三维 CAD 技术教学实践. 吉林大学社会科学学报（增刊)：192～194

李苏红，庞云阶，林玉祥. 2005. 三维 CAD 技术课程的教学研究与实践. 高等理科教育，(4)：67～69

李苏红，庞云阶，林玉祥等. 2004. 三段式 CAD 教学模式的研究与实践. 见：图学教育研究，2004. 北京：机械工业出版社，233～235

林玉祥，王太花，王秀英等. 2001. 机械工程图学习题集. 北京：科学出版社

宁贵欣. 2004. CATIA V5 工业造型设计实例教程. 北京：清华大学出版社

彭维，叶修梓，陈志杨. 2003. 国际CAD产业格局与新兴的CAD技术公司. 计算机辅助设计与图形学学报，15(10)：1200～1206

任长春，李苏红. 1999. 工程制图基础习题集. 长春：吉林大学出版社

王玉新. 2003. 数字化设计. 北京：机械工业出版社

尤春风. 2002. CATIA V5 机械设计. 北京：清华大学出版社

尤春风. 2002. CATIA V5 曲面造型. 北京：清华大学出版社

赵云波，鲁君尚，侯洪生，王锦. 2007. CATIA V5 基础教程. 北京：人民邮电出版社

中华人民共和国国家标准. 1999. 技术制图. 北京：中国标准出版社

Dassault Systemes. http://www.3ds.com/